高等学校粮食工程专业教材

粮油仓储工艺与设备

主　编　王若兰

中国轻工业出版社

图书在版编目（CIP）数据

粮油仓储工艺与设备/王若兰主编. —北京：中国轻工业出版社，2025.8
普通高等教育“十三五”规划教材
高等学校粮食工程专业教材
ISBN 978-7-5184-0919-8

Ⅰ.①粮… Ⅱ.①王… Ⅲ.①粮油贮藏—高等学校—教材
Ⅳ.①TS205.9

中国版本图书馆 CIP 数据核字（2016）第 091511 号

责任编辑：马 妍
策划编辑：马 妍 责任校对：吴大朋 封面设计：锋尚设计
责任终审：劳国强 版式设计：宋振全 责任监印：张 可

出版发行：中国轻工业出版社（北京鲁谷东街 5 号，邮编：100040）
印 刷：北京君升印刷有限公司
经 销：各地新华书店
版 次：2025 年 8 月第 1 版第 4 次印刷
开 本：787×1092 1/16 印张：18.25
字 数：410 千字
书 号：ISBN 978-7-5184-0919-8 定价：50.00 元
邮购电话：010-85119873
发行电话：010-85119832 010-85119912
网 址：http://www.chlip.com.cn
Email：club@chlip.com.cn

251309J1C104ZBQ

前　言

粮食仓储工艺与设备相关技术是随着粮食行业机械化、自动化的发展而逐渐形成的，在粮食物流、工艺与技术设备理论体系中发展相对较晚，个别理论和工艺也许还欠成熟。但是随着社会经济的不断发展，科学技术的不断进步，各行各业的突飞猛进，机械化、自动化的作用也越来越大，在生产和生活中的运用将更加广泛。粮食行业机械化、自动化、智能化的发展进程，推动了仓储技术工艺与设备的快速发展，如近年来在全国粮食仓储企业广泛应用的“四合一技术”，催生了粮食仓储工艺的诞生，也极大地推动了粮食仓储设备的升级和换代。当前，正在全国推行包括粮食产后领域的农作物生产全程机械化及粮食仓储企业的信息化新机遇，这必将加快粮食行业向着机械化、自动化、信息化、智能化方向发展的步伐，也将进一步促进粮食仓储企业的发展和提升，该教材的编写与出版适应了当前粮食行业的发展状况，希望能在促进行业进步，培养人才方面有所贡献。

本教材是河南工业大学资助的正式出版计划教材。作者结合近年来我国粮食仓储技术迅速发展和对粮油储备人才需求的实际情况，力求全面反映目前国内外仓储工艺与设备的现状及新工艺、新设备。本书本着科学性、先进性、实用性的原则，注重理论联系实际，是国内唯一的一部关于粮食仓储工艺方面的高等院校教材。教材中讲述了粮食仓库总体设计方案（包括粮库的类型、粮库库址的选择、粮食仓库容量的确定及粮库总平面设计）；详细介绍了粮食仓房的分类、性能、结构以及粮仓结构维护与改造；详述了粮食仓储企业常见装卸设备、输送设备、称重清理设备、出入仓设备及粮食储藏技术专用设备的类型、结构、工作原理等；也介绍了目前不同仓型、不同储粮技术的主要工艺及设计；并对粮食仓储自动化和粮库管理做了概略说明。适宜作为高等院校本科生、硕士生相关、相近专业或方向的专用教材，也可作为粮油、农业、物流、食品等有关专业的教学和科技人员的参考用书。

本教材由王若兰主编，王志山、黄亚伟副主编。绪论、第四章由王若兰编写，第一章、第七章由王平坪编写，第二章、第五章由黄亚伟编写，第三章、第六章由王志山编写。河南工业大学的有关部门在本书的编写过程中，给予了大力的支持与帮助。郑州粮油食品工程建筑设计院的侯业茂、刘强、魏光和中粮工程科技（郑州）有限公司的贾素贤在教材的编写过程中提供了部分资料，对他们以及所有关心支持本教材编写工作的同事们表示衷心地感谢。

由于编者水平所限，书中难免有不妥和疏漏之处，恳请读者指正，使本教材逐渐趋于完善。

编者

2016 年 6 月于郑州

目　录

绪　论

一、粮食的概念

“国以民为本，民以食为天，食以粮为主”。由此可见粮食是人类生存发展的基本生活资料及首要条件，在农业生产中居于重要地位。同时粮食也是国家建设的重要物资，特别是在稳定市场、稳定物价、稳定城乡人民生活中起着重要作用。另外粮食在备战备荒方面也具有不可替代的地位。因此，粮食是关系到国计民生，甚至政权稳定的重要战略物资。

中国古代粮食的代称也叫谷，常称五谷。在原始社会，中国的粮食品种主要有粟、黍、稻、菽（大豆）、大麦、小麦、薏苡等。北方以种植粟、黍粮食品种为主，南方以种植水稻为主。夏、商、西周时期，中国的粮食品种有黍、稷、稻、小麦、大麦、菽、麻七种。主要的粮食品种是黍、稷，直至明代以前，中国的粮食品种大致如此。在《诗经·小雅》中，农作物的排列顺序是：黍、稷、稻，当时人们很迷信自然，称社为地神，稷为谷神，故将二者结合在一起称为社稷，因而社稷即成了国家的代名词。春秋战国时期，随着铁制农具的出现和灌溉的发展，人们才有条件种植对水土要求较高的菽和粟。虽然粮食作物品种变化不大，但是，作物的结构发生了很大变化。变化的特点是菽（大豆）的地位上升，并和粟一起列为主要的粮食作物，这在中国农业发展史上是一个历史性的变化。从战国到唐代，粟一直是中国北方的主要粮食。西周以前，中国粮食品种以黍、稷为主，其他粮食品种不占主要地位。到了春秋战国时期，开始出现了五谷的概念，表明当时粮食作物的品种初步有了定型。主要粮食品种有：粟（禾、稷）、菽（大豆）、黍、稻、小麦、大麦、麻七种。秦汉时期粮食结构有所变化，主要粮食品种有：粟、稻、小麦、大麦、大黍、粱、大豆。汉代董仲舒建议在关中一代推广小麦，汉魏时期由于石磨的推广，麦子磨成面粉，这一饮食史上的进步，也促进了小麦生产的发展。魏晋南北朝时期粮食品种的顺序是：谷（稷、粟）、黍、粱、大豆、小豆、大麻、大麦、小麦、水稻、旱稻。隋唐五代时期，主要粮食品种的顺序是：稻、粟、麦。宋元时期，稻、麦两熟制逐步形成，双季稻得到推广。明代以后，水稻更加发展，因此有“湖广熟，天下足”的说法。同时，玉米、甘薯、土豆从国外引进，更加丰富了粮食品种。当时主要的粮食品种是：水稻、小麦、谷子、玉米、豆类。到1950年，粮食品种是指小麦、大米、大豆、小米、玉米、高粱和杂粮七大品类。1952年，粮食减为四大品种：小麦、大米、大豆和薯类。1957年，粮食增为五大品种：小麦、大米、大豆、杂粮和薯类。1971年又把杂粮类改为“玉米”等，粮食为新五大品类：小麦、大米、大豆、玉米、薯类。1979年后《辞海》对粮食的解释是各种主要食料的总称，如小麦、高粱、玉米、薯类等。1996年根据种植面积及产量排列为：稻谷、小麦、玉米、薯类、大豆、谷子、高粱、其他杂粮。1990年，我国国家粮食定购的品类：小麦、稻谷、玉米、大豆。

根据中国传统的粮食观念，对粮食的理解有两种情况，一是认为粮食即为谷物类禾本科植物，主要包括稻谷、小麦、玉米、高粱、谷子、大麦等，这是一种狭义的粮食概念，这类物质实际上就是国际上通用的谷物（cereal）概念。第二种观点认为粮食是指民间所说的“五谷杂粮”，包括谷物、豆类和薯类，这是目前在中国最为通用的粮食概念，也是政府正式使用的粮食概念。

“五谷”所指的五种谷物，有多种不同说法，最主要的有两种：一种指稻、黍、稷、麦、菽；另一种指麻、黍、稷、麦、菽。两者的区别是：前者有稻无麻，后者有麻无稻。古代经济文化中心在黄河流域，稻的主要产地在南方，而北方种稻有限，所以“五谷”中最初应该是无稻。如今，“五谷”已泛指各种主食食粮，一般统称为粮食作物，或者称为“五谷杂粮”，包括谷类（如水稻、小麦、玉米等），豆类（如大豆、蚕豆、豌豆、红豆等），薯类（如红薯、马铃薯）以及其他杂粮。

西方国家以及世界通用的粮食概念与中国传统概念是不同的，他们常用“Food”和“Grain”来表示这一概念，但“Food”和“Grain”是有明显区别的。“Food”是指维持肌体生长、代谢和生命过程以及供给能量所必需的物质，是一种固体形态的营养物质，即我们习惯上称作食物的物质。而“Grain”是指可食植物的种子以及植物自身。1995 年联合国粮食及农业组织（FAO）所列的详细 FOOD 产品目录有八大类 106 种，包括谷物类 8 种；块根和块茎作物类 5 种；豆类 5 种；油籽、油果和油仁作物 13 种；蔬菜和瓜类 20 种；糖料作物 3 种；水果、浆果 24 种；家畜、家禽、畜产品 28 种。

随着中国经济的发展，粮食生产结构和食物消费结构发生了急剧变化，传统的粮食概念已不能适应这种变化，所以有人提出了“大粮食”的新概念。所谓“大粮食”就是指包括谷物、豆类、薯类以及一切能维系人类生命、保证肌体正常发育、补充营养素的各种可食用植物产品、养料和滋补品等。这种概念与国际上所称作“食物”的概念基本一致。尽管对“大粮食”概念仍存争议，但正在为人们所接受，因为“大粮食”的概念与改善我国人民的食物结构，满足人体各种营养要素的合理需要相吻合，对于尽快提高人们的生活水平，具有重要意义。

现代粮食的新概念认为粮食就是营养素，凡是能维持人类正常生命活动和增强体质的食物都属粮食，但其强调的不仅是营养总量，而更重要的是营养结构的比例与平衡。粮食观念的转变，是人们对食物多样化、营养化要求的必然结果，这也将会进一步推动人们生活水平的提高，改善生活质量以及农业结构的调整。粮食的概念是不断发展和变化的，它随着人们对大自然的开发利用程度的不断提高，将会赋予其更新的内涵和外延，这也是人们对客观世界的认识不断深入和改造世界的能力逐渐提高的具体体现。

二、粮仓与粮库

粮食的生产是间断的、季节性的，而粮食的消费是连续的，并且人们对粮食的需求也是多样化的，同时人们还要预防战争与灾荒，所以粮食从生产到消费必然还要经过一个中间环节——储藏。通常将存放粮食所使用的建筑物称之为“粮仓”，粮仓有各种形状，结构也各不相同，但粮仓的建造应以保证粮食安全储藏为原则。

粮库是粮食仓库的简称，是粮食仓储企业习惯称谓，属于全民所有制企业，是我国粮食企业的一个重要组成部分，由粮食部门统一管理，担负着国家粮食储备、地方粮食储存、粮食流通的主渠道作用，其主要任务是完成粮食的接收、保管和调运输送等粮食流通诸环节。

粮库作为从事粮食流通活动的独立经济组织，具有经营的独立性，具有储存粮食的建筑物或场所及保管设施，拥有一定的生产资料和劳动力，并实行独立核算、自负盈亏、具有法人地位和权力。我国国家粮食储备库主要为国家粮食宏观调控服务，为国民经济服务，它不以营利为主要目的，经费来源主要依靠财政拨给的国家储备粮油管理费用，所以其性质有人认为更接近事业单位。

三、中国粮食生产的特点

据考证在 50 万—60 万年以前的旧石器时代，“北京猿人”是以采集、渔猎取得生活资料的原始人群。人类经几十万年的发展，进入了母系氏族原始公社时期，氏族制度的形成、完善、生产技术的进步，先后出现了驯化、驯养家畜及栽培农作物。根据考古资料得知，大约在七、八千年的新石器时代，中国各地区的氏族部落适应了当地的自然条件，发展了农、牧业生产。农业的出现与发展，使人类获得了比较稳定的食物来源和定居条件，并为整个人类社会的发展奠定了物质基础。中国农业在数千年的发展过程中，粮食的生产形成了一些自身的特点。

1. 粮食的生产受自然条件影响大

由于我国经济不发达，农业技术落后，农业的机械化程度低，机耕地面积及机电灌溉面积均在 50% 左右，农田抗灾能力差，所以粮食生产还在一定程度上依靠人力、畜力，粮食产量在很大程度上取决于自然条件，特别是气候条件是否有利，这是我国农业落后的一个具体表现。

2. 粮食生产受政策性影响明显

中国粮食生产起伏较大，产量不稳，其原因除了自然条件的影响外，受政治及政策的影响很明显。凡是遵守客观经济规律办事，生产关系有利于促进生产力的发展，能充分调动农民生产积极性的政策均会带来粮食生产的大幅度增长，如 1949—1957 年、1961—1967 年、1978—1984 年三个粮食生产增长比较快的阶段，都与当时的政策调整得当、正确有关。相反，如果政策调整不当或出现偏差也造成了粮食产量的下降。如 1959—1960 年、1968—1977 年，这两个粮食生产的下降期均与当时的政策不当和特殊的政治形势有关。

从各个历史阶段来看，粮食发展速度也不均衡。新中国成立之初（1949—1958 年），由于在全国范围内推广土改政策，全国粮食产量连续九年丰收，增产粮食 8447 万 t，年均增加 938 万 t；但随后“大跃进”和“文化大革命”运动造成我国粮食生产出现徘徊阶段，从 1958—1978 年的二十年里我国粮食产量仅增加 1 亿 t，年均增加 500 万 t。1978 年党的十一届三中全会，确定了我国农村联产承包责任制，广大农民的生产积极性被极大地调动起来，此后，粮食生产发展速度明显加快。到 1996 年全国粮食总产量突破 5 亿 t，达到 5.045 亿 t，创历史最好水平。1997 和 1998 年虽然受到较大自然灾害的影响，粮食总产量仍达到 4.9 亿 t 以上，只用了近 20 年时间就上了两个亿 t 台阶，年均增加 1000 万 t，比前 30 年多增加 340 万 t。我国粮食总产量稳居世界第一位，粮食人均产量 1952 年仅有 285kg，1978 年为 316kg，自 2010 年之后一直高于 400kg。

当然随着我国改革开放的深入，特别是农村实行了联产承包责任制后及经济体制由计划经济转向社会主义市场经济后，粮食的生产在一定程度上也受市场经济的影响，比如市场价格对粮食生产结构的影响是最明显的，单纯地靠市场价格来调整粮食生产可能会产生一些极端现象，特别是对于中国这样一个农业大国、人口大国来说粮食生产一旦失控，后果是不堪设想的。所以只有在正确的政策指导下，在国家的宏观调控下，依靠市场调节，遵守客观经济规律，中国的粮食生产才能正确、健康发展，同时也可充分调动广大农民的积极性，粮食总产量实现了“十一”连增。

3. 粮食生产地区间发展不平衡

由于中国地域辽阔，各地区的自然条件相差较大，另外不同地区农业发展水平、科技水平不同，所以形成了粮食生产地区间的发展不平衡。主要表现在两方面：第一是产量及人均占有量的不平衡。我国的粮食高产区集中在长江中下游、东北地区、黄淮海平原地区及新疆地区，即粮食主产区。中低产区主要分布在西北、西南、华北等地区。全国人均粮食产量高者达 500kg 以上，而低者不足 350kg；粮食单产高者达 400kg 以上，低者不足 100kg。第二是粮食品种结构的不平衡。我国粮食作物种类繁多，再加之人们受传统和习惯的影响，在我国便出现了粮食作物种类的区域性。如：长江流域、华南、西南各省区，稻谷的播种面积和产量约占全国的 90%。小麦种植较广，南北方均可种植，但以北方为主，我国的第三大粮食作物玉米主要分布在东北、华北、西南等地区，而大豆的主产区为东北的松嫩平原和华北黄淮平原。

粮食主产区是指地理、土壤、气候、技术等条件适合种植某些粮食作物并具有一定的资源优势、技术优势和经济效益等比较优势的粮食重点生产区，主要包括黑龙江、吉林、辽宁、内蒙古、河北、河南、山东、江苏、安徽、江西、湖北、湖南、四川 13 个省、自治区。

粮食主销区是指经济相对发达，但人多地少，粮食自给率低，粮食产量和需求缺口较大的粮食消费区，主要集中在东南沿海和大城市，包括北京、天津、上海、浙江、福建、广东、海南 7 个省、直辖市。

我国粮食年产量见表 0－1。

表 0－1　　我国粮食年产量

年份	粮食总产量/万 t	人均量/（kg/人）	年份	粮食总产量/万 t	人均量/（kg/人）
1949	11318	208.9	1960	14350	217.3
1950	13213	239.4	1961	14750	207.3
1951	14369	255.2	1962	16000	229.5
1952	16392	285.2	1963	17000	245.8
1953	16683	283.7	1964	18750	266.0
1954	16952	281.3	1965	19453	268.2
1955	18374	299.3	1966	21400	287.1
1956	19275	306.8	1967	21782	285.2
1957	19503	301.7	1968	20906	266.2
1958	20000	299.5	1969	21097	261.5
1959	17000	252.5	1970	23996	289.1

续表

年份	粮食总产量/万 t	人均量/（kg/人）	年份	粮食总产量/万 t	人均量/（kg/人）
1971	25014	293.5	1993	45649	385.2
1972	24048	275.9	1994	44510	371.4
1973	26494	297.0	1995	46662	385.3
1974	27527	303.0	1996	50454	412.2
1975	28452	307.9	1997	49417	399.7
1976	28631	305.5	1998	51230	410.6
1977	28273	297.7	1999	50839	404.2
1978	30477	316.6	2000	46218	364.7
1979	33212	340.5	2001	45262	354.6
1980	32056	324.8	2002	45711	355.9
1981	32502	324.8	2003	43067	333.3
1982	35450	348.7	2004	46947	361.2
1983	38728	376.0	2005	48401	370.2
1984	40731	390.3	2006	49746	378.4
1985	37911	358.2	2007	50150	379.6
1986	39151	364.2	2008	52850	398.0
1987	40298	370.3	2009	53082	397.7
1988	39408	354.9	2010	54641	407.5
1989	40755	361.6	2011	57121	424.0
1990	44624	390.3	2012	58957	435.4
1991	43529	375.8	2013	60194	442.4
1992	44266	377.8	2014	60710	443.8

4. 粮食总产量高，而人均占有量低

按粮食的总产量，我国居世界第一位，是世界上的粮食生产大国。我国粮食的单产水平也高于世界平均水平，属粮食单位面积产量较高的国家。但是，由于我国众多的人口，特别是农业人口占70%以上，全国人均占有粮食仅达400kg，低于世界平均水平。粮食的收购量仅占粮食总产量的30%，如果扣除返销到农村的量，净征购率只有百分之十几，商品率较低。所以中国人的吃饭问题是头等大事。

5. 粮食的生产规模不断发生变化

目前中国粮食生产仍然是小规模的方式，全国户均产粮不足300kg，其中进入流通领域的商品粮数量更少。由于粮食经营组织形式的制约，中国粮食的生产无法形成生产专业化、布局区域化、组织规模化和产品商业化。每年1000多亿千克的收购粮仍是由数亿家的农户提供的，这种小规模的生产状况严重制约和阻碍了粮食再生产的扩大及农业机械化的实现，同时也造成了国家收购的储备粮品质较差，品质不均匀等现象的普遍发生。

纵观新中国建立以来粮食生产的发展，大致分为三个阶段：第一阶段为1950—1978年。1949年，中国粮食总产量只有1.132亿t，1978年达到3.048亿t，29年间年均递增3.5%。这一时期，中国通过改革土地所有制关系，引导农民走互助合作道路，解放了生产力，同时在改善农业基础设施、提高农业物质装备水平、加快农业科技进步等方面取得了显著成效，为粮食生产的持续发展奠定了基础。第二阶段为1979—1984年。1984年，中国粮食总产量达到4.073亿t，6年间年均递增4.9%，是新中国建立以来粮食增长最快的时期。这一时期粮食生产的快速增长，主要得益于中国政府在农村实施的一系列改革措施，特别是通过实行以家庭联产承包为主的责任制和统分结合的双层经营体制，以及较大幅度提高粮食收购价格等重大政策措施，极大地调动了广大农民的生产积极性，使过去在农业基础设施、科技、投入等方面积累的能量得以集中释放，扭转了中国粮食长期严重短缺的局面。第三阶段为1985年至今。2014年中国粮食总产量达到6.071亿t，特别是2004年以来，粮食总产量实现了“十一”连增。这一时期，中国政府在继续发展粮食生产的同时，积极主动地进行农业生产结构调整，发展多种经营，食物多样化发展较快。虽然这一时期粮食增长速度减缓，但由于非粮食食物增加，人民的生活质量明显提高。

进入新的历史时期以来，在工业化、城镇化的深入发展和农业现代化相互影响的过程中，粮食生产方式正在发生历史性变化。与此同时，随着改革的深化，我国现行的农业生产经营方式已经越来越不能适应农业发展的需要。农村经济社会结构正在发生深刻转型，分散小规模经营的方式已经越来越不适应提高劳动生产率、土地产出率、资源利用率和绝对收益水平的要求，生产方式也越来越不适应现代化、国际化农业发展的要求。目前我国粮食生产的组织形式是分散的以家庭为单位的小农生产组织方式，这种组织方式对粮食生产造成一系列约束，限制了粮食生产的发展，粮食生产组织形式创新势在必行。粮食生产组织形式创新的途径是实行规模经营，提高粮食生产效率，培育粮食专业生产者，构建稳健的粮食供给机制，保障国家粮食安全。粮食生产规模经营具有一般小农户无可比拟的明显优势，同时也有利于粮食生产的稳定发展。

另外，中国粮食生产还存在着一些其他特点，如粮食生产中重量轻质，品种质量参差不齐，不能满足消费需求，粮食优良品种短缺，品种结构不够合理等。

四、中国粮仓的历史沿革

粮食生产的季节性、间断性不能满足人们对粮食需求的连续性要求，因此粮食从生产到消费还存在着一个重要环节——储藏，这对于中国这个人口大国是非常必要的。粮食储备就必然有粮仓。中国是一个农业大国，人口大国，也是一个历史悠久的国家，因此不仅农业起源早，而且粮食储藏的历史也很长，粮仓的建设是随着农业、粮食储藏技术的发展而发展的。

1. 古代粮仓的兴起及型制

我国古代粮仓分为两大类：第一类适用于储存时间较长的仓和窑，其中可分为地上仓及地下仓窖。地上仓根据形状可分为房式仓、楼房仓和圆仓。地下仓窖中的仓有方仓和圆仓，窖可分为窖和窦两种。窖：口大内方；窦：口小腹大内椭圆。第二类是用于临时储藏的设施，有京、庾、囷、廪。京：方仓；庾：露天仓；囷：圆仓；廪：露天罩棚。

地上粮仓年代最早的是浙江河姆渡遗址出土的“杆栏式”粮仓，仓中还盛有稻谷，据考证距今已有七千年的历史，为新石器时代的储粮设施。楼房式粮仓多为汉代文物。地下粮仓盛行于汉唐时期。除储粮较大的仓窖外，在民间也有一些瓮、罐、缸、盆等，作为少量粮食的储藏容器。

我国是世界上粮食储藏技术发展最早的国家之一，也是民间储粮经验最丰富的国家之一。我国粮食储藏悠久的历史，方法的多样，建仓就地取材，因地制宜为我们今天的仓储工作提供了重要的历史借鉴。

2. 近代粮仓的发展及状况

中国近代战乱不断，政权不稳，粮食严重短缺，明代、清代和国民党政府仅给新中国遗留 1260 万 t 的粮仓，而且仓房结构简陋，仓房单仓容量小，更谈不上粮仓的机械化程度。新中国成立后，第一个五年计划期间建仓 2200 万 t，1958—1965 年间建仓 3030 万 t，1966—1978 年间建仓 3005 万 t，1979—1991 年间建仓 7300 万 t，1998—2001 年间建仓 5000 多万吨。经过几十年的努力，改变了我国几百年来长期沿用的砖木结构的粮仓，出现了装粮线 3m、4. 5m、6m 甚至 8m 的砖混结构平房仓和直径 40 多米、30m 的浅圆仓及钢筋混凝土结构、钢板结构的立筒仓，不仅单仓仓容有了很大的提高，而且全国仓容已达 1. 8 亿 t。并且仓房结构的改善及粮仓设计的日渐科学化，使新建粮仓的储粮性能及功能性大大提高，为储粮安全提供了基础条件。而迅速发展的储粮新技术及与一定仓型相配套的仓储机械设备，为安全储粮提供了科学的手段。现代化的信息技术与先进的企业管理模式，为安全储粮提供了有力的保证。

五、中国粮食流通领域

粮食流通将粮食生产与粮食消费紧密连在一起，它处于生产和消费的中介地位，是连接粮食生产和消费的桥梁和纽带。遵循商品经济的规律，科学地组织粮食流通，在稳定粮食市场、平抑粮价，调整粮食种植结构，促进粮食生产，保证供应、繁荣市场经济等方面起着十分重要的作用。但是，从目前我国的粮食流通体制、粮食流通技术现状分析，对社会主义市场经济的适应性还较差，对建立健全新的粮食流通体系还有一定的阻碍作用，这与我国经济体制的改革、粮食流通体制的发展滞后及粮食流通技术的落后有很大关系。另外，由于我国农业政策的正确及高效农业的作用，粮食生产出现了连年丰收，平均供应相对充裕，但同时也暴露了我国粮食流通领域存在的问题。

长期以来在社会主义计划经济体制下，粮食作为重要的特殊物资，实行统购统销，也就意味着在中国粮食的流通完全是由国家的计划性调拨来完成，所以粮食流通的模式及渠道都很单一。再者由于中国经济及技术的落后，适用于粮食流通过程的专用机械设备也非常缺乏，这些问题随着我国经济体制的改革，特别是关于粮食政策方面的改革，显得越来越突出。粮食在改变了几十年来统购统销的流通状态后，进入了社会主义的市场经济，粮食流通体系的模式、流通政策、流通方式及流通的组织问题都摆在了面前，我们必须尽快地一一解决。首先我国在 1992 年利用世界银行贷款改善中国粮食流通领域的建设项目总投资约 10 亿美元，计划在我国建设新的粮食流通领域。其中包括五个粮食流通走廊和一个地区的流通体系（东北走廊、长江走廊、西南走廊、西北走廊、陇海走廊和京津地区）。现在东北走廊、长江走廊、西南走廊和京津地区已初具规模，这必将对改善我国目前的粮食流通状况起到显著的作用。其次对粮食流通中的技术问题也正在着手解决，如“四散”

流通问题，专用设备的研制问题，储藏检验化验配套问题等，都已引起了广大粮食科技工作者及决策者的高度重视，对其中的一些问题正在联合攻关，相信不久的将来，一定能扭转目前的粮食流通状况。最后关于粮食政策也在进行逐步调整，经济体制、人事制度的不断改革，新的粮食政策的出台都将促进我国粮食流通体制的进一步完善和健全。

我国的粮食流通体系才刚刚形成，很多地方不尽如人意，我国的粮食流通政策和流通技术、设施等方面还存在着一些问题，粮食流通还未进入良性循环状态。但值得欣慰的是国家政府及相关的科研人员、专家已经在着手解决这些问题，可以预见中国的粮食流通在不久的明天很快就会出现更合理、更科学的良性循环状态。

六、粮仓工艺及其发展趋势

粮仓工艺是随着粮食储藏技术的逐步发展而被人们提出的，其发展过程是伴随着一些粮食储藏新技术的出现而得以成熟、应用。它的发展历史非常短暂。新中国成立后一直到20世纪70年代，粮食储藏主要任务是化学防治，储藏技术基本上是常规储藏，仓房形式也比较单一，以房式仓居多，再加之经济落后，仓储机械与设备也寥寥无几，所以“粮仓工艺”非常简单，也没有作为一门学科的必要性。进入20世纪80年代后，中国的改革开放步子迈得很大，经济的发展也异常迅速，各个行业的新技术也不断涌现。在粮食仓储行业中，粮堆机械通风技术的出现，解决了粮食在储藏期间经常出现的高温高湿问题，同时这种方法又具有简单、费用低、见效快的特点，所以很快普及全国粮库。与此同时，为快速缓解我国仓容严重不足与粮食年产不断提高的矛盾，新粮仓的建设向“高大”发展，这便使仓内粮食的堆高也随之增加。当粮堆高度超过3.5～4.0m时，采用传统的AlP施药方式，由于PH3渗透性的限制而难以达到理想的熏蒸杀虫效果，此时便出现了环流熏蒸技术。另外，谷物冷却机的使用、粮仓机械化程度的提高，以及越来越多的仓储机械设备在粮库中的广泛应用，都促进了粮仓工艺这一新的学科的形成。当然粮仓工艺这门学科刚刚形成，还很不完善，随着仓储事业的发展，还会有很多新的内容充实其中。

根据我国粮食行业的整体发展与现状以及我国的国情，预计粮仓工艺在今后的发展中会出现以下几个趋势。

1. 粮食仓房进一步向高、大发展，单仓容量不断提高

这是快速缓解我国仓容严重不足及土地紧张等多方面矛盾的需要，同时也有利于提高粮食流通过程的机械化程度。但是随之而来的是高大粮仓的粮食安全储藏问题，因目前缺乏高、大新仓的安全储藏经验，所以只有在今后的实践中逐步积累。另外，仓型的改变也必然会对仓储工艺和设备提出新的要求，这些配套工艺与设备也必须同新仓同时研究和设计，否则必将增加新仓储粮的难度和不安全因素，甚至无法装粮，在这方面我们以前有过很多教训，应该吸取。

2. 粮食流通的“四散”化

散粮流通与粮食包装流通相比有明显的优点及显著的经济效益，美国、加拿大、澳大利亚及一些欧洲国家已实现了散粮流通。我国于20世纪70年代开始推广散粮流通，但由于种种原因，“四散”（散储、散装、散卸、散运）化进程非常缓慢，到目前为止，我国散粮流通量只占总流通量的15%，而且主要集中在进出口散粮码头。阻碍“四散”化进程的原因主要有：缺乏自动取样快速品质检测的仪器及方法，装卸设备产量低，缺乏专用

散装运输设施，散粮流通中的检斤设备不能满足连续流动的要求。但是尽管如此，粮食流通的“四散”化是发展的必然，是我国相当长一段时间的重要任务。有专家提出实现粮食流通“四散”应根据我国的国情，按地域分批分步进行。

3. 粮食仓库功能的综合化

粮食仓房的建设除了尺寸向“高大”发展以外，仓房还会向功能多样化、性能综合化发展。目前粮仓的建设正在改变长期以来在我国存在的建仓与使用脱节，仓房性能与普通建筑区别不大的状况，仓房的功能在增加，性能在提高，这将为我国广大的储粮工作者提供安全储粮的保证，也大大减轻了储粮人员的劳动强度，使得各项储藏技术均方便易行，这既是文明生产的需要，也是粮仓发展的必然趋势。

4. 粮食流通的各环节逐步实现机械化、自动化、智能化

科学技术及经济的发展目标最终是要解放生产力，将人从繁重的体力及脑力劳动中解放出来，所以说，粮仓工艺的发展目标也将是实现粮食流通的机械化，最终实现自动化，当然这其中有一个步骤与顺序的问题。首先粮食流通要实现“四散”化，“四散”是实现机械化的前提，而机械化又是最终实现自动化的前提，自动化加软件就是智能化。因此，粮食流通的机械化、自动化、智能化是一个循序渐进的过程，同时还要与技术、经济的发展协调一致。

第一章 粮食仓库的总体设计

第一节 粮库的类型

粮食仓库是指能够安全储存粮食、油料并配置仓储设施、设备的建筑物、场所。

粮食仓库有多种分类方法，在实际工作中最常使用的分类方法是根据粮库的性质和主要功能将其分成不同的类型；也可按照粮库的规模，主要指库容量大小进行分类。

一、根据粮库的主要功能分类

按粮库的性质和主要功能分类是我国普遍采用的一种分类方法，不同类型的粮库作业性质、仓房类型、机械化程度、所使用机械种类以及建库的位置等方面均有较大的区别。可将所有的粮食仓库分为以下几类。

1. 收纳库（收购库）

收纳库是指位于产粮区，直接对农户收购粮食、油料的粮食仓库。

收纳库的主要任务是承担国家向农民收购粮食并转运到其他中转库或储备库等。收纳库一般建在产粮区附近，靠近乡村，是中国仓储行业的最基层机构，在产粮区一般收纳库间距20～30km为宜。我国多数地区是以乡为界粮管所均属收纳库，全国约有数万个收纳库。

中国人口众多，因此农户手中的粮食约占全国总产量的70%，而占全国总产量30%的商品粮则是国家通过多种方式向农民收购的。农村粮食收购是粮食部门根据国家的有关政策，向农业生产单位和农户收购商品粮食的经济活动，是国家掌握粮源、宏观调控粮食市场的重要措施和手段。搞好粮食收购工作，对调动农民种粮积极性，密切党和政府与农民的关系，稳定物价，稳定市场，防备灾荒和其他意外事故，调剂余缺，保证人民生产需要等方面具有重要作用。目前，国有粮食部门的收购有四种形式，即国家定购、专项储备粮收购、议购、采购。前两种属指令性计划，第三种的主要品种的议购属指导性计划。随着粮食流通体制改革的步伐加快，国家定购计划将逐步减少，市场经营步伐将进一步扩大。

国家定购在1985年以前称为统购，后改为合同定购，1990年又改称为国家定购。农业税征收包括在定购总量以内。长期以来，我国农业税以征收实物——粮食为主，称作农业税征实，征收的粮食约占全国农业总额的85%。新中国成立初期，国家主要通过农业税征实来掌握粮食。20世纪60～70年代，农业税征收的粮食占国家征购粮食的20%～30%。农业税征收的粮食由粮食部门代为接收，随同统购、超购粮一起入库。

国家定购的粮种主要是小麦、稻谷、玉米和主产区的大豆四种粮种，各省、自治区、直辖市政府按国家确定的定购计划，合理安排分品种定购数量，逐级落实到县，由县、乡人民政府组织粮食部门，将定购计划在播种前将分品种定购数量落实到国有农场、农业集体生产单位和农户。定购任务的分配方法主要有：按商品田分配法，按人口和耕地平均分配法，参照以前3～5年的定购实际完成数量法。

国家专项储备粮收购制度是在 1990 年全国粮食丰收的情况下，为了保护农民利益，解决农民“卖粮难”，增加农民收入，同时也进一步增加国家宏观调控能力而采取的一项重要措施。国家专项储备粮的收购按国家专储计划实行定额收购，并严格执行规定的专储价格，必须收购农民手中的自产粮且保证为中等质量以上的当年新粮，便于国家长期储存和保管。

粮食议购是指国家粮食部门动用价值规律，收购农民在完成国家定购和专项储备粮任务以后的余粮。粮食议购是国家掌握粮源、调节市场的重要渠道，是国家平价粮食购销的补充渠道，也是解决农民销售粮食的一个补充途径。粮食议购是粮食贸易活动的基础，粮食部门根据上级主管部门的要求，除主要品种议购属于指导性计划范畴，其余部分进入市场流通。

贸易粮采购属国家计划外部分，市场采购粮食的来源除了当地市场外，主要依靠向外地市场采购。粮食采购渠道很多，采购的方式也多种多样。各粮食企业应根据自身特点及当时当地的具体情况合理选择，做到既能满足市场需求，又能减少资金占用和储存费用，取得最佳的经济效益。

粮食收纳库主要承担国家粮食定购和专储粮收购任务，一般建在较稳定的商品粮生产基地，且交通运输便利的地方。在我国，一般收纳库的规模较小，以房式仓、筒仓为主要仓型，机械化程度不高，装卸机械是主要的设备种类，有些地区必要的还配以清理和烘干设备。另外，在粮食生产分散、交通不便地区可设临时收粮点。库间距以 20～30km 为宜。

2. 储备库

储备库是指能较长时间安全储存粮食、油料以备紧急需要的粮食仓库。

（1）储备库的任务和性质　国家粮食储备库，是指由国家投资兴建，主要是储备、保管国家储备粮并经国家粮食部门批准命名的粮食仓库。从 20 世纪 50 年代中期开始建立粮食储备，至今已初步形成了以国家储备为中心，地方储备和农村储备相配套的粮食储备体系。粮食储备的作用，在不同经济体制下是有区别的。在计划经济体制下，建立的只是战略储备，数量很有限，其主要作用是应付突发事件，即“备战、备荒”，对市场的调节作用微乎其微，而对储备粮的管理控制基本是采用行政手段，以政府计划调拨的形式为主。但是，在社会主义市场经济体制下，除用于应付突发事件外，更多的是用于调节全国粮食市场，即调节市场供需总量，保持市场粮价稳定，保障粮食市场供应。同样对储备粮的收购、储存、调运、销售和进出口调剂等，都属于政策性业务，由国家粮食部门严格按照政府规定的政策进行管理和核算。粮食储备对中国经济发展和社会稳定发挥着重要的作用。

国家粮食储备库的性质为事业单位，这是根据粮食储备库的主要任务来确定的，即储备、保管国家储备粮，为国家粮食宏观调控服务，为国民经济服务。从经济活动来看，不以营利为主要目的，而是依靠财政拨给的国家储备粮油管理费用为主要经费来源。

国家粮食储备库是为国家储存、保管、调运国家储备粮的事业单位，但实行企业化管理。国家粮食储备库在承担各项主要任务的同时，也是依法自主经营、自负盈亏、自我发展、自我约束的经营实体，是独立享有一定民事权利和承担一定民事义务的法人单位。

（2）国家储备库应具备的条件　命名国家粮食储备库，并建立相应的管理体系，是国家储备粮制度自我完善的需要，是粮食储备工作的进一步发展，只有既掌握粮食储备，又掌握粮食仓储设施，才能真正做到有效实行粮食的宏观调控，从而促进国民经济稳定、持续、高速发展。国家粮食储备库的命名，必须具备以下四个条件。

①在主要粮食产区或重点粮食销区，有利于国家粮食宏观调控。

②在主要铁路沿线或常年通航的水路沿线及具有战略意义的交通枢纽，有利于粮食灵活调度。

③仓容量在2.5万t以上，仓房质量较好，库区总体布局合理，设施比较完备，有利于粮食安全储存。

④领导班子强，职工队伍素质好，仓库管理水平较高，经济效益较好。

（3）国家粮食储备库的特点　国家粮食储备库是完成国家粮食储备的主体，是国家粮食储备体系的重要组成部分，因此它们与其他粮库比较有不同的特点。

①国家粮食储备库主要承担着存储国家储备粮的任务：这是在功能及作用方面与其他粮库的不同之处，国家粮食部门要求各地把国家储备粮集中到国家粮食储备库储存和保管，使国家储备粮应占国家储备库库存的50%以上，使这些库成为国家储存储备粮的基地库或中心库、骨干库；粮食储备库中粮食的储存期长，周转率低。

②库的规模较大：除极少数由于特殊原因外，绝大部分国家粮食储备库仓容均在2.5万t以上，其中有相当一部分为库容量在5万t以上的大型粮库。而且这些库总体布局合理，仓房质量好。

③库点布局比较合理：根据国家粮食部门的规划，大部分粮食储备库分布在粮食生产比较稳定、商品率比较高、商品量比较大的粮食生产区和重点粮食销区。

④交通运输便利：为了有利于粮食的灵活调度，粮食储备库大部分是建在铁路沿线或常年通航的水路沿线等具有战略意义的交通枢纽。

⑤职工整体素质及管理水平较高：在已命名的国家粮食储备库中，职工文化水平、业务能力及管理水平较高，其中有相当一部分为国家二级企业或省级先进单位。

（4）国家储备库的储藏管理工作　国家储备粮由国家粮食局根据国务院的安排具体下达入库计划，各地按照通知入库的时间、品种、数量及时组织入库。国家储备粮的动用权利属于国务院，未经国务院批准不得擅自动用。储备粮的轮换权属于粮食部门，对于必须轮换的储备粮，50万kg以下的应报请省、自治区粮食厅（局）批准，50万kg以上的应报请国家粮食局批准，方可轮换。轮换以储备粮油品质控制指标或储存期限为依据。

国家储备粮与地方储备粮及其他用途的粮食必须严格分开并单独分仓储存，单独立账，单独统计上报。粮油储藏业务以“一符”“三专”“四落实”“四无粮仓”为中心，并根据国家粮食部门公布的技术规范、管理规定、管理办法等做到储备粮的保质、保量。

“一符”：账实相符；

“三专”：专仓储存，专人保管，专账记载；

“四落实”：数量落实，质量落实，品种落实，地点落实；

“四无粮仓”：无害虫，无变质，无鼠雀，无事故。

储备库应配备有装卸、输送、称重、清理及烘干等常用仓储机械设备，落实储藏期间应充分利用地下及自然低温条件，或配备固定式、移动式机械通风及机械制冷设备确保储粮品质。储备库的仓型以仓容较大的圆仓、高大房式仓为主。

3. 中转库、港口库

中转库的主要任务是由铁路、公路、水路接待来自收纳库的粮食或接收、转运进出口粮食，同时也担负大宗粮的集散、短期储存、直接将粮食发放到加工厂的任务，因此中转库往往是粮食收购与储备、收购与加工、收购与贸易的中间环节。粮食中转库具有作业量大，周转系数高的特点，对交通条件及粮食装卸输送的机械化程度要求较高。所有粮食中转库一般建在交通枢纽或港口，库内常设铁路专用线或专用码头。中转库的机械化程度和自动化程度均较高，库内除有一定数量的输送、装卸设备外，还应具备一些必要的干燥和清理设备，以完成粮食干燥和最终的清理工作。粮食中转库的仓型以机械化程度高、仓容大的筒仓居多。由于中转库的装卸运输作业量大，年周转量一般在 15 万 t 以上，所有机械设备利用率高，经济效益也相应好一些。

港口库由于其建库位置的特殊性和便利性，其主要作用、性质、特点均与中转库相似，但比一般的中转库所完成的粮食进出口量要大，年周转量也会高些，所以其经济效益应好于一般的中转库。

4. 原料库、成品库

原料库、成品库是指位于粮食加工厂内或附近，为加工厂存放原料和成品的粮食仓库。

此类粮食仓库多为粮食加工厂的附属粮库，或被称作生产库，常常为工厂的一部分而并非单独设立的粮库。其主要任务是为粮食加工厂储存原料或储存加工后的成品粮，保证加工厂的均衡生产、合理的加工工艺及稳定的产品质量。原料库、成品库的库容量应根据粮食加工厂的设备产量、加工能力及产品的销售情况而定，一般来说库容不大。原料库多为散装且周转快，以筒仓、浅圆仓为宜；而成品粮以包装居多，特别是面粉加工厂，所以成品库以房式仓、楼房仓为宜。另外原料库、成品库粮食进出频繁，所以库内的机械设备主要是装卸、称重设备。

5. 城镇供应库

在社会主义计划经济体制下，为了保证城镇居民的日常用粮和工业生产用粮，在城市中居民居住密集区所设置的粮食仓库一般称作粮食供应库。供应库的主要任务是保证为居民供应口粮、军队用粮、粮食加工厂用粮。此类粮库多建在城市工业区，以接收保管成品粮为主，对仓房的储藏性能要求较高，粮食的储藏期较短，经营量较大，且粮食的品质控制比较困难，仓型以房式仓、楼房仓居多。

供应库的库容量应根据供应区的大小、居民的数量而定，一般大中城市的供应库的库容量应保证 6 个月的供应量，小城市供应库的库容量应保证 3 个月的供应量。

但是随着粮食行业的不断改革及社会主义市场经济的建立，目前单纯的城镇粮食供应库已很少，原来的供应库正向着多功能、综合性粮库发展。

6. 贸易库、期货交割库

粮食贸易库是随着我国社会主义市场经济的逐步建立及粮食市场的活跃和粮食流通领域的形成而出现的一种粮库类型，其主要任务是暂存贸易粮，根据市场情况来确定粮食的出入。粮食储藏期间的特点是对品质要求高（包括国内销售及出口粮），储期相对储备粮要短，但具体期限不定，有时也可能较长，储存量也不确定。

期货交割库是在粮食期货市场在我国建立以后，由期货交易所指定所筹建的专门用于期货交割的粮食仓库。此类粮库一般不单独设立而是租赁当地的粮食仓库中的一些仓房，其特点与贸易库相似。

贸易库和期货交割库粮食进出频繁，处在一种动态下储存，给粮食的品质控制带来一定的困难，但此类粮库一般经济效益较好，储粮设施完善，仓房条件好，管理水平先进。

7. 综合性库

目前，我国大多数粮库，特别是一些规模较大的粮库均具有多种功能，性质较为复杂，很难将它们划分为哪一类，所以可以称它们为综合性粮库。如大多数大型储备库，除承担国家粮食储备的任务外，也进行贸易粮或加工厂的原粮及成品的储存，甚至可能是当地粮食期货交易所指定的交割库。

此类粮库经营量大，经济效益好，储粮设施比较完善，仓型多样化，仓房条件较好，符合“以本业为主，开展多种经营”的发展方向。

但是在综合性粮库中，对于不同性质的粮食要分开储存，分别管理，特别是国家储备粮一定要单独存放，单独管理，不得擅自动用，以做到保质保量。

二、根据粮食仓库的规模分类

除按照粮库的功能和性质进行分类外，还可按照仓容对粮库进行分类。自 1998 年以来，国家在粮库建设上不断投入，大大提高了我国的粮库规模。根据 2001 年的粮食仓库标准条文，按粮库的总仓容量可划分为以下三类。

一类库：指仓容量在 15 万 t 以上的粮库；

二类库：指仓容量在 5 万 ~15 万 t 的粮库；

三类库：指仓容量在 2. 5 万 ~5. 0 万 t 范围内的粮库。

第二节　粮库库址的选择

粮库库址的选择是粮库基本建设中的关键问题之一。库址选择的合适与否，对粮库建设中以及建成后的使用期间及使用效益，均会有一定的影响。它不仅对粮库建设的投资总额、建库速度以及建成后的生产成本、经营管理起着决定性影响，而且会影响到库区周围其他企业的生产、居民生活条件等。粮库库址的选择是一项涉及政策、经济和技术的综合性工作，必须谨慎对待。

一、库址选择的原则

1. 符合国家和地方的规划要求

随着城市建设的快速发展，原有粮库、油库可能会因不能满足城市的发展和规划布局，需重新规划建设。库址选择应根据国家建设的方针政策和工业布局的要求进行，并与当地的城镇建设规划相结合，符合城镇建设发展规划要求的同时要尽可能节约用地，节约投资，提高投资效益。另外，建库必须具有可行性研究报告和设计任务书，以及上级机关审批下达的建设文件。

2. 符合生产工艺及技术要求

（1）粮源充足　粮库库址应选在粮源充足的地方或附近，或建在粮食的主销区，这样可保证原料稳定，即便是在销区，也相对稳定、长期、固定的产销需求。同时，还可充分利用仓容，提高仓房利用率，同时又可缩短车船运输距离，减少运输费用，避免造成仓容浪费或运输费用过高的现象。另外，还应注意建库的规模应与粮源大小相适应，不可盲目建造大型粮库。

（2）符合粮食流通方向，交通便利　在选择粮库库址时，应考虑粮源、粮库及销区的相对位置符合当地粮食流向以减少粮食的往返运输，提高经济效益。

粮食是一种体积和重量均很大的物资，且一般情况下，储量及运输量较大，因此应选择交通便利的地方建库。目前我国的粮食运输主要有三种形式，即铁路运输、水路运输及公路运输。选择时，应根据粮源、流向、运量、运距、装卸条件等因素，进行综合技术经济比较和论证后择优确定。

铁路运输具有运能大、速度快、运行稳定、调度灵活、运费递远递减等特点。目前铁路运输是粮油食品调运的重要方式，有条件时最好建铁路专用线。为了减少铁路专用线的投资及缩短工期，选择库址时应考虑：库址应尽可能靠近当地火车站或已有的铁路线，库区地势最好与车站或原铁路线相同，库区与火车站或铁路线间应尽量避免河流、谷地、交通干线等复杂情况。

水路运输的特点是载运量大、运价低廉、线路稳定。有水运条件的园区，应优先采用水运。码头的长度要适当，以保证码头繁忙季节的需求。

公路运输机动灵活、装卸方便、适应性强。在粮食调运中，突击集运、短途运输等情况多用公路运输。近年来，随着我国交通设施的快速发展，已形成以省与省、市与市间高速公路为主体，连接各城镇和乡村的公路网，公路与铁路、水路干线相配合，构成了纵横全国、四通八达的运输体系。粮食的公路运输承担着铁路、水路运输的集散任务，是粮食运输的重要方式。

在确定粮食运输线路及方式时，应因地制宜，从实际出发，根据运输线路长短、运输量大小、不同运输途径的费用等，选择最佳运输方案，以缩短粮食运输的总距离，减少回流及搬倒次数，减少运输总量的原则，达到降低运输费用的目的。一般来说长距离大批量运输粮食应首先考虑采用价格低廉的水路运输方式，如果不具备通航条件，可采用铁路运输，而公路运输价格较贵，不适宜长途运输，但其方便，运输周期短，所以适合量小的短距离输送。

（3）地形、面积、地势要求　库区形状应根据具体情况而定，建库基地的形状应考虑方便于建筑物的摆布、库内粮食的运输与管理，并尽可能整齐美观。根据经验库区形状以长宽比约为3∶1的矩形比较理想，长向用于库内输送主干线，干线两侧均可平行布置各类建筑物，既美观整齐，又便于管理。

库区征地面积应以能容纳拟建设的所有项目，并同时考虑为以后的发展留有余地，当然过多地征地，将会增加建库投资，造成不必要的浪费。征地时还应尽可能不占或少占耕地，利用荒地和山坡建库。如果库内的建筑是分期施工建造的，要注意同期工程应尽量集中分布，以利于日后的管理和使用。

一般库区的面积大小可用占地建筑系数和场地利用系数确定。其计算公式为：

$$K_1 = \frac{A_1 + A_2 + A_3}{A_5} \times 100\% \tag{1-1}$$

$$K_2 = \frac{A_1 + A_2 + A_3 + A_4}{A_5} \times 100\% \tag{1-2}$$

式中：K_1——占地建筑系数；

K_2——场地利用系数；

A_1——临时储粮设施占地面积，m^2；

A_2——建筑物占地面积，m^2；

A_3——露天操作场地面积，m^2；

A_5——库区总面积，m^2；

A_4——库区道路占地总面积，m^2。

一般情况下，K_1应控制在25% ~50%，K_2应控制在50% ~70%，根据K_1、K_2及初步设计的A_2、A_1、A_3、A_4可粗略算出库区面积A_5，从而确定合理的征地面积。

库区的地势对粮库使用期间库区的排水、仓内的防潮都有一定的影响。地势平坦且稍高于周围地势有利于保持仓内的干燥，若库区能有0.4% ~0.5%的坡度，则有利于库区的排水。

（4）工程地质、水文地质条件　应具有良好的工程地质和水文地质条件，不宜选择在抗震设防为9度的地震区，应避开有泥石流、滑坡、洪涝等直接危害的地段，以及Ⅳ级自重湿陷性黄土和Ⅲ级膨胀土等工程地质条件不良地区。应避开地上高压线与地下光缆，宜避开重大障碍物。

粮库中的仓房尤其是筒仓、浅圆仓及楼房仓，自重大，负荷重，所以对土壤的压力较大，地耐力最好在$20t/m^2$以上，而一般仓房要求地耐力不小于$15t/m^2$。同时库址还应避免选在淤河、土崩、流沙层、断层、矿区、溶洞等复杂地质区。此外，粮库地址应避免选择国家规定的风景区、文物古迹保护区等地。

库址的地下水位最好低于地下室、地坑和地下通道、地槽的深度。库区地面水的排放要进行专门设计，保证排泄畅通。库址选在江河沿岸时，库区建筑物和道路的标高应高出50年内最高洪水水位0.5m以上。

3. 安全卫生要求

粮库选址应远离污染源及易燃易爆场所，应选择在污染源全年最小频率风向的下风侧，并保持一定距离，以确保粮油在储运过程中不受污染。为了保证库区安全生产，满足库区卫生要求，同时也应考虑对周围居民区的影响。选择库址时应符合以下几方面的规定。

（1）距含有害元素的矿山、炼焦、炼油、煤气、化工、塑料、橡胶制品及加工、人造纤维、油漆、农药、化肥等排放有毒气体的生产单位，不少于1000m；距屠宰场、集中垃圾堆场、垃圾处理厂、污水处理站等单位，不少于500m；距砖瓦厂、混凝土及石膏制品厂等粉尘污染源，不少于100m。

（2）如周围有居民住宅区和大型公共建筑，库址则应位于当地夏季最小频率风向的上风向，与粮食加工厂、油厂、酒精厂等的距离大于100m，与食品厂、啤酒厂、炼油厂的距离大于50m。

（3）对生产、储存易燃、易爆物质的企业、库房，与粮库之间的距离应保证有符合现行防火规范的距离。粮库内仓房之间也应留有足够的消防通道。根据国家防火规范的规定，各类库房的防火间距见表1-1。

表 1－1　　**丙、丁、戊类仓库的防火间距**　　单位：m

防火间距		单、多层厂房（仓库）耐火等级		
		一、二级	三级	四级
单、多层丙类厂房耐火等级	一、二级	10	12	14
	三级	12	14	16
	四级	14	16	18

高层库房之间、高层库房与其他建筑之间的防火间距应按表 1－1 增加 300m。

根据国家的防火规范规定，粮食仓房的耐火等级应为二级，粮食仓库应为丙类火灾危险性物品库。

（4）库内若要建造立筒仓及工作塔等较高的建筑物，应避开飞机场及飞机航道，否则其高度应取得航空部门的同意。

4. 其他方面

在选择库址时，还应考虑与周围现有企业和近期内计划建设的企业协作的可能性，可共同建设公共设施、居民住宅等，也可寻求原料、产品综合利用的协作，这样可减少投资，提高经济效益。

另外，在选择库址时还应考虑到水、电、生活物资、生产物资的供应方便，便于施工。最后还应到当地有关部门了解气象方面的有关资料，主要是当地的风玫瑰图。

风玫瑰图是根据当地气象部门多年统计的年平均或夏季各风向出现的日数（称作频率），按一定的比例，标在相应的风向线上，用直线连接各点而绘制成的闭合曲线。在风玫瑰图中可以了解到当地全年及夏季各风向的频率，出现频率最高的风向即为当地的主要风向。图中一般用 8 个或 16 个方位表示风向，图中的风向是指从外面吹向地区中心的。玫瑰图中的实线，表示全年风向频率平均值；虚线为每年夏季平均值。典型的风玫瑰图如图 1－1 所示。

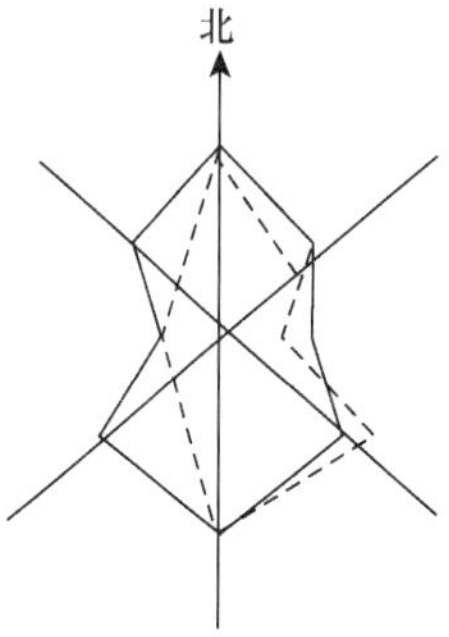

图 1－1　风玫瑰图

建库地段的选择必须从以上诸方面进行全面的技术经济分析和多方案比较，周密考虑，最后确定比较经济合理的方案。但是实际上，可以说现有的粮库库址没有一处完全、理想地全部满足以上要求。在选库址时，应根据粮库的具体情况和特点，先确定主要的影响因素，然后根据这些因素来选择合适的库址，而次要因素也应予以适当地考虑。

二、库址选择的工作程序

1. 选址前的准备

（1）组织准备　组织选址工作组，一般大中型粮库的选址工作应由上级主管部门主持，工作组由建设、设计、勘探等有关单位的人员组成。

（2）技术准备　工作组要为以后的工作做好技术资料的准备，包括深入了解计划任务书的内容，编制工艺布置方案及工艺流程图，对库中各项重要指标进行估算（如：各建筑物面积和外形尺寸，粮食的品种、数量、运输量、动力消耗、职工人数等）并拟定收集资料提纲，一般包括地形、气象、资源、交通运输、地质、周围地区的市政建设及规划、农业生产情况、施工条件、水文、给水、排水和供电等方面。

2. 现场调查踏勘

现场调查踏勘工作主要是具体落实所选库址的条件。首先应取得当地各级政府和有关部门的支持和协助，向有关部门搜集库址地段的详细资料，如地形图、气象资料（气温、风玫瑰图、风力、积雪量、土壤冻结深度、降雨量等）、水文资料（最高洪水位、附近河流流量、水质、水污染情况等）、地质资料（地层钻探资料）、地震烈度等自然条件资料和相关的其他资料，然后进行深入细致地实地调查，核对所查找的资料，进一步了解库址及周围的有关情况，必要时还应作初步钻探，以使建库条件更加可靠。

3. 编写选址报告

根据现场查勘资料，对所选库址进行综合分析、比较，编写出选址报告，与建库初步设计同时报送上级主管部门审批。

选址报告的基本内容包括：粮库规模和选址经过，建库地区的概括，各厂址方案的比较（厂址特点、建设费用和经营费用），结论，推荐厂址方案。选址报告中应附当地领导机关同意建库的文件、各种协议文件（如铁路接轨、供水供电、污水排放等）、厂址位置图、总平面布置示意图等。

第三节　粮食仓库容量的确定

一、库容量的概念

粮食仓库的库容量指库内可能容纳的粮食总数量，其中包括仓内粮食、罩棚内暂存的粮食及露天储藏的粮食。实际上库容量真正代表了一个粮库的规模大小及业务量。新建的粮库，特别是国家储备库的库容量是由上级部门按国家计划下达的，而地方筹资建造的粮库其库容量也应该是报请上级主管部门批准的，所以一般来说新建粮库的库容量不能随意变动，应按照上级给定的规模建库。

有些粮库在使用中库容量不足，不能满足储粮需要，可适当地扩建库容。扩建库容量应根据实际情况而定，可根据下式初步确定：

$$m = K_1(m_1 - m_2 + m_3) \tag{1-3}$$

式中：m——总库容，t；

K_1——发展系数；

m_1——入库高峰期平均入库总量，t；

m_2——平均出库总量，t；

m_3——库存量，t。

库容量应与粮库的入库、库存量相适应，数量要适当。另外，库容量还与粮库粮食的周转系数有关：

$$K_2 = \frac{m_4}{m} \tag{1-4}$$

$$m_4 = \frac{m_1 + m_2}{2} \tag{1-5}$$

式中：K_2——粮食的周转系数；

m_4——年周转量，指仓库一年间接收粮食总量（m_1）与发放总量（m_2）之和的一半，t；

m——粮库库容量，t。

仓库的年经营量（吞吐量与年平均库存量之和）和粮食的周转系数常用于说明粮库的经营状况及经济效益，它们也与库容量的确定有关。当然对于性质不同、功能不同的粮库来说，周转系数可能相差很大，所以库容量的确定还与粮库的类型有关。

二、不同类型库容量的确定

不同类型的粮库由于其性质不同，所以粮食的周转系数也相差很大，在建造时应注意合理确定库容量。

1. 收纳库

收纳库的收购和发放可分为两种情况，第一种情况是粮食收购期间不向外发粮，此类收纳库一般应保证收购的粮食有 80% 在仓内库存，如果考虑到此时可能还有 10% 的库存，那么，这种收纳库的容量应为收购期收购粮食总量的 90% 左右。第二种情况是在粮食收购期间大量向外发粮，这时收购的粮食要保证有 60% 存于库内，加上原有 10% 的库存，所以此类收纳库的库容量应确定为收购期收购粮食总量的 70% 左右为宜。

2. 中转库

中转库一般均有很强的接收、发放能力，吞吐量大，周转系数较高，约在 7 以上，因此，中转库的库容量一般不需太大，以不大于其中转量为宜。另外，中转库的库容量还与接收不同运输方式来粮有关，如水路来粮，特别是海港码头接收外轮来粮，船的装载量大，要求卸船速度快，所以库容量应稍大些。若常接收的是火车来粮，库容量可以小一些。

3. 储备库

储备库的库容是国家统一规划而决定的，或是根据各级粮食储备量而确定的。储备库中仓容大部分是用于储藏储备粮的，这部分储粮稳定，周转系数低，一般只有 0.3 左右。粮食平均 5 年左右才周转一次，长期压占仓容，所以储备库的库容较大。

4. 原料库、成品库

原料库、成品库的库容一般是由各生产企业根据自身的生产能力及产品的销售情况而定的，即由生产企业的生产规模及销量而确定原料库、成品库的容量。一般的原料库库容量应保证生产企业 3 ~4 个月的加工量，成品库容量应为加工厂一星期的加工成品量。

5. 城镇居民供应库

供应库的库容应根据供应辖区人口的多少来确定，一般以供应全体消费者半年的供应量为基数再乘以不均衡系数 1.5。不均衡系数主要是考虑到半年内可能出现的特殊情况，如一些突发事件及大型的节假日等。

6. 港口库、贸易库

一般的港口库、贸易库的性质与中转库相似，但其周转系数稍高于中转库，常在 10

以上，所以港口库、贸易库中粮食的周转更快，库容相对小一些，库容量还应根据库的年周转量具体确定。

第四节　粮库总平面设计

库址一经选定后，接下来就要进行库区总平面设计了。这是一项十分重要的工作，涉及的面很广，所要处理的问题错综复杂。有许多因素会影响到最后的平面设计方案，如工艺流程、运输方式、库区的地形地貌、气象条件、防火及卫生要求、动力供应情况、施工条件、当地的远景规划及企业今后的发展等。进行粮库总平面设计时应综合考虑这些因素，抓主要矛盾，可做出多个方案，进行分析比较，从中选出最佳方案。总平面设计方案是否合理可行，不仅关系到投资大小、施工的难易及库的寿命，而且关系到生产安全、运行的经济效益，职工生活及周围环境等许多方面。因此，粮库的总平面设计是一项非常重要的工作，设计时一定要慎重。

一、总平面设计的内容

粮库总平面的设计，应根据各粮库的性质、规模和储粮工艺的不同，结合库地段的具体情况和条件，经济、合理地布置库区的各种建筑物和设施，做到布局合理、便于管理、输送距离短、节约用地和资金。

1. 粮库区域平面布置

主要包括建筑物、构筑物和其他设施的平面布置及间距的确定，以及粮库功能区域划分。

2. 粮库内外交通运输系统的合理组织与布置

主要包括选择合理的库内外交通运输方式、库内运输系统的布置、人流及货物流的组织等。

3. 库区的立体布置

主要包括各建筑物、构筑物、道路、各种工程管网的设计及其高度、库区地形坡度及改造以及防洪排水等方面。

4. 工程管网的布置

根据生产工艺要求及结合库区具体场地条件，确定地面、地下工程管道的铺设路线间距、深度等。

5. 库区绿化设计

这是关系到粮库使用期间的整体面貌、卫生情况的工作。

粮库总平面设计是一项综合性很强的工作，涉及很多不同的专业知识，也需要与一些其他部门的协调合作和密切配合。

二、粮库平面布置的原则

1. 库区总平面布置的一般规定

（1）总平面布置应符合当地的城市规划，并应满足国家有关建设用地控制指标规定。

（2）总平面布置应根据生产流程合理进行功能分区；各功能区内单项工程布置应紧凑

合理；生产相关的功能区之间及单项工程之间应物料流向合理，线路短捷，物流、车流、人流通畅。

（3）各建（构）筑物之间的距离，应满足生产作业要求和消防、环保等对其间距的要求；生产性质相近的建（构）筑物宜联合多层布置。

（4）应根据地形、地势、工程及水文地质条件，交通组织与工艺流程等要求，合理布置建（构）筑物和有关设施，减少土（石）方工程量和基础工程费用。

（5）应结合当地气象条件，使建（构）筑物具有良好的朝向，具备自然采光和通风条件，满足安全卫生、节能环保要求。

（6）园区出入口的位置和数量应根据企业的生产规模、总体规划、园区用地面积及总平面布置等因素综合测定，其数量不宜少于2个。

（7）建设项目分期实施时，总平面布置应符合下列要求：

①近、远期工程应统一规划，近期工程应集中、紧凑、合理布置，并应与远期工程合理衔接。

②预留发展用地应尽量规整，不应修建与预留发展不相符的永久性建（构）筑物等设施。

2. 平面布置的具体要求

（1）满足工艺流程和管理的要求　企业性质、生产工艺流程和管理方案是粮库总平面布置的依据。库区各建筑物、构筑物、交通运输系统、各种设施的布置，首先应满足生产工艺及管理要求，优化布局，以保证生产线的连续性、安全性、经济性。

粮食仓库的主要作业是储存与进出仓，这些工作也可以像其他工业一样称之为生产。为了有利于生产中各个环节的连续性，首先应确定粮库内主要建筑物——粮仓在场地上的适当位置，其他辅助建筑如接收、发放设施、清理、烘干、称重设施、工作塔等则应布置在与主要建筑物相适应的位置上，尽量使主、辅建筑物配合协调，布局紧凑。库内输送距离短，往返运输、管理方便，工艺流程简单，粮食流向要简明。

粮食仓库在平面布置时，要特别注意减少短途倒运或缩短倒运的距离。因此，运输量较大的车间、仓库和货场，应靠近主要生产干道及原粮入口、成品出口处。需要利用铁路输送时，这些建筑设施应尽可能沿铁路线布置。

另外对于不同性质和不同管理方案的粮库，应采用不同的平面布置方案。如：中转粮库其作业形式主要是对粮食的转运，而非长期储藏。较为合理的平面布置应该使输入粮食流与输出粮食流直接衔接，不经过仓房等中间环节。所以在平面布置时，应将进库的粮食直接到发送货位，不进仓库，仓房仅作为输入和输出不平衡时调节之用，因此仓房数量应较少。而对于功能较多的综合性仓库，平面布置应分区布置，以免发生混乱。

（2）合理进行库区内的功能分区　粮库内一般的分区有：仓储作业区，辅助作业区，行政管理区和职工生活、文化区等。其中仓储作业区是粮库的主区，主要包括储粮仓房、检化验室、露天垛货场等；辅助作业区主要是为仓储作业服务的建筑物、构筑物、车间、机械设备及运输车辆、变配电室、器材库等；职工生活、文化区主要包括生活服务机构、娱乐场所及其他后勤服务部门，如职工宿舍、食堂、幼儿园、俱乐部等。

在库区进行功能分区的同时，还应使建筑物、构筑物外形要适应地形条件，布置紧凑，节约用地。也可将一些生产性质、防火安全、卫生要求、动力供应、运输条件相类似的建筑物、构筑物合并成组或建成多层建筑，这样可节约投资，节省劳力，节约用地。

总平面布置应结合库区地形、地质、水文等条件，力求降低工程费用。坡度较大的库区，可将建筑物、构筑物分台阶布置，减少土方挖填量。生产区运输繁忙、施工复杂的建筑物应布置在平坦、地质良好的地段。荷载大的建筑物、构筑物应布置在土质良好地段。地下管网少而基础较多较深的建筑物、构筑物应布置在挖方和地下水位较低的地段。道路、堆场可利用填方地段。

（3）满足防火安全的要求　粮库内的建筑物除应满足防火、防爆的要求外，在总平面布置时，各厂房、仓库及与铁路、道路的间距应符合建筑设计防火规范的有关规定。

在我国工程设计防火规范中所规定的库房防火间距是根据库房建筑的耐火等级的不同而确定的，而建筑物的耐火等级要求是根据物品库的火灾危险性而确定的。中华人民共和国《建筑设计防火规范》（GB 50016—2014）规定，粮食筒仓的耐火等级不应低于二级，二级耐火等级的粮食筒仓可采用钢板仓；粮食平房仓的耐火等级不应低于三级，二级耐火等级的散装粮食平房仓可采用无防火保护的金属承重构件。

粮食筒仓与其他建筑、粮食筒仓组之间的防火间距，不应小于表 1－2 的规定。

表 1－2　粮食筒仓与其他建筑、粮食筒仓组之间的防火间距　单位：m

名称	粮食总储量 m/t	立筒仓			浅圆仓		其他建筑		
		$m \leq$ 40000	40000 < $m \leq$ 50000	$m >$ 50000	$m \leq$ 50000	$m >$ 50000	一、二级	三级	四级
立筒仓	500 < $m \leq$ 10000	15					10	15	20
	10000 < $m \leq$ 40000		20	25	20	25	15	20	25
	40000 < $m \leq$ 50000	20					20	25	30
	$m >$ 50000			25			25	30	—
浅圆仓	$m \leq$ 50000	20	20	25	20	25	20	25	—
	$m >$ 50000			25			25	30	—

此外还规定，库区围墙与库区内建筑的间距不宜小于 5m，围墙两侧建筑的间距应满足相应建筑的防火间距要求。

（4）满足卫生方面的要求　卫生要求相近的车间、仓房等建筑应集中布置，应布置在库区最小频率风向的上风向，即主导风向的下风向，并注意不危害临近企业；而库区内的管理区、生活区一般考虑布置在夏季主导风向的上风向，这主要是因为夏季需开窗通风，更容易受到附近污染。各地区的全年风向及频率资料可由气象部门绘制的风玫瑰图提供。

在决定建筑物的方位时，应注意保证库房及车间内良好的通风和采光条件，可使建筑物的长向纵轴线与主导风向成垂直或不小于 45°的夹角，并应有良好的日照。夏季炎热地区，粮仓应避免日晒。根据我国的地理位置特点，粮仓朝向一般应以南偏东或正南向为好。

（5）满足粮库内外交通运输的要求　铁路专用线应沿库区的纵轴长向布置，从库区一端引入，在另一端终止出库。库内的公路应合理设计，输送线路应力求最短，采用直线环形式为好，其走向以与仓房建筑物相平行为宜。如果采用单纯的直线式，在终端应设置回车场以方便汽车调头。另外库内外的交通运输线路要注意合理衔接。

（6）满足良好的绿化、净化和美化的要求　绿化可以起到减少空间粉尘、降低噪声、减少太阳辐射、增加空气湿度、降低冬季风速、防止土壤流失、吸收有毒气体、美化环境等多种功能。所以在不影响生产、运输，不妨碍地下、地上管道及线路的情况下，做好库区的绿化，以达到其综合的多种功能。当然，粮食仓库区的绿化还要注意本身的一些特点，如地下仓仓顶及仓体的近距离内不能种树，特别是根系较发达的树种，以免破坏仓体结构，影响仓体使用寿命，甚至报废。

三、粮库总平面设计

在进行库区总平面设计之前，应先将全库的建筑物、构筑物及各种设施，根据其用途、性质、运输形式、防火和卫生条件等方面进行分类，以便将性质、作用和要求相同、相近，生产中联系紧密的设施放在一起或一区。根据库内设施的主要作用和性质，一般可将粮库内的建筑物、构筑物分为以下三大类。

第一类：生产性建筑物、构筑物，主要包括一类对粮库工作起着重要作用的建筑物如仓房、工作塔、烘干塔、称重设施、清理设施、品质检测中心等。

第二类：辅助建筑物，指一些生产关系较密切或是一些服务于生产的建筑物，如机修间、配电房、材料库、药品库、水泵房、锅炉房、消防池等。

第三类：行政管理和生活文化建筑物，此类设施一般包括办公楼、医务室、门卫、宿舍、食堂、浴室、车棚、车库、运动场、俱乐部等。

1. 生产性建筑物、构筑物的布置

（1）主要建筑物、构筑物的布置　粮库中的主要建筑物指粮仓及必要的清理、称重、干燥等设施，这些都是粮食仓库的主要组成部分，对生产、运输、管理、费用都有很大影响，在进行平面布置时，必须重点考虑，慎重设计。一般来说，主要建筑物在使用时粮食的输送量大，进出频繁，所以应分级储粮工艺流程沿库内主要干道布置，以使工艺路线较短，粮食输送、出入方便。另外应考虑将产生有害气体、烟、尘的主要建筑物布置在当地主导风向的下风向。

在库区计划建设铁路专用线的粮库，首先应布置好专用线，而主要建筑物应沿铁路线一侧或两侧布置，建筑物长向纵轴可视具体情况或布置成与铁路专用线平行，或布置成与铁路专用线垂直。如果批量运输以水路为主，则主要建筑物应沿河岸布置，可与河岸平行也可与河岸垂直。如果是储存桶罐的仓库，应在其外围留有适当的堆放场地。

（2）仓储设施布置应符合下列要求。

①应根据园区性质和工艺作业要求合理确定规模与仓型。

②用于储备的粮食仓库，宜布置在地势较高、地下水位较低、车流相对较少的地段。

③粮食中转设施应结合铁路、码头等交通运输设施合理布置。

④油脂储罐区应设置防止液体流散的设施。

⑤油脂储罐与其泵房、装卸鹤管的防火间距应满足相关规范的规定。

2. 辅助建筑物的布置

粮库的辅助建筑一般包括机修车间、变电所、材料库、药品库等，对于原粮库其辅助建筑则有接收站、升运塔等。辅助建筑是与生产性建筑关系密切及服务于生产性建筑的，因此应根据生产及仓储工艺的需要布置，靠近关系密切的主要建筑物或与主要建筑物的相对位置要协调，有利于它们之间的配合，并要靠近粮食的进出口处。

（1）辅助生产设施的布置原则

①变电所的布置原则：便于高、低压线的进出；宜靠近其负荷中心或主要用户；避免设在有强烈振动的设施附近；不得与卫生间、浴室等经常积水场所紧邻或位于其正下方；避免布置在多尘、有腐蚀性气体和有水雾的场所，并应位于多尘、有腐蚀性气体场所全年最小频率风向的下风侧和有水雾场所冬季盛行风向的上风侧。

②锅炉房布置原则：应满足当地环保、规划部门要求；宜布置在园区全年最小频率风向的上风侧；燃煤锅炉房应设贮煤与灰渣的场地，场地宜布置在锅炉房全年最小频率风向的上风侧，具备方便的运输条件。

③机修车间布置原则：园区内的公用修理设施，宜集中布置；车间维修设施，应就近布置；宜设置维修场地。

④堆场布置原则：根据储存物料的性质，按类别相对集中布置；应具备方便的运输、装卸和管理等条件；场地应有良好的防火、排水设施。

⑤消防设施布置原则：消防水池（罐）宜设在火灾发生时用水量最大的地方；供消防车取水的消防水池应取水方便，其保护半径不宜大于150m；消防泵房宜与消防池（罐）紧邻，且方便消防管网进出；消防泵房不宜建在有爆炸危险性设施附近。

⑥地磅房布置原则：应设在货流出入口附近；地磅前应考虑车辆停车等待的场地；地磅进车端的道路，应为平坡直线段，其长度不宜小于两辆车长，在困难条件下，不应小于1辆车长；出车端的道路，应有不小于1辆车长的平坡直线段。

（2）各类辅助设施的布置　机修车间应靠近机械设备比较集中的仓房及工作塔，并尽可能考虑靠近材料库和工具库。机械车间因修理时需电焊有明火，因此应远离易爆车间和仓房，车间外应留有一定的场地用以堆放机械设备及零备件，也要考虑留有必要的露天作业场地。晒场也是粮库的辅助设施，一般可利用两幢仓房之间，阳光充足的地方作为晒场。晒场地势应平坦，并要有一定的坡度利于向四周排水，常采用水泥地面。

粮食接收和发放设施，应布置在铁路专用线或水运码头上，与布置在附近的清理干燥设施一起形成一个粮食接收区，便于粮食的接收及集中清理、干燥。立筒仓的工作塔则应布置在接收站的同一条轴线上，利用输送机通廊与接收站相连。汽车收粮的卸粮坑也应布置在接收站附近，四周应留有停车及调头的场地。

其他的辅助建筑如材料库、器材库、药品库一般多布置在库区大门与仓房、车间之间的适当位置，这样既方便库内的使用，又便于从外部购料进货。

另外，库内的锅炉房、变配电所、水泵房也属于辅助建筑，布置时应考虑尽可能靠近负荷中心以缩短周转管线长度。锅炉房应布置在库区的下风向，且不影响周围的企业和居民区。锅炉房还应方便燃料的运输，附近不允许有易燃易爆的车间和仓房。变配电所可以独立设置，也可附在车间内，其位置应选择较为僻静部位，既靠近库内的用电中心，又靠近高压外线进库地点，以缩短低压线路，减少电力损耗，缩短高压线路，同时还要考虑安全防火，以确保安全。

水泵房应考虑取水方便，靠近水源，并尽可能靠近水量大的设施。如果水管网平时水压仅能满足生产、生活用水，水泵房内则应增设消防水泵，以便临时加压以满足消防用水。

3. 行政管理和生活居住设施

此类设施一般包括办公楼、食堂、浴室、车库、门卫、宿舍及文化娱乐场所等。这些设施的设置与否取决于粮库的规模和性质，其布置形式也不尽相同，主要考虑既便于内部生产管理、对外联络，又方便于职工的生活，并要布置在生产区的上风向。

行政办公楼应布置在靠近库区的出入库和生产区，以方便管理人员对内管理和对外联络。一般规模的粮库可将医务室及单身职工宿舍放在行政办公楼中。

粮库的出入口，是全库人流及货运的主要通道，出入口的位置和数量，应根据生产工艺流程、周围道路情况及库区形状而定。另外，人流和货流的不同组织形式也影响出入口的确定。出入口原则上应设在工人最多的设施附近，小型粮库可只设一个出入口，以便管理。中型库可设一个总出入口和一个货运车辆出入口。大型粮库或粮库呈长形状时，可设置多个出入口，以方便人货的流动。

食堂、浴室一般布置在生产区通向生活区的道路沿线上，这样既方便职工，又顺路节省时间，少走回头路。

车库一般不设在库区的主要位置上，而可以设在库区边门附近，可保证车辆出入方便、迅速。车库前应留有露天车位，以方便临时停车。

其他的生活娱乐设施平面布置较灵活自由。文化娱乐设施一般布置在生活区，而生活区一般应布置在生产区的上风向，并注意接近城镇的交通主干道。这些建筑物的形状与布置应注意与沿干道的其他建筑物相协调。

4. 交通运输的布置

（1）运输方式的选择　粮食的运输方式主要是铁路、公路和水路，对于批量不同、距离不等的粮食运输，应根据具体情况及粮库所具备的条件选择粮食的运输方式。

铁路运输量较大，不受气候条件的限制，安全、快速，运费介于公路和水路之间。但建铁路的投资较高，通常约为公路投资的6倍，施工期长，且线路布置、运输时的方便性与灵活性不如汽车公路运输。适用于输送量大、运输距离远的粮食输送和库区建设铁路专用线比较方便的粮库。

公路汽车运输方便，适应性广，筑路投资小，运输组织简单、快速，且可直接输送到仓房内，所以是粮库中不可缺少的一种运输方式。但是公路运输运费较高，所以较适合小批量、短距离的粮食输送。在平原地区，主要考虑道路短捷、运输畅通，山区和丘陵地带还要考虑道路的坡度。

水路运输运载量大，运费低廉，水路自然形成，不占用土地，投资少，因此粮库的粮食运输应尽可能充分利用水路运输的有利条件，特别是大批量、长距离的粮食运输，水路是最理想的运输方式。但是水路的通航能力受水位变化和冰冻的影响，不能保证四季通航，所以以水路运输为主的粮库，还应选择其他的运输方式以弥补水路运输的不足。

（2）铁路运输

①粮食铁路专用线设置要求：一般根据年运量、库区位置、场地条件等因素，经技术经济综合比较确定是否建设铁路专用线；专用线的引进线和进入库区的位置应根据铁路部门对接轨点、引进线、牵引方式等要求协商确定；应选取引进线路短、干扰少、工程量小、作用简单的线路；粮食铁路专用线为包粮、散粮和油品装卸等共用，应根据实际需要

配置相应的设备、设施和作用场地。

②铁路专用线的布置要求：铁路专用线的布置应满足装卸作业、运输和生产安全的要求；应根据库区地形、铁路引进线位置、最大运量、作业方式等确定作业线有效长度和专业股数；分期建设的库区，专用线宜考虑发展扩建的可能；专用线道岔宜集中布置；装卸作业区咽喉道岔前方的一段线路的长度应为机车长度、作业车组长度和列车停车附加距离之和。

③火车接收与发放设施布置要求：散粮火车接收与发放设施宜设在直线段；在困难条件下，可设在半径不小于500m的曲线上；不靠站台的装卸线（易燃易爆、危险品的装卸线除外），可设在半径不小于300m的曲线上；如无车辆摘挂作业，可设在半径不小于200m的曲线上；单条卸车线上可布置多个卸粮坑，但不宜超过六个；单条装车线上装车位数量不宜超过两个；火车卸粮坑宽度应满足散粮车辆正卸或侧卸要求，不宜小于4.2m；单个车辆的卸粮坑长度不宜小于5.5m。

包粮接收和发放作业区应设置罩棚或站台仓，其数量（面积）由接发量和包粮暂存周期确定；装卸作业区宜配置相应的机械设备。

（3）水路运输　设计水路运输时，应首先了解与水运有关的航道资料、船舶运输工具的特点等。同时还应详细调查航道的变迁历史、发展趋势、水位变化、水流速度、岸坡陡缓、泥沙淤积等情况，然后确定码头的位置。码头应选择在河床稳定、水流平直，且有较宽的水域可供船舶回转和停泊的河段。码头不宜建在泥沙容易冲刷或淤积的区域，也要避免选在游荡性河段上。在陆域方面，应考虑有足够的面积，可供布置装卸、堆放生产及辅助设施与机械设备。

①专用码头设置原则：粮、油等多品种流量稳定且运量较大时，宜设专用码头或专用运输线；根据库区的总体规划，当地水路运输发展规划和陆域生产工艺要求，结合自然条件，合理地安排水域和陆域作业区各项设施，并与库区各组成部分相协调；码头设置应适合粮、油等货物的装卸要求；专用码头设置应节约用地、防止对环境的污染。

②常见码头类型：码头类型常见的有浮动码头和固定码头两种。

浮动码头：适于建在水位落差较大的（涨落水位差 >12m）水域。浮动码头的结构较简单，施工速度快、方便，常为一个全钢制的或钢筋混凝土制的漂浮体，以锚链同河底相连而固定其位置。浮动码头可上下浮动，也可以左右移动，通过栈桥同河岸连接，粮食的装卸是通过栈桥上的输送机来完成的。但是由于浮动码头面积较小，码头不能担负较重的起重及装卸设备，所以浮动码头的吞吐量较低，因此浮动码头常用在一些临时性的或货运量较小的场所。

固定式码头：适用于水位落差不大（涨落水位差 <12m）、水的流速缓慢、水对沿岸冲刷不强烈的内河。固定式码头，可铺设铁轨和起重机，因此吞吐量大，作业量大。固定式码头一般是沿岸建设的，因此称顺岸式码头。按其横断面可划分为直立式、斜坡式及半斜坡半直立的混合式码头等。直立式码头在内河使用较多，码头边的水位较深，船舶的停泊不受影响，使用方便，但造价较高。

③码头粮油装卸设施设置原则：根据年货物吞吐量、品种、流向、车型、船型、运输方式、装卸方式和自然条件等因素综合确定各种设备选型和工艺方案；根据作业要求，宜设置输送栈桥、输油管道、转接塔等设施；各类设施的尺寸，由设备规格和作用方式

确定。

码头的宽度应根据装卸方式及设备的种类不同而确定，一般为 10 ~ 15m。码头的标高应使陆域不受水淹而又便于货物的装卸。栈桥的宽度一般为 4 ~ 5m，若用汽车通过栈桥运输粮食，则栈桥宽一般为 8 ~ 10m。

（4）库内道路　库内的道路是必不可少的，库内道路和布置应根据粮库生产工艺的要求，结合地形和生产区占地面积综合考虑。应在各建筑物、构筑物的位置确定之后，布置道路的走向及选择布置形式，以满足库区内外粮食运输的要求。

①库区内道路布置的原则：库区内道路的布置应与库区功能分区相结合，宜与园区内主要建（构）筑轴线平行或垂直；道路宜呈环形布置；尽端式道路应设置回车场，回车场面积应满足汽车最小转弯半径和消防要求；道路的转弯半径应便于车辆通行，道路在弯道、交叉路口的横净距范围内，不应有妨碍驾驶员视线的障碍物；库区内道路的互相交叉，宜采用平面正交，平面交叉应设置在直线路段；当需要斜交时，交叉角不宜小于 45°；主、次干道的最大纵坡不宜大于 6% 。

②库区内道路的布置形式：库区道路的布置形式有“循环式”和“尽头式”两种。“循环式”是环绕各建筑物、构筑物布置的横竖贯通的道路布置形式，此时无须专门设置汽车调头及回车场地。而“尽头式”是库区公路互不相通，道路在某处出现断头、终止的布置形式，此时必须在道路的尽头端考虑设置回车场，以方便车辆的调头。回车场应根据不同地形及使用情况，选择不同的形式。

③库区内道路的宽度：道路的宽度主要取决于车辆的通行量、车辆的类型等。库内道路可分为主干道、次干道、人行道和消防车道等。对运输量较大的道路（主干道）一般设计为 7m 宽的双车道，其他的道路可设计为 3. 0 ~ 3. 5m 宽的单车道。人行道的宽度不宜小于 0. 75m；沿主干道布置时，不宜小于 1. 2m，不应大于 3. 0m；人行道边缘至建筑物外墙的净距，当屋面为无组织排水时，不宜小于 1. 5m；当屋面为有组织排水时，可根据具体情况确定；人行道的边缘至铁路中心线的距离不宜小于 3. 75m；距离小于 3. 75m 和处于危险地段的人行道，应设置防护栏杆。

库区道路设计时，还应满足消防车道的要求：消防车道的宽度不应小于 4m；尽头式消防车道，应设回车道或回车场。消防车道应避免与铁路平交，当必须平交时，应设置备用车道，两车道之间的距离，不应小于进入园区内最长列车的长度。

5. 库区绿化

绿化在粮食仓库环境保护中具有重要的作用，它能滤烟尘、吸毒气、美化环境，而且若选择的树种适当，还能起到防止火灾蔓延及缩小爆炸危害的作用，因此，库区绿化应作为库区总平面布置中的一个重要组成部分，在平面设计时一并考虑。

库区的绿化一般集中在各功能分区之间的隔离带、生活区、管理区、道路旁及建筑物四周等。其中，库区主干道及主要出入口、办公、生活区、散发有害气体、粉尘及产生高噪声的生产车间和设施、受西晒的仓库及其他建筑物等地段应重点进行绿化布置。不同位置不同场合的绿化带应配置不同的树种，常用的有低矮灌木、乔木、常青树、草坪、各种花卉等。仓库周边的绿化，应根据当地的自然条件和管理要求确定树种，不宜种植高大的植物，且绿化布置不应影响生产作业。地上管架、地下管线带、输电线路、室外高压配电装置附近的绿化布置，应满足安全生产及检修要求。道路两侧宜布置行道树，主干道两侧可由各类树木、花卉组成多层次的行道绿化带。道路弯道及交叉口，铁路与道路平交道口附近的绿化布置，应符合行车视距的有关规定。在有条件的建筑物墙面、挡土墙顶及护坡等地段，宜布置垂直绿化。

四、粮库总平面设计实例

粮库总平面设计实例如图 1－2～图 1－11 所示。

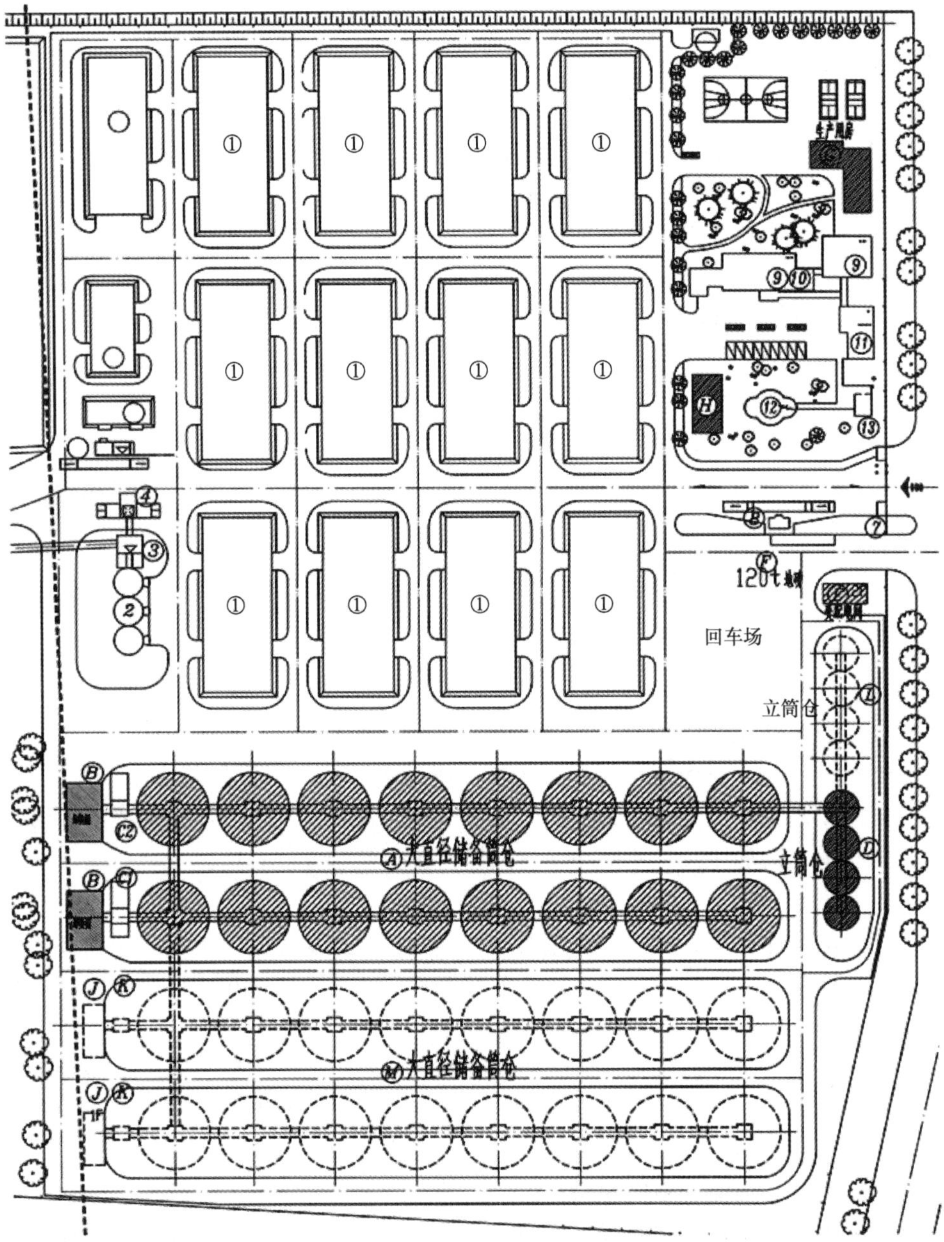

图 1－2　粮食储备库总平面图 1

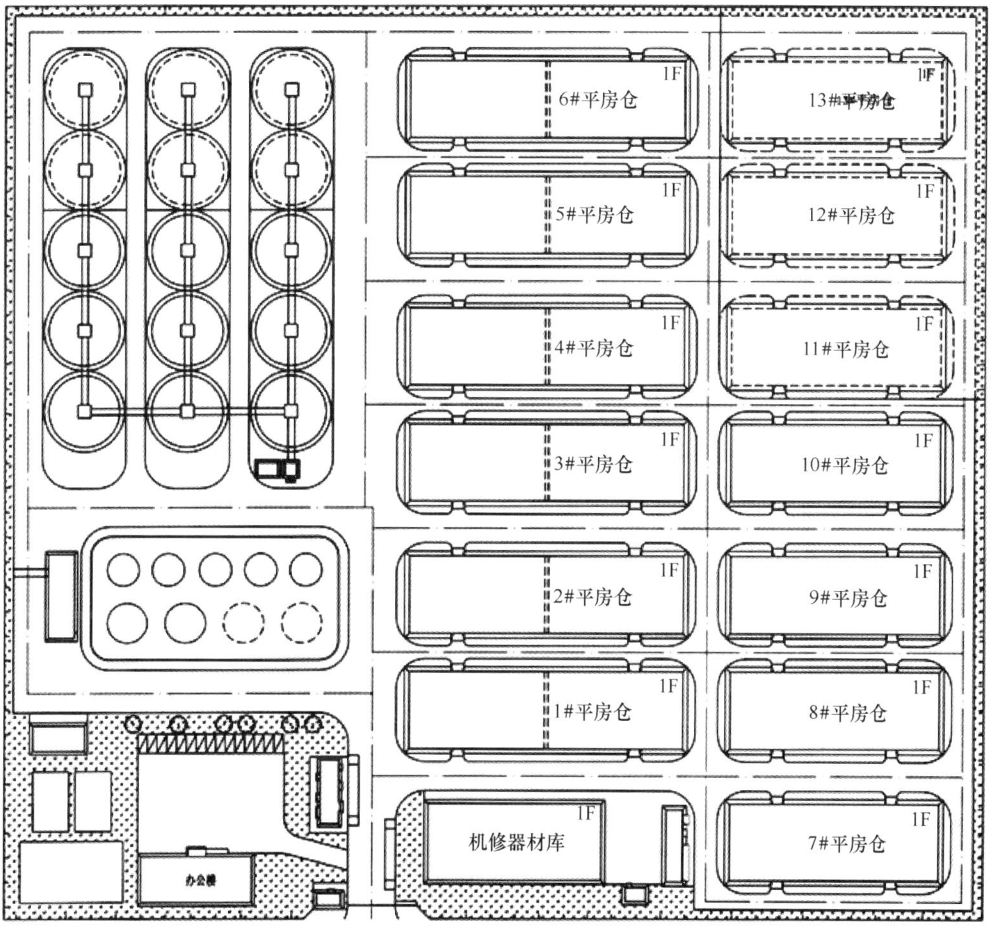

图1-3　粮食储备库总平面图2

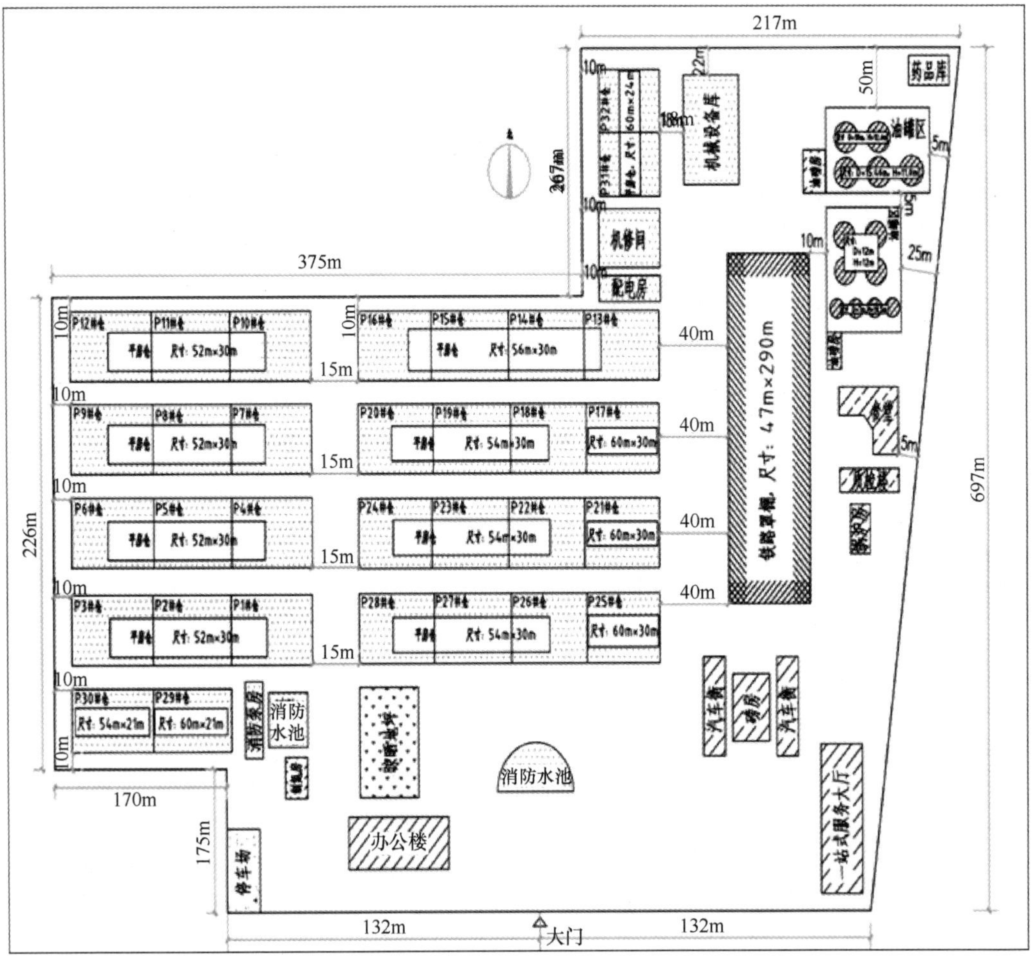

图 1－4　粮食储备库总平面图 3

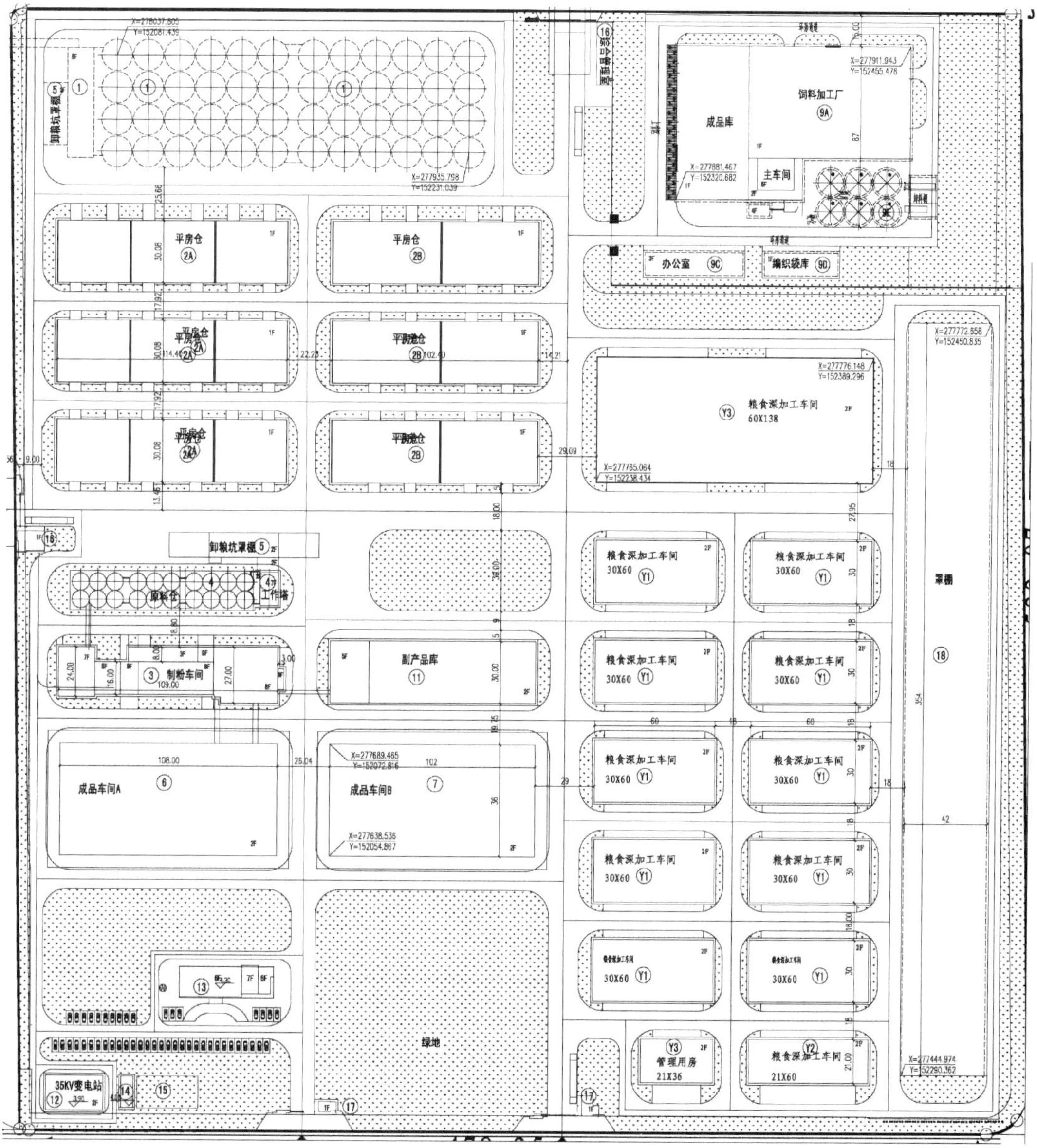

图 1 - 5　综合性库总平面图 1

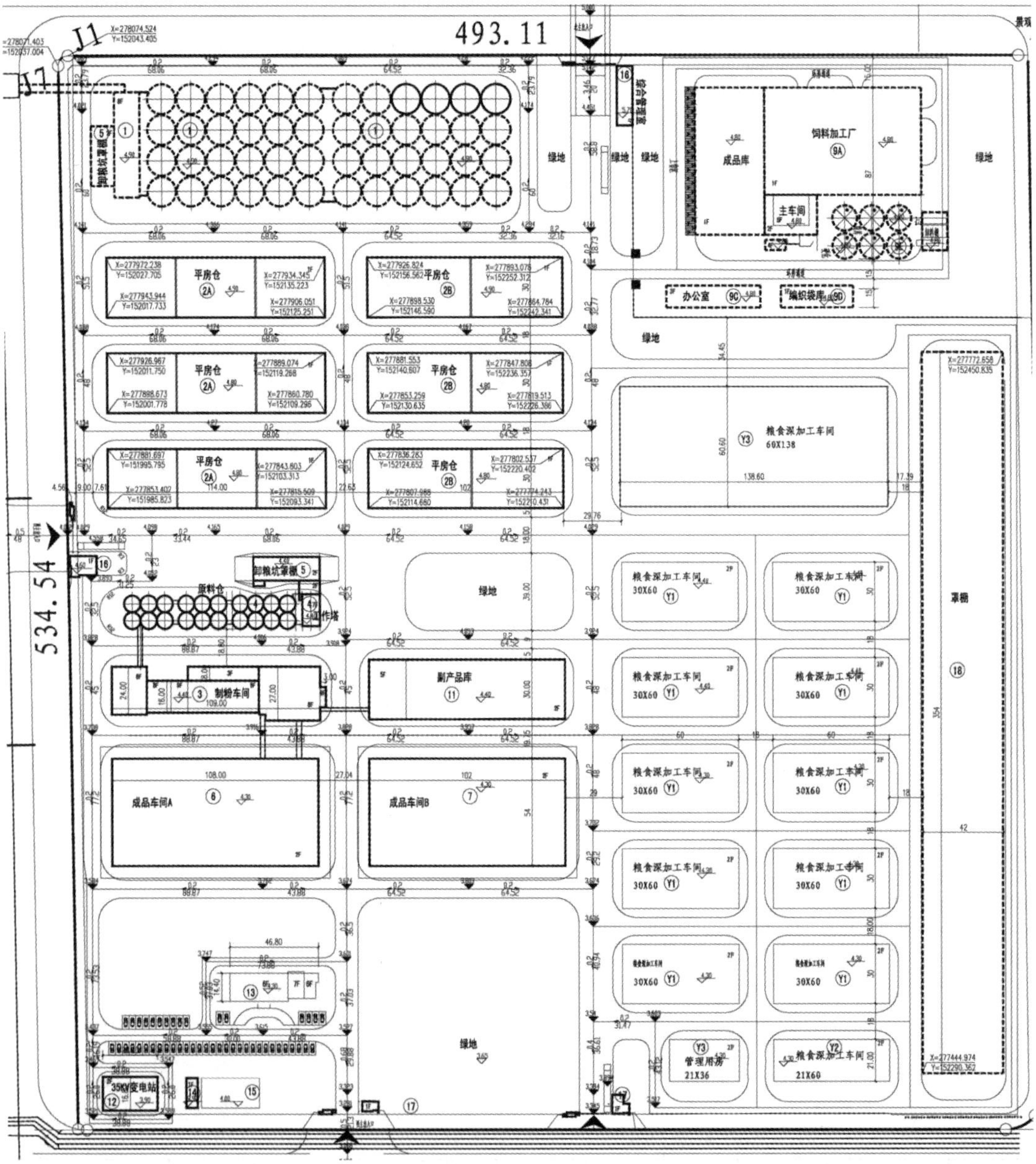

图1-6　综合性库总平面图2

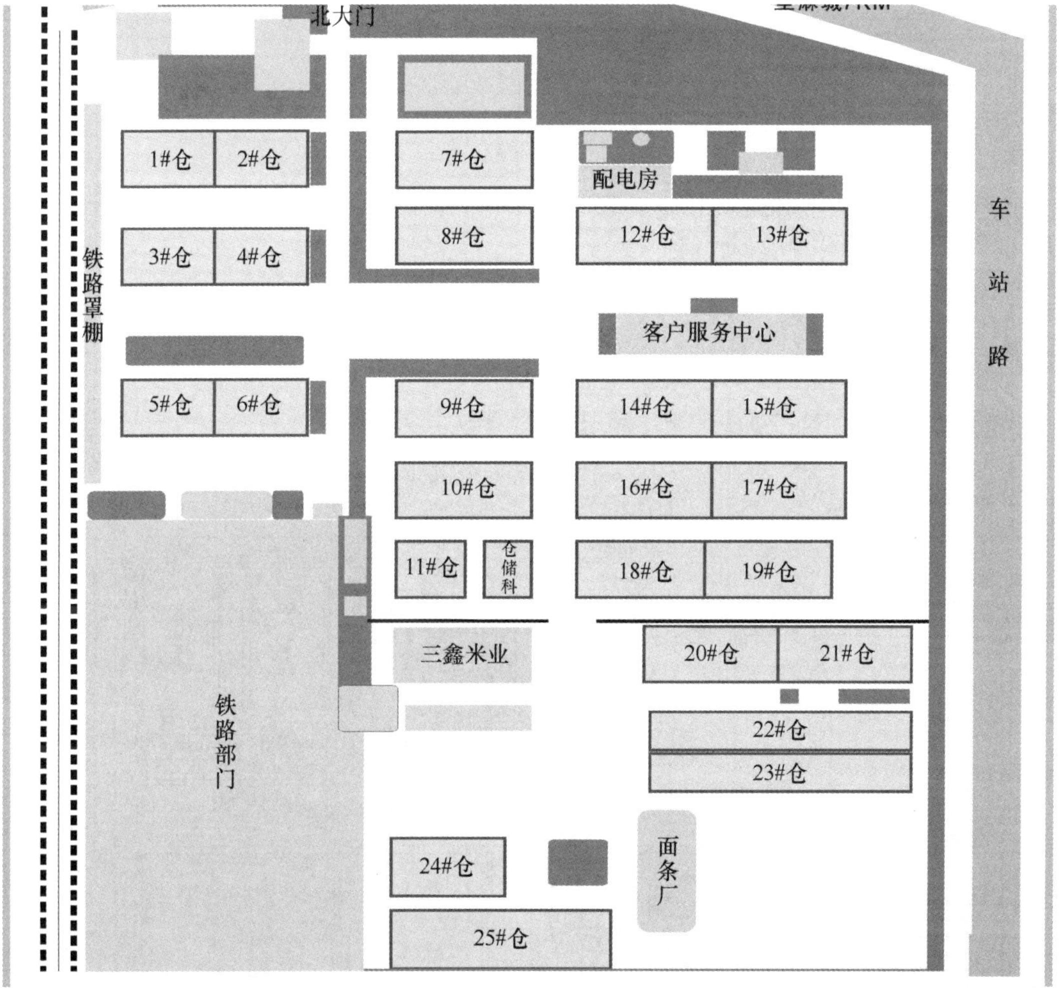

图1－7　综合性库总平面图3

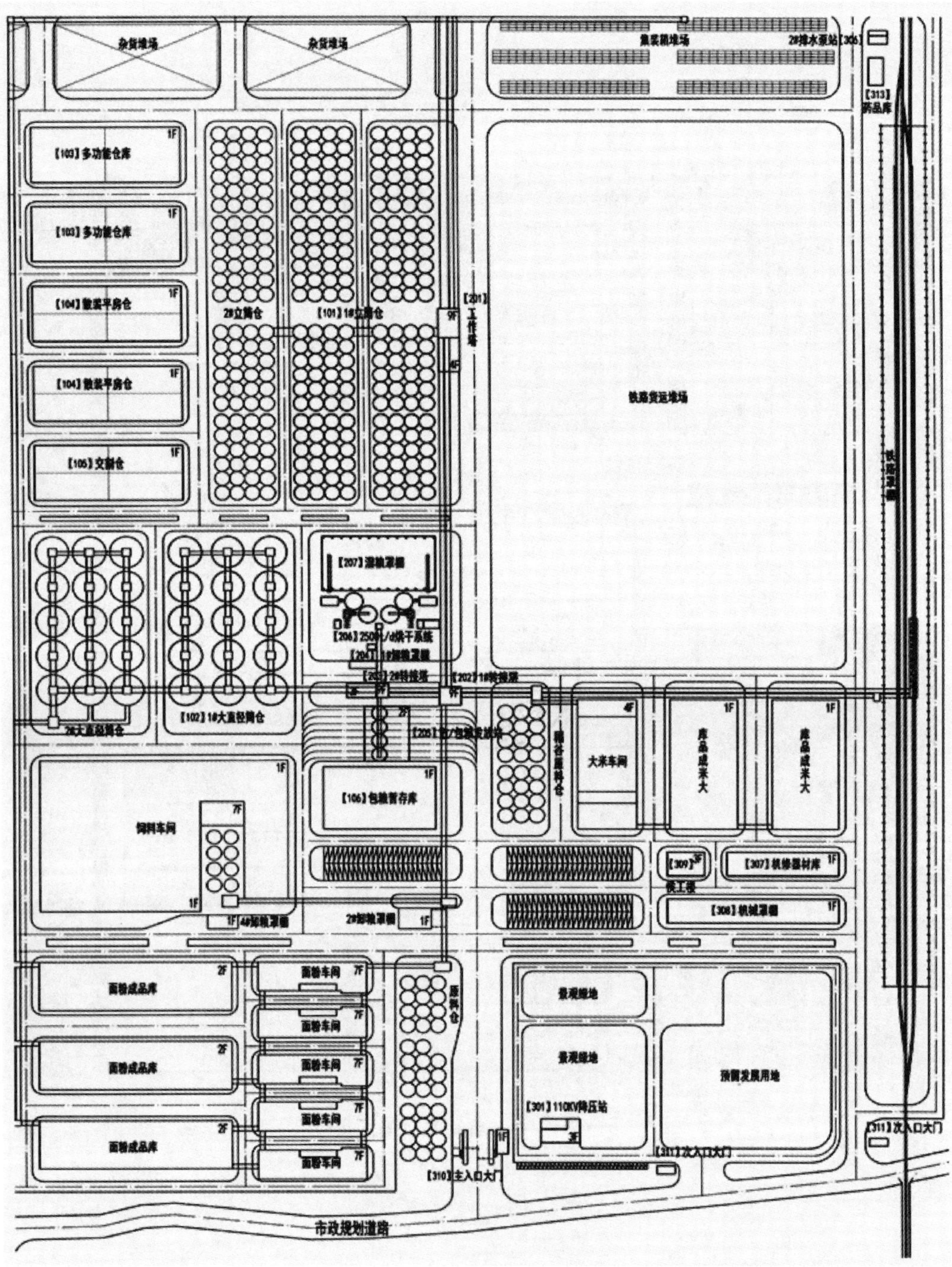

图 1-8　综合性库总平面图 4

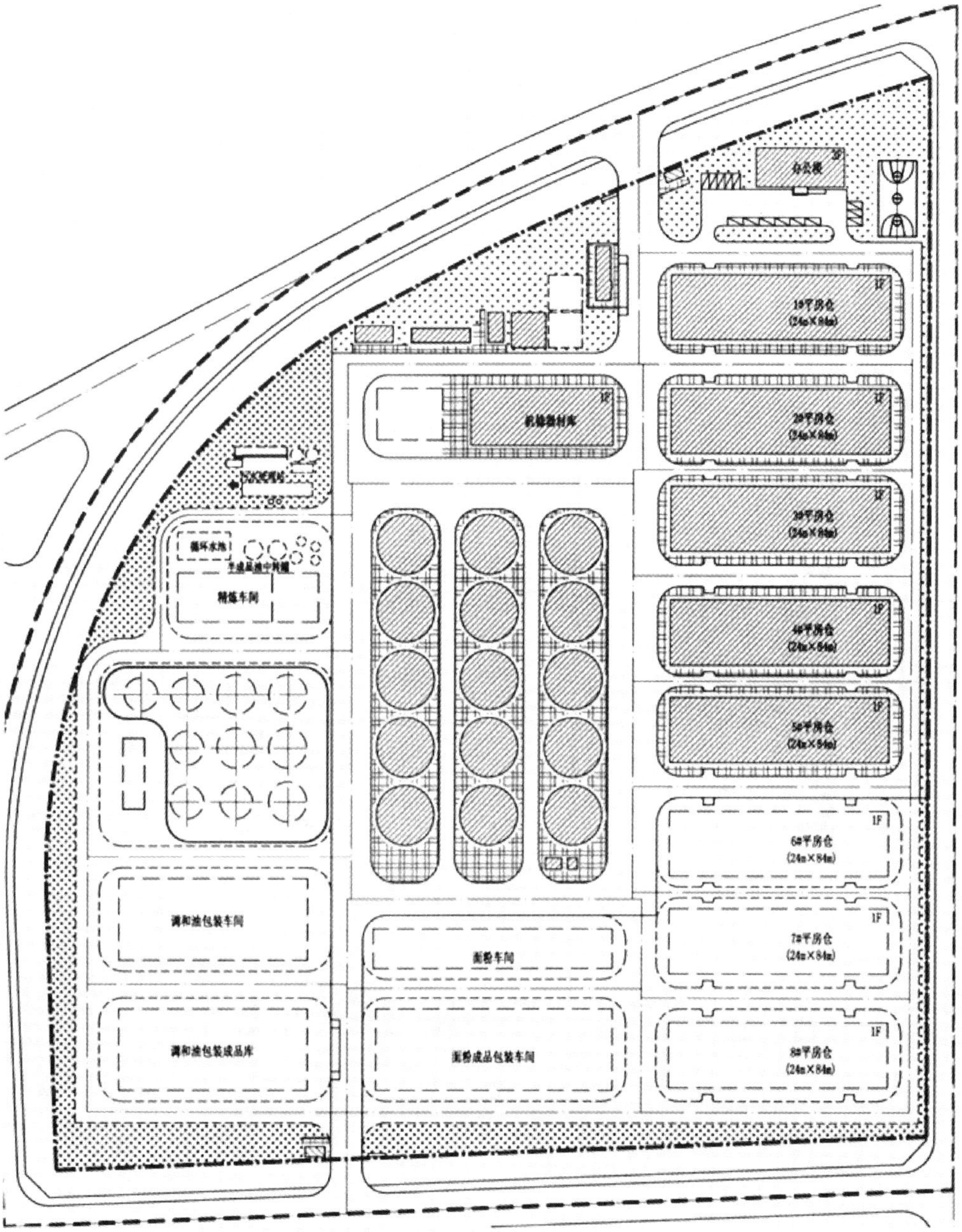

图 1 –9　综合性库总平面图 5

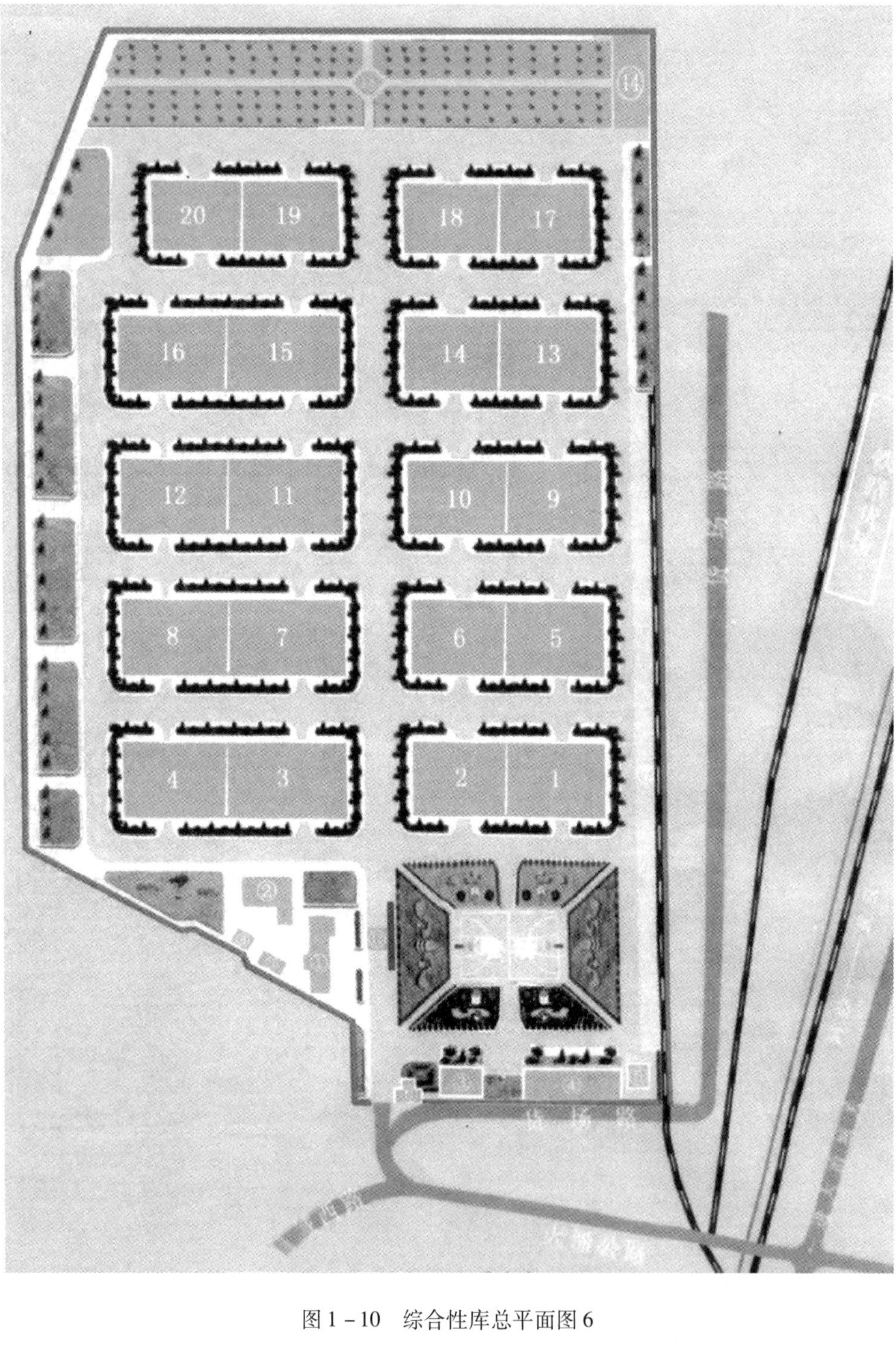

图 1－10　综合性库总平面图 6

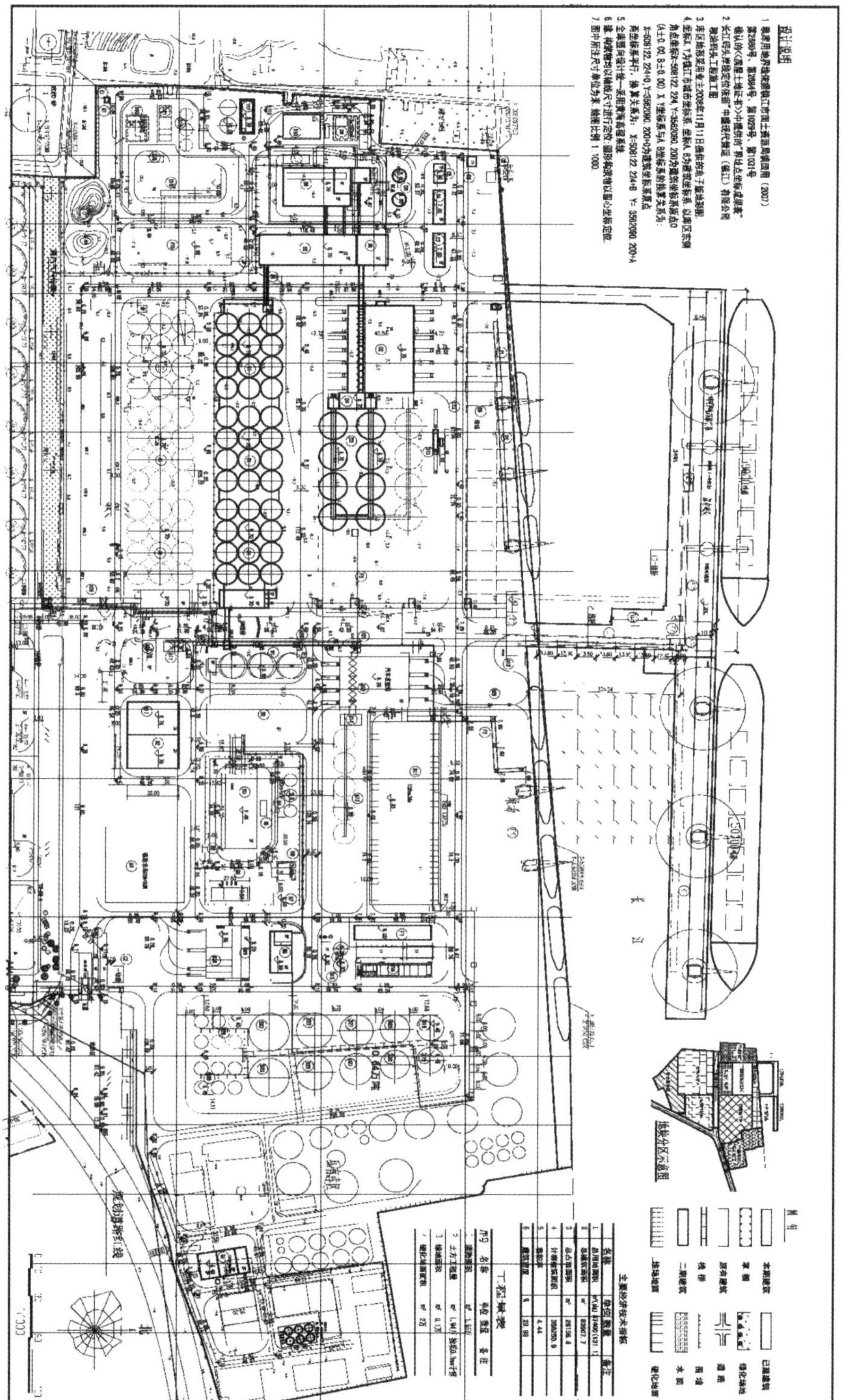

图 1－11　港口库总平面图

第二章　粮仓

第一节　我国粮仓的发展概况

粮仓是指储藏粮食及其加工产品的专用建筑物。

一、我国古代粮仓概况

我国幅员辽阔，又是一个农业大国，粮食的生产及储存具有悠久的历史，根据近50年来大量出土文物和历史文献史料考证，中国原始农业启蒙于旧石器时代晚期，发展于新石器时代（距今约一万年）。而粮食的储藏是农业栽培的继续，储藏技术是伴随着农业的发展而日趋完善，只有在农业形成一定的规模之后，粮食出现了剩余，进入新石器时代以后，随着原始农业的发展，才逐渐由粮食加工发展到储藏。而粮仓是粮食储藏技术的重要组成部分。

地上粮仓年代最早的是浙江河姆渡遗址出土的“杆栏式”粮仓，仓中还盛有稻谷，据考证距今已有七千年，是至今发现的南方最早的储粮设施。规模较大、年代较早的地上粮仓当数甘肃省大方盘城发掘的“大方盘”粮仓。大方盘城也称河仓城，距敦煌市60km，距玉门关约20km。此仓始建于汉代，直到魏晋一直是西部边防的军需仓库。“大方盘”粮仓为长方形，东西走向，东西长132m，南北宽17m，现存墙最高处为6.7m，墙的结构为夯土。仓内有三个间，长42.5m，宽14.5m，墙厚1.5m，朝南方向各开一门。在保存较完整的北仓壁上，上下均有三角形小孔，每廒间上部三个下部五个，交错排列，可能是通风孔。在残存的南仓壁上，从所剩无几的小孔仍能看出，其排列是与北墙对称的。仓基建在比当地河床高2m多的自然土台上，在东西北三个方向的仓墙外还建有重重围墙。

在出土的冥器中除了平房式粮仓还有楼房式、圆仓等，这些冥器中的粮仓，多为陶制，也有木制的。陶制粮仓，绝大多数系汉代文物，出土地多在北方各地。木制的冥器粮仓较少。多年来出土的冥器粮仓除制作材料及形状不同外，绝大多数均有完整的门窗、通气孔、出粮口、防鼠结构、防湿结构等。另外，在一些出土的石刻或砖刻上也发现过一些石刻和砖刻粮仓。

地下粮仓是从地下窖、窑发展起来的。从汉代在北方地区开始采用，到隋唐时期有了很大发展。地下仓的形状主要有方仓和圆仓两种。河南洛阳曾发掘过汉代及隋唐时期的地下方仓和地下圆仓，其中规模最大的是隋唐时期的含嘉仓，仓区东西长612m，南北宽750m，占地面积45多万平方米，共有地下圆仓259个，仓形是口大底小，大的口径达18m，小者口径为8m，仓深最大为10m，最浅的为6m。仓身的结构非常讲究，土坑挖好后，先用柴火将四壁烧烤，以干燥土壁，然后再铺上草束、木板、木棍、苇席、谷糠等多种隔热防潮材料，以确保储粮安全。仓群规模宏大，仓体结构完善，说明当时的建仓技术已相当高。

二、现代粮仓的发展

中国近代战乱不断，政权不稳，农业生产遭到很大破坏，粮食产量很低，粮食严重短缺，因此粮食储藏技术及仓房的建设发展迟缓。在新中国建立时，我国的库容量仅有1260 万 t，而且大多数仓房非常简陋，常为砖木结构和竹木结构，每仓的仓容量只有3 万 ~6 万 kg。同时还有一部分仓房是利用和改造的祠堂、庙宇，储藏性能均不能满足要求。

新中国成立以后，党和政府非常重视粮食生产和粮食储备，六十多年来在建仓方面投入了大量的资金，全国的库容量已 2 亿多 t，仓房的形式及结构也随着建筑技术和仓储技术的发展发生了很大的变化，中国在粮仓建设中取得了辉煌的成就。六十多年来中国在不同的粮食仓房建设时期有着不同的特点，1950—1953 年，粮食仓库建设除了利用和改造祠堂、庙宇外，还建设了一批砖木结构平房仓。仓房特点是：砖墙、木屋架，地垄墙上铺木地板，地槽自然通风，木护墙板，跨度 8 ~12m，堆粮高约 3m，送粮农民挑（抬）粮食由仓外楼梯至仓上部小门入仓，仓内设卸粮天桥，如图 2 -1 所示。另外，在 1953 年以前已经建设了一批单个的砖砌圆仓（或多边形仓），其构造同矩形平房仓。

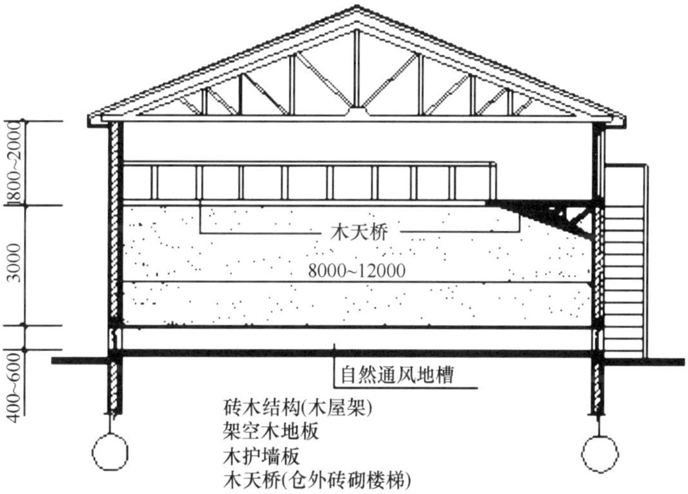

图 2 -1　砖木结构（木屋架）房式仓

1955—1960 年，在全国各行各业向前苏联学习的形势下，粮食建仓中学习引进了苏联的机械化房式仓，即“苏式仓”。该仓型在全国普遍推广建设，砖墙，5m -10m -5m 三跨木屋架（中间两根木柱），3m 开间，廒间长 54m，檐墙堆粮高 2. 0 ~2. 5m，斜堆，廒间仓容 2500t（当时号称 500 万斤大仓），沥青砂地面，墙刷热沥青防潮，砂浆抹面。标准的“苏式仓”是考虑了机械化作业的，木屋架中部留有 2. 0m ×2. 0m 的地沟，内装出粮皮带机，如图 2 -2 所示。由于当时的经济实力差，钢材、橡胶原材料不足等实际情况，后期建“苏式仓”时，取消了天桥、地沟，此仓也称“标准仓”。

由于当时木材供应逐年紧张，1958 年全国各地建设了多种形式的房式仓，建设较多的有砖拱仓和砖薄壳顶盖房式仓。第一个五年计划期间，引进了苏联立筒仓通用图，稍做修

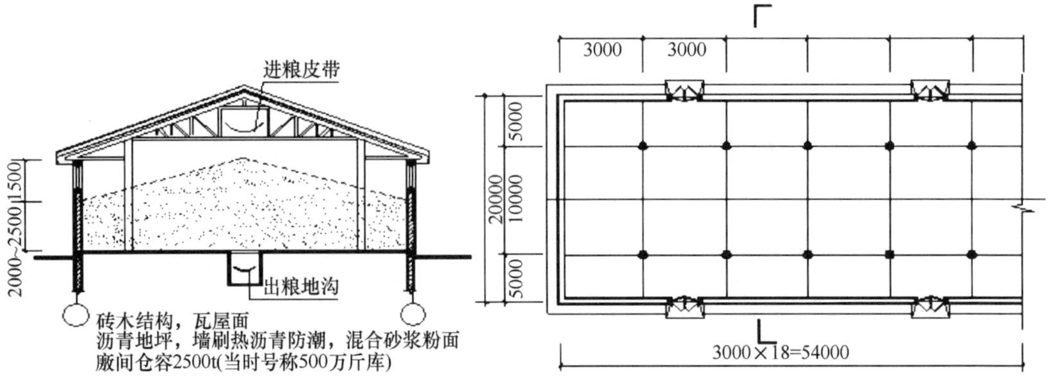

图 2－2　“苏式仓”

改后，1958 年动工兴建了我国第一座钢筋混凝土立筒仓，1962 年建成装粮，内径 6m，装粮高度 30m，3×4 排列，两组，仓容 16000t。在此期间，由于我国钢材水泥等建筑材料严重短缺，大量建造钢混结构的立筒仓是不可能的，因此在 20 世纪 50～60 年代只在一些大中型面粉厂建了一些立筒仓，作为加工厂的原料仓。

1964—1974 年，根据战备的要求，粮库的建设应以“分散、隐蔽、靠山、机动”为建仓方针，在一些山区、偏僻地域建设了一批粮仓，后来由于粮源、交通等各种原因，装粮很少。同时在全国也建造了一些小型的砖木结构房式仓和“土圆仓”。在河南、陕西、山西、内蒙古等黄土高原地区，修建了一批地下喇叭仓、窑洞仓。这些地下仓因地制宜，造价低，储粮安全稳定，形成了我国储粮仓型的一大特色。

1975—1983 年，主要仓型仍是房式仓，砖墙承重、混凝土地，装粮高度 3.0～3.5m，采取的主要屋盖结构有：钢筋混凝土组合屋架、钢筋混凝土门式刚架（图 2－3）、预应力钢筋混凝土拱板顶（图 2－4）等。有个别地区建造了混凝土“V”形折板屋顶房式仓（图 2－5）。

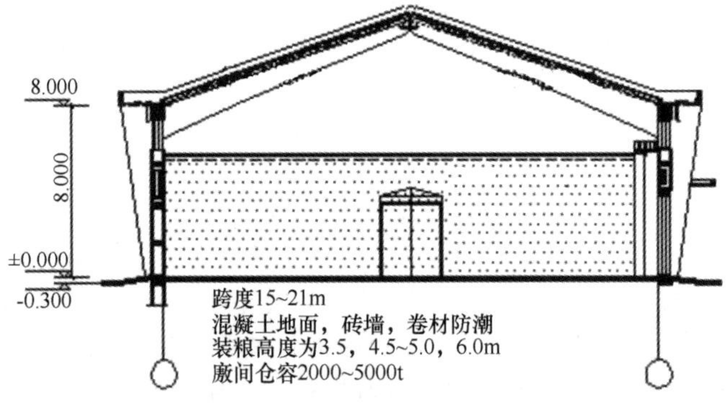

图 2－3　钢筋混凝土门式刚架仓

此期间还进行了砖砌筒围仓的试建，在一些较大的港口设计建造了一批钢筋混凝土结构的立筒仓群，许多粮食加工厂，根据生产的需要建造了一批砖砌立筒仓，作为原料仓。

为了扩大仓容，在全国各地粮库开展了对原有“苏式仓”的改造，改造的形式主要有：升高屋面、加固或更换屋架、去内柱、下挖尖底（图2－6）等。“苏式仓”的改造在我国资金不足的状况下，在一定程度上起到了缓解仓容紧张的局面。

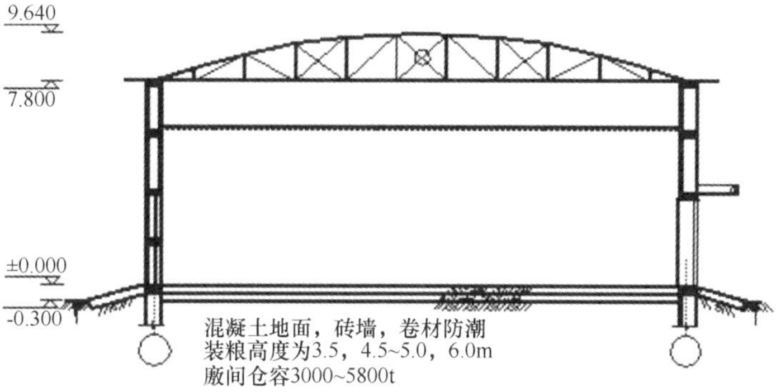

图2－4　预应力混凝土拱板仓

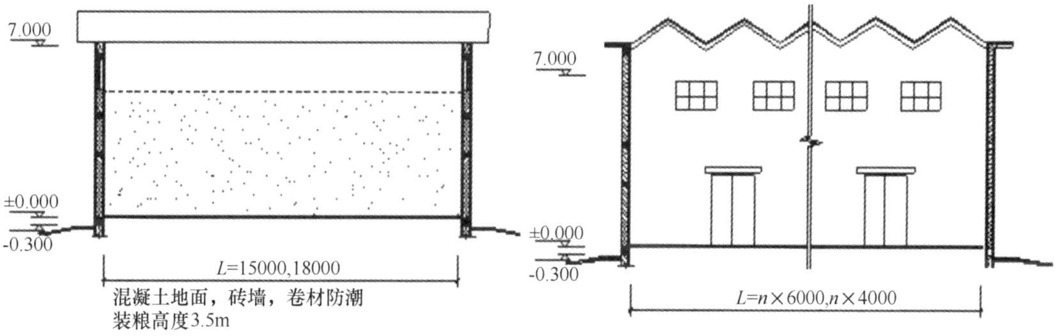

图2－5　混凝土“V”形折板屋盖仓

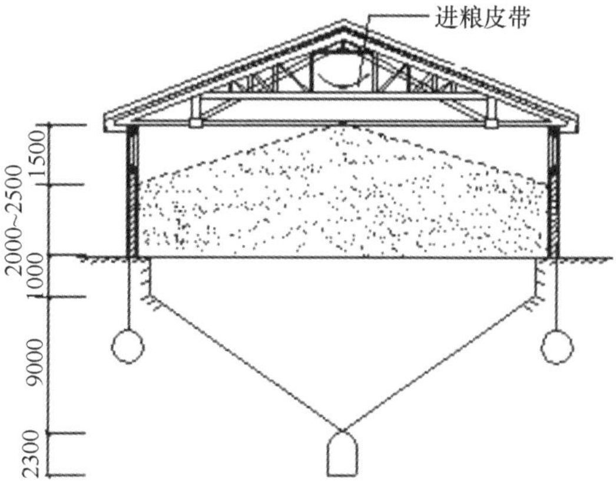

图2－6　“苏式仓”改造后的尖底仓

1983—1991 年，根据农业和粮食的发展状况，国务院于 1983 年 11 月批准了粮食仓库、棉花仓库、水果仓库的“三库”建设，这是自“苏式仓”之后的一次统筹规划的大规模粮库建设，其中用于粮库建设的基建投资 16.5 亿元，建设总仓容 1500 万 t。仓型仍以房式仓为主，结构多为砖混结构，但是装粮高度一般为 4.5 ~ 5.0m，仓房跨度以 18m、20m 为主，一些地区达到了 21m、24m。屋盖结构又增加了预应力混凝土折线形屋架（图 2 - 7）。

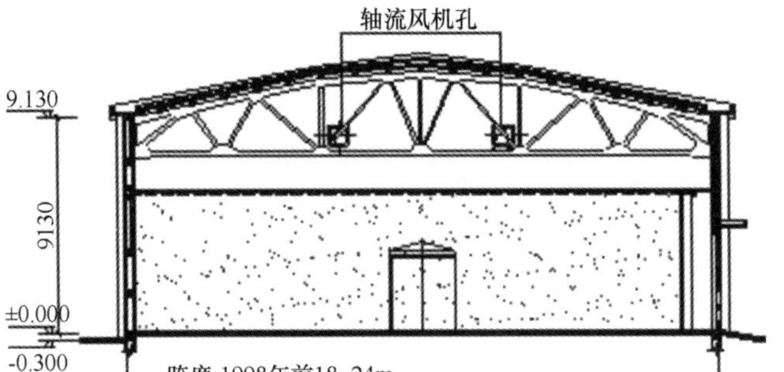

图 2 - 7　预应力混凝土折线形屋架房式仓

一些地区的粮库为了方便散装粮装卸，建设了铁路罩棚，在铁路专用线、站台附近建设了一批圆形道线仓（站仓），这些道线仓有砖砌结构的，也有钢板筒仓。

“三库”建设项目总粮库仓容的 90% 是建在全国主要交通干线和枢纽，其中铁路沿线占 40%，水运沿线占 16%，公路干线占 34%。在这些地区建设了约 9.6% 的立筒仓（约 6.1% 的钢板仓）；在一些大城市还建造了一些楼房仓。

1992—1997 年，为促进粮食流通，提高仓储作业的机械化程度，1992 年在全国兴建的 18 个机械化骨干粮库和“利用世界银行贷款改善中国粮食流通项目”是中国粮仓建设史上的一个新起点。18 个机械化骨干库均建造了立筒仓，多为钢混结构，直径为 8 ~ 10m，并且立筒库中均配置了散装粮接收、发放、输送、清理、计量、检测等各种设施与设备，具有较高的机械化、自动化水平。除此之外，多数机械化骨干库还配建了一些房式仓和楼房仓。

世行贷款项目主要是改善粮食流通状况，因此各项目库点均建造了不同规模的立筒仓，东北地区首次在我国建造了一批大直径的钢筋混凝土浅圆仓。浅圆仓直径大、单仓容量大，吨粮土建造价低于平房仓，同时机械化程度高，因此作为中转用的浅圆仓在东北走廊全面兴建。此批浅圆仓的直径为 23 ~ 40m，装粮高度 15 ~ 20m，单仓仓容 6000 ~ 10000t，钢筋混凝土仓壁，仓顶有混凝土顶、钢板顶两种。仓顶一般无隔热、气密等措施。

1998—2001 年，共进行了 500 多亿 kg 仓容的中央直属储备粮库建设，是空前的大规模储备粮库建设，此次建仓特点是速度快、规模大、仓容大、仓储工艺配备较齐全、仓房结构及选材有新突破。仓型以房式仓为主，其他仓型有浅圆仓和立筒仓。房式仓除采用原有的房式仓结构外，还首次应用了全钢结构门式刚架及钢筋混凝土柱与“H”钢梁，组合门式钢架的结构形式，屋面也有采用双层彩板的，这对传统的房式仓结构有所突破。墙体采用混凝土板或砖砌体，混凝土地坪，装粮高度 6m，廒间最大容量高达 9000t。

浅圆仓主要设计了直径为 25m、30m 的两种规格，装粮高 12 ~ 15m，单仓容量可达 9000t。立筒仓主要设计了直径为 10m、12m 的两种规格，装粮高度 20 ~ 30m，单仓容可达 3000 多吨。

此次建仓除仓型及仓房结构、材料有所突破外，三种仓型均配备了机械通风、环流熏蒸、谷物冷却、计算机粮情检测等仓储工艺及储粮设施，这也是我国建仓史上的一次大突破。在我国首次较全面地将建仓和使用结合起来，提高了粮仓建成后使用的效率及方便性，同时也为粮食的安全储藏提供了可靠保证。

2007 年 8 月，国家发展改革委员会发布了《粮食现代物流发展规划》，在全国范围建设上百个粮食物流节点（园区）与六大跨省散粮物流通道；近两年国家新增 500 亿 kg 仓容的计划建设，使粮仓建设又达到了一个高潮，同时也涌现出一些新的仓型如超高大的房式仓、机械化房式仓（图 2 – 8）、散装楼房仓（图 2 – 9）及球形仓（图 2 – 10）等。其中超高大房式仓装粮线达 8、10m，机械化房式仓的跨度 48、60m，散装楼房仓综合了房式仓和筒仓的优点，同时又降低了建造成本。图 2 – 10 是国外建造的球形仓。球形仓由于其

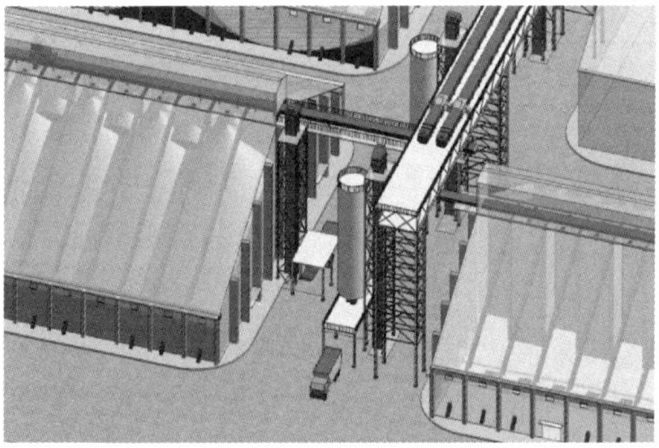

图 2 – 8　机械化房式仓

图 2 – 9　散装楼房仓

图 2 – 10　国外球形仓

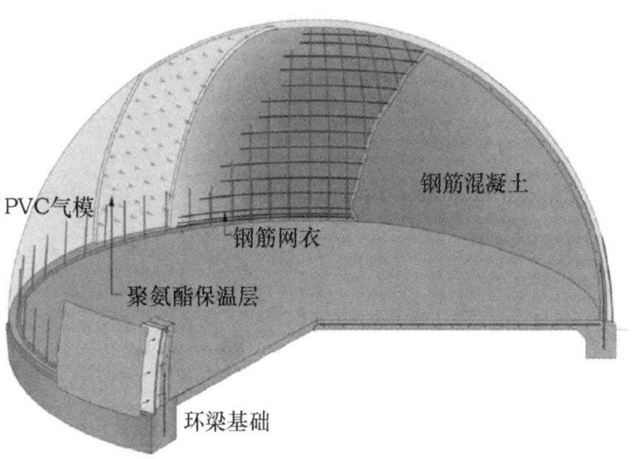

图 2 – 11　球形仓结构示意图

半球体结构，相对比较坚固，而且能够更有效地利用仓容。图 2－11 为球形仓的结构示意图，其最外层为 PVC 膜，施工时先进行吹膜形成球形仓的外形，然后在膜的内表面喷涂聚氨酯，接着固定铆钉捆扎钢筋进行混凝土的喷填，喷填后继续喷涂聚氨酯，固定捆扎钢筋，喷混凝土砂浆，反复进行以致达到设计的强度要求。这种仓型外面为一整体的高性能 PVC 膜，气密性较好，仓壁有多层聚氨酯，保温隔热性能较好。目前我国也引进了这种仓建工艺，并结合我国的储粮实际情况进行了改进，图 2－12 即为这种整体球形仓。

图 2－12　我国建造的整体球形仓

经过半个多世纪的不懈努力，我国在粮仓建设方面取得了很大成绩，初步形成了现代粮食物流体系。粮食储运的方式发生了变化，粮仓基础理论、仓储结构体系和储粮技术得到了创新。多年的粮仓建设史，积累了丰富的建仓经验，未来粮仓的建设将朝着生态、绿色、节能方向发展，粮仓的建设也会根据各地区气候条件、地质结构、粮种特点、粮库性质与功能而因地制宜。仓房建筑结构、建筑材料及配套技术装备也将得到不断的创新。

第二节　粮仓的分类

一、根据仓内粮食的堆装方式分类

1. 散装仓

散装仓粮食直接靠仓壁堆放，因而要求仓壁必须具有承受粮食侧压的能力，同时，墙壁还应具有隔热防潮的性能。散装储存是一种先进的堆装方式，它不但可节省大量的包装费用，节省仓容，同时可促进散装、散储、散卸、散运，实现“四散”，提高生产率，提高机械化自动化程度，节省费用，从而大大提高经济效益。这种仓房适用于储藏原粮或种子粮。

2. 包装仓

包装仓是将粮包堆垛放在仓内，由于粮包不直接靠墙壁，因此建仓时不用考虑粮堆的侧压力。这种仓要求地面不潮，屋顶不漏，能通风换气即可，其造价比散装仓低。仓内粮包一般码成长方形的垛，垛与垛间有通道。为了防止垛倒塌，堆垛不能太高，因此包装仓仓容利用率比散装仓低。一般仓容利用率为65%～80%。

包装储藏占用大量的包装材料，浪费仓容，机械化程度低，取样困难，是一种要逐步由散装取代的堆装方式。但是在目前对于一些批量小、储存期短及成品粮，包装运输、包装储藏仍是一种必要的形式。

二、根据仓房的外形分类

1. 房式仓

房式仓的外形与我国传统居住的民房相似，只是窗开的位置稍高些。仓容可大可小，最小的几吨，大的我国为数万吨。国外房式仓高大，法国有座房式仓，长为165m，宽90m，粮堆靠墙处6m，中间堆高10m以上，仓容量可达10万t。房式仓可散存粮也可包装储藏，大多数为砖石承重墙，双坡屋顶，也有拱形屋顶的拱顶仓。木或钢结构屋架，水泥地坪，门多数设计成对开、双扇门，有木结构的和金属结构的。屋顶现在多采用混凝土预制板或双层彩板。房式仓的建材多种多样，因此形式也多种多样。在我国这种仓型占70%～80%，是我国使用时间最长、应用最普遍的一种仓型。

2. 筒仓

根据筒仓高度与其直径比，将筒仓分为两类：当高与直径比小于1.5时称浅圆仓，当高与直径比大于1.5时称为立筒仓。筒仓的结构可采用砖石、钢板、钢筋混凝土（现浇或预制）等。直径常为6～20m，高由几米到几十米不等，可单筒使用，也可组合成群。这种仓与工作塔配合使用，可实现高度的机械化和自动化。筒仓的仓底有平底也有锥底。

3. 楼房仓

楼房仓的外观与一般的楼房很相似，也可以看成是多层的房式仓。这类仓房入粮不便，较适合包装粮储藏，也常作为粮食加工厂的成品仓使用，在我国主要集中在南方地区，如广东省楼房仓较多。由于楼房仓占地面积少，预计今后可能会有一定的发展。

三、根据仓房的建筑条件及设备配置分类

1. 简易仓

简易仓建筑条件较差，仓内没有机械设备，使用时间较短（10年以内），但造价低，建筑时间短，常作为应急之用，或作为临时储粮设施。

2. 一般粮仓

一般粮仓建筑条件较好，但内部没有固定的机械设备，使用时间约为50年。我国以前建造的粮仓大部分属于一般粮仓。

3. 机械化粮仓

机械化粮仓建筑条件好，结构坚固，仓内配备有固定的机械设备，可实现机械化作业或与工作塔配合使用，使用寿命为50～100年。

4. 装配式粮仓

装配式粮仓多采用钢筋混凝土或金属预制构件，施工时现场装配而成，建造快，省时，但此类仓房往往气密性较差，常作为包装仓使用。

四、根据粮仓位置分类

1. 地上仓

仓壁、屋顶都建在地面以上的粮仓称作地上仓。大部分粮仓属此类。

2. 地下仓

仓壁、屋顶均建在地面以下的粮仓称作地下仓。根据仓周围地质结构不同又分为地下土洞库和地下石洞库两种。这种仓的隔热性能好，粮温稳定。地下仓的形状多种多样，地下土洞库一般为散装储藏而石洞库多为包装储藏。

3. 半地下仓

半地下仓的仓壁一部分在地面以下，另一部分在地面以上，屋顶在地面上，常为建在水位较高地区的地下仓。此类仓在我国较少，以半地下土洞库居多，仓内粮食多为散装。

五、根据仓房的储粮性能分类

1. 气调仓

气调仓气密性好，可以人工控制仓内气体成分，实施各种气调储粮技术，保持储粮品质，降低损耗。

2. 低温仓

低温仓隔热条件好，同时仓内配有机械制冷设备，可使仓温常年保持在15℃以下，相对湿度在70% ~80%，使粮食安全过夏，并达到保鲜的目的。

3. 准低温仓

准低温仓隔热性好，配有空调、机械通风设备或其他冷却设备，常年保持仓内温度在20℃以下。地下仓也可达到准低温仓的水平。

4. 一般常温仓

一般常温仓的仓内温度不能人为控制，仓温随外温的变化而变化。

第三节　粮仓的性能结构

一、粮食仓房的性能要求

1. 防潮性

粮食储藏期间容易出现的发热霉变、结块结露均是由于粮食水分的变化引起的，而造成粮食水分增加的主要原因是受大气湿度的影响，因此仓房良好的防潮性是至关重要的，是保证粮食安全性的首要条件，特别是与散装粮的储存关系密切。对仓房的防潮性要求主要指仓墙、地坪不透湿、不返潮，屋顶不漏雨，即所谓“上不漏，下不潮”。

2. 隔热性

粮温是影响粮食安全的又一重要粮情，外温的变化可在一定程度上引起粮温的变化，而粮温变化的幅度主要与仓房的隔热性有关。仓房良好的隔热性可以减少气温对粮温的影响，使粮温趋于稳定，提高储粮的安全性。

3. 通风性

粮食储藏期间在需要时，能将仓内粮堆中的高温、高湿、有毒气体和仓内异味及时排出仓外，以满足安全储粮的需要。

4. 气密性

仓房的气密性是关系到一些储粮技术实施效果的性能，如：气调储藏、熏蒸杀虫等技术都与仓房的气密性有关。仓房良好的气密性是这些技术实施、高效的必要条件。仓房的气密性常用压力半衰时间表示。

5. 防虫、防鼠雀

仓墙、地坪、仓顶应尽量平整光滑，所谓“仓内面面光”，不留害虫、鼠、雀隐蔽滋生的条件。门窗应有防虫、防鼠雀的设施，如：防鼠板、防鼠雀网、防虫线等。

6. 防火性

仓房建筑设计应按国家规定的“工程设计防火规范”的要求进行，选材时，尽量少用易燃材料，仓房之间、仓房与民用及其他建筑物间应留有足够的防火通道。

7. 便于机械化作业

仓储作业正在逐步向机械化、自动化方向发展，粮仓的建设应考虑方便机械化作业，方便设备的出入及移动，以适应仓储作业机械化程度的提高。

8. 利于散装储粮

粮食的“四散”作业具有节约包装器材、节约仓容、减少储粮成本、便于粮情检查及提高机械化程度等优点。“四散”作业是我国今后粮食企业的一个主要发展方向，因此，仓房应适应这一发展，利于散装储粮。

9. 坚固抗震性

仓房应具有坚固性，仓墙和基础应既能承受粮食在储存期间产生的静压力，又能承受进出粮时粮食流动产生的流动压力。另外，建仓时，对地基、仓房结构均有一定的抗震要求，应选择整体性强的地基、强度高的仓房结构及较轻材料的仓顶，并严格把好施工质量关。

二、粮食仓房的特点

1. 房式仓

（1）房式仓的类型及特点　我国的房式仓主要分为散装仓和包装仓两大类，其中散装仓较多，而包装仓除粮食加工厂的成品粮仓房外，一般很少专门建造，多为一些年代较长的散装仓改为包装仓，或为一些临时储存的小型仓房，其形状，结构及仓容均差别较大。散装房式仓根据仓体结构及建造年代的不同，通常可分为以下四种。

①砖木结构的“苏式仓”：为20世纪50年代建造的砖木结构散装房式仓。此类仓装粮线低（2.0～2.5m），跨度小（20m），仓容小，仓矮，内有许多木柱，不利于机械设备的移动和出入。此类仓在我国房式仓中占有很大比例。

②“苏式仓”改造的房式仓：针对“苏式仓”在使用中出现的问题，在20世纪70～80年代对原“苏式仓”进行了不同形式的改造，改造形式主要有：升顶加高、换顶加高、去内柱、加墙柱、下挖仓底增加出粮输送线、增加机械通风系统、吊顶隔热改造等。

③砖混结构的房式仓：此类仓大多建立于20世纪的70～90年代，多采用砖墙和混凝

土仓顶，装粮线一般在3.0～4.5m，仓顶形状有双坡面、水平面、折叠状、拱形等。

④高大房式仓：为20世纪末到21世纪初建造的新型散装房式仓，由于仓身高、跨度大而称其为“高大房式仓”。按标准设计，装粮线为6m，跨度有21m、24m、27m、30m、33m、36m六个跨度系列，仓房结构多采用了砖混结构，也有一部分采用了双层彩板（内有一层隔热材料）的仓顶。仓顶形状以双坡面为主，也有采用平顶形状的。

（2）房式仓的优点及储粮中存在的问题

①房式仓的优点：房式仓建造时取材容易，结构简单，施工方便，建设周期短，对建筑工人及施工要求不高，成本低，投资小。房式仓既可适用于散装粮，也可用于包装粮，灵活方便，适合我国国情。由于房式仓在我国使用时间长，占仓房比例为70%～80%，所以房式仓粮食储藏技术较成熟，经验丰富，储粮安全性高，深受储粮工作者的欢迎。另外房式仓除储藏粮食之外，还可以临时用于其他物资的存放及产品的加工车间等，利用率高。

②房式仓在使用中出现的问题：虽然房式仓在我国是一种主导仓型，建造最早，使用时间长，总仓容量大，但是在使用中也发现有许多缺点：占地面积大，屋顶面积大，接收太阳热辐射量大。仓房低矮，不利于机械设备的使用、移动，造成机械化程度低，特别是仓内有柱、梁等更是影响机械设备的安装和使用，由此将带来房式仓进出粮较困难、效率低、费用高。另外，我国现在使用的大多数房式仓还普遍存在着隔热性差、密闭性差等问题。

根据房式仓的特点，一般散装房式仓适用于土地资源不太紧张，周转系数较低的储备仓。包装房式仓适用于城市供应库及加工厂的成品仓房。另外，短期储存、小批量粮、小品种粮也宜采用房式仓储存。

（3）房式仓的建筑设计

①房式仓的平面形式：房式仓平面形式力求规则简单，仓容要大，占地面积小，砌砖量小，施工简单。房式仓的平面形状应尽可能采用矩形，其廒间长宽比一般2∶1～3∶1为宜。仓容量相等时，矩形截面的房仓跨度要比正方形房式仓的跨度小得多，这样可使建筑结构简单，施工方便，降低造价，并最有效地利用库区面积。同时，矩形平面的房式仓能满足粮仓机械化运输直线型要求，使粮仓工艺流程简捷，设备布置方便，有利于粮食的进出仓，能较顺利地实施粮仓工艺的机械化。

②房式仓的建筑尺寸：建筑设计要实现标准化，但是建筑物种类繁多，要求相差很大，全部实现标准化设计是相当困难的。但是目前我国建筑设计中实行的建筑模数制，为设计标准化打下了基础。建筑模数是选定的标准尺度单位，作为建筑物、建筑构配件、建筑制品等尺寸相互间协调的基础。模数制就是在模数的基础上，建筑物及其构配件的各种尺寸之间相互联系配合的一系列规定。

我国制定的《建筑统一模数制》中规定：基本模数为100mm，以M0表示。还有分模数和扩大模数，它们分别适用于建筑物各不同部位、各构配件的尺寸。

分模数有1/10M0、1/5M0、1/2M0，相应的尺寸分别为10mm、20mm、50mm，主要适用于缝隙、构造节点、构配件的截面及建筑制品的尺寸。

扩大模数有3M0、6M0、12M0、15M0、30M0、60M0，相应尺寸分别为300、600、1200、1500、3000、6000mm。其中1M0、3M0、6M0主要适用于构配件及其截面、建筑制

品、门窗洞口及建筑物的跨度、柱距（开间）、层高的尺寸，15M0、30M0、60M0 适用于较大建筑物的跨度、开间、层高及构配件尺寸。

实行模数制，可简化定型构件的类型，便于设计标准化、生产工业化、施工机械化，提高设计和建造的质量和进度，降低造价，因此，建筑设计时应尽可能遵循模数制。

房式仓的跨度：房式仓的跨度一般在 18m 以下取为 3m 的倍数，18m 以上取 6m 的倍数，但实际上在 1998 年房式仓标准设计中跨度一律采用 3m 的倍数，有 21、24、27、30、33、36m 等。

房式仓的开间（柱距）：当选用预制大型钢筋混凝土屋面板时，应采用 6m，采用其他形式的钢筋混凝土屋面板时，常采用 3.6～4.8m。目前我国粮仓建筑工业化水平较低，因此仓房的跨度和开间的选择还应考虑施工场地的大小、地形、地质、当地施工技术、设备条件、当地构件生产规格等因素。

房式仓的高度：房式仓的高度主要取决于粮食保管要求、粮食堆装方式、粮堆高度、粮仓机械设备种类、建筑结构等因素。散装房式仓的高度主要根据粮堆高度、粮面以上空间要求高度和仓壁强度条件而决定。粮堆高度与粮食的堆装方式及仓壁承压能力有关。散装粮的堆装方式有两种：一种为平堆，另一种称作“升萝式”堆粮。“升萝式”堆粮方式是在粮堆平面上再按 25°角向上斜堆增高为 1.5～2.0m，可在基本不增加仓墙侧压力的情况下，适当提高仓容量。但由于平仓的工作量很大，特别是对于新建的高大房式仓，采用得很少。近年来为了提高仓房容量，粮食的堆高呈增加趋势，1998 年以来建造的高大房式仓装粮线均为 6m，有个别的达 8m。但应该指出，散装房式仓的仓壁是承重墙，承受较大的粮食侧压力，而且侧压力的总值与粮堆高度的平方成正比，因此粮堆的增高，必然造成墙体的厚度增加，如厚度增加过多，也将造成经济性下降。粮面以上空间的高度要保证保管人员日常检查操作的高度及仓顶固定机械设备的操作要求，一般空间高度为 2m 左右。

包装房式仓的高度则要根据堆高及堆垛机安全运行高度、保管人员的操作空间等，包装粮的堆高应根据粮食状况（水分）、仓温及储存期决定，而粮堆以上的空间一般留 2m 左右即可。

③房式仓的仓容量

a. 散装仓容计算

平堆式仓容：

$$m = Lbh\gamma \tag{2-1}$$

式中：m——仓容量，t；

L——粮堆长，即仓长度，m；

b——粮堆宽，即仓跨度，m；

h——堆粮高度，m；

γ——粮食容重，t/m³。

“升萝式”堆粮：这种堆粮方式实际是将粮食下部堆成一个长方体，上部堆成为一个四棱台，如图 2－13 所示。

$$m = \gamma[LBH + 1/3H(lb + \sqrt{LBlb} + LB)] \tag{2-2}$$

式中：m——仓容量，t；

γ——粮食容重，t/m³；

L——仓房长度，m；

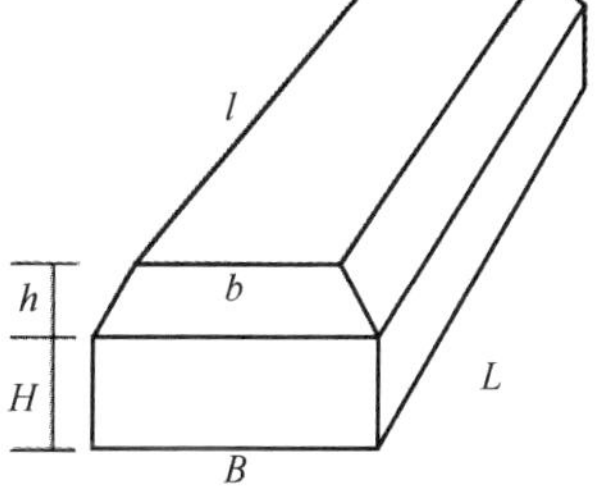

图 2－13　“升萝式”堆粮

B——仓房跨度，m；

H——下部长方体高度，m；

l——粮堆顶部长度，m；

b——粮堆顶部宽度，m；

h——上部四棱台高度，m。

b. 包装仓容量计算

$$m = \frac{LBnm_1\eta}{1000A} \tag{2-3}$$

式中：m——仓容量，t；

L——仓房长度，m；

B——仓房宽度，m；

A——每包粮占地面积，m^2；

η——包装粮堆垛时地面利用系数，实垛取80%，能风垛取65%；

n——垛的堆高包数；

m_1——每袋包装粮的质量，kg。

④房式仓的平面组合：为了集中管理和节约用地，常把几幢房式仓按照一定的形式组合在一起。这种平面组合应根据场地形状、工艺流程、输送形式及建筑结构等条件确定。最常采用的组合形式是沿房式仓的长向延伸，形成排列组合式的平面形式，以方便于机械化输送。一般在平面组合时，长度方向不宜超过150m，以免对交通及地基造成不利影响。在排列时应注意，每幢仓间应留有20~30m的通道，以满足交通及防火的要求。房式仓每排之间一般应留有25~50m的间距，此处可用于晒粮、打露天垛、暂存设备器材等。

由于我国房式仓是几十年来陆续建造的，所以结构形式繁杂多样，墙壁主要为砖砌体，也有采用混凝土板的，屋顶承重结构主要有：木结构、砖拱砖壳、砖拱架、混凝土拱架、钢筋混凝土组合屋架、钢筋混凝土门式刚架、轻型钢屋架、钢筋混凝土折板、双层彩板等。随着建筑材料的不断发展，房式仓的结构形式也不断发生变化，上述前四种屋顶承重结构目前已不再采用，后几种屋顶结构由于节约木材、便于预制、施工简单、结构坚固、有利于机械作业等已被广泛应用于粮仓的建设。

2. 筒仓

凡是储存散粒状物料的圆筒状构筑物均可称为筒仓。筒仓一般包括立筒仓（或深仓，deep bin）和浅仓（shallow bin）。筒仓往往是由一组或数组不等的仓群与工作塔组成一个完整的体系，工作塔中设有符合储粮工艺要求的各种清理、称重、运输、除尘等设备，筒仓群和工作塔通过上下通廊而连接。

（1）筒仓的性能特点

①节约用地：建造立筒仓是将储粮向高空发展的有效途径，其仓容量较大、粮堆高、单位仓容占地面积小是筒仓最突出的优点，也是今后此类仓型较有发展前途的一个主要原因。一般来说，立筒仓群单位占地面积的仓容量为其他仓型的4~6倍。

②机械化程度高，易于流通：筒仓储粮只能散装，与设备集中的工作塔配合使用，可以实现高度的机械化和自动化，生产效率高，节省管理人员，而且粮食出入仓工艺流程简单，工艺流程短，可以方便地处理粮食，利于流通，处理费用低，因此筒仓更适合周转系

数高的港口库、中转库和粮食加工厂的原料库。

③气密性好：一般筒仓没门窗，只有进粮口、出粮口、通风口等，所以密封较容易，利于熏蒸和气调，也具有较好的防虫、防鼠雀性能。

④防火性能好：筒仓的建筑材料均为不可燃材料，所以筒仓的防火性较好。

⑤吨粮工程造价偏高：钢筋混凝土筒仓和钢板筒仓的吨粮工程造价介于房式仓和楼房仓之间，为房式仓的2~3倍，但低于楼房仓。而砖砌筒仓的单位工程造价与房式仓基本相同。另外筒仓的建造技术性较强。

⑥储粮性能不甚理想：筒仓储粮特别是长期储备的粮食，由于堆高多在十几米至数十米，所以机械通风、熏蒸杀虫、深层取样、进仓检查不如房式仓方便。筒仓进粮时由于落点固定，落下的距离大，所以自动分级较明显，进而造成整仓粮堆组成成分的不均匀性。另外，靠近筒壁的粮层由于自动分级和筒壁的传热性（特别是钢板仓）等原因稳定性较差，品质变化明显，甚至出现“挂壁”现象。

综上所述，筒仓具有占地面积小、生产效率高、使用人员少、机械化自动化程度高、流通费用低等突出优点，在使用中只要掌握其储粮性能，采取有效的管理措施，定能使筒仓在粮食仓储中发挥重要作用。

（2）筒仓的分类

①按筒仓的主要尺寸分类：此种分类常根据仓壁高 H 与直径 D 的比值来分类，当 H/D 大于等于1.5时称为深仓或立筒仓，而 H/D 小于1.5时则称为浅仓。深仓与浅仓卸粮时粮食的流动状态、储粮压力变化曲线是不相同的。因此在设计时深仓、浅仓应采用不同的储粮压力计算方法，达到设计安全的目的。同时深、浅筒仓在构造上也有所区别。

②按筒仓的平面形状分类：筒仓单仓平面形状有圆形、方形、矩形、正六边形、正八边形等，其中建造及使用最多的是圆形筒仓，所以筒仓也常被称作“圆筒仓”或“圆仓”。

③按筒仓的结构分类：在筒仓建造史上曾经出现过木筒仓、钢筋混凝土筒仓、砖混结构筒仓和钢板筒仓。木结构的筒仓是在筒仓建造中使用较早的一种结构形式，它仓容小，装粮高度一般在5~6m。现在已很少。钢筋混凝土结构的筒仓从20世纪以来发展迅速，是目前筒仓中采用最多的一种形式。在世界上许多发达国家如美国、加拿大等几乎全是筒仓，而筒仓中钢筋混凝土筒仓又占绝大多数。此种材料结构的筒仓直径一般在6~12m，装粮高度为15~30m，建筑工艺常采用滑模整体浇筑，也可采用预制构件装配。

砖混筒仓始建于我国20世纪50年代末，在我国约占总仓容的4%。由于砖价廉易购，施工方便，所以是一种造价较低的筒仓。但是砖混筒仓整体性差，抗粮食侧压能力小，装粮高度不宜超过20m，筒仓直径也较小，以6m、8m为宜。而且在建造时仓壁每隔一定距离（3~5m）需设置钢筋混凝土圈梁或采用钢筋砖砌体，以增加仓壁的抗压能力。20世纪50年代建造的筒仓仓壁较厚，隔热性好，储粮较稳定，目前仍在使用，但今后这种结构将不会再用于建造筒仓。

20世纪初人们开始用钢板建造筒仓，特别是20世纪60年代以后，薄壁钢板筒仓成为世界各地迅速发展的一种新型筒仓。钢板仓的建造工艺有铆接、焊接、装配式及利浦螺旋卷边等，现在应用较多的是装配式及利浦螺旋卷边钢板筒仓。钢板筒仓具有自重轻、对基础要求低、施工期短、强度高、气密性好、造价低等突出优点。

（3）筒仓群的平面布置　筒仓群中各筒仓的平面布置应根据仓储工艺、地形地质和施工条件等实际情况，在经过技术经济比较分析之后确定，同时布置形式也与筒仓群的个数有关。通常的布置形式可分为：单列、单排、排列组合及筒围等多种形式。

筒仓直径大于18m的圆形筒仓自重及容量均较大，宜采用独立布置的形式。另外一些筒仓由于结构和工艺制造及安装的不同形式，使得单仓之间不能采用彼此相切排列时，也宜采用单列的布置形式。单列的筒仓在数量较多时多采用单排的布置方式。

排列组合的平面布置是筒仓群最常采用的方式，为了节约用地，圆形仓群宜选择仓壁外圆相切的连接方式。这种平面布置方式可明显减少外围筒仓的数量，降低外界环境因子对仓内粮食的影响。但为了保证筒仓下层具有良好的通风性能及必要的采光，同时避免一组仓群过多而对地基造成过大的压力，一组仓群一般排数不能太多，常取3～4排，每排5～6个筒仓。一组筒仓群的长度一般不宜超过50m，仓群的长宽比不宜大于3，如果筒仓数量较多，可分组布置。在排列组合式的平面布置中筒仓的排列形式又分为行列式和错列式两种，其中应用较多的是行列式，如图2－14、图2－15所示。

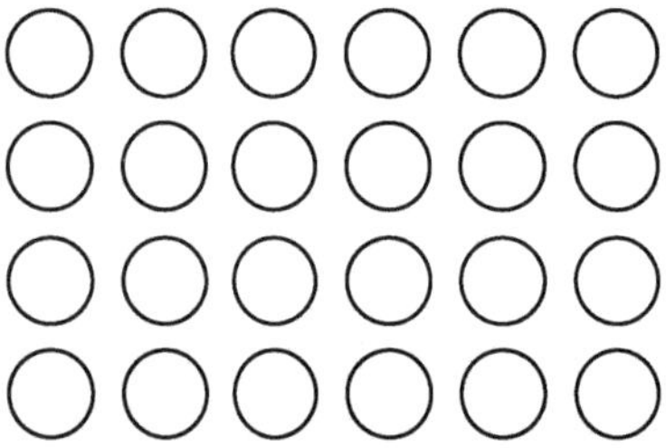

图2－14　筒仓行列式排列

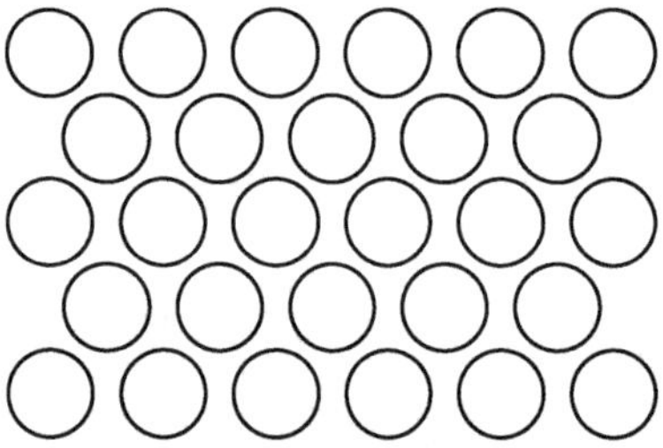

图2－15　筒仓错列式排列

筒仓的平面也可布置成筒围仓形，四周由数个筒仓围成，中间是一个大仓，中间大仓以四周的小筒仓为其仓壁，粮情相当稳定。但此种排列形式进出粮工艺较复杂，建造时也较麻烦，因此很少采用。

（4）筒仓的工艺设计要求　筒仓在建造时多以“群”存在，这就意味着筒仓个数较多，加之筒仓的机械化程度较高，所以工艺设计也较为复杂。在进行筒仓工艺设计时要遵循如下的原则。

①满足储粮的要求：储存期超过一个月的筒仓内应设置测温、测湿、测满的装置。必要的还应有通风降温，熏蒸杀虫或气调、冷却等设施，以保证粮食在仓内安全储藏。储存期短的筒仓内设施可以少一些。

②满足装卸的要求：使用工作塔，使粮食方便的进、出筒仓，生产率应满足工艺要求；能很方便地进行倒仓，一个筒仓群至少留有一个空仓。

③筒仓应有较高的气密性，不漏雨，不渗水，不反潮，具有防鼠雀性能。

④工作塔应有接收、发放、称重、清理、输送等能力，并满足工艺上的要求。

⑤工作塔应有良好的消音、除尘、防火、防爆功能。应有必要的报警装置。斗式提升机及工作塔的粉尘防爆应引起高度的重视。引起粉尘爆炸的原因主要有两个，一是粉尘的粒度及浓度，粉尘粒径小于74μm，即可燃爆，而且粒径越小越易爆炸，而粉尘爆炸的低

限浓度为 20g/m³。第二是高温及点燃源，大部分谷物粉尘的燃点为 400～500℃，这一高温往往是由斗式提升机在运行时过载打滑、皮带跑偏、机壳与金属杂质摩擦火花而产生的。由于粉尘爆炸在世界各地时有发生，造成了巨大的损失，所以目前已研究出了许多有效的防爆措施，如合理设计除尘风网，增加吸风口数量或以惰性油拌粮降低粉尘浓度；在入斗式提升机之前清理金属杂质；斗提机料斗换成有机材料；在斗提机上安装皮带打滑、跑偏、料位等监控及报警器；同时要求生产厂家在斗提机上安装泄瀑口，万一发生爆炸，可防止传播将损失降低到最低限度。

⑥自动控制的筒仓，在各楼层均应设置电气控制开关，各自动设备要有单机手动开关以备紧急情况下使用。

（5）筒仓容量计算

①单仓仓容量的计算：对于一般的锥底立筒仓，可将每个仓分成两部分：一部分是筒仓上部的圆柱体，另一部分为下部的圆台。在我国的储备库中，入粮后基本上要平整粮面，所以立筒仓的单仓容积可以按下式计算（筒仓示意图如图 2－16 所示）：

$$m = \left[\frac{\pi d_1^2 h_1}{4} + \frac{\pi h_2 (d_1^2 + d_1 d_2 + d_2^2)}{12}\right]\gamma \tag{2-4}$$

式中：m——立筒仓单仓仓容，t；

d_1——筒仓直径，m；

h_1——筒仓圆柱部分装粮高度，m；

h_2——筒仓下部圆台高度，m；

d_2——筒仓底部出粮口直径，m；

γ——粮食的容重，t/m³。

浅圆仓几乎全是平底的，所以单仓容量为：

$$m = \frac{\pi d^2 H\gamma}{4} \tag{2-5}$$

式中：m——浅圆仓单仓容量，t；

d——浅圆仓直径，m；

H——浅圆仓的装粮高度，m；

γ——粮食的容重，t/m³。

②星仓容量的计算：星仓一般是指由四个圆筒仓围成的中心仓，如图 2－17 所示。

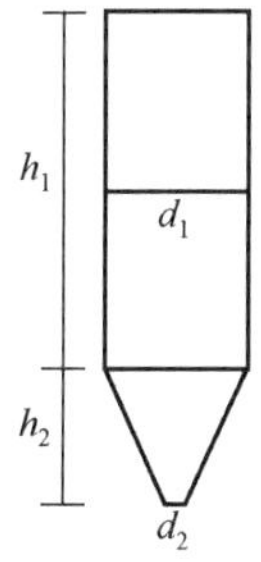

图 2－16　筒仓示意图

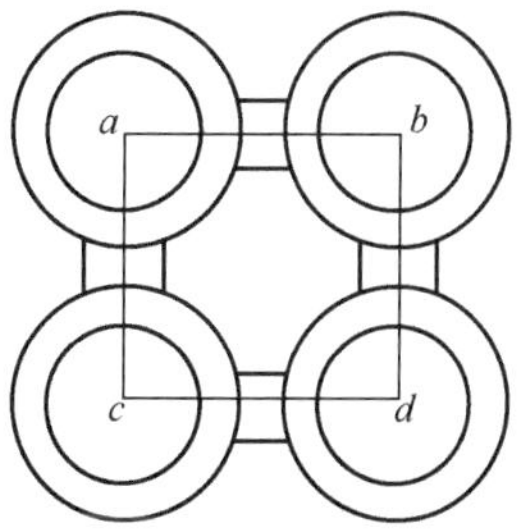

图 2－17　星仓平面图

由图2－17可知：

$$A = A_1 - A_2 \tag{2-6}$$

式中：A——星仓截面面积，m^2；

A_1——正方形 $abcd$ 面积，m^2；

A_2——四个1/4筒仓截面积之和，m^2。

$$A_1 = (d + \delta_1)^2 \tag{2-7}$$

$$A_2 = \pi\left(\frac{d}{2} + \delta_2\right)^2 \tag{2-8}$$

式中：d——筒仓的直径，m；

δ_1——筒仓壁相切处的厚度，m；

δ_2——筒仓壁厚，m。

星仓仓容量：

$$m = AH\gamma = \left[(d + \delta_1)^2 - \pi\left(\frac{d}{2} + \delta_2\right)^2\right]H\gamma \tag{2-9}$$

式中：m——星仓单仓容量，t；

H——星仓装粮高度，m；

γ——粮食的容重，t/m^3。

③筒仓个数的确定：一般的筒仓群由十几个至几十个单筒仓组成，筒仓的个数根据拟建筒仓群总仓容和单仓仓容计算，确定仓群筒仓个数。

$$n = \frac{km}{m_1} \tag{2-10}$$

式中：n——筒仓个数；

m——筒仓群的总仓容，t；

m_1——单个筒仓的仓容，t；

k——安全系数，一般取 $k = 1.1$。

（6）立筒仓的构造尺寸

①钢筋混凝土筒仓：当圆形筒仓直径小于或等于12m时，一般选用2的倍数；当直径大于12m时，宜采用3的倍数。钢筋混凝土圆形筒仓的直径可采用6、8、10、12、15、18m。若采用滑模施工时，仓高不宜低于21m，且最好采用3的倍数，如可取24、27、30m等，在当地土耐力允许的情况下，可增加仓高。壁厚不宜小于160mm。

②砖混筒仓：我国现有的砖混筒仓的直径从4～10m不等，仓高一般在12～15m，个别也有超过20m的。砖混筒仓由于所选材料强度不高，直径宜采用6、8m，高度则宜选12、15m，仓壁厚度不得小于240mm。也可采用变截面仓壁，上部厚度采用240mm。

③钢板筒仓：钢板仓的构造尺寸，一般由制造企业确定，或根据用户的需求而制造。如采用利浦设备制造的卷边钢板筒仓，直径可在3.5～20.0m任选，高度在30m内任选。装配式波纹钢板仓和焊接式钢板仓可根据各企业标准选择。三种不同制造工艺的钢板仓的仓壁钢板厚度也不相同，卷边钢板仓厚度在1.5～4.0mm，装配式钢板仓厚度在2.5～8.0mm，焊接式钢板仓厚度在4～12mm。

（7）工作塔　工作塔是一个多层的建筑物，因其中布置有清理、称重、输送、提升等多种工艺设备，而且通常较高而得名。工作塔内各设备的布置应首先满足生产需要，其次还应考虑经济合理、通风采光、安全防火等方面的要求。

工作塔的平面形式宜选择矩形，这样既方便布置工艺流程又便于施工，同时还可以提高面积利用系数。由于工作塔为多层建筑物，受楼层结构的限制，其平面尺寸一般比单建筑小，特别是跨度，常采用6～9m，柱距（开间）常为4～6m，所选尺寸应符合我国现行的模数制要求。跨度常采用6.0、6.6、7.2、7.5、9.0m，柱距采用有2.4、2.7、3.0m，层高应为300mm的倍数。

工作塔的结构形式有砖混和钢筋混凝土两种，由于砖砌体承载能力有限，高大的工作塔应采用钢筋混凝土结构。工作塔和筒仓群共同构成一个完整的体系，二者的工艺流程有着非常密切的关系，但是二者的荷载及性质相差较大。为了防止地基产生不均匀沉降，一般应分别设置基础，且彼此相隔一定的距离。如经过计算沉降倾斜在允许范围（0.4%）以内，也可使二者不拉开距离，但必须设置变形缝。工作塔和筒仓群之间通常是通过上下两个通廊而连接的，上下通廊常布置有不同类型的输送设备。

（8）浅圆仓　浅圆仓也称矮圆仓，其仓壁高与直径之比小于1.5，横截面多为圆形。20世纪70～80年代在我国也建造过少量的土圆仓、小型钢板仓和大直径的砖圆仓，这些仓也应属于浅圆仓的范围。但由于这些仓或结构简单，使用年代短，或是在我国所占比例甚小，未引起仓储工作者的重视。20世纪90年代初，由“利用世界银行贷款改善中国粮食流通”项目将新型的浅圆仓作为一种新仓型引入中国，1998年以来又相继在全国各地建造了一批用于粮食储备的浅圆仓。这一时期的浅圆仓为落地式，平面形状为圆形，仓壁主体结构多为钢筋混凝土，壁厚为250～270mm。近年来又建了一批架空式浅圆仓。国内引进的球形仓进行改进后，储粮性能类似于浅圆仓。

浅圆仓的性能特点是：直径大（18～40m），粮层深（12～50m），单仓容量大（5000～30000t），单位仓容占地面积小，机械化程度高、经济合理。由于浅圆仓的这些性能与其他仓型差别较大，所以也就形成了浅圆仓独特的仓储工艺，同时也带来了许多储粮安全及日常管理的新问题。如入仓时自动分级严重、破碎率高，出仓速度较慢，储藏期出现明显的“冷心热皮”、发热结露等，同时仓体本身的隔热性、气密性、防潮性等也存在一定问题。

3. 楼房仓

楼房仓实际上是一种多层的房式仓，早在20世纪20年代我国就有使用，常作为粮食加工厂的成品库，仓内粮食多为包装，也有散装。虽然楼房仓造价高，一次性投资大，但由于其可以充分利用空间，节约用地，近10年来在我国一些土地资源紧张的大城市如上海、广东、珠海等地兴建了一些楼房仓。这种仓型比较符合我国人多地少的国情，具有长远的经济效益，估计在今后有一定的发展前途。

（1）楼房仓的设计要求　楼房仓由于造价高投资大，为了提高其经济性，在设计时应充分提高建筑面积的利用率，减少不必要的辅助面积。一般新建楼房仓的建筑面积利用率不低于80%，改、扩建的楼房仓不低于70%。

$$\eta = \frac{A_1}{A} \times 100\% \qquad (2-11)$$

式中：η——楼房仓建筑面积利用率；

A_1——仓房总净面积，为仓房总建筑面积扣除墙身和柱子的平面面积，m^2；

A——楼房仓总建筑面积，为仓间外廓之内的建筑面积总和，但不包括仓间外的楼梯、滑道、平台面积，m^2。

同时，在仓内堆垛时，仓内面积的利用率应大于65%，一般堆垛距外墙为0.5m，距内墙内0.3m，距柱子为0.1m，垛间主通道为2~3m，垛间支通道为1m。另外，在楼房仓的设计中还应综合考虑通风性、采光及输送的经济性。

（2）楼房仓的平面设计　楼房仓的平面形状力求简洁、规则，多采用矩形或矩形组合形式。楼房仓的平面尺寸受仓内固定或移动式机械设备的布置形式及包装粮的堆垛方式制约。跨度和开间的确定应充分考虑仓房结构、建筑材料、施工技术及经济性等因素，并要考虑一定的发展余地，可不受模数制的限制。柱距采用3.9、4.0、4.2、6.0、6.5、7.0、8.0、9.0m等多种；跨度采用6.0、6.5、7.0、7.5、8.0、9.0m等多种。

楼房仓的平面布置则要考虑仓房、电梯、楼梯、滑道、通廊等部分的相应位置。仓房的平面布置方式有单体式和分离式两种。单体式是仓房作为一个单体建筑物布置；分离式是将仓房分成几个单体建筑，中间用通廊相连。

另外，楼房仓的粮包垂直输送主要是靠电梯，电梯的位置有集中式和分离式两种。集中式是将电梯间设在仓房的一侧，紧靠仓房，或将电梯间直接设在仓房内；分离式则电梯间与仓房相隔一定距离，中间以通廊相连。

（3）楼房仓的层数与层高　楼房仓的层数应根据工艺流程、建仓投资及经济性等因素而确定。加工厂成品仓，粮食进出频繁，易采用较少的层数。一般的楼房仓以四层为宜，不应超过六层。楼房仓的层高则根据堆垛高度及堆拆垛机械化水平而定。粮垛顶面以上的净空间高度一般以1.4~1.8m为好，层高范围多数情况在4~6m，各层层高可以相同，也可以不一样，首层可采用较高的层高。

（4）楼房仓的结构　楼房仓目前采用的结构主要有混合式结构和框架式结构两种。混合式结构常指由不同建筑材料制成构件所组成的建筑结构，此时楼（屋）盖常采用钢筋混凝土，墙体则采用砖砌体。框架结构为由梁、柱构件通过节点连接而构成的空间结构。多层框架可采用钢筋混凝土、钢或合金材料建造，在我国采用较多的是钢筋混凝土材料。这种框架结构具有强度高、抗震性好、耐火性好、造价低等优点。

（5）楼房仓的螺旋滑道　楼房仓的进出粮工艺较为特殊，进仓多采用电梯、单包提升机，出仓多采用电梯、单包提升机及螺旋滑道。螺旋滑道是利用重力及惯性离心力使放于滑道表面的粮包自动螺旋下滑，不需动力，经济安全，是楼房仓经常采用的出仓方式。但是，螺旋滑道的设计一定要合理，主要技术参数的选择要合适，否则螺旋滑道便不能正常工作。

①滑道的螺旋升角

$$\alpha = \mathrm{arctg}\left(\frac{H}{2\pi R}\right) > \varphi \qquad (2-12)$$

式中：α——滑道的螺旋升角；

H——滑道的螺距m，可取$H=1.5\sim2.0$m；为了使每层的进出料口在同一个位置，每楼层螺旋滑道的螺旋数应相等；如果楼房的层高不等，则H的取值就不一样。

R——螺旋滑道的外径m，一般取$R=1.7\sim2.0$m；

φ——粮包与滑道间的摩擦角，一般首层为23°，其他各层为21°。

②滑道中心柱的直径

$$d > 0.2\text{m}$$

③滑道两侧高度

$$h = 0.15 \sim 0.20\text{m}$$

④滑道宽度

$$b = b_1 + 0.1 \quad (2-13)$$

式中：b——滑道宽度，m；

b_1——粮包宽度，m。

⑤滑道出口平台高度：滑道出口应设置操作平台，平台距地面高为0.95m。

⑥滑道表面：滑道表面要平整光滑，以保证粮包的顺利输送，一般表面做成水磨石面，上面打蜡。也有的楼房仓采用钢板曲折形溜槽出仓。

第四节　粮仓结构维护与改造

一、仓房的维护

1. 粮仓表面的维护

（1）粮仓的要求

①仓内地坪要常年保持平整干燥，无裂缝，不返潮；混凝土地坪禁止用重锤撞击，防止和酸碱、油类物质接触；要防止沥青地坪与石油类系列产品及食用植物油接触；对两油一毡沥青黏砖地坪，要随时检修，以保持性能良好，延长使用年限。

②粮食堆放要合理，散装仓房禁止超高超量储存粮食，以保证粮仓及人身安全。粮食进出仓要注意使粮食对仓墙作用力保持平衡，避免粮堆出现一侧过高一侧过低现象，损坏墙体甚至倒塌。

③包装粮的堆垛高度要控制在规定高度以内，以防止堆垛过高，使地坪负荷过重，压陷地坪，甚至影响墙基牢固。垛基要堆平堆稳，防止倒垛压坏仓墙。

④仓房门窗、屋架的天平木、人字木、桁条及其他构件，要经常检查，随时维修，该重新上漆的要重新上漆；螺丝帽及其他铁件有松动的要采取紧固措施；无论木制、铁制横梁均禁止挂放重物，以防横梁变形，出现事故。

⑤屋面要保持平整，瓦路整齐合缝，不积灰杂，严防麻雀在瓦缝和屋沿做窝。冬季如下雪要进行扫除，避免屋顶积雪过厚使屋面下陷，甚至造成倒塌事故。

⑥仓房四周要经常保持清洁卫生，排水沟及仓房护坡要保持完好无损，屋檐口和墙上的落水槽要安装齐全，落水管及排水沟内的杂草、污泥要经常清理，使排水管通畅，保持环境干燥。

（2）粮仓的检修

①仓顶的检修：仓顶是仓房的重要组成部分，对此要勤查勤修，发现问题，及时处理。如发现漏雨部位，要修补防水层或更换坏瓦。如是屋顶局部塌陷造成瓦撬缝，该换桁条的换桁条，该换铺垫物的换铺垫物，以使屋面平整，瓦缝合拢。屋檐板如腐蚀或脱落，要及时更换和补修，严防麻雀在屋面和房檐部位做窝，否则会造成瓦片脱落，屋顶漏雨。

②仓墙的检修：仓墙是仓房的另一重要组成部分。如发现有异常情况，要区别对待处理。若防潮层下坠造成墙皮裂缝，可把裂缝周围铲除，然后修补防潮层或刷上沥青，再刷表面层。如是地基不牢或超仓容量存粮造成仓墙裂缝，通过采取补救措施可继续存粮的，可在仓外砌砖垛加固，并对裂缝做防潮处理。对仓房外墙皮特别是新建仓房最好抹上 2 ~ 3m 高的水泥裙，以防止砖块因长期日晒雨淋及酸碱、湿气腐蚀，出现发酥脱落现象。

③地坪的检修：无论沥青地坪、水泥地坪、两油一毡地坪，由于使用年限过久或原地坪处理不好，均会出现地坪裂缝、陷坑、残缺等现象，使地坪局部或全部失去防潮性能。沥青地坪裂缝，在刷干净的新面上刷一层水泥浆，再用高标号水泥或水泥混凝土修补。两油一毡铺干砖地坪裂缝，并出现返潮时，把周围砖块揭掉，在原来的防潮层上再铺一层油毡或刷一层沥青，然后铺上新的干砖，并用沥青砂浆或水泥砂浆嵌缝。对大面积失效的地坪，要及时修整或在原来的地坪上再铺一层防潮层。

④地下仓覆土面的检修：检修覆土面有无鼠洞、蚁洞，发现后要及时填塞。覆土层较薄的仓顶，检查草木生长情况，以防止其延伸到仓体使仓房的防潮层开裂。

⑤钢结构筒仓的维护：定期检查钢板仓防锈漆是否剥落，要每两年涂刷一次防锈漆；对钢板仓的节点进行观察，检查螺钉、垫片、焊缝等是否完好；观察与土建相连的支座部位有无变化。

⑥其他部位的检修：老仓房门窗多数是木制的，经长期的风吹雨淋，会造成腐朽、脱落、裂缝等现象，对腐朽的要及时更新，脱漆的重新刷漆，裂缝可用油灰嵌实。对仓门最好用铁皮裹住，这样既防止风吹、日晒、雨雪浸蚀，又能达到防鼠的效果。对木制梁、桁条，如有裂缝可用油灰嵌实，若裂缝过大，要用铁箍箍住，防止裂缝发展。对土质差造成屋顶塌陷的，可更换桁条或采用相应加固措施。对铁制梁及人字架，要经常检查焊口及螺帽处，如出现松动、焊口开裂，需拧紧螺帽和重焊，确保安全。

2. 雨、雪、大风前的预防措施

在雨、雪、大风前，对仓房采取的预防措施包括：检查仓房门（窗）框是否牢固、完整，对不牢固的框架事先进行加固、维修。检查仓房门窗能否关闭严密，对不能关严的门窗要进行维修，或用塑料薄膜或防水雨布进行堵塞。检查仓房屋顶的防水层是否破裂或瓦片是否破损，要及时更换破损瓦片，维修防水层，或临时采用防水帆布摭盖破损屋面，待雨天过后，再进行维修。检查露天粮堆及囤垛的铺垫物、苫盖物是否完好，及时更换或修复破损的苫盖物。检查油罐表面有无裂缝、油罐所有的孔洞和阀门是否关闭，对于表面有问题的油罐，一定要及时维修、整改。检查钢板仓的铆钉、彩板是否牢固，防锈漆是否磨损，镀铝锌层是否被破坏，仓内底板和墙体的连接是否有缝隙。检查仓房与露天储存堆垛四周的排水道是否畅通，对于堵塞的排水道要及时清理与疏通。

3. 雨、雪、大风后的检查

雨后要检查仓房屋面、墙壁、地坪有无渗水现象发生，仓房的各类门窗孔洞有无损坏与进水现象发生；在台风过后，检查仓房屋面的彩板是否松动，双层板间是否进水；仓房或堆垛四周若有积水，要及时排除积水，避免粮食受潮；检查仓内粮油是否受潮，对于不同原因引起受潮的粮食，要分别采取晾晒、干燥、翻动粮面、通风散湿、挖塘、倒仓等方法处理，以保证整个粮堆处于安全状态。

每年观测一次仓房地基基础的沉降，观测墙体是否开裂，并做好记录。

二、仓房的改造

1. 粮食仓库防潮层的改造

由于长久使用、大风袭击或地震等因素，时常会造成仓房屋面损坏漏雨、仓墙出现裂缝返潮、地坪沉降或裂开透潮。仓房防潮层或防水层损坏，都会引起粮食吸湿霉烂，需要在对仓房日常检查时及时发现并给予维修。

老式仓房平瓦屋面漏雨的整修方法：由破瓦或砂眼瓦引起漏雨，应更换新瓦；瓦片滑动使搭接不住或脱开，应进行串瓦，使瓦片恢复原有位置，上下瓦片落槽。檩条或挂瓦条不均匀下沉或檩条本身弯曲，造成屋面不平时，使雨水积存而引起漏雨，调平方法是：在檩条上加一木板垫块，或是在不平处所有挂瓦条的下面垫木片取平。若局部檩条因腐朽、断裂或变形下垂等造成屋面凹陷不平时，应根据具体情况分别处理，可在原有檩条旁边加一根檩条，或更换新檩条，使屋面恢复平整。

防水卷材漏雨屋面的修补方法：一般细微裂缝可将表面保护层刮除干净后，在裂缝处用嵌缝油膏嵌填密封处理，再涂刷冷底子油，涂刷 2～3 遍沥青玛蹄脂。由屋面底层引起的较粗裂缝，先除去表面保护层，然后沿裂缝处用沥青玛蹄脂涂刷填满裂缝，并粘贴 10cm 宽的改性沥青防水卷材条，经数天充分收缩稳定后，以玛蹄脂再铺贴 20cm 宽的改性沥青防水卷材条，上面抹 3cm 玛蹄脂，再做保护层。

钢筋混凝土屋面裂缝漏雨时，可采用环氧树脂黏合剂修补。环氧树脂黏合剂按表 2－1 配制时，先将环氧树脂倒入杯中，再加入二甲苯，搅拌均匀后倒入铁勺内，再加入乙二胺，继续搅拌，待呈乳白色后即可使用。切忌将乙二胺直接倒入装有环氧树脂的量杯中，否则环氧树脂将会在量杯中硬化，使量杯不能再用。配制环氧树脂黏合剂一次不宜过多，每次配 50～100mL。修补时，先刷清裂缝表面，吹净裂缝内外灰砂，用画笔蘸黏合剂在裂缝处涂刷，待黏合剂渗入裂缝后，再涂刷第二次或第三次。用后画笔立即用少量二甲苯清洗。二甲苯和乙二胺都是易燃品，且有毒，用时需注意安全。操作时应戴手套，涂刷完后需洗手，如手上粘有黏合剂可用碎布蘸少许二甲苯擦洗。

表 2－1　　环氧树脂黏合剂配方

材料名称	配合比（体积比）/%	备注
环氧树脂（634#）	100	熔点 12～28℃
二甲苯（稀释剂）	20～30	—
乙二胺（硬化剂）	10～15	—
填充料（水泥、石英粉或砂子）	—	当裂缝较大时使用

当屋顶的天沟、檐沟等漏水时，铺贴卷材应从沟底开始，当沟底过宽，卷材需纵向搭接时，搭接缝应用密封材料封口。涂膜施工时的基层表面干燥程度应与涂料特征相适应，采用沥青基防水涂膜、溶剂型高聚物改性沥青涂料或合成高分子涂膜，均应在基层及基层处理剂干燥后方可进行涂膜施工操作。

仓房墙壁裂缝的修补方法：一般裂缝，在其停止发展趋于稳定状态之后，即可进行加固处理。方法是：先将裂缝处的旧砂浆清除干净，用适量清水润湿，然后用高标号砂浆填抹缝隙，使裂缝处恢复粘结能力。若裂缝很细小，呈发丝状时，砂浆不易填入，可在裂缝处墙面上涂抹水泥砂浆保护层，以防裂缝扩大。局部墙壁墙角下沉破裂处、门窗洞边墙裂缝及因安装机械设备碰撞造成的破损，均应视损坏程度，采取相应的拆修或加固办法，及时处理。在仓内侧还要平整、清洁缝隙，用嵌缝油膏嵌填密封处理，再涂刷冷底子油，可用乳化沥青或本涂料用清水 1∶1 稀释打底，干燥 4h 以上。改性沥青防水涂料施工时，要多涂薄刷；缝隙较大时，可加用一或二层玻纤网格布做加强层，参考用量 3～5kg/m^3，涂层厚度 1.5～3.0mm，每道间隔时间 8h 以上。

仓内地坪裂缝的修补方法：修补水泥地坪裂缝时，先将裂缝适当凿宽，用清水把凿开的新缝面洗干净，刷一道水泥浆，然后用高标号水泥浆或水泥混凝土补修；修补沥青地坪的裂缝时，即在凿宽并刷洗干净的新缝面上直接浇一道热沥青，然后再用沥青砂浆拍实。修补地坪裂缝的时间宜在春秋季进行；气温过高时修补的裂缝，过冬时会产生较大的拉应力而开裂，气温过低时又不利于裂缝的粘合。沥青地坪的细裂缝用沥青玛蹄脂涂抹即可。若地坪裂缝范围很广，裂缝严重并形成龟裂时，不宜修补，应考虑全面翻修。

仓内地坪局部塌陷的修补方法：可将塌陷处打开，先将垫层修整好，然后再重新做面层。局部地方做新面层要注意使新旧材料的接缝处结合紧密一致。修补沥青地坪的局部塌陷时，应先在修整好的垫层上涂抹一层热沥青，再做新面层，可使黏结良好。新做的沥青灰浆面层需用热滚筒辗压 5～7 遍，墙角等不易碾压的地方，可用铁质热夯夯实，然后用火熨斗熨平。修补砖地坪的方法比较简单，先将塌陷部分的砖块取起，修整好垫层，再重新铺好砖面层，使新面层高度与原地坪保持一致，砖块四周缝口用细砂填实或用灰浆嵌缝，以免松动。

2. 粮食仓库隔热层的改造

（1）仓房保温、隔热的要求

①平房仓围护结构的保温、隔热应根据所在地区的气候条件及储粮工艺提供的技术参数综合确定。

②钢筋混凝土屋盖保温层应采用憎水型非散粒状保温材料；炎热地区钢筋混凝土屋盖宜做架空隔热层，或采用新型隔热材料；金属压型彩板屋顶应采用轻质、阻燃型保温材料。

③粮库仓房的保温层可采用松散材料保温层、板状保温层或整体保温层，隔热层可采用架空隔热层。

④封闭式保温层的含水率应相当于该材料在当地自然风干状态下的平衡含水率；当采用有机胶结材料时，不得超过 5%；当采用无机胶结材料时，不得超过 20%。易腐蚀的保温材料应做防腐处理。

⑤当保温隔热屋面的基层为装配式钢筋混凝土板时，应采用细石混凝土灌缝，其强度等级不小于 C20；灌缝的细石混凝土宜掺微膨胀剂；当屋面板的板缝宽度大于 40mm 或上窄下宽时，板缝内应设置构造钢筋。

⑥对正在施工或施工完的保温隔热层应采取保护措施。

（2）仓房保温、隔热的施工与维护

①松散材料保温层的施工要求

a. 铺设松散材料保温层的基层应平整、干燥和干净。

b. 保温层含水率不得超过规定要求；炉渣应过筛。

c. 松散保温材料应分层铺设，并适当压实；每层虚铺厚度不宜大于150mm；压实的程度与厚度应经试验确定；压实后不得直接在保温层上行车或堆放重物，施工人员宜穿软底鞋进行操作。

d. 保温层施工完成后，应及时进行下一道工序，完成上部防水层的施工；在雨季施工的保温层应采取遮盖措施，防止雨淋。

②板状材料保温层施工与维护

a. 铺设板状材料保温层的基层应平整、干燥和干净。

b. 干铺的板状保温材料，应紧靠在需保温的基层表面上，并应铺平垫稳；分层铺设的板块上下层接缝应相互错开，板间缝隙应采用同类材料嵌填密实。

c. 粘贴的板状保温材料应贴严、铺平；分层铺设的板块上下层接缝应相互错开，并应符合下列要求：采用玛蹄脂及其他胶结材料粘贴时，板状保温材料相互之间及与基层之间应满涂胶结材料，以便互相粘牢。玛蹄脂的加热温度不应高于240℃，使用温度不宜低于190℃，并应经常检查。熬制好的玛蹄脂宜在本工作班内用完。

当采用水泥砂浆粘贴板状保温材料时，板间缝隙应采用保温砂浆填实并勾缝。保温灰浆的配合比宜为1∶1∶10（水泥∶石灰膏∶同类保温材料的碎料，体积比）。

③整体现浇保温层施工与维护

a. 水泥膨胀蛭石、水泥膨胀珍珠岩保温层的施工与维护：水泥膨胀蛭石、水泥膨胀珍珠岩的拌和宜采用人工搅拌，并应拌和均匀，随拌随铺；虚铺厚度应根据试验确定，铺后拍实抹平至设计厚度；水泥膨胀蛭石、水泥膨胀珍珠岩压实抹平后应立即抹找平层。

b. 整体沥青膨胀蛭石、沥青膨胀珍珠岩保温层的施工与维护：沥青的加热温度不应高于240℃，使用温度不宜低于190℃；膨胀蛭石、膨胀珍珠岩的预热温度宜为100～120℃；沥青膨胀蛭石或沥青膨胀珍珠岩宜用机械搅拌，并应色泽一致，无沥青团。压实程度应根据试验确定，其厚度应符合设计要求，表面应平整。

④干铺的保温层可在负温度下施工：用热沥青黏结的整体现浇保温层和粘贴的板状材料保温层在气温低于－10℃时不宜施工；用水泥、石灰或乳化沥青胶结的整体现浇保温层和用水泥砂浆粘贴的板状材料保温层在气温低于5℃时不宜施工。

当雨天、雪天和五级风及其以上时不得施工；当施工中途下雨、下雪时应采取遮盖措施。

⑤架空隔热屋面的施工与维护

a. 架空隔热层施工时，应先将屋面清扫干净，并应根据架空板的尺寸，弹出支座中线。

b. 在支座底面的卷材、涂膜防水层上应采取加强措施；支座宜采用水泥砂浆砌筑，其强度等级为M5。

c. 铺设架空板时，应将灰浆刮平，随时扫净屋面防水层上的落灰、杂物等，以保证架空隔热层气流畅通；操作时不得损坏已完工的防水层。

d. 架空板的铺设应平整、稳固；缝隙宜采用水泥砂浆或水泥混合砂浆嵌填，并应按设计要求留变形缝。

3. 粮食仓库气密性的改造

仓房漏气的部位可分为两种类型：有形的孔与无形的缝。前者包括面积较大的门窗、盖板类和闸阀类密封的孔洞，后者为不同壁面相交面或与构件的连接缝。漏气类型与部位不同，其处理方式、所用材料也不同，归纳起来有以下几种。

（1）有形孔的处理

①仓房门窗：一般结构的仓门仅依靠铰链与门闩是达不到气密要求的，只有使用带有多点压紧功能（边框处衬垫柔软厚橡胶）的仓用密封门窗，或在挡粮板（门）外加仓用密封塑钢门窗或薄膜加槽管后，才能达到仓房的气密要求。处理关键是在门窗边框上加“H”形密封进取胶条，调整好边框与墙体间的缝隙，手柄加压使门窗与边框紧密结合达到气密要求。气调仓只能采用此法处理。仓用密封塑钢门窗外形美观，拆卸方便，但造价较高；槽管加塑料薄膜的传统做法仍可用于仓房各种孔洞的气密处理，因地制宜简便易行，但每次密封较麻烦，气密效果与施工质量、密封操作的熟练程度密切相关，槽管拐角处与薄膜皱褶处易漏气。槽管需预先埋入墙内，与墙面齐平。仓门处的槽管位于仓门内10cm 处，打压时薄膜紧贴仓门，可防止薄膜脱落。

②盖板类密封孔洞：对经常开启的孔洞，可用螺栓将盖板、胶垫、密封胶、法兰等压紧密封；如通风进风口、进人孔需用厚度大于 4mm 的盖板，厚度大于 10mm 的柔性胶垫，胶垫间接口用阶梯形或缺口形对接，螺钉固定时要对称紧固，否则很难保证气密。但此法操作麻烦，数十个螺钉紧固不实用。对常开启的孔洞不如做成圆形孔洞，或采用双铰链门或者新型孔洞密封罩密封。这样孔洞既开关方便，又能在风道投药，方便操作者使用。

③闸阀密封孔洞：对筒仓、浅圆仓等集中进粮或出粮的仓房，其进出粮口必须采用气密闸阀，但各地气密闸阀的质量差异较大；一是要选用质量好的厂家产品，二是将闸板关到位并压紧，特别是卸粮口处的闸板，要在进粮前就关好闸板，否则巨大的粮食载荷会使闸板无法关紧。另外，气密闸阀分为两类：仓顶上安装的气密闸阀要求下气密，而仓底下安装的气密闸阀则要求上气密，使用部位不同，其受力方向不同，两者不能互换，否则气密性能会下降。

（2）无形缝的处理　如仓墙的结合面、拐角处等部位若无明显的缝隙可用气密涂料处理，如有较大缝隙时需加用无纺布，以加强处理面的强度；对钢彩板屋面的搭接缝采用环氧树脂加无纺布进行“二布三涂”处理；对各类进线孔等小型难封孔洞可用密封胶处理。

拱顶仓板缝的处理：所选填充材料的延展性要好，伸缩范围要满足拱板缝隙变化的要求；各拱板间的处理缝隙≥15mm，施工时容易操作，使填充料填充饱满，与基层结合牢固；拱板间的缝隙大可保证膨胀材料有足够厚度进行伸缩，满足拱板受温度影响的伸缩要求，不发生被拉裂现象；膨胀材料耐老化性能好，固化后不硬化，仍保持有一定的弹性。

用薄膜密封门窗孔洞或压盖粮面既是我国适用于温带、亚热带地区较为成熟的一种储粮技术，又是作为气密性较差仓房进行密封的一种补救措施。通过粮面薄膜密封，既可以明显改善仓房的气密性，又可以提高仓房熏蒸杀虫效果。粮面压盖还具有隔热作用，缓解粮温上升速度。

在实际生产中，只要达到塑料槽管在墙面上镶嵌的质量要求、槽管内径与橡胶条粗细选配合适，采用这种薄膜加槽管的密封方式不会发生密封部位漏气或薄膜脱落现象，使压力半衰期达到 2 ~ 3min 以上。1998 年新建仓房大都采用薄膜加槽管传统的气密处理法，它可以有效改善仓房的气密性。在打压需要注意的是，由于仓门面积较大，薄膜加槽管的密封方式承受的压力有限，再加薄膜本身的重量，在打压过程中极易造成薄膜脱落。因此，打压的压力不能太高，超过预设值 50Pa，有足够时间去关闭闸阀和计时即可。

第三章　粮仓机械设备

粮油食品工业的原料、半成品、副产品统称为粮食和油料，粮食和油料是一种数量大而笨重的物料。

在粮食仓库中，粮食从入库到出库要经过卸载、称重、取样、清理、烘干、冷却、进仓、倒仓、通风、熏蒸、出仓、装载等许多作业环节，这些作业环节可以采用手工完成，也可借助于机械设备来完成。配置在粮食仓库作业环节中完成作业功能的机械装备和设施称为粮仓机械设备。实际应用中，仅仅借助于单一机械设备还不能达到这些作业环节的作业要求，多数情况下需要由多台设备组成作业线。由机械设备组成的作业线称为机械作业线，由手工完成的称为手工作业线。

随着粮仓机械化程度的提高，机械作业线越来越多，手工作业线越来越少。作业线中机械设备越多、粮库中机械作业线数量越多，标志着粮仓机械化程度越高。

要实现粮仓机械化，除受粮库性质、粮仓仓型、储存方式等因素的影响外，还取决于粮仓机械设备的种类、性能，可以说粮仓机械设备是实现粮仓现代化的基础。

实现粮仓机械化，首先可以提高粮库作业的劳动生产率，加快车船周转速度；实现粮仓机械化，可以更好地储存粮食，在粮食储存过程中，能够及时发现出现的问题，及时采取相应措施，将损失控制到最小；实现粮仓机械化，可以降低粮库职工的劳动强度，把粮库操作工人从繁重的体力劳动中解放出来，改善粮库职工的劳动环境。实现粮仓机械化，可以降低仓储成本，保证储存质量和作业速度，有效提高企业的经济效益，对开创粮食仓储工业新局面有着重大意义。

根据粮仓机械设备在粮食仓库作业中的作用，可将其分为装载机械、卸载机械、粮食输送机械、称重机械、粮食清理机械、出入仓机械以及粮食储藏技术专用设备。

第一节　装载机械

装载作业是指将粮食（散粮和包装）装到汽车、集装箱、火车、轮船等物流运输工具中，该过程所用设备称为装载机械。不同运输工具，装载作业中使用不同的装载方式和机械设备。

一、装载汽车的方式和使用的机械

1. 散装粮装载汽车

（1）输送机直接装车　用移动式带式输送机直接装车，适用于发放量小的小型粮库。除采用移动式带式输送机外，也可使用提升机和溜管直接装车。

（2）移动式粮柜装车　装车前先将粮柜装满，然后打开粮柜门，短时间内装满汽车。

（3）固定式发放仓装车。

（4）筒仓直接发放仓装车。

（5）工作塔内发放仓装车。

2. 包装粮装载汽车

包装粮装载汽车多数情况下采用人工搬包、码垛、输送机完成搬运的方式，少数情况下采用全部人工作业的方式。

包装粮装载汽车的方式和包装粮装载火车方式相近，目前多使用人工搬、码方式和人工搬、码，输送机辅助运输的方式。

二、装载火车的方式和使用的机械

1. 散粮装载火车的方式和使用的机械

（1）带式输送机装载敞车或棚车　在装车量不大的粮库，常使用移动式带式输送机直接装火车，利用输送机的移动和车厢的移动，逐步把整列车装满。具体可在站台直接装棚车；采用高站台，用带式输送机装敞车，站台两侧为棚车车厢。采用高站台时，站台的高度不宜太高，否则费用将增加很多。对一般车厢，站台高为 1.3 ~ 2.4m；对 C50 型车厢，站台应适当加高，以适应带式输送的最大输送倾角。

（2）斗提机装载火车　在站台上安装斗式提升机，提升机出口安装装粮溜管。装车时粮食经斗式提升机和溜管流入车厢，调整溜管的出口位置将车厢装满。装棚车时可使用多节的软管或金属软管作溜管，粮食由车厢窗口流入。

（3）高位料仓装载火车　高位料仓（简称高位仓）装车用于发放量大，而要求作业时间短的粮库。装车前将称过质量的粮食装到高位仓中，当车厢放置好后，打开高位仓底部闸门，仓中粮食经溜管流入车厢。这样装车效率非常高，1h 即可装满整列车皮，适用于敞车和专用漏斗车厢。发放用的高位仓位于铁路线正上方。高位仓也可建在铁路线的一侧或两侧，用斜溜管装车，此时高位仓的高度比高位仓位于铁路线正上方时的高度要高。高位仓也可以设在铁路边的筒仓或工作塔内。

（4）抓斗装载火车　在有火车运输线的码头上，利用抓斗卸船时，可将粮食直接入敞车车厢。

（5）架空输送线装载火车　对于有罩棚能雨天工作的站台，可采用架空输送线输粮，采用中间卸料方法将粮食卸出并流入车厢。这种方式一条输送线同时只能装一节车厢，装车效率并不高。

2. 包装粮装载火车的方式和使用的机械

（1）人工搬运装载火车　方式与包装粮食装汽车、装船相同。

（2）人工搬运、输送机辅助装载火车　方式与包装粮装汽车、装船相同。

（3）叉车装载火车　先将粮包码在托盘上，然后用叉车叉起，叉车由高站台驶入火车车厢，将托架及粮包放在垛位上，叉车退出车厢。这种装车法机械化程度较高，但要使用很多托架，有的粮库用叉车从粮包底部地面直接叉取粮包，往往将粮包扎破。

（4）吨袋装载火车　吨袋又称柔性集装箱，袋子材料为聚丙烯或其他材料，可充填上吨重的散装物料。吨袋的特点是结构简单，自重轻，可以折叠，回空所占空间小，价格低廉。用起重机或叉车将装满的吨袋装上火车如图 3 -1、图 3 -2 所示。

图 3－1　吨袋散粮装载闷罐火车

图 3－2　吨袋散粮装载敞口火车

三、装船的方式和使用的机械

1. 散装粮装船

散料装船机是用于大宗散料装船作业的连续式装卸机械，它与后方输送机系统相衔接，并与后方输送机系统、堆场堆取料机械、卸车机械一起构成散料码头的物流装卸系统。各种形式的散料装船机虽然结构形式有所不同，但都以悬臂带式输送机为主要工作机构，由带式输送机、装船溜筒、回转、俯仰、伸缩、运行等工作机构、金属结构、驱动和控制系统组成。当装船作业时，散料由后方输送机系统输送并转装到装船机的带式输送机上，再输送至悬臂前端，经溜管装入船舱内，通过臂架的伸缩、回转和俯仰及整机的运行，改变装料点的位置，以适应船舱尺寸的要求和水位的变化。

固定式装船机安装在墩柱码头上或趸船上，由悬臂带式输送机、溜筒、回转机构、伸缩机构、俯仰机构、臂架、立柱等部分组成（图 3－3）。移动式散料装船机可看作把固定式装船机安装在可运行的门架上，因而可沿码头岸线行走。移动式装船机（图 3－4）具有较完善的工作机构，可以获得较高装船效率和较大的工作范围，可适用多种船型。在装船作业时，物料由码头前沿带式输送机送来，通过装船机尾车架转载到悬臂带式输送机，再由装船溜筒装入舱内。

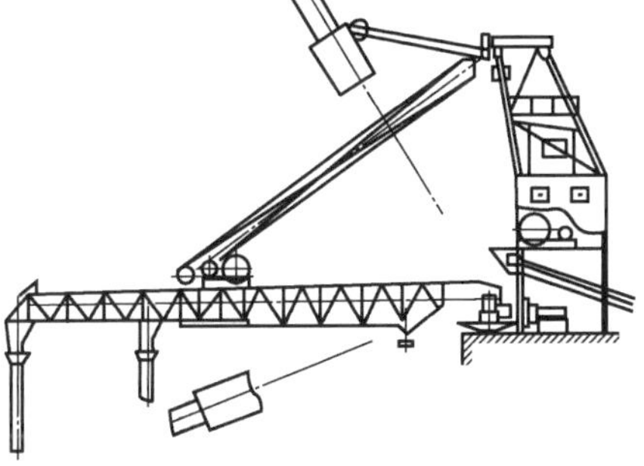

图 3－3　固定式装船机

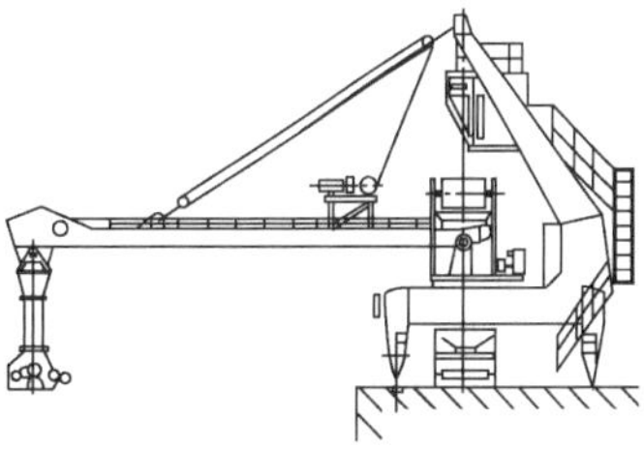

图 3－4　移动式装船机

固定式装船机的旋转臂可作旋转、俯仰和伸缩运动，这种装船机也被称为悬臂转动式皮带装船机。装船机悬臂还可摆动，因而也被称为摆动式装船机。这类装船机由于性能全面，装船效率高，对码头的承载能力要求低，可节约码头的建造费用，因此成为国内外煤炭和矿石码头的主要装船机型之一。

移动式装船机性能完善，可适用于各种煤炭和矿石码头的任一船舱的装载，但构造比较复杂。这类装船机为了供料，需要沿码头设置高架栈桥和皮带机，配备可与装船机一起移动的卸料车和供料皮带机等设备，因此，对码头结构强度的要求较高。移动式装船机具有灵活、机动、工作面大、对船型变化的适应性强的优点，所以是国内外煤炭、矿石码头最常用的一种装船机械。选用这种装船机进行装船一般都采用定船移机工艺。

散装粮装船时，利用粮食的自流性，用输送机将粮食输送到船舱上部，然后流入船舱。在小型粮库也有使用手推车，经跳板将粮食推到船舱口，倒入船舱。

作业方式为：可将房仓内散粮经移动式输送机送至船舱上部，流入船舱，依靠船的移动和人工辅助，将船装满。它适用于小船的装载。对小舱口的船舱（如油轮），由于船只高度会随装载量不同而升降，利用可以俯仰的带式输送机将散粮运到船舱口，依靠皮带机的俯仰来适应船的升降；中间是一个龙门架，前端皮带机亦可升降，调节工作位置。它适合较大的船装载散粮。对于较大的货船，粮食来自工作塔的发放粮柜，经埋刮板输送机和机头下溜管装入敞口船，可以调节溜管的水平工作位置，从而将船装满。应使用转向式皮带机和伸缩装料管装船，以减少装船时尘土飞扬。依靠钢绳牵引，使皮带机在圆弧导轨上转向。

国外粮食装载方式与国内基本相同，溜管结构不同，有的溜管可以自动伸缩，以控制溜管口与料堆表面的间距，从而减少粉尘的飞扬；有的在溜管下端安装一个叶轮，依靠叶轮的转动，将粮食分散运送到船舱的各个角落。

2. 包装粮装船

包装粮装船有三种形式，一为人工搬运式，这种方式比较落后；二为带式输送机加溜槽式，这种方式仍需人工搬码，生产率比前者高；三为起重机吊网式，它工作时先将粮包用叉车码在一个大网兜内，然后用起重机将网兜吊起，吊入船舱内网兜也压在粮仓下，卸载后再收回网兜。

国内外装船方式基本相同，发展方向是实现“四散”技术。

四、散装集装箱的装载方式和使用的机械

包粮流通需要大量的包装材料和人力，中间环节多，工作效率低。粮食流通方式采用散装是大势所趋，发展方向是全面实现“四散”技术。用集装箱装运散粮，有很多优点，但集装箱笨重，集装箱的装料和卸料难以进行。国内企业研究开发了集装箱装卸散粮的翻转式集装箱装散粮、卸散粮的专用机构。需要装料时，利用这些机构，将集装箱直立，开口朝上，利用输送机将散粮提升后从集装箱上口装进集装箱。卸粮时，利用专用机构，将集装箱倾斜45°角，使集装箱内的散粮自流卸出。集装箱装卸机构可以固定安装在库区，也可安装在半挂车上。

第二节　卸载机械

卸载是指将物料从交通运输工具上接卸下来，包括卸汽车、站台上卸火车、码头上卸船。卸载可以使用不同的作业方式和不同的机械。

一、卸载汽车的方式和使用的机械

1. 运输粮食汽车（包括电瓶车）的车型及其技术特性

（1）电瓶车　包括电瓶翻斗散装车（图3－5）及电瓶平板车（图3－6）。这种车在库内实现短距离输送，也可用来作牵引车。电瓶车的载质量一般为4t，自重约1.5t，拖挂牵引量2t。

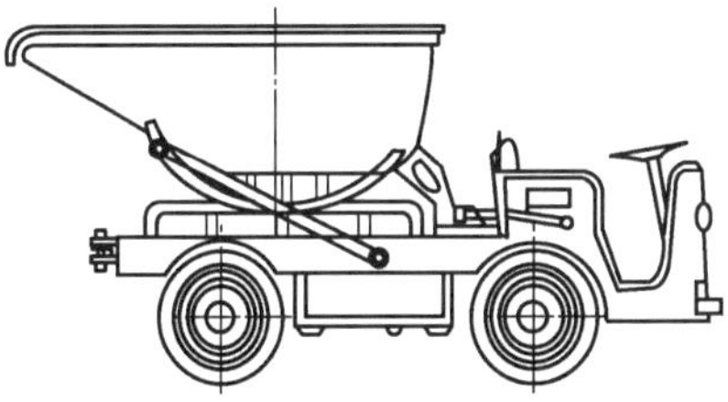

图3－5　电瓶翻斗散装车

图3－6　电瓶平板车

（2）普通载重汽车　它是一种用内燃机驱动的运输车辆，除自载货外，还可拖带挂车，其型号常见的有BJ130型（2t）、跃进NJ130型（2.5t）、解放牌CA10B型（4t）和黄河牌150型（8t）等。

（3）自动倾卸汽车　适用于粮库站台、码头与车间之间的散装运输，也可作长途运输。图3－7为一种散装自卸车，敞篷结构。60型自动倾卸汽车车厢长3350mm，宽2250mm，高500mm，后翻式倾卸。

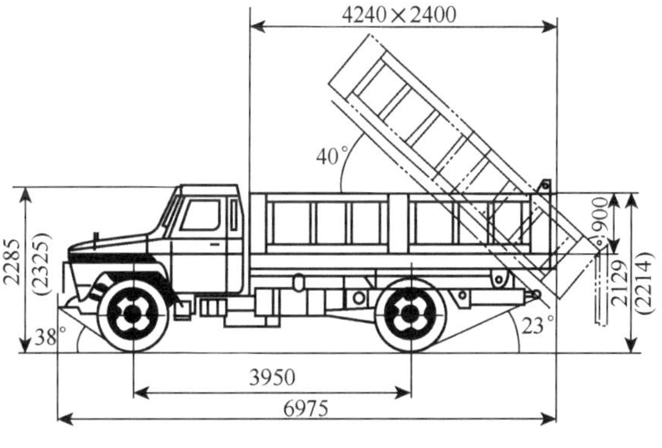

图3－7　散装自卸车

（4）罐式粮食散装自卸车　图3－8为一种罐式散装自卸车。图3－9为自吸料散装自卸车，带有气力输送系统的散装车，顶部有进粮口，能自行装车。图3－10为罐式散装自卸车，车厢为卧罐式，后门能自动开放和关闭，自动后倾卸货，卧罐顶部开设进粮口。WH341D罐式粮食散装自卸车载重量4700kg，车厢倾斜方向为后翻，容积约8.5m^3。

（5）散粮侧卸车　图3－11为三面侧卸散粮车。车厢侧面及后面三面可以开放，侧板分为两段，有中间立柱，车厢可两侧自动倾斜卸货，墙板和翻车轴有自动锁紧机构。WH341DC型两侧翻粮食散装自卸车无拖斗载重量4700kg，带拖斗8500kg，主车厢容积

8.48m^3，拖斗 7.6m^3，车厢密封间隙不大于 1.5mm。

图 3－8 罐式散装自卸车

图 3－9 自吸散装自卸车

图 3－10 卧罐式散装自卸车

图 3－11 三面侧卸散粮车

2. 散粮汽车卸载机构

散粮汽车的卸载机构是倾斜器：它有固定式液压卸车台和龙门吊式倾卸器，适用于不能自动倾卸的汽车。

固定式液压卸车台又称液压卸车翻板，靠多级液压缸顶升翻板，将停靠在翻板上的汽车倾斜到一定角度从而使车厢内的物料倾倒出去，有时卸车台配备有计量装置，同计算机联网进行管理。龙门吊式倾卸器工作时，将车前轮置于龙门吊架下的平板上，将车后轮顶住，然后起升平板，车体倾斜，达到约 40°时，车厢内粮食经后门自动流入卸粮坑。

3. 散粮汽车卸载方式

汽车散粮卸载方式可分为移动式和固定式两种，移动式是将接收粮柜做成移动式，粮柜为锥形底，下面配备移动式输送机械，汽车来粮首先经过输送机卸入粮柜，在粮柜暂存，然后再经输送机械送出。固定式同火车卸粮相同，汽车来粮卸入卸粮坑（地下式卸粮坑），然后由卸粮坑下面的输送机送往远处，这种方式效率最高。

4. 包装粮汽车卸载方式

目前多使用人工卸车，然后将粮包装载到移动式带式输送机上进行搬运，卸料端人工码垛。也可用叉车辅助作业。

二、卸载火车的方式和使用的机械

1. 装粮用火车车厢型号及规格

（1）C50 型敞车　可用于运输包装粮和散装粮，外形尺寸为（14.042×3.14×2.79）m，载重 50t。

（2）P13 型棚车　散、包均可运输，外形尺寸（16.442 × 3.338 × 4.547）m，载重 50t。

（3）P60 型棚车　散、包均可运输，外形尺寸（16.442 × 3.338 × 4.25）m，载重 60t。

（4）K17 型专用车　用于运输散装粮，外形尺寸（14 ×3.15 ×4.27）m，上方 6 个进料口，底部有卸料口 3 个，侧面有 6 个卸料口，载重 60t，自重 22 ~24t，容积 $80m^3$，换长 1.3m，入口尺寸（600 ×600）mm，侧卸口尺寸（200 ×200）mm，底出口尺寸（200 × 200）mm。

（5）L18 型、L70 型散粮专用车皮　为新开发的散装粮专用车。图 3 －12 为 L70 型散粮专用车皮。L18 容量为 60t，L70 比 L18 多装 9t 粮食。L70 车体顶部中央设有通长的装货口，配备具有缓冲功能的翻转式装货盖，底部有 4 个漏斗。

图 3 －12　L70 型散粮专用车

2. 卸载散粮车的机械设备

（1）刮板输送机和螺旋输送机　使用短的刮板输送机或绞龙卸棚车时，只能将该输送机由棚车车门插入粮堆，仍需人工喂料，生产率不高，劳动强度不小，而且环境灰尘很大。

（2）抓斗和链斗式提升机　对于敞车皮可采用抓斗和链斗式提升机卸车。用抓斗卸车产量受车厢大小的限制，产量仍不是很高，而车厢不能卸净，清理厢底工作量很大。链斗式提升机产量虽然高些，但周围灰尘飞扬，劳动条件很差，因此这两种都用的很少。

（3）翻车机　国外卸载敞车车皮使用转子式翻车机与封闭式卸车棚联合使用。转子式翻车机是将一节车厢固定，然后将整个车厢翻转一周，车内粮食在车厢旋转过程中倒出，卸入卸粮坑。封闭式卸车棚是三面封闭，两面让车皮进出。车厢进入后，关上卷帘式门或气幕门。卸车棚尽量密闭，以保证棚内吸尘效果。棚内安装翻车机，轨下为卸粮坑，坑口装有缓冲板或导流板，减少坑的开口面积，提高除尘效果。这种装置产量大，车厢不剩粮，棚内外灰尘少，可实现全部机械化。我国大连生产翻车机，但粮食部门尚未使用。

对于散粮专用车厢，则是利用其自流性，使粮食自动流出，卸完后车厢内不剩粮，可实现卸粮机械化，卸车效率高。这是发展方向。

3. 散粮车的卸载方式

（1）低货位方式　散装火车车厢来粮大多采用低货位的卸载方式，以提高卸车效率。常使用的低货位有两种形式：一种是铁道的路肩高出地坪；另一种是铁道的路肩与地坪持平，地坪下挖卸粮坑，输送机设在地坑下的地下廊道内，粮食由车厢流入卸粮坑，再进入输送机。

（2）卸粮坑和道线仓

①侧式卸粮坑：侧式卸粮坑有地上、半地下和地下三种。地下水位较低的地区多使用地下式，它的造价低；在地下水位较高地区使用半地下式和地上式。

还有另外一种地下式，从外观看完全是一个普通站台，站台上可暂存包装粮食，也可行驶车辆。在站台邻铁路的一侧开有窗口。每节车厢长度开 2 ~4 个窗口，站台地坪下是卸粮坑，粮食首先进入卸粮坑，然后流入输送机。

②桥式卸粮坑：桥式卸粮坑主要用于漏斗车卸粮，它可充分利用自流。这种卸粮坑造价太高。

③道线仓：道线仓相当于架高的卸粮坑。道线仓一般建成直径较小（4m 左右）的立筒仓，设在铁道的一侧或两侧，仓高 10m 左右，一般 2 ~ 4 个立筒仓为一群，共用一台斗式提升机。粮食从火车车厢卸出，由输送机送至斗式提升机的进料斗，经提升进入道线仓。道线仓多为架空式锥形底，底下设置输送机。

4. 包装粮食的卸车方式

火车包装来粮卸车尚无机械可用，一般都是用人工将粮包搬到车厢门口的输送机上，由输送机将粮包送走。目前有不少粮库仍由工人将粮包搬下，再由工人扛到站台上（或仓内）码垛。

三、卸载船的方式和使用的机械

水运时粮食状态可以有散装和包装两种形式，相应的船只可分为散装船或包装船。

1. 散装船的卸载

海港码头来船较大，一般在 5000 ~ 50000t 级，内河码头来船较小，一般为 50 ~ 300t 级。

连续卸船机带有喂料装置，能自行取料，能将散粒物料提升，卸载到臂架或机架、门架的输送系统并运至岸边散料输送系统。连续卸船机根据取料或提升物料的形式不同可分为气力输送式、链斗式、斗轮式、绳斗式、埋刮板式、波形挡板带式或夹带式、螺旋式、抓斗式等。

（1）吸粮机　吸粮机属气力输送系统，是利用通风机使管道内形成一定压力的气流来输送散粒物料（如粮食、煤炭、砂、水泥等）。

吸粮机多属于悬浮气力输送机，即物料颗粒是在气流中呈悬浮状态进行输送的。悬浮气力输送可分为吸送式、压送式、混合式三种。

吸送式气力输送系统（图 3 – 13）是利用风机从管路系统中抽气，使管道内的气体压力低于外界大气压力（即处于负压状态），气流和物料形成的混合物从吸嘴被吸入输料管道。物料经输料管道送至卸料地点时，由分离器将物料与空气分开，物料从分离器卸出，空气则通过风管经除尘器除尘后再通过风机、消声器等排入大气。吸送式气力输送系统仅适应于短距离输送。

压送式气力输送系统中的空气在正压（高于大气压）状态下工作（图 3 – 14）。风机把空气压入输料管道中，借助于加料器将物料送入气流使其形成混合物，物料在输料管道内被压送至卸料点，经分离器（卸料器）卸出，空气经风管和除尘器而排入大气。压送式可实现长距离、大输送量输送。

混合式气力输送系统由吸送部分和压送部分组成，两部分共用一台通风机。混合式气力输送兼有吸送和压送特点，可从数个加料点将物料吸入并压送至较远的地方。混合式结构复杂，通风机工作条件差。

吸粮机具有结构简单、自重小、操作灵活、维修方便、对于船型适应性强、清舱性能好等特点，相对于机械式卸船机具有很大优势。采用吸粮机卸散粮船，优点是输送量大，能够实现机械化，船底没有残留物料，不需进行清舱作业。缺点是噪声大，能耗高。

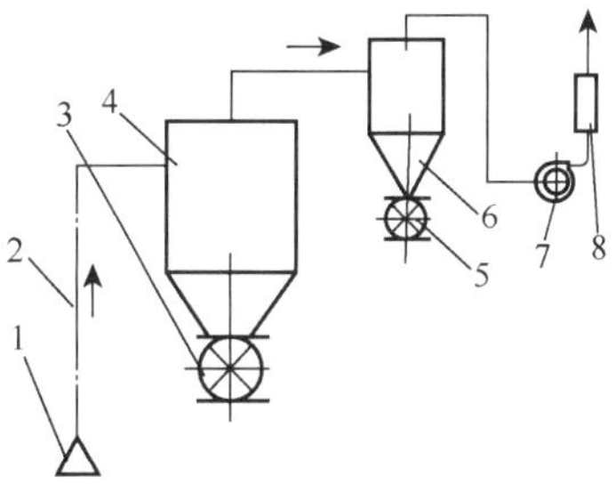

图 3-13　吸送式气力输送系统

1—吸嘴　2—管道　3、5—闭风器　4—分离器
6—除尘器　7—风机　8—消声器

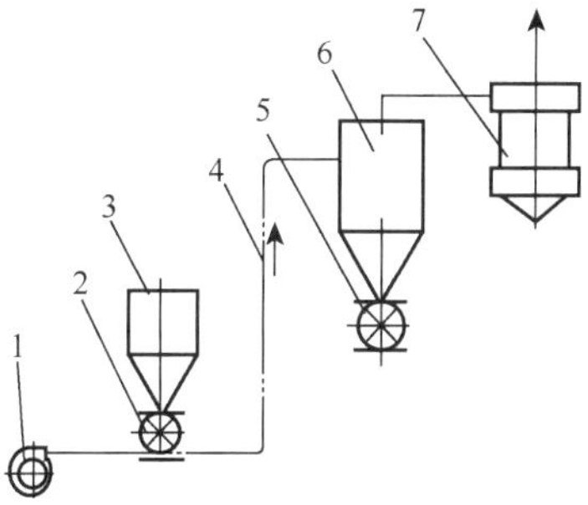

图 3-14　压送式气力输送系统

1—风机　2—加料器　3—进料斗　4—管道
5—闭风器　6—卸料器　7—除尘器

在国外，19 世纪末期开始在港口使用吸粮机卸散粮，20 世纪 30 年代吸粮机成为欧洲一些大港专业化散粮码头上的主要卸船设备，20 世纪 60 年代以来大输送量的港口吸粮机有了很大发展。比利时 VIGAN 工程公司生产的 NIV 气力式卸船机是系列卸船设备，主要型号有 160、200、300、400、500 和 600 型，额定产量最大可达到 600t/h，双管设备输送量 1200t/h。NIV 型气力卸船机分为柴油动力式和电机式两种，同时还分为轨道式和轮胎式。NIV 型气力式卸船机不但可以卸载大型船只，而且可以根据实际情况需要，卸载各种型号的中小型驳船，作业方式非常灵活（图 3-15）。VIGAN 吸粮机的特点是主机采用多级离心式涡轮风机，噪声比较低。据介绍，NIV 型卸船机在卸载容重为 0.75t/m^3 的谷物时能耗为 0.65kWh/t，卸船全过程效率可达 75%。瑞士 BUHLER 公司生产的透平式风机吸粮机输送量可达 750t/h。

图 3-15　比利时 VIGAN 工程公司 NIV 气力式卸船机

国内 20 世纪 60 年代初开始使用气力输送机卸船，20 世纪 70 年代中期上海港建成了以 6 台门座吸粮机为码头前方卸船机械的大型机械化圆筒仓和散粮专业化码头。国产吸粮机存在的主要问题是能耗较高，噪声大，粉尘大。现在国内技术水平有了很大提升。

（2）双皮带夹运卸船机　双皮带夹运卸船机又称夹皮带卸船机，是一种利用双带输送机实现垂直提升和水平输送物料，将取料装置挖取的物料提升出舱的一种连续式卸船机械。该机由一条承载带和一条覆盖带将散体物料夹持在其间进行物料的输送，在整个提升和水平输送的过程中，物料只与两条输送带相接触。双带式卸船机大多用于散粮等流动性较好、容度较轻的散体物料的卸船。

英国 Simon 公司产品，产量 800～1500t/h，适用于远洋货轮。它用两条橡胶输送带面对面紧紧挤靠在一起，将散粒物料向上输送，取料头处两侧各有一段螺旋叶片，将物料送至取料头中央打板处，打板将物料送入两条输送带之间，依靠两条输送带的夹持作用，使物料得以垂直输送。胶带非工作表面连续地安装有长度为 1m 的气囊和铰接铝活板用于压紧输送带，所需气压0.5Pa。该机耗电量为（0.35～0.42kW·h）/t粮，输送量大，噪声小，物料破碎率低。在天津港和大连港各有两台，输送量1000t/h。

图3－16为双皮带夹运卸船机，图3－17为双皮带夹运卸船机的取料头结构示意图。

图3－16　双皮带夹运卸船机

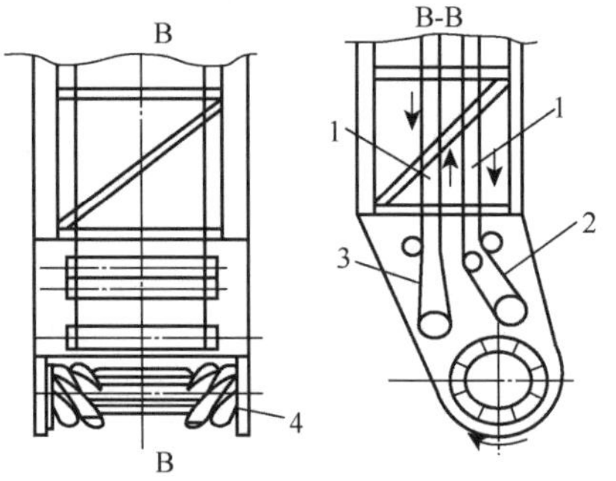

图3－17　双皮带夹运卸船机取料头

1—气室　2—主带　3—盖带　4—喂料器

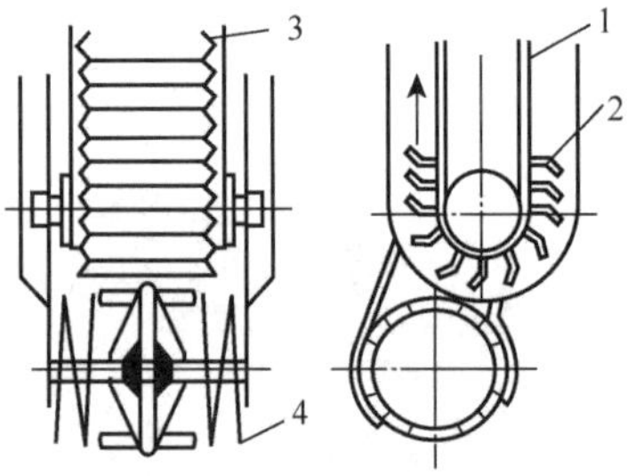

图3－18　波纹挡边挡板带式卸船机取料提升工作过程示意图

1—主输送带　2—横隔板　3—波纹挡板　4—喂料器

（3）波纹挡边、挡板输送带机械式卸船机　这种卸船机为日本HITCH公司产品，三菱公司也有产品。该机的主要工作构件是一条带有波状挡边和挡板的特殊花纹橡胶输送带。整机采用两条橡胶输送带，一条倾斜输送，带有取料头，用于从船舱内取粮；另一条水平输送，用于接收倾斜的输送带来料。倾斜输送的输送带有波状挡边和平直挡板，用以进行较大倾角倾斜输送。广西防城港粮食专用码头上有一台这种卸船机，输送量800t/h。图3－18为波纹挡边挡板带式卸船机取料提升工作过程示意，喂料器将物料送到波状挡边带的装载空间内，使物料能被大倾角输送。

（4）立式双螺旋机械式卸船机　这种卸船机（图3－19）在丹麦、日本有生产，主要部分为一根垂直的螺旋输送机。特殊点在于在该垂直螺旋的进料端（图3－20）同轴安装有一段螺旋叶片，具有加强进料作用，同时有破碎作用，以破碎船舱内板结的物料表面（如化肥、饲料等）。卸船机的输送量为80～200t/h，适合于接卸100～12000t级的驳船式轮船。特点是螺旋机筒充满系数高，适用范围广，自重轻，噪声小，粉尘飞扬少等，能耗0.6～0.7kW·h/t粮。缺点是卸船不彻底（舱底残留物料厚度200～400mm），叶片寿命短，卸料10万t即需更换螺旋叶片。

瑞典Cargotec集团的Siwertell AB公司、瑞典MacGregor公司也制作螺旋卸船机。德国IBUA HAMBURG公司和瑞典Cargotec集团的Siwertell的螺旋式卸船机属于道路移动式卸船机，主机为折叠形式，被安装在半挂车上，可以移动。德国IBUA HAMBURG公司的螺旋式卸船机，输送量300～800t/h。Siwertell的粮食螺旋卸船机输送量200～500t/h。

图3－19　螺旋式卸船机

图3－20　双螺旋喂料器

近年国内有企业研制螺旋卸船机，国内广州新沙港、上海港、华能岳阳电厂等处配有螺旋卸船机。

（5）埋刮板卸船机　埋刮板式卸船机（enmasse ship unloader）是一种以埋刮板输送机作垂直输送的卸船机，主要由垂直吊臂、旋转塔、喂料器、驱动机构等组成。作业时，先将装有喂料器的垂直吊臂插入船舱的粮堆中，散粮在喂料器的作用下从垂直吊臂下端开口处流入箱体内，在垂直吊臂中的刮板循环链条推动下，随着链条刮板向上提升，从吊臂顶部卸出落入壁架内的水平输送机上，再转载输送到码头的预定接料装置。瑞士布勒公司生产的垂直型埋刮板卸船机（代号S、K、T）发展较快，产量由原来的75～600t/h发展到1000t/h以上，这种卸船机电耗约为0.65kW·h/t。在大连北良港粮食码头有埋刮板卸船机。

（6）慢速大料斗卸船机　美国使用较多，其工作原理同斗式提升机，牵引构件为链条（图3－21），料斗使用聚氨酯作材料，体轻而耐磨，与金属碰撞不会产生火花，链速较低以减少粉尘的飞扬和粮食的破碎。法国与日本均有生产，西德生产的品种，取料部分可以摆动和伸缩，清舱量很少。该机种运转平稳，自重轻，灰尘少，造价低（比抓斗低15%）。我国上海港引进过这种卸船机，产量可达1000t/h。

我国内河码头也使用无机座的斗式提升机卸船（畚舱机），工作参数同斗式提升机，产量在50～100t/h，工作可靠，造价低，但工作时灰尘大。

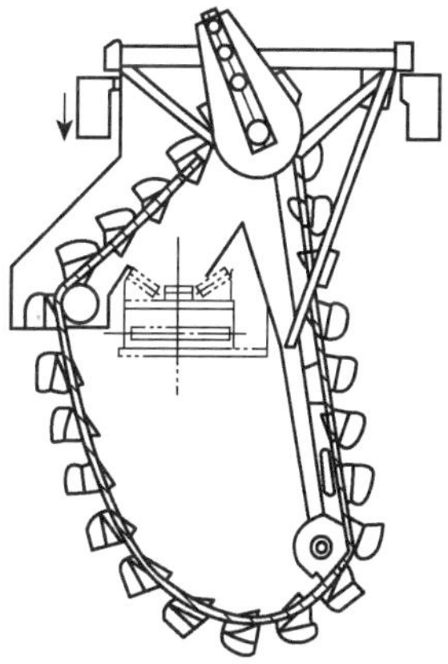

图3－21　悬链式链斗卸船机

（7）抓斗　抓斗（图3－22）是和起重机（图3－23）配合使用的卸船设备，属于间歇式工作，工作效率低（50%左右），抓斗合拢不紧，容易在运动中撒料，一般损耗2%～3%，清船工作量大（约占30%），开放式作业，环境污染严重，抓斗容易损坏舱底，要求有一定的操作技术。桥式起重机配用2.5t抓斗，产量可达500t/h；门座式起重机配1.5t抓斗，产量可达500t/h。抓斗优点是价格低，可抓取多种货物，卸船成本最低。抓斗在我国港口和内河码头均有使用，国内已开发粮食专用的密封抓斗。

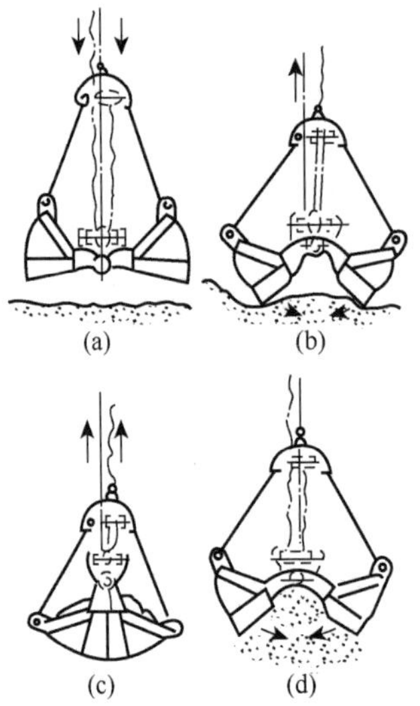

图 3－22　抓斗抓取散料的工作循环过程
（a）空抓斗下降　（b）抓货
（c）满载抓斗上升　（d）卸货

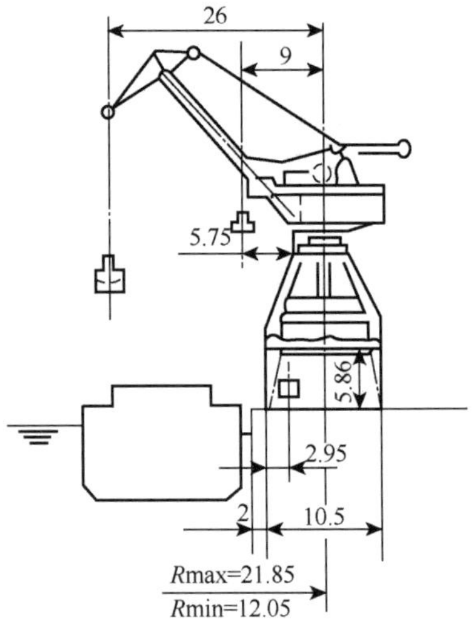

图 3－23　门座式起重机

（8）链斗式卸船机　链斗式卸船机和斗轮卸船机是两种常见的连续型散货卸船机。这两种卸船机主要由垂直提升的斗式提升机和水平输送的皮带机两大部件组成。链斗式卸船机的工作过程如下：物料由链斗提升机提取，卸到回转转盘附近的料槽内，由臂架皮带机送进大车中的中心料斗，再经过下面的双料斗直接卸到汽车或火车内，或者流到皮带机火车上，最后经坑道皮带机转库场堆存。

（9）斗轮式卸船机　图 3－24 所示为悬臂式斗轮取料机，也可用于卸船。臂架端部有一取料斗轮，臂架上有一台带式输送机。国产输送量可达 6000t/h（煤、沙），臂架幅度 45m。

斗轮卸船机的作业过程是：由双排斗轮取料，物料落入中间皮带机上，输送到链斗提升机上，再提升到悬臂皮带机上，最后转送到岸上。斗轮和链斗可以由舱内操纵转动 240°。由于驾驶员易于观察物料的抓取情况，这种卸船机机动性较好，抓取效率较高，也可以减少整机移动和悬臂转动的次数。从发展趋势来看，连续型的卸船机是一种可提高卸船效率的、很有发展前途的专用卸船机械。

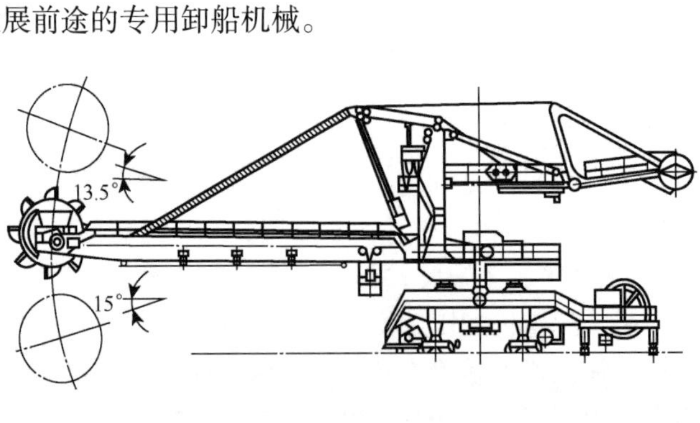

图 3－24　悬臂式斗轮取料机

2. 包装船的卸载

（1）人工搬卸　这种方案是利用一台固定在码头上的带式输送机输送粮包，输送机伸向船舱，用人工将粮包直接搬到带式输送机上。这种方式卸载效率低，成本高。

（2）吊包机卸载　先将粮包码放在大网兜内，然后由起重机吊起，运到码头上。小型起重机每次可起吊10包，大型起重机每次可起吊200包。

第三节　粮食输送机械

粮食输送机械是指用于输送粮食物料的连续输送设备。按输送机械的工作原理可分为：带式输送机（简称皮带机）、埋刮板输送机（刮板机）、斗式提升机（斗提机）、螺旋输送机（绞龙）、振动输送机（振动槽）、气力输送设备（风运）、溜管和溜槽、运输车厢等。

按输送机的工作位置可分为：移动式输送机和固定式输送机。由移动式输送机组成的输送作业线称移动输送线，由固定式输送机组成的输送线称固定输送线，由移动式输送机和固定式输送机共同组成的输送线称混合输送线。固定式输送线又分架空输送线（设在空中）、地面输送线（设在地面上）和地下输送线（设在地下）。移动式输送线只有地面输送线。架空输送线根据支撑物不同又分：空中通廊式、檐下式和仓内式三种。空中通廊式是将输送机安放在空中走廊（天桥）内；檐下式是将输送机安放在墙壁上，上面用屋檐（不一定是原房屋的屋檐，也可以是另加的）遮雨；仓内式是将输送机架设在房式仓的屋架上。

一、带式输送机

带式输送机是一种连续输送机械，用一根闭合环形输送带作为牵引及承载构件，将其绕过并张紧于前、后两滚筒上，依靠输送带与驱动滚筒间的摩擦力使输送带产生连续运动，依靠输送带与物料间的摩擦力使物料随输送带一起运行，从而使物料被输送。

1. 带式输送机的一般结构

带式输送机的一般结构如图3－25所示。带式输送机主要由输送带、滚筒、支承装置、驱动装置、张紧装置、卸料装置、清扫装置和机架等零部件组成。

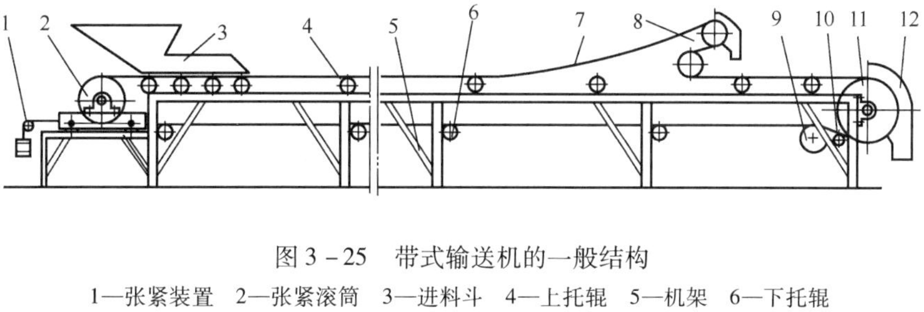

图3－25　带式输送机的一般结构

1—张紧装置　2—张紧滚筒　3—进料斗　4—上托辊　5—机架　6—下托辊
7—输送带　8—卸料小车　9—导向滚筒　10—清扫装置　11—驱动滚筒　12—端部卸料

2. 带式输送机的分类

根据带式输送机的工作条件、工作要求和被输送物料性质，可将带式输送机分为不同

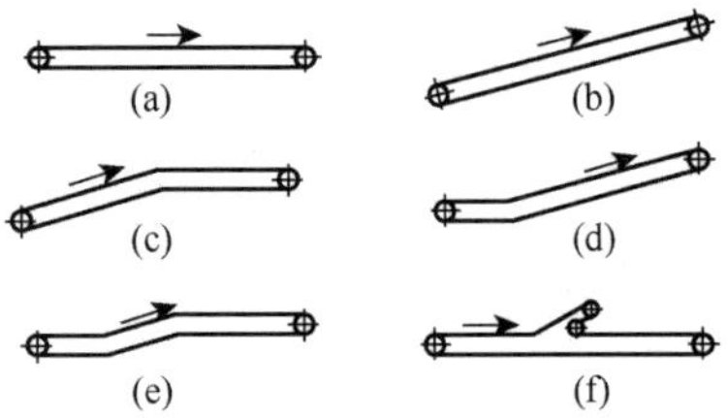

图 3－26　固定式带式输送机的基本布置形式

（a）散料水平输送　（b）倾斜输送

（c）倾斜—水平输送相结合　（d）水平—倾斜输送相结合

（e）水平—倾斜—水平输送相结合（综合型）　（f）带卸料小车

的类型。按支承装置的形式可将其分为平形托辊输送机、槽形托辊输送机等。按输送带的种类可分为胶带式（橡胶输送带）、帆布带式、塑料带式、钢带式和网带式输送机等。胶带输送机在粮油工业中使用最广泛。根据胶带表面形状可将其分为普通胶带输送机和花纹胶带输送机。本章重点介绍橡胶输送带式输送机。按输送机机架结构形式可将带式输送机分为固定式和移动式两大类。此外也可分为托辊带式输送机和气垫带式输送机；另外还可派生出伸缩式、转向式、管式、波纹挡边式带式输送机等。

固定式带式输送机通过机架安装在基础上，其工作位置不变，可有许多种使用形式（布置形式）。图 3－26 所示为常见固定式带式输送机的基本布置形式。

移动式带式输送机（图 3－27）装有行走机构，便于根据工作要求及时组成机械化流水线，有较高的机械利用率，在粮油工业中得到了较为广泛的应用。

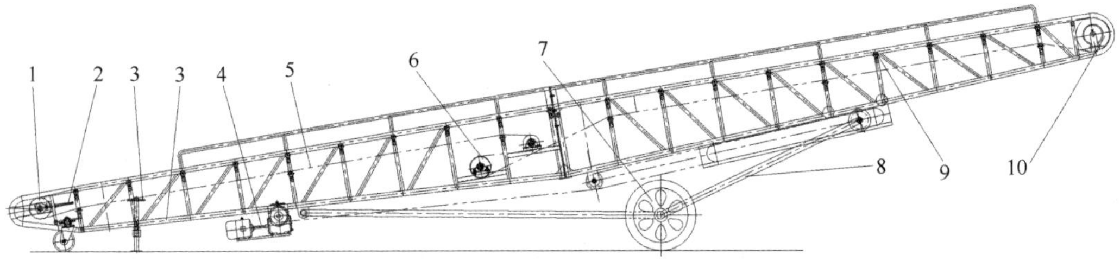

图 3－27　移动式带式输送机

1—尾部滚筒　2—张紧螺杆　3—支撑架　4—俯仰驱动　5—输送带

6—驱动装置　7—行走轮　8—俯仰撑杆　9—托辊　10—头部滚筒

3. 带式输送机的型号及主要参数

带式输送机的产品型号按专业代号、品种代号、型式代号和产品的主要规格的顺序编写。例如：T DS Q 50 ×60，其中，T 表示专业代号：粮油通用机械；DS 表示品种代号：带式输送机；Q 表示型式代号：全气垫式；50 ×60 表示产品规格：带宽（cm）×头尾轮中心距（m）。

型式代号中：B——半气垫式，D——波纹挡边式，F——封闭式，G——固定式，J——架高式，L——散包两用式，Q——全气垫式，P——水平式，S——伸缩式，X——倾斜式，Z——转向式。当然，随着输送技术的发展，还会有更多的新型带式输送机出现，编号也会更多。

带式输送机的基本参数与尺寸应符合表 3－1 的规定。

表 3－1　　带式输送机的基本参数和规格尺寸

基本参数	规格尺寸
带宽/mm	300、400、500、650、800、1000、1200、1400
名义带速/（m/s）	0.8、1.0、1.25、1.6、2.0、2.5、3.15、3.5、4.0、5.0
滚筒直径/mm	200、300、400、500、650、800、1000、1200、1400
托辊直径/mm	63.5、76、89、102

4. 带式输送机的特点及应用

带式输送机是一种生产技术比较成熟、使用极为广泛和近年来发展很快的现代输送设备，具有最典型的连续输送机的特点。带式输送机已经标准化、系列化，性能不断完善。其主要优点是：结构简单，自重轻，便于制造；输送路线布置灵活，适应性广，可输送多种物料；输送速度高，输送距离长，输送能力大，能耗低；可连续输送，工作平稳，不损伤被输送物料；操作简单，安全可靠，保养检修容易，维修管理费用低。

带式输送机的主要缺点是：输送带易磨损，且其成本大（约占输送机造价的 40%）；需用大量滚动轴承；在中间卸料时必须加装卸料装置；普通胶带式不适用于输送倾角过大的场合。

5. 带式输送机工作过程分析

（1）带式输送机的驱动原理　带式输送机是靠摩擦力驱动进行工作的。为了使带式输送机能可靠地工作，并尽量减少磨损，必须防止输送带在驱动滚筒上打滑，实现正常驱动。

输送机静止时，输送带以初张力 F_0张紧在两个滚筒上。输送带运行时，输送带在驱动滚筒绕入的张力由 F_0增至 F_n，绕出点的张力则由 F_0变为 F_1，二者的差值（F_n-F_1）即为输送带所传递的有效圆周力 P。该圆周力 P 不是具有一定作用点的集中力，而是输送带和驱动滚筒接触表面摩擦力的等效力。

输送带在驱动滚筒上不打滑的条件（即欧拉公式）：

$$F_n \leqslant F_1 e^{f\alpha} \tag{3-1}$$

式中：f——输送带与驱动滚筒间的摩擦因数；

α——输送带在驱动滚筒上的包角（弧度）。

由于圆周力 P 由摩擦产生，故在一定条件下，它有一个极限值。驱动滚筒所能传递的最大圆周力（即输送带所能获得的最大牵引力）P_{max} 为：

$$P_{max} = F_{nmax} - F_1 \tag{3-2}$$

当输送带的运行阻力超过有效圆周力的最大值时，输送带将在驱动滚筒上打滑。为了防止输送带打滑，可采用增大牵引力或减少输送带运行阻力的方法。增大牵引力的方法有：增大输送带在驱动滚筒上绕出点的张力 F_1。这可通过增大输送带初张力 F_0来实现，但有一定限度，要受输送带自身强度条件的限制；增大输送带在驱动滚筒上的包角 α。包角 α 值取决于驱动滚筒的数目和输送带在驱动滚筒上的回绕形式。单滚筒驱动时，包角不大于 240°，双滚筒驱动时增大到 430°。增大包角这种方法仅用在提高摩擦因数不能解决问题的场合。输送带与驱动滚筒间的摩擦因数取决于其工作条件和驱动滚筒表面形状、性质。保持接触表面干燥，在驱动滚筒表面覆一层木材或橡胶衬垫等，可增大摩擦因数。但要注意，不能采用打防滑蜡的方法来增大摩擦因数，可采用加压辊或加压带（图 3－28）的方法。

减少输送带运行阻力的方法有：采用运行阻力较小的支承装置；合理选择各参数，减轻物料线载荷和输送带自身单位长度质量；清洗并润滑转动零件；发展直线摩擦驱动（或称中间驱动）带式输送机，这种新型驱动方式是在一台长距离的带式（胶带）输送机的中间安装一条或几条中间驱动带，借助两条紧贴在一起的输送带（胶带）间的摩擦力驱动长距离带式输送机。

（2）输送带过载运行　过载运行是指输送带与驱动滚筒的摩擦力不足以克服输送带的运行阻力，输送带将在驱动滚筒上打滑。对单滚筒驱动，驱动滚筒过载即为整机过载；对多滚筒驱动，即使整机不过载，某个驱动滚筒也可能过载。

输送带在驱动滚筒上包角范围内弧段可分为静止弧段和利用弧段。过载运行时，静止弧段消失。在图 3－29 中，取绕入点的一个输送带微段为研究对象，分析输送带的受力、运动情况。微段在切向力 F、F_r、F_n 的作用下，产生一定的变形。当 F_n-F_r 大于某一数值时，微段的稳定变形遭到破坏，相对于滚筒跳跃式地滑移，重新趋向平衡，变形趋于稳定。过载运行时，该微段的受力、运动情况就重复着变形—滑移—平衡—变形的循环过程。此时，输送带运行速度低于滚筒圆周速度（俗称“掉转”或“丢转”）；输送带与驱动滚筒间发出啸叫声；输送带与驱动滚筒间打滑空转、摩擦生热，输送带过热，放出异味。且过载越严重，掉转、啸叫、异味等伴随现象越明显。在输送机工作时，只要存在掉转、啸叫、异味现象，就说明发生了过载运行。

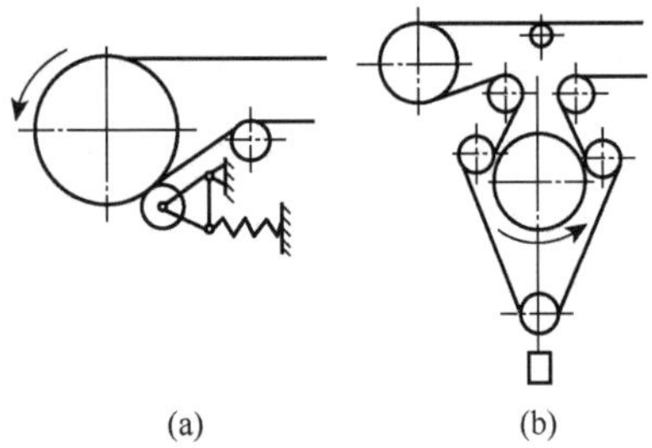

图 3－28　驱动滚筒上压紧输送带的措施
（a）加压辊　（b）加压带

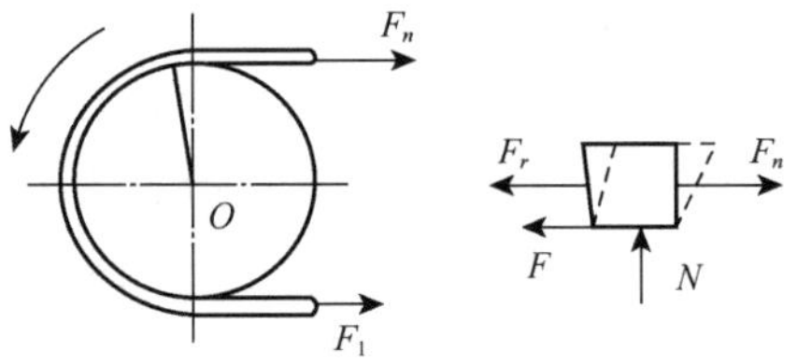

图 3－29　输送带在驱动滚筒上打滑

（3）输送带的运行　对输送带运行的基本要求是不跑偏、不蛇行、不飘带。

①输送带跑偏的原因及防止：输送带运行时，横向偏离设计限定的中央位置即为跑偏。跑偏会使输送带与机架、托辊支架相摩擦，造成输送带边胶磨损，功率消耗增加，还可能引起物料外撒。输送机使用规范规定，输送带允许跑偏量为输送带宽度的 5%。当跑偏量超过带宽的 5% 时，要采取纠偏措施，使输送带自动复正。

引起输送带跑偏的原因很多，它与输送机的制造质量、安装质量、操作水平等有关。归纳起来，主要因素有：滚筒外圆加工不精确或滚筒表面粘有杂物，致使滚筒两端直径不等；两滚筒的轴线不平行或输送带接头不正，造成输送带两侧边松紧程度不同；输送带质量不好，不直或伸长率不均匀；喂料装置不合理或喂料不均匀，载荷不对中（偏载）；输送带在卸料装置受到较大的横向力；滚筒轴线水平度大于0.5/1000；同一横截面内机架水平度大于2/1000；机架纵向中心线直线度偏差超过机长的2/1000，或在任意25m内，其偏差超过5mm；托辊、滚筒的横向中心线与输送机纵向中心线不重合度超过3mm。

提高设备的制造、安装质量和操作水平是防止跑偏的主要途径；同时还应装设调心托辊，使已跑偏的输送带能自动复正。

发生严重跑偏时，应检查滚筒的平行度，通过调整滚筒轴承位置，改变输送带两侧的松紧差异，将输送带调整到正常位置。

②输送带蛇行的原因及防止：输送带在其自重和其上物料重力的作用下，在托辊间具有一定的下垂度。如果下垂度过大，输送带在运行中会有很明显的起伏现象，称之为输送带蛇行。输送带蛇行会导致带上物料下滑、抛撒。输送带下垂度取决于输送带上物料线载荷、输送带张力和托辊间距。通常通过限制输送最小张力来达到限制下垂度的目的。

③输送带飘带原因及防止：当槽形输送带向上呈凹弧转向时，如果其回转半径过小，输送带就会在带张力作用下脱离支承托辊向两边摇摆晃动，这就是飘带。飘带会引起输送带槽形展平、物料撒落、输送带跑偏，为此必须避免飘带现象发生。

按照输送带自然下垂的曲线来布置凹弧曲线段的支承托辊，就可以避免飘带。通常用圆弧线代替上述悬垂曲线，并按此圆弧线布置托辊。考虑到输送带空载时更容易发生飘带现象，故应按空载时输送带的悬垂曲线布置凹弧段的托辊，同时以该区段的最大张力 F_{max} 为计算张力 F，这就能保证在任何情况下都不会发生飘带。

6. 带式输送机的最大允许倾角

带式输送机的倾角是指其倾斜段工作面纵向中心线与水平面的夹角。该角度过大，会引起物料沿输送带下滑，使输送量降低，影响正常输送，甚至根本不能向上输送，同时加剧输送带磨损，因此，必须合理限制该角度。

（1）带式输送机的理论倾角（β）　假设倾斜段输送带表面为一平面，且输送带上前后物料间没有相互作用力，则物料不沿输送带表面下滑的条件是物料处于受力平衡状态，即

$$\mathrm{tg}\beta \leqslant f = \mathrm{tg}\varphi$$

$$\therefore \beta \leqslant \varphi \tag{3-3}$$

可见，输送带上物料不下滑的条件是带式输送机理论倾角 β 不得大于物料与输送带间的摩擦角 φ。

（2）带式输送机最大允许倾角（β_{max}）　在两个假设的前提下，得出了带式输送机的理论倾角。事实上，带式输送机的工作情况远比假设的情况复杂。输送带在两相邻托辊间的下垂度、振动冲击使物料相对不稳定、物料自身的不稳定因素等促使物料过早下滑。当输送机的倾角尚未达到 φ 时，物料已经开始下滑。确定最大允许倾角必须考虑影响物料在运行输送带上状态的有关因素。

综合上述因素，带式输送机最大允许倾角 β_{max} 将小于其理论倾角。通常，最大允许倾角取为：

$$\beta_{max} = \varphi - (7° \sim 10°) \tag{3-4}$$

（3）增大允许倾角的措施　提高输送倾角可缩短在同样提升高度时所需的输送机长度，节省占地面积，具有很大的技术经济意义。常用提高输送倾角的措施有：连续、均匀、稳定地供料；增大输送带张紧力（采用此法可减小输送带局部倾角，减缓物料间挤搓）；加大输送带的槽角；采用特种输送带；将输送带工作表面制成某种特殊形状，增加物料下滑阻力。图 3－30 为花纹橡胶输送带，图 3－31 为波纹挡边挡板带。

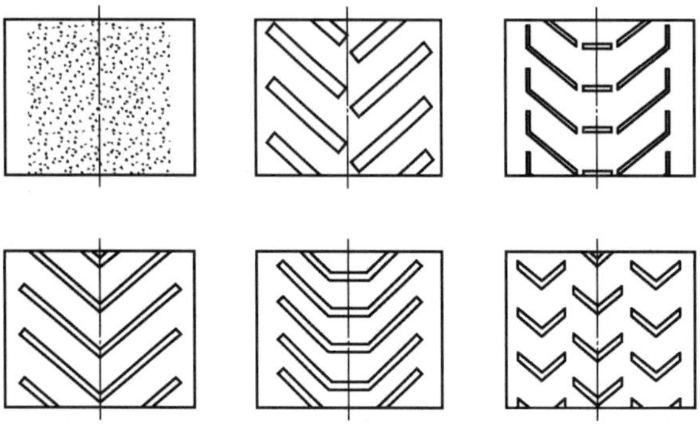

图 3－30　花纹橡胶输送带

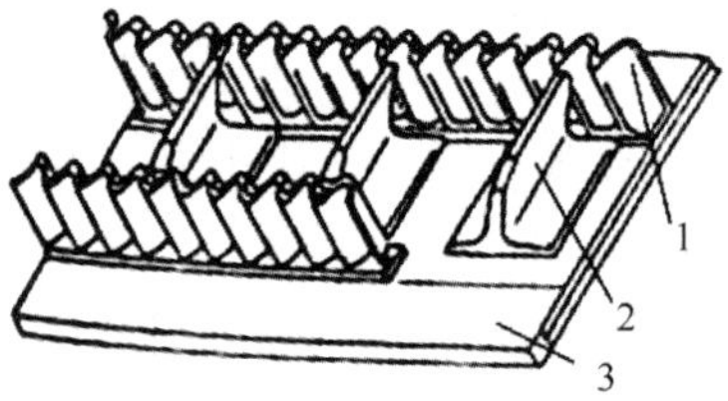

图 3－31　波纹挡边挡板带
1—波纹挡边　2—挡板　3—基带

7. 带式输送机的主要构件

（1）输送带　输送带是带式输送机的承载构件（承托、运载物料），又是牵引构件（传递牵引力），成本高且易磨损。输送带的种类很多，现仅介绍粮油工业中应用较多的橡胶输送带、塑料输送带及钢绳芯输送带。

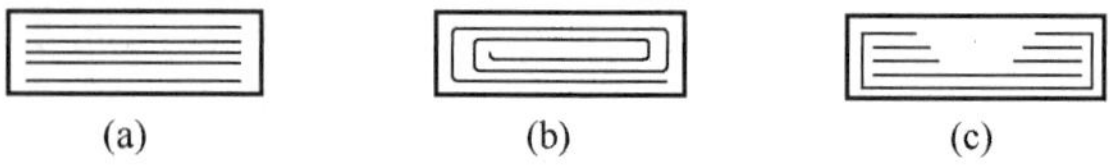

图 3－32　橡胶输送带横断面结构示意图
（a）叠层式　（b）卷层式　（c）阶梯式

①橡胶输送带：橡胶输送带是由数层带胶的帆布经黏结作为芯层，并在其上、下表面用橡胶覆盖、硫化而成。胶布层用来承受纵向拉力和物料对输送带的冲击，覆盖层用来防止输送带受潮，上覆盖层还可增强输送带的耐磨性，下覆盖层可增大输送带与驱动滚筒间的摩擦因数，边胶在输送带跑偏时可对带起保护作用。橡胶输送带的横断面有叠层式、卷层式和阶梯式三种（图 3－32）。

叠层式采用普通棉帆布或化纤织物帆布作带芯层，配以优质耐磨的覆盖胶制成。这种结构的橡胶输送带弹性好，易弯曲，价格较便宜，在粮油工业中应用广泛。卷层式采用棉帆布作带芯压制成无覆盖胶层或只有一面有覆盖胶的帆布带。其强度较好，弹性稍次，价格较高，适宜在较好工作条件下，输送干燥的、摩擦较小的物料。阶梯式采用强力或普通棉帆布作带芯层，配以质量最好的耐磨覆盖胶或耐热覆盖胶制成。适用于输送磨磋性较大的物料或有特殊要求的场合。

橡胶输送带按用途可分为轻型、普通型、耐热型和强力型四种。织物芯层输送带规格和技术参数见表 3－2。粮油工业中在输送粮食类物料时，都选用轻型输送带。QD80 型带式输送机是粮油食品部门输送散粒物料或袋装物料的理想设备，它所用的输送带是薄型橡胶输送带。

橡胶输送带的发展趋势是广泛采用由多经线的芯层做带芯的整体结构。它与多芯层橡胶带相比，具有整体布层不会剥离、带芯与覆盖胶粘结强度高、纵横方向柔性好、边缘抗磨性能好、带芯抗冲击力强、经向伸长率小等优点。

表 3－2　　　　织物芯层输送带规格和技术参数（参考值）

项目		抗拉体材料								
		棉织物芯层	尼龙织物芯层					聚酯织物芯层		
输送带型号		CC－56	NN－100	NN－150	NN－200	NN－250	NN－300	EP－100	EP－200	EP－300
扯断强度/（N/mm）		56	100	150	200	250	300	100	200	300
每层厚度/mm		1.5	1.0	1.1	1.2	1.3	1.4	1.2	1.3	1.4
每层质量/kgm		1.36	1.02	1.12	1.22	1.32	1.42	1.22	1.32	1.52
伸长率（定负荷）/%		1.5～2.0	1.5～2.0	1.5～2.0	1.5～2.0	1.5～2.0	1.5～2.0	1.5	1.5	1.5
带宽范围/mm		500～1400	500～1200	650～1400	650～1400	650～1400	650～1400	650～1400	650～1400	650～1400
层数范围/层		3～8	2～4	3～6	3～6	3～6	3～6	2～4	3～6	3～6
覆盖胶厚度/质量/（kgm/mm）	上	1.5/1.7、3.0/3.4、4.5/5.1、6.0/6.8、8.0/9.5								
	下	1.5/1.7、3.0/3.4								

带式输送机工作时输送带周而复始地循环运动。输送带的连接是影响其使用寿命的最关键问题之一，接头质量直接影响输送带的整体强度。要确保胶带正常运行和节约橡胶，需要选择合适的接头形式，并确保接头质量，保证输送带接头处的抗拉强度、成槽性和挠性不受或尽量少受影响。常用连接方法可分为机械连接法和粘合连接法两类。机械连接有多种形式，应用最广泛的是金属皮带扣连接，所用的连接件为皮带扣，操作时要保证胶带端面与胶带纵向严格成直角，以免胶带运行时跑偏，甚至被撕裂；对槽形带，接头皮带扣也应相应分段，以保证接头处成槽性良好。应根据胶带厚度选用相应号码的皮带扣。盖板连接法所用连接件为铜制或钢制片盖板，接头平整，成槽性好，但挠性差。机械连接法（图 3－33）操作时间短，操作简便，费用低，但接头强度低（仅为胶带强度的 35%～40%），接头处带芯易受物料和环境影响，接头表面不平，易被刮板清扫器卡阻，物料细粒可能从接缝中漏出，接头质量大，运行时易产生冲击的噪声。

常用皮带扣的号码为 27、35、45、55、65，其适应胶带厚度分别为 5～7、7～8、8～10、10～12、12～13mm。

粘合法连接法有热硫化连接法和冷胶接法两种。热硫化连接法是将胶带接头部位的帆布层和胶层按一定形式（斜角形、直角形和人字形）和角度剖切成对称的差级阶梯（图 3－34），涂以胶浆，对正接头后使其黏着，然后在一定压力（0.9～2.5MPa）和一定温度（135～145℃）下，加热保温一段时间（25～40min），经过硫化反应使生橡胶变成硫化橡胶，以使接头部位获得最佳的黏着强度。由于热硫化法不仅需要一套专门的工具，且费时，粮食厂仓一般不用。目前发展趋势是采用冷粘合法，此法比热硫化法简单易行。将胶带两端按其帆布芯层切割成斜阶梯形，在不损伤带芯的情况下，用钢丝砂轮或锉刀除去芯层表面的残胶，并用汽油或四氯化碳、甲苯清洗干净，然后涂上胶粘剂（胶带制造厂负责提供）并互相对齐，放在螺杆压板上进行固化即可。螺杆加压板的压力约 30kPa，固化时间随气温而异，常温下，一般为 5 ~7h。粘合接头具有较高的使用强度（为胶带强度的85% ~90%）；能防止带芯腐蚀，输送带使用寿命长；接头光滑且无间隙，输送带运行平稳，无冲击，挠性、成槽性好。但该法接头时间长，费用较高。总的看来，硫化连接法是较为理想的方法，应优先采用。对于输送量大、输送距离长的输送机，应尽可能采用粘合连接法。

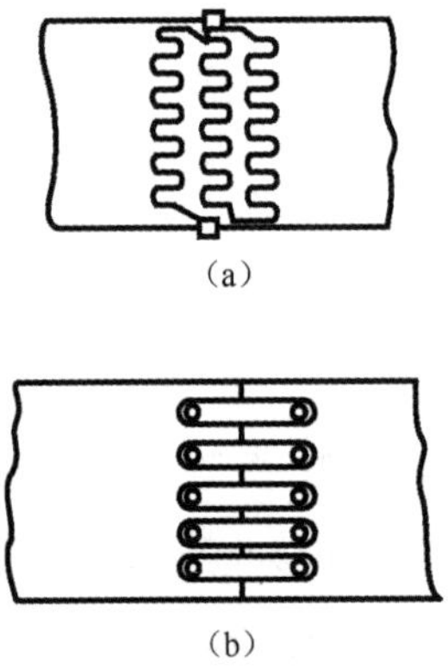

图 3 -33　橡胶输送带的机械连接

（a）皮带扣连接　（b）金属盖板连接

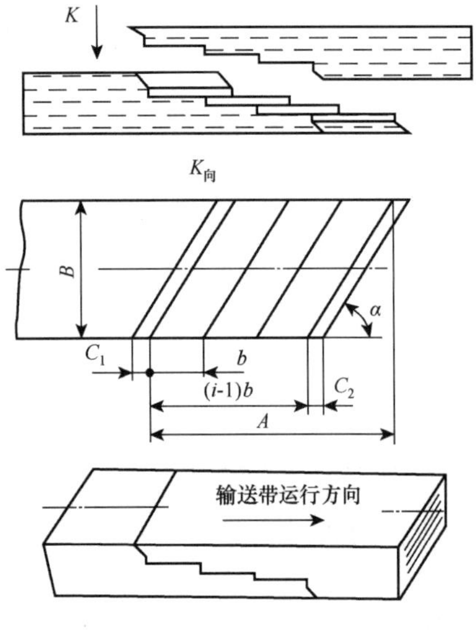

图 3 -34　橡胶输送带的热硫化连接

a. 橡胶输送带带宽的确定：输送散料时，带宽取决于生产率、带速、被输送物料的性质、输送机的布置形式等因素，具体表达式为：

$$B = \sqrt{\frac{Q}{K\gamma v K_1 K_2}} \tag{3-5}$$

式中：B——橡胶输送带带宽，m；

Q——输送量，t/h；

v——输送带运行速度，m/s；

γ——散粒物料容重，t/m^3；

K——料流端面系数；端面系数与物料堆积角、带宽及槽角有关，通用带式输送机的端面系数 K 见表 3 -3。

K_1——与倾角有关的系数，见表 3 -4；

K_2——与速度有关的系数，见表 3 -5。

表 3-3　　料流端面系数 K

带宽 B/mm	侧托辊倾角 α																			
	0°					20°					30°					45°				
	动堆积角 θ_d																			
	15°	20°	25°	30°	35°	15°	20°	25°	30°	35°	15°	20°	25°	30°	35°	15°	20°	25°	30°	35°
300	90	110	145	175	205	200	220	250	280	310	240	260	290	320	345	305	320	350	370	395
400	100	120	160	195	230	225	245	285	315	350	275	295	330	360	390	325	340	370	395	420
500~650	105	130	170	210	250	245	265	305	340	375	300	320	355	390	420	355	370	400	430	455
800~1000	115	145	190	230	270	270	300	340	380	415	335	360	400	435	470	400	420	450	480	505
1200	125	150	200	240	285	290	315	360	400	440	355	380	420	455	500	420	440	475	505	535

注：动堆积角 $\theta_d=0.7\theta_j$，θ_j 为静堆积角。

表 3-4　　倾角系数 K_1

输送倾角 β	<6°	8°	10°	12°	14°	16°	18°	20°	22°	24°	25°
倾角系数 K_1	1.00	0.96	0.94	0.92	0.90	0.88	0.85	0.81	0.76	0.74	0.72

表 3-5　　速度系数 K_2

速度 v/（m/s）	<1.0	<1.6	≤2.5	≤3.15	≤4.5
速度系数 K_2	1.05	1.00	0.98~0.95	0.94~0.90	0.84~0.80

注：当带速较小、动堆积角较大、粒度较大时，K_2 取较大值。

计算出的带宽应圆整到带宽标准值。输送包装物料或成件物品时，带宽取决于物件的外形尺寸。应使带宽比物件的横向尺寸大 50~100mm，物件在输送带上的压强小于 5000Pa。

b. 橡胶输送带芯层层数的确定：输送带张力由芯层承受，带的强度取决于带宽和芯层层数，而不单纯取决于输送带横断面面积。计算芯层层数，一般仅根据输送带稳定运行时所受的最大静张力计算，而其他各因素的影响一般都通过选取较高的安全系数来加以考虑。

输送带的强度条件为：

$$F_{max} \leqslant F'_{max} = \frac{Bi\sigma}{K_3} \tag{3-6}$$

式中：F_{max}——输送带工作时所承受的最大张力，N；

F'_{max}——输送带所能承受的最大张力，N；

B——输送带宽度，mm；

i——输送带芯层，层；

K_3——安全系数，见表 3-6；

σ——输送带芯层经向扯断力，即输送带芯层强度极限，见表 3-7，N/（mm 层）。

表 3-6　　输送带安全系数 K_3

接头形式	橡胶带			塑料带	钢芯带
	芯层层数				
	3~4	5~8	9~12		
硫化接头	8	9	10	9	≥10
机械接头	10	11	12	12~14	—

表 3-7　　输送带强度

输送带	输送带型号	抗拉体强度/[N/(mm 层)]	输送带宽度/mm
帆布带	CC-56	56	500、650、800、1000、1200、1400
尼龙带	NN-100	100	500、650、800、1000、1200、1400
	NN-150	150	500、650、800、1000、1200、1400
	NN-200	200	650、800、1000、1200、1400
	NN-250	250	650、800、1000、1200、1400
	NN-300	300	650、800、1000、1200、1400
聚酯带	EP-100	100	650、800、1000、1200、1400
	EP-200	200	
	EP-300	300	
钢绳芯带	ST-630	630	800、1000、1200、1400
	ST-800	800	
	ST-1000	1000	
	ST-1250	1250	
	ST-1600	1600	
	ST-2000	2000	

输送带芯层层数按下式确定：

$$i \geqslant \frac{K_3 F_{max}}{B\sigma} \tag{3-7}$$

c. 橡胶输送带全长的计算：输送带全长取决于输送机总体布置，计算时要考虑输送带接头长度。

$$L = \frac{n(L_1 + L_2 + L_3)}{1000} \tag{3-8}$$

式中：L——输送带全长，m；

n——输送带接头数；

L_1——输送带一个接头实占长度，mm；

$L_2 + L_3$——接头处覆盖胶层切角长度，$L_2 + L_3 = 20 \sim 30$mm，mm。

$$机械接头\ L_1 = 0, 硫化接头\ L_1 = (i-1)L_4 + B\text{ctg}\alpha$$

式中：L_4——硫化接头阶梯长度，见表 3-8，mm；

α——硫化接头斜角，一般取45°～60°。

表3－8　　硫化接头阶梯长度 L_4 最小值　　单位：mm

胶带宽度	阶梯层数					
	3	4	5	6	7	8
300	200	150	150	100	—	—
400	250	200	200	150	—	—
500	300	250	250	200	200	—
650	300	250	250	200	200	—
800	350	300	300	250	250	200
1000	450	400	350	300	250	200
1200	550	500	450	400	400	350
1400	650	600	550	500	450	400

橡胶输送带的计量单位是平方米，订货时应同时提出所需长度 L（m）和平方米。其平方米的折算方法为：

$$平方米 = BL\left(i + \frac{\delta_1 + \delta_2}{1.5}\right) \tag{3-9}$$

橡胶输送带产品规格的统一标记方法是：

$$B(\text{mm}) \times i \times [\delta_1(\text{mm}) + \delta_2(\text{mm})] \times L(\text{m})$$

②聚氯乙烯塑料输送带：塑料输送带是一种新型输送带，它用塑料代替橡胶，有多层芯和整芯两种。多层芯塑料带与普通橡胶带相似，强度为560N/cm；整芯塑料带以维尼纶－棉纺织物或纯维尼纶编织成整体平带芯，用聚氯乙烯塑料作覆盖物。整芯带制造工艺简单、生产率高，质量好，成本低。

塑料输送带具有较高的耐磨性能和抗拉强度；层间附着力大，不易分层剥离，使用过程“剥皮露底”现象比橡胶带少得多；耐油、酸、碱，大多应用于化学工业部门、粮油工业及煤矿井下等处。缺点是对气候变化的适应性较差，夏天变软伸长，冬天变硬收缩，耐热性差，在日晒和高温中易老化，输送倾角大时物料易打滑等。

塑料输送带的接头方式有机械连接和塑化连接两种。塑料带机械连接与胶带相似，连接强度较低（强度验算时安全系数取为18）。塑化连接是将整芯拆散，相互编织打结连接，再在接头处覆以塑料片，加热加压将带端连接起来。塑化接头强度可达带芯强度的75%～80%（安全系数取为9），并可防止带芯外露，工艺也不复杂，应优先选用该法。常用塑料输送带的规格见表3－9。

使用塑料带时，周围环境或物料温度的适宜值为－5～60℃，应避免尖利物器的碰撞，注意与火源隔离在1m以上。塑料带的运行速度不宜过大，一般以2.0～2.5m/s为宜，其驱动滚筒的直径，原则上与等强度的橡胶带相同。即 $B=400\sim500$mm 时，$D=250\sim320$mm；$B=650\sim800$mm 时，$D=450$mm。

表 3-9　　聚氯乙烯塑料输送带规格

类型	带宽 B/mm	整芯厚度 δ_0/mm	上覆盖层厚度 δ_1/mm	下覆盖层厚度 δ_2/mm	带厚度 σ/mm	经向扯断强力/(N/cm)	带重 m/(kg/m)	相当于帆布芯层数
薄型	350	2.5	1.5	1	5	2240	2.25	4
	400	2	1.5	1	4.5		2.30	4
	500	2	1.5	1	4.5		2.90	4
普通型	400	2.5	2.5	2	7		3.85	4
	500	2.5	2.5	2	7	2240	4.5	4
	650	3	3	2	7	3360	6	6
	800	3	3	2	8		7.5	6

③钢绳芯输送带：钢绳芯橡胶输送带用钢丝绳作带芯，用橡胶作覆盖物。带芯钢绳用高碳钢钢丝捻制，常用结构为7×7×3或7×7×7，钢绳直径为1.2~9.5mm。钢绳要镀铜或镀锌，以保证钢丝绳与橡胶之间有较大的黏着力，同时该镀层能在输送带覆盖胶损坏、钢绳露出时起防锈保护作用。钢丝绳采用左右旋两种形式，在输送带中相间排列，以保证输送带在承受拉力时表面不扭曲。

钢绳芯带的主要优点是带芯抗拉强度高（比同规格的布织橡胶带大10~15倍），伸长率很小（为0.1%~0.5%），成槽性好，耐疲劳和抗冲击性能好，与同样强度的胶带比可采用较小直径的滚筒，接头寿命长。其缺点主要是横向强度低，价格较高。

钢绳芯带主要用于单机长度大、生产率高的带式输送机，经常用在所需工作张力超过织物输送带张力范围的地方或用在受拉紧行程限制、不能适应织物输送带长度变化的设备上。

钢绳芯带采用硫化连接法连接。要求接头中相互排列的钢绳端头间必须有足够的空隙，以容纳另一端的钢绳端头。接头的长度必须保证张力从一根钢绳芯通过在其周围围抱的橡胶传递给输送带另一端的钢绳芯端头。接头处的钢绳按错位对接或搭接布置在生胶中，硫化后依靠钢绳与其周围橡胶间的粘着力传递拉力，接头强度可达带芯强度的85%~90%。

（2）驱动装置　驱动装置是带式输送机的动力部分，它将原动机的动力传递到驱动滚筒轴上，利用驱动滚筒表面与橡胶输送带间的摩擦力提供牵引力，以克服输送运行中所遇到的各种阻力。它主要由电动机、传动装置（用减速器或三角带传动减速）、驱动滚筒、控制系统和安全装置等组成。

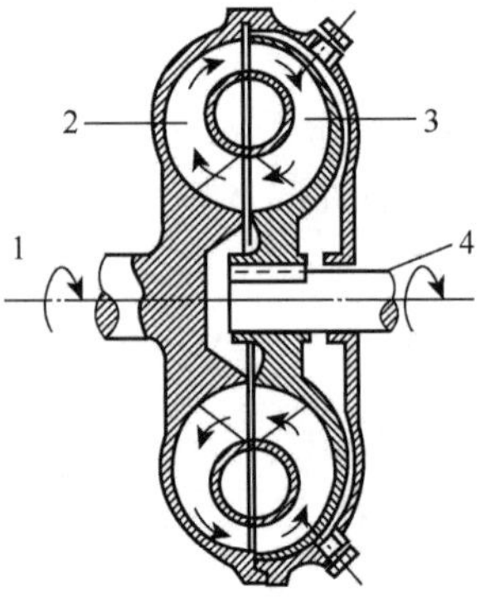

图 3-35　液力偶合器结构示意图
1—输入轴　2—泵轮叶轮
3—涡轮叶轮　4—输出轴

为了保护传动零部件，对于驱动功率大于15kW的驱动装置，要求使用液力偶合器。液力偶合器具有改善启动性能、过载保护、无级调速等方面的特性。典型的液力偶合器结构（图3-35）由对称布置的泵轮、涡轮、主轴、外壳以及安全保护装置等构成。外壳与泵轮固定连接，其作用是防止工作液体外溢。输入轴（与泵轮固定连接）与输出轴（与涡轮固定连接）分别与动力机和工作机相连接。泵轮与涡轮均为具有径向平面直叶片的叶轮，由泵轮和涡轮具有叶片的凹腔部分所形成的圆球状空腔称为工作腔，供工作液在其中循环流动，传递动力进行工作。

目前常用带式输送机驱动装置可分为外部驱动和内部驱动两种，其中油冷式电动滚筒是一种新型内部驱动装置，图3－36为油冷式电动滚筒结构示意图。

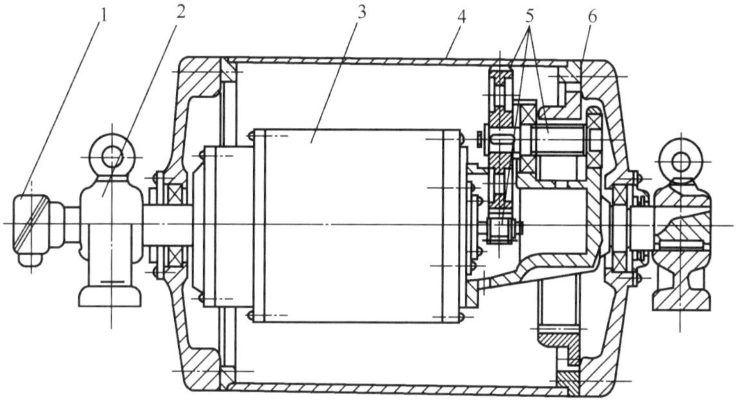

图3－36　油冷式电动滚筒结构

1—接线盒　2—轴承盒　3—油冷电动机　4—滚筒外壳　5—行星齿轮　6—内齿圈

（3）滚筒　带式输送机的滚筒按作用可分为驱动滚筒和改向滚筒两大类。驱动滚筒是传递动力的主要部件，多为转轴式，它的轴承座安装在机座上，滚筒壳体通过轮辐固定在轴上，借助于其表面与输送带间摩擦力使输送带运行。驱动滚筒可以采用光面，也可在其表面覆盖一层橡胶层，以提高输送带与驱动滚筒表面间摩擦因数。驱动滚筒表面的胶层优先采用铸胶方法固定在滚筒筒体上，也可采用冷粘。包胶滚筒表面分为平胶面（无沟槽）、人字沟槽、菱形沟槽等形式。人字沟槽只能单向驱动，要使输送带运行方向指向人字头部方向；菱形沟槽可双向驱动。

改向滚筒也称导向滚筒，多为定轴式，定轴固定在机座上，轴承座装在轮毂在固定轴之间。改向滚筒均为光面滚筒，用于改变输送带的运行方向。改向滚筒分别用于180°、90°和小于45°的改向。180°改向多用于输送机尾部或上拉紧滚筒；90°改向用于垂直拉紧装置上部的改向滚筒；45°改向仅用于作增面滚筒（以增大输送带在驱动滚筒上的包角）。

滚筒按材料可分为钢板焊接滚筒和铸造滚筒。滚筒外表面的几何形状有鼓形［图3－37（a）］、圆柱——圆台形［图3－37（b）］和圆柱形［图3－37（c）］。滚筒工作表面常制成鼓形（中间凸起），这是防止输送带跑偏的措施之一。

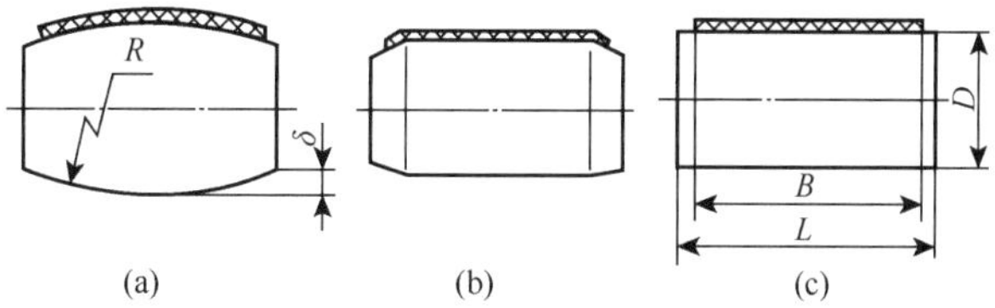

图3－37　滚筒外表面的几何形状

滚筒直径的大小，关系到输送带的磨损速度和因反复弯曲引起的层裂程度，直接影响着输送带的使用年限。适宜的滚筒直径，能使输送带在一定张力作用下，绕过滚筒时带芯层之间的各种应力低于粘合物的疲劳强度，对保护输送带有利。滚筒直径越大，输送带压向滚筒的面积越大，输送带在滚筒上的弯曲程度越缓和，芯层间的剪切应力越小，由此而引起的层裂现象越轻。但滚筒直径不宜太大，太大了会使输送机显得庞大和笨重。最小传动滚筒直径见表3－10。

表3－10　各种织物芯层输送带允许的最小传动滚筒直径 *D*　单位：mm

型号	芯层层数					
	3	4	5	6	7	8
CC－56、NN－100	500	500	630	800	1000	1000
NN－150、EP－100	500	500	630	800	—	—
NN－200～NN－300 EP－200～EP－300	500	630	800	1000	—	—

确定驱动滚筒直径还应考虑输送带宽度，见表3－11。

表3－11　驱动滚筒直径与输送带宽度　单位：mm

输送带宽度 *B*	驱动滚筒直径 *D*	输送带宽度 *B*	驱动滚筒直径 *D*
500	500	1000	630、800、1000
650	500、630	1200	630、800、1000、1250
800	500、630、800	1400	800、1000、1250、1400

改向滚筒的直径应与驱动滚筒的直径相配合，其值一般取为（0.5～1.0）*D*，其系列尺寸见表3－12。该表还示出了标准系列设计中滚筒直径与带宽的关系。

表3－12　常用滚筒配套直径　单位：mm

带宽 *B*	驱动滚筒直径 *D*	改向滚筒包角 α		
		$\alpha \approx 180°$	$\alpha \approx 90°$	$\alpha < 45°$
		改向滚筒直径		
300	400	320	250	250
400	500	400	320	320
500	500	400	320	320
650	500、630	400、500	320、400	320、320
800	500、630、800	400、500、630	320、400、500	320、320、400
1000	630、800、1000	500、630、800	400、500、630	400、400、500
1200	630、800、1000	500、630、800	400、500、630	400、400、500
1400	800、1000、1200	630、800、1000	500、630、800	500、500、630

注：一个单元格内多余一个数据时，同一行前后列有对应关系。移动式胶带输送机的滚筒配套直径一般为表列值的0.7～0.8倍。

滚筒长度 L 应比输送带的宽度大一些，一般取：

$$L = B + (60 \sim 100)\quad (\text{mm}) \tag{3-10}$$

（4）张紧装置　张紧装置的作用是保证输送带有足够的张力，以使输送带与驱动滚筒间产生足够的摩擦力，避免牵引力不足引起输送带在驱动滚筒上打滑；保证输送机的加料点和其他各点输送带具有适当的张力，限制输送带下垂度，保证正常输送；消除或补偿输送带长度的变化。

张紧装置，就其工作原理来说，有螺杆张紧装置、重力张紧装置和动力张紧装置。也可将张紧装置分为手动张紧装置和自动张紧装置。常用的张紧装置有螺杆式张紧装置、重锤式张紧装置和固定绞车拉紧等。

①螺杆式张紧装置：如图 3－38 所示，结构简单紧凑，质量较轻，费用低，占用空间小，不增加输送带弯曲次数。缺点是需采用手动定期调整，而输送带张力在工作过程中是不断变化的，故此时张紧装置所产生的输送带张力往往总是过高或过低，偶然过载时没有自动调节的可能性，工作时操作人员须依其工作经验，及时做出适当的调整；同时，该张紧装置调节范围小。因此这种张紧装置仅推荐用于因空间限制不能使用自动张紧装置的地方，或者用在张紧条件要求不高的较短的轻型带式输送机上。通常用于移动式带式输送机或机长在 80m 以下的固定式输送机上。

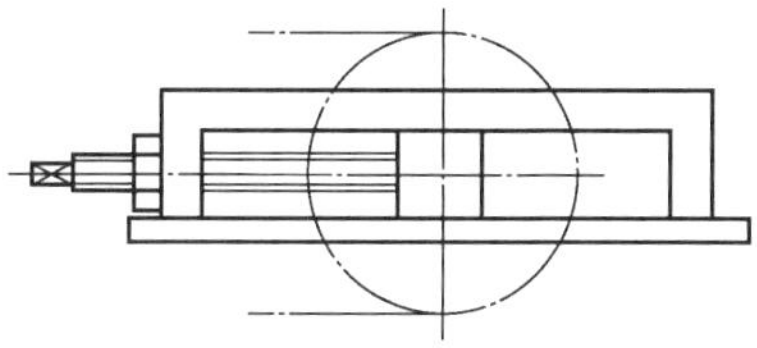

图 3－38　螺杆式张紧装置

②重锤式张紧装置：有水平小车式和垂直导架式。水平小车式张紧装置的结构如图 3－39 所示。它设在输送机的尾部，张紧滚筒安装在小车上，小车被重锤牵引沿水平或倾斜轨道移动，从而张紧输送带。这种装置结构简单可靠，可以较准确地保持输送带张力为定值，且调节范围较大，同时不需另设张紧滚筒，不增加输送带弯曲次数。该装置能够自动地保证输送带张力恒定；自动地补偿由于温度改变、伸长和磨损而造成牵引构件（输送带）长度的变化，同时能在偶然过载时降低输送带的高峰载荷值。其缺点是结构比较庞大，有时会产生跳动现象。水平小车重锤式张紧装置适用于长距离、大功率的输送机。

垂直导架式张紧装置如图 3－40 所示。它主要由三个滚筒组成，即由两个固定的改向滚筒和一个活动的张紧滚筒组成。张紧滚筒在重锤重力作用下可沿垂直导架移动，通过张紧无载分支使输送带保持必要的张力。该装置的优点是工作平稳、可靠，可以利用输送机走廊的空间，便于布置。缺点是结构复杂，检修麻烦，改向滚筒数目多，增加了输送带弯曲次数，且物料易落入输送带与张紧滚筒之间而使输送带损坏或物料破碎。采用该装置的

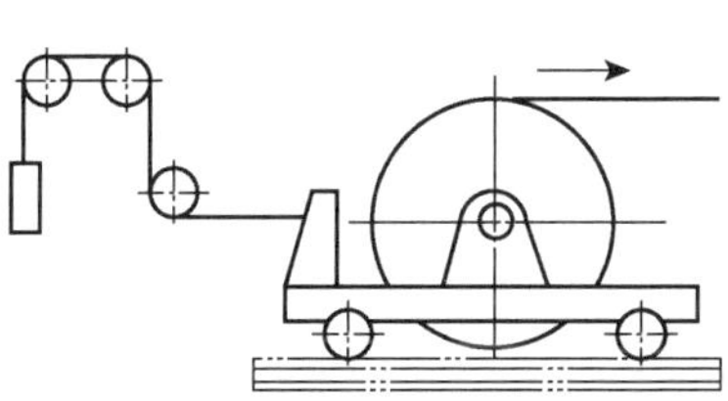

图 3－39　水平小车式张紧装置的结构

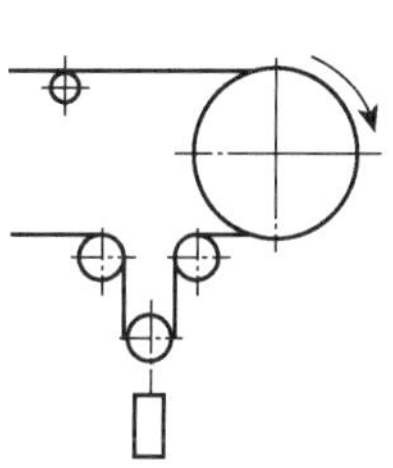

图 3－40　垂直导架式张紧装置

先决条件是输送机下有足够的空间，能足以放置考虑了张紧行程的、悬挂的张紧滚筒和重锤。

③固定绞车式张紧装置是把用来张紧的钢丝绳一端固定在张紧滚筒轴上，另一端连接在绞车上，用绞车把钢绳拉紧，达到张紧输送带的目的。现在很少使用这种方案。

（5）支承装置　带式输送机支承装置的作用是：支承或承托输送带及带上物料，减小输送带下垂度；保证输送带在承载分支有适宜的工作截面形状；对输送带导向，使输送带稳定地运行。对支承装置的要求是运动阻力系数小，工作可靠，经久耐用，构造简单，质量轻，维修方便。

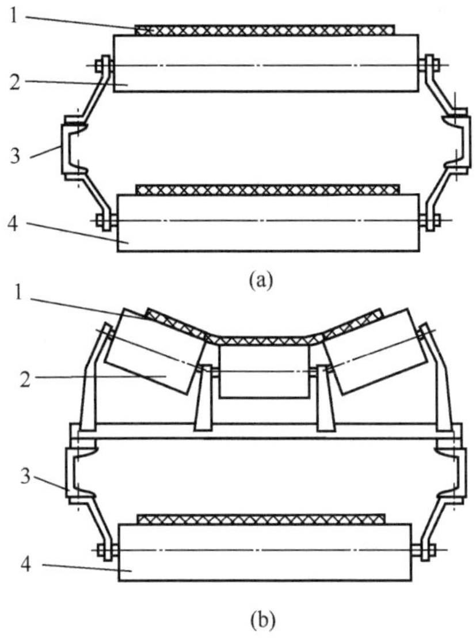

图 3－41　支承装置
1—输送带　2—上托辊　3—托架　4—下托辊
（a）平直托辊　（b）槽形托辊

目前国内粮油食品工业所用支承装置的主要类型有四种。

①滚轴式托辊支承（托辊）：该类支承装置运动阻力系数小，拆装、更换方便，但转动件多，要用大量轴承。根据用途，可将托辊分为普通托辊、缓冲托辊和调心托辊三大类；据其在输送机上的布置位置可分为上托辊和下托辊两种；根据托辊的布置形式又可分为平形托辊和槽形托辊。

a. 普通托辊：普通托辊仅仅起支承装置的作用，可分为平直托辊和槽形托辊两种（图 3－41），槽形托辊（图 3－42）又有一节式、二节式、三节式、四节式和五节式多种。

在相同带速和带宽条件下，输送机采用槽形托辊时的输送量比采用平形托辊大得多，槽形托辊侧托辊倾角（又称槽角）是输送机输送能力的决定因素之一。国际标准（ISO 1537—1975）推荐槽形托辊侧托辊角系列值为：二节式槽形托辊为 10°、15°、20°；三节式槽形托辊为 20°、25°、30°、35°、45°。合理地选择确定侧托辊倾角，可得到最佳带形，使带上料流有较大横截面面积。目前，在带式输送机中，侧托辊倾角多选为 30°。

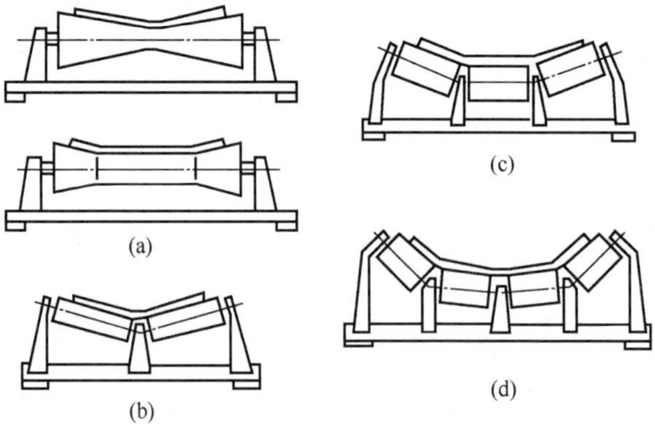

图 3－42　槽形托辊支承形式
（a）一节式　（b）二节式　（c）三节式　（d）四节式

b. 缓冲托辊：又称减振托辊，设在加料段，它不但起支承装置的作用，而且同时起缓冲减振作用，以减缓被输送物料特别是所含的大块料的重量引起的对输送带的冲击，保护输送带。缓冲托辊有橡胶圈式和弹簧板式等。粮油食品工业很少使用缓冲托辊。

c. 调心托辊：不但对输送带起支承装置的作用，而且还起调心作用。一般来说，承载分支每隔 10 组托辊装设一组调心托辊，无载分支每隔 6 ~ 10 组托辊装设一组调心托辊，以保证输送带正常运行。所采用调心托辊的断面形式应与相邻普通托辊相同。

调心托辊也可分为平直和槽形两种（图 3 - 43），其中槽形调心托辊又可分为锥形自动调心托辊（图 3 - 44）、带旁导辊自动调心托辊（图 3 - 43）和侧托辊前倾式自动调心托辊。

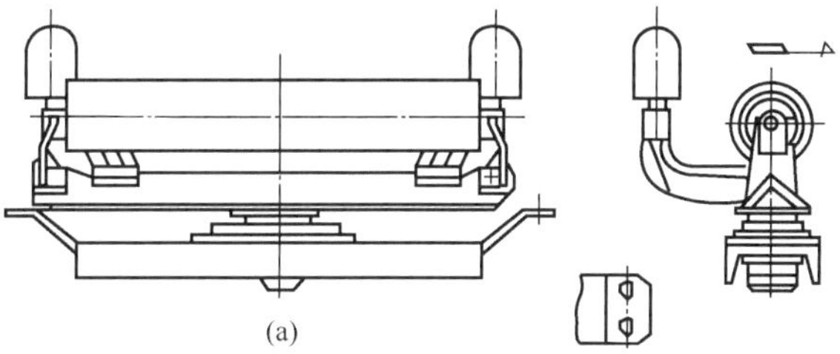
(a)

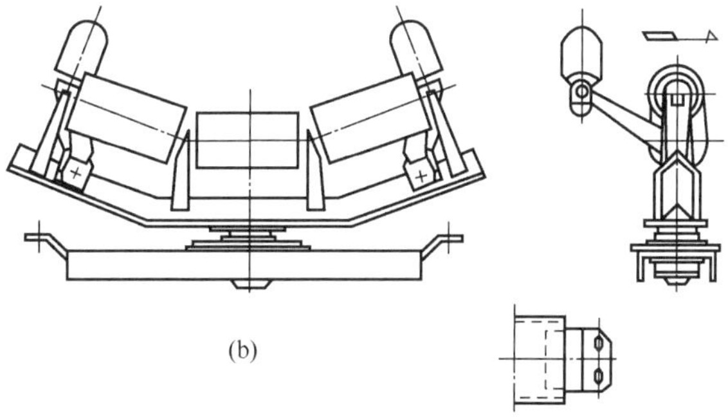
(b)

图 3 - 43　自动调心支承装置
（a）平直托辊　（b）槽型托辊

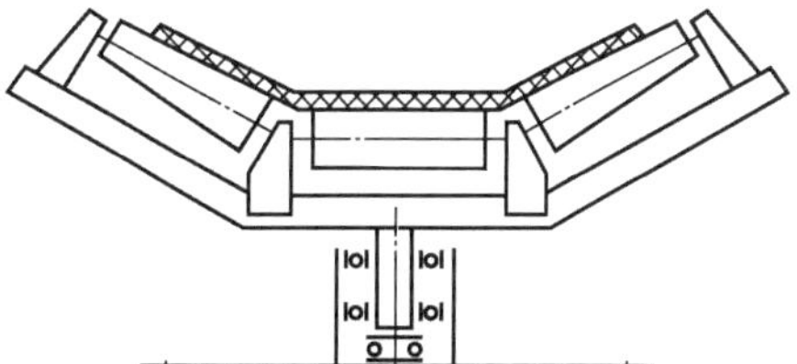
图 3 - 44　锥形自动调心托辊

自动调心托辊制造简单，运行平稳，缺点是侧托辊前倾增大了输送带运行阻力（计算阻力时可将阻力系数增大 10%）。当输送机较短时，应优先考虑使用这种调心托辊。输送机较长时，难以起到调心作用。应注意，依靠自动调心托辊来防止输送带跑偏仅仅是一种辅助手段。要从根本上避免输送带跑偏，必须致力找出跑偏的原因，采取适宜的措施，消除导致输送带跑偏的因素。

托辊是一个组合体，其结构形式很多，但其结构基本相同，均由心轴、轴承、轴承座、托辊体等组成。托辊的工作性能在很大程度上取决于托辊轴承的润滑和密封情况。一般情况下，可采用毛毡圈密封；环境粉尘较大时最好采用迷宫式密封装置。托辊直径、轴承及轴的尺寸，应根据作业类型、工作条件、运载负荷和带速来选择，托辊长度应根据带宽等选择。

托辊的间距影响到输送机的许多性能参数。确定托辊间距时，需要考虑输送带重量、带上物料重量、托辊额定负荷、输送带许可垂度、托辊寿命、输送带额定负荷和输送带张力等因素。若间距过大，则输送带过分下垂，在运行时起伏波动，输送带通过托辊时会跳动，甚至会使物料由于离心力作用被抛出；输送带的运行阻力增大，要求其具有更高强度；槽形带在两组托辊中间处易展平，易使物料溢出，降低输送量；使输送带急剧损伤，动力消耗增加。若间距过小，则托辊数量增多，势必会增加机重、成本和运行阻力。

②实体支承：用木板、竹片、铁皮或玻璃等制成，这类支承构造最简单，无转动件，不用轴承，物料被输送时运行平稳，无振动，无冲击，但运动阻力系数大，输送带磨损严重；仅用于特殊场合。

③综合式支承：将一组托辊的心轴彼此铰接相连。这类支承与槽形带的接触最佳，且可在运行中随时更换。

④气垫支承：也称气槽支承。气垫实为一层空气薄膜，介于支承盘槽与输送带间。

（6）装料装置　为了准确、均匀、平稳地给输送机加料，一般输送机都装有或配有装料装置。装料装置的结构取决于被输送物料的性质。对输送包装物料的输送机，都配有倾斜溜槽或滑板，料包经溜槽或滑板落在输送带上。对输送散料的输送机，一般都装有固定式或移动式进料斗；而对供料量、供料速度有严格要求的输送机，则须设置供料器（又称给料器、给料机）。常见的散料装料装置有移动式进料斗和固定式进料斗（图3－45）。

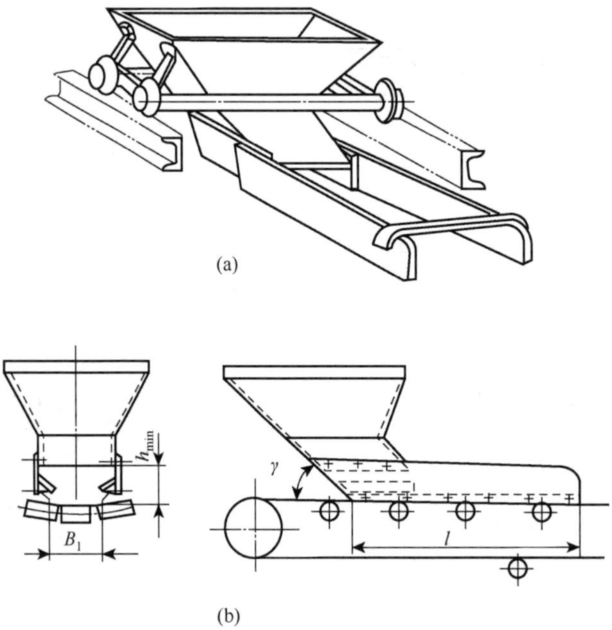

图3－45　散料装料装置

（a）移动式　（b）固定式

（7）卸料装置　带式输送机的卸料方式有端部（头部）卸料和中间卸料两种，这两种方式所采用的卸料装置是不同的。端部卸料是一种常用的简单卸料方式，当输送机仅有一个固定卸料点时，均采用端部卸料（图3－46）。在头部卸散料时［图3－46（b）］，应

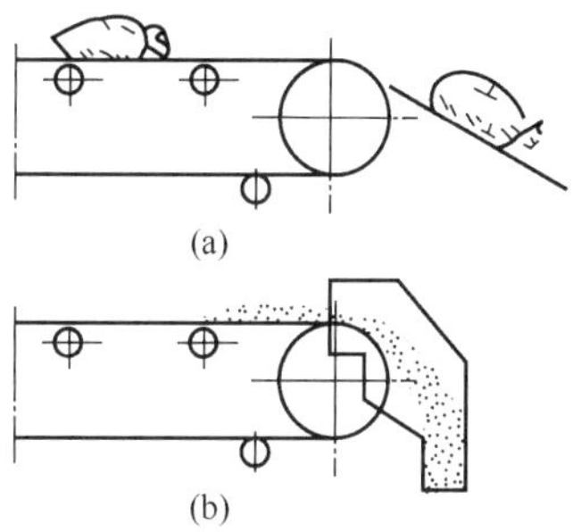

图 3－46　端部卸料装置
（a）包装物料　（b）散装物料

装设卸料罩壳以收集物料，防止物料飞溅、粉尘飞扬。卸料罩壳可由薄钢板制成，其形状大小须根据卸料时物料流轮廓确定。如果被输送物料磨磋性较强，需将罩壳中承受物料冲击、摩擦的表面制成可更换的。如果物料粉尘含量大，要在罩壳顶部开设吸风口，吸风除尘。

中间卸料时，卸料装置有犁式卸料器和卸料小车两种，应根据被输送物料的种类及托辊槽形不同，选择相应的中间卸料装置。犁式卸料器主要由一块卸料挡板组成，卸料挡板装设在平形托辊区段输送带上方（挡板下边缘与带面间有很小间隙），以一定倾斜方向拦挡输送带运载的散粒物料或包装物料，使其按要求卸下。犁式卸料器的优点是结构简单，成本低，不增加带的弯曲次数。缺点是输送带磨损严重，运行阻力大，且单侧卸料时有侧向力，只能用于平形带或槽形带的平形托辊区段卸料，且难以将带上物料全部清理干净；对较长的输送机，特别是输送块度大、磨磋性强的物料时不宜采用。使用这种卸料装置时，输送带最好采用硫化接头且带速不宜超过 2m/s。卸料挡板有平直挡板和 V 形挡板两种。平直挡板既可用来卸散料，又可用来卸包装物料，但只能单侧卸料，且单侧卸料时，物料对输送带的摩擦力在横向有分量，会引起输送带跑偏。V 形挡板可双侧卸料，但仅能卸散料。

当卸料点的位置需要根据要求不断改变时，可以采用卸料小车卸料。卸料小车既可用于平形带，又可用于槽形，但只能用来卸散料，不能用于卸包装物料。实际应用中，卸料小车常用于立筒仓仓顶入仓。

如图 3－47 所示，卸料小车主要由一个可沿机架纵向移动的框架小车、上下两个改向滚筒、定位装置、罩壳等组成。输送带在两个改向滚筒处弯曲成 S 形，物料从上部滚筒卸出后落入卸料料筒，调节排料活门，可使物料卸到输送带任意一侧或同时卸到两侧，也可使物料在上改向滚筒处卸下落到从下改向滚筒绕出的输送带上，继续向前输送。卸料小车在输送机纵向移动的方式有：人力驱动、借输送带本身动力驱动、自带电动机驱动等。当移动次数少，移动距离不大且输送带较窄时，可采用人力驱动式。为了减小移动阻力，人力驱动一般应在停机且输送带上无料时进行。当经常移动，但移动阻力不大时，采用输送带驱动卸料小车。当卸料小车经常移动，且移动阻力较大时，采用自带电动机驱动式卸料小车。

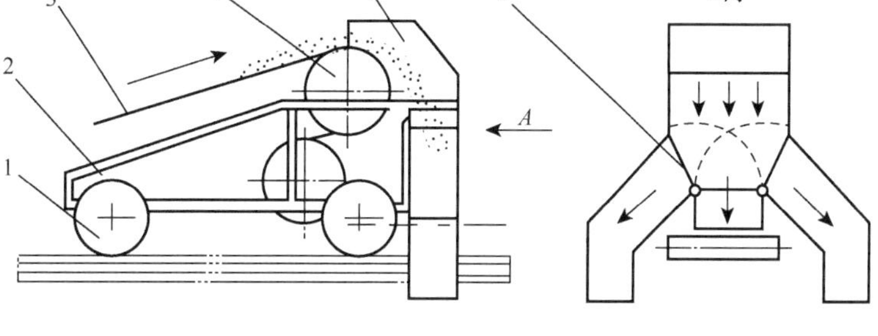

图 3－47　卸料小车
1—行走轮　2—卸料车架　3—输送带　4—改向滚筒　5—卸料料筒　6—排料活门

卸料小车的优点是使用方便，沿输送机全长均可卸料，对输送带磨损较轻，特别适用于生产率高、输送距离长的带式输送机在中途卸料（散料）。其缺点是外形尺寸大，结构复杂，成本高，输送带弯曲次数多，易损坏，动力消耗比犁式卸料器大。

（8）清扫装置　若被输送物料黏性较大，吸附性较强，粉尘含量较多，则输送带的工作表面和非工作表面都会黏附有一些物料或粉尘。这些黏附物，会在托辊和滚筒表面形成积垢，会引起输送带跑偏并迫使输送带碰到支承结构某些部位而遭到损坏；同时，这些物料或粉尘被带到空载段掉落，会造成浪费且使维护和清理困难。因此，必须用清扫装置及时进行清除。清扫方式有刮、刷、洗、振和吹等，常用方法是刮、刷。常用清扫装置有刮板式、旋转式清扫器。刮板式清扫器的主要工作部件是刮板，工作时一块或几块刮板借助于重锤或弹簧作用与输送带表面保持接触，用来清除输送带面上的黏附物。刮板的材质主要有橡胶、硬质合金两种。旋转式清扫器系由动力驱动的主轴或管子及装在其上的硬毛刷或刮板组成。旋转式清扫器的转动方向应使毛刷或刮板周边的运动方向与输送带主向相反。图 3 －48 所示为弹簧清扫器，用以清除输送带工作表面；图 3 －49 所示为空段清扫器，用以清除输送带非工作表面。

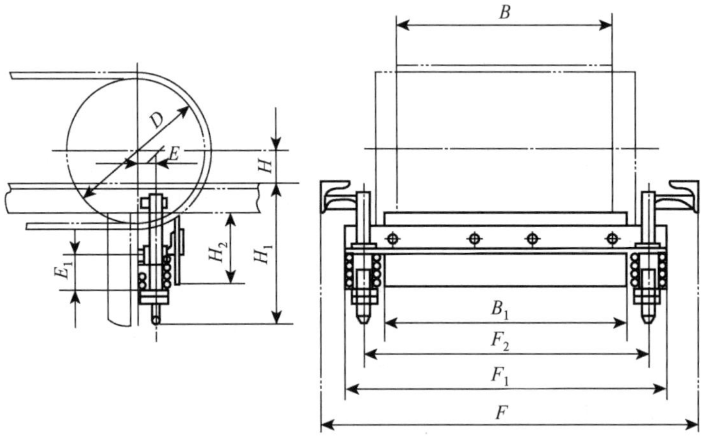

图 3 －48　弹簧清扫器

（9）其他装置（机架、安全装置）　带式输送机机架，常用槽钢、角钢或钢管焊接或铆接制成，其结构多为桁架式，具体形状根据作业场所空间位置、输送物料的产量和是否使用卸料小车等因素而有多种多样。对机架的主要要求是有足够的强度和刚度，能够满足工作要求。机架的宽度 B_0 应大于输送带宽度 B，一般可取 $B_0 = B +$（300 ~ 500）mm。对于由钢制成的机架，刚性是必要条件，机架刚度反映在机架、机架杆件、托辊轴的长细比上，要求固定式带式输送机该比值应不大于 30，移动式应不大于 25。其次，要求机架结构轻巧，轮廓尺寸小，选材合理，质量轻。选材时，一般固定式选用槽钢或角钢，移动式选用角钢或钢管。

坡度较大的向上倾斜输送机，因停电或驱动装置发生机械故障而突然停机时，输送带在带上物料重力分量作用下，有反向运动（逆转）的趋势。有载带式输送机倒转逆行，物料将在输送机尾部堆积，这将严重损伤输送带，影响正常生产。为了防止输送机反向运

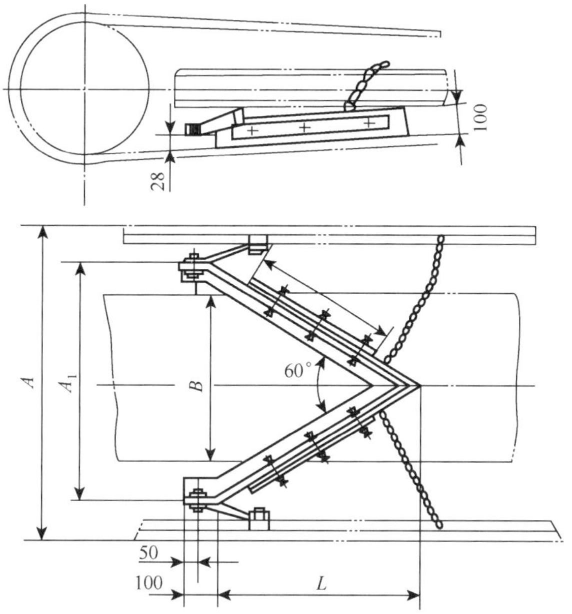

图 3-49　空段清扫器

动，保证安全生产，必须在输送机驱动装置处装设安全装置（逆止器）。

带式输送机应配备拉线开关。自动化程度要求高时，应配置轴承温度检测开关、跑偏开关、料位器等检测报警装置。

8. 特种带式输送机

（1）可逆带式输送机　在需要时或把物料向两个方向输送时，可以使用可逆带式输送机。除了卸料装置、调心托辊和清扫器等部件以外，它的其他部件与普通带式输送机相同。

输送机运行方向的改变，必将引起输送带张力及张力分布的变化。因此，在设计可逆带式输送机时，应该首先按正向（或反向）运行工作情况设计一组参数，然后按反向（或正向）运行工作情况进行验算。检查内容包括带的强度、下垂度及不打滑是否满足要求，电动机的功率是否足够。如果不能满足要求，则要按反向（或正向）运行工作情况重新进行设计，以保证其在正反向运行两种情况下都能满足要求。

当输送带的运行方向改变时，输送机带上某一点的张力变化，取决于张紧装置的类型、位置及带的运行方向。为了找出在运行方向改变时，带的张力不变或变化最小的点，以单张紧的可逆带式输送机为例，对输送机某一点的张力变化规律进行研究。为方便起见，不计滚筒的阻力。

（2）圆管带式输送机　圆管带式输送机是在普通带式输送机基础上发展起来的，由驱动装置、驱动滚筒、改向滚筒、多边形托辊组、金属结构架和输送带组成。它借助于由六个或八个普通托辊组成的多边形托辊，将输送带围包成圆管状，在滚筒处输送带仍为平形。由端部滚筒到输送带形成圆管状这段距离称为过渡段。加料口一般设在尾部过渡范围内。在尾部过渡段内，输送带由平形变为槽形，最后输送带同物料一起卷成圆管状。在输送段，输送带同物料一起平稳运行。当运行到卸料段后，输送带同物料一起由圆形过渡为槽形，在头部滚筒处变成平形而卸料。输送带按打开装料、封闭运行、再打开卸料的顺序依次循环，平稳运行。

圆管带式输送机除了具有普通带式输送机的优点外，还有许多独特的优点。物料被围包在圆管状的输送带内，实现了密闭输送，可减少对环境的污染，也不受外界刮风下雨的影响；由于输送带形成圆管状，它可以在空间弯曲运行；圆管状增大了物料与输送带的摩擦力，可以进行较大倾角的输送（可达30°左右）；占用空间小，只有普通带式输送机的1/3～1/2；由于上下分支均为圆管状，采用特殊的加料装置可用下分支向反方向输送物料；在过渡段，输送带反复变形，使物料不易黏附在带上；可选用普通托辊，不会发生输送带跑偏现象。

圆管带式输送机的输送带主要有尼龙芯带和钢绳芯带两种。尼龙芯带与普通带式输送机所用的橡胶输送带相比，不同之处在于它的中间芯层的边缘较薄，这可以减小边缘的横向弯曲刚度，使其易于弯曲成圆管状并能相互搭接而密封起来。

（3）气垫带式输送机　气垫带式输送机（以下简称气垫机）是用薄气膜支承输送带。它将托辊带式输送机的托辊用带孔的气室代替（图3－50），当气源向气室内提供具有一定压力和流量的空气后，气室内的空气经盘槽（气室上部的圆弧形槽称为盘槽）上的小孔逸出，在输送带与盘槽之间形成一层具有一定压力的气膜（称为气垫），支承输送带及其上部物料。这样，把按一定间距布置的托辊支承变成为连续的气垫支承，使输送带与托辊间的滚动摩擦变为输送带与盘槽间以空气为介质的流体摩擦，减小了运行阻力。

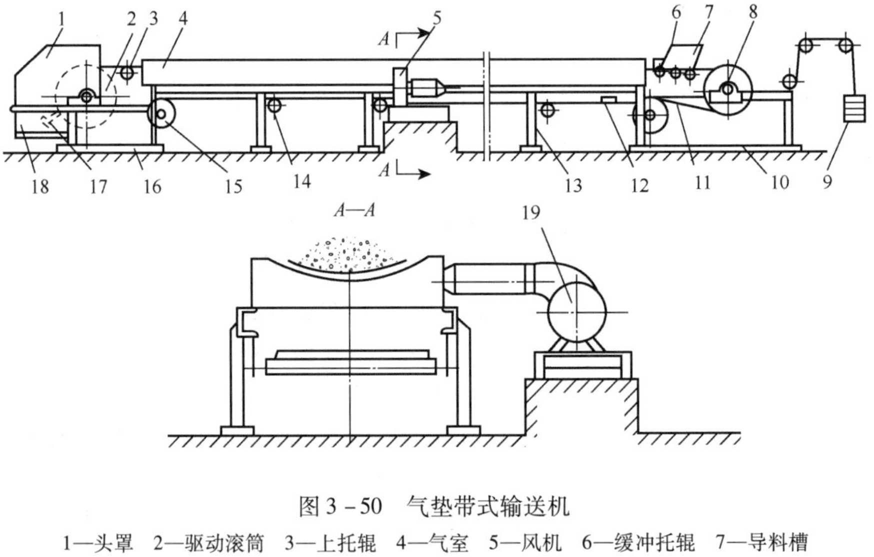

图3－50　气垫带式输送机

1—头罩　2—驱动滚筒　3—上托辊　4—气室　5—风机　6—缓冲托辊　7—导料槽　8—改向滚筒　9—拉紧装置　10—尾架　11—输送带　12—空段清扫器　13—中间支腿　14—下托辊　15—改向滚筒　16—头架　17—头部清扫器　18—漏斗　19—消声器

气垫带式输送机用气垫取代托辊支承装置，使托辊支承的接触支承变为气垫接触的非接触支承，减少了输送机运转部件，既节省了大量的支承托辊轴承，又改善了输送机的运行性能，减少了摩擦损耗。同时运行阻力的减小，使得输送带张力减小，可以采用较薄的轻型输送带。弧形断面的托槽使物料在输送时处于稳定状态，不需要设置防止输送带跑偏的装置，适于双向输送。据有的资料介绍，用气垫支承输送带，可使输送带寿命延长 0.5 倍，造价比同样长度的普通带式输送机约低 30%，输送成本可降低 31%。气垫带式输送机不适用于输送大块物料。

气垫式输送机的核心设计是气垫参数的设计，包括气垫压力、气垫厚度、鼓风机的流量和压力、鼓风机的功率、气室托槽上气孔及运行阻力系数等。一般说来，气垫带式输送机运行所需的气压约为 2000Pa。当输送带运行时，为了减少形成气垫所消耗的功率，要尽量减小气垫的厚度。当气垫厚度小于 0.4mm 时，需要考虑气流的黏性。形成气垫所需的单位长度功率为 0.3 ~0.8kW/m，它的大小取决于带宽、物料容重、输送机制造质量及风机效率等。运行阻力系数约为 0.012。

①气垫带式输送机的主要结构形式：气垫机的结构形式分为半气垫型（仅上分支输送带以气垫支承）和全气垫型（上、下分支输送带均采用气垫支承）两类。半气垫型又可以分成敞开式、加罩式和加罩密封式。

敞开式的上部承载结构为气室，下部仍采用回程托辊。该结构为国内使用最广泛的结构，主要适用于室内和有输送机走廊的场合。

加罩式是在敞开式的基础上，将气室或回程分支上加防雨罩，用于露天防雨等场合。

加罩密封式是在加罩式基础上，在气室上增加防雨罩并加上密封条密封起来，输送过程中物料不受环境及气候的影响，用于露天防雨及输送易飞扬的粉状物料如煤粉、水泥及粮食等的场合。

全气垫型是在承载和回程分支全采用气垫支承。它能充分体现气垫机的优点，但设备造价较高，重量较重。

②气垫带式输送机的主要特点：运行平稳，工作可靠：加料对中后输送带不跑偏、不洒料、不撕带，使用寿命长；输送量大：由于运行平稳，物料在输送带上的堆积面积增大，以及带速的提高，使气垫机的输送量增大；运行阻力小，输送带张力小，消耗减小 10% ~20%；许用输送倾角大，一般比 DTⅡ型带式输送机增大 3° ~5°；设备投资少，维修费用低；运营费用低，可提高使用单位的经济效益；便于密闭输送，避免粉尘飞扬，保护环境，如采用加罩密封式结构，露天使用可省去输送机走廊，节省基建费用；对于上运输送，逆止安全可靠；对于下运输送，停机后输送带也无下滑现象。

③气垫带式输送机应用范围：气垫机是通用系列产品，可广泛用于煤炭、电力、冶金、化工、机械、粮食、轻工、港口和建材等行业。由单机或多机组合成输送系统，输送堆积密度一般小于 2500kg/m^3 的各种粉状、粒状和块状物料，尤其适用于输送按一定比例配制好的混合物料，也可输送软包装的成件物品。气垫机适用的工作环境温度一般为 -25 ~40℃。对于特殊环境如要求具有耐热、耐寒、防水、防腐、防爆和阻燃等条件，应采取相应的防护措施。气垫机适于输送的物料有散状物料、成件物品。气垫机可用于水平、倾斜向上或向下输送。向上输送散状物料时，不同物料允许的气垫机最大输送倾角见表 3 - 13。当向下输送散状物料时，允许的气垫机最大输送倾角为表 3 - 13 列值的 85%。对包装物品，亚麻或黄麻袋子，允许的气垫机最大输送倾角为 18° ~20°；对纸质袋子，最大允许倾角为 15° ~17°。

表 3-13　　各种散状物料的特性及允许的最大输送倾角

物料名称	堆积密度/（kg/m^3）	堆积角	允许的最大输送倾角
风干锯末	200~300	40°	30°
玉米	700~800	35°	19°
土豆	600~800	28°	16°
谷物	700~850	24°	18°
化肥	900~1200	18°	15°~18°

注：物料的堆积密度及堆积角随物料的水分、粒度和带速度的不同而变化，应以实测为准，本表供参考。

④气垫带式输送机产品规格及主要参数：DD 型固定式气垫带式输送机系列产品规格以带宽表示，分别为：500、650、800、1000、1200 和 1400mm 等 6 个规格。

带速范围为 0.8~5.0m/s，带速、带宽与输送量的匹配关系见表 3-14。气垫机适宜取高带速，建议选用高带速、小带宽的气垫机来满足使用需求。对于较长的水平输送机，应选择高带速；输送机倾角越大、输送距离较短时，则应选择较低带速。输送粉尘很大的物料时，应选择低带速。若采用犁式卸料器时，带速不宜超过 2.0m/s。输送成件物品时，带速小于 1.25m/s。

表 3-14　　气垫带式输送机的体积输送量

带宽/m	输送量/（m^3/h）									
	带速/（m/s）									
	0.8	1.0	1.25	1.6	2.0	2.5	3.15	4.0	（4.5）	5.0
500	69	87	108	138	173	216	—	—	—	—
650	127	159	198	254	317	397	—	—	—	—
800	198	248	310	397	496	620	781	—	—	—
1000	324	405	507	649	811	1013	1277	1621	—	—
1200	—	594	742	950	1187	1484	1870	2375	2672	2969
1400	—	826	1033	1322	1653	2066	2603	3305	3719	4132

⑤气垫带式输送机主要工作部件

a. 输送带：输送带是气垫机承载物料的承载件和牵引件，气垫机采用普通型输送带、抗拉体（芯层）有棉织物芯层、尼龙织物芯层、聚酯织物芯层和钢丝绳芯等几种。织物芯层输送带的接头采用冷粘或硫化接头，不能采用机械接头。

b. 气室：气室是用来形成气垫支承输送带及物料的关键部件，由薄钢板折弯成形焊接而成。气室结构有箱形和双曲形两种形式。对于箱形气室，当带宽较大时箱体刚度较差和较耗费材料，因此建议箱形气室主要用于带宽 500~650mm。双曲气室主要用于带宽 800~1400mm 及其以上的场合。气室进风口可以根据进风口的设计位置，在整体气室的某一节或几节气室上加工开设，其形状为圆形，尺寸则根据所选风管的尺寸确定。

c. 通风机：选用22kW以下，采用225°和0°两种安装形式，出风口为圆形，与气室采用软管连接。为消除通风机噪声（主要是进风口噪声），必须安装消声器或隔间箱。凡空气中含尘量少于150mg/m^{3}时，允许将消声器布置在室内并直接与通风机相连接，否则需把消声器布置在空气洁净的室外，消声器用风管与通风机相连接。消声器水平布置，加在通风机进风口处，5. 5kW以下通风机不加消声器。

通风机一般安装在气垫机整体气室的中部，对于较长的气垫机，选用单台通风机难以满足要求时，在保证风压的情况下可选用多台通风机，并在整体气室长度上作适当布置，以风压沿程损失较少为佳。一般情况下，可考虑100m长度内布置一台通风机。通风机布置分落地式（风机安装在地基上）和骑跨式（通风机通过支架横跨安装在输送机上方）两种，在空间位置允许的情况下应优先选用落地式。

通风机与气室间的连接风管采用软管，便于通风机与气室间的连接，设计时根据所选用通风机型号对风管进行配套选用。通风机噪声大于75dB时，必须配置消声器或隔音箱。

（4）压带式输送机　图3－51所示的压带式输送机是20世纪70年代才开始发展起来的新型带式输送机，现在应用较广。该机是将散状或成件的物料夹持在两条平行的输送带之间，进行大倾角或垂直输送的。该机型结构简单，机重轻，占地少，能耗低，由水平输送入垂直输送，不需要转载，可以进行连续输送。

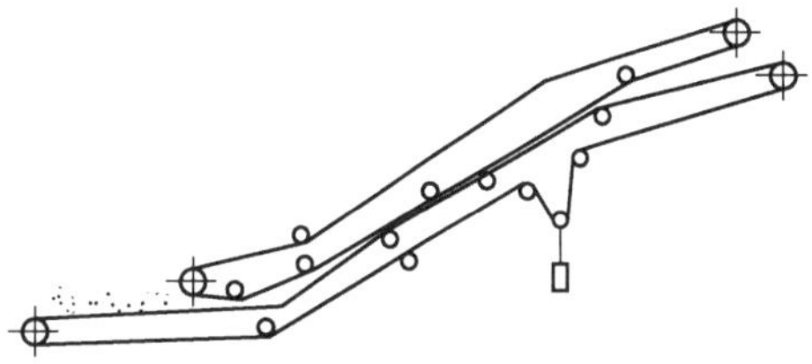
图3－51　高倾角压带式输送机示意图

①压带式输送机的工作原理：压带式输送机是在承载输送带上覆盖一条辅助带，使被输送物料在运行中处于夹紧状态中，从而增大了物料所受的摩擦力，实现大倾角或垂直输送。

除了带压力的大小外，带压力分布要均匀，还要有退让性。带压力的大小、分布均匀程度及其退让性大小是压带式输送机能否正常运行的关键，称为带压力的三个基本要素。带压力的产生方式有直接式和间接式两种。

②压带式输送机的几种机型：根据产生带压力的装置，现在使用的压带式输送机主要有气压式、机械式和弹性带式三种机型。气压式压带输送机适用于块状物料输送。因为块状物料尺寸不一，易使双带错边、跑偏和卡带。机械式压带输送机是借助机械手段为双带提供足够的压力，适用于输送块状物料。机械式压紧双带的方法大致可以分为弹簧压辊压带法、盒式压带法和兜辊压带法。弹性带式压带输送机以输送胶带为底带，弹性带为覆盖带，当双带中夹持有物袋时，覆盖带产生弹性。正因为覆盖带有良好的弹性，可同时夹持各种形状的物品，适用于输送规格尺寸大小不一的什货。如首都机场安装的压带输送机底带是花纹胶带，覆盖带采用扁状皮筋外包锦纶丝纺织而成的弹性带，既可以输送灯泡之类的玻璃器皿，也可以输送直径210mm重10kg的圆钢，被夹持物品既不会挤坏也不会产生变形。

（5）带式抛料机　带式抛料机是借助于快速运行的输送带将物料按需要的方向抛射出去的机械，主要用于散料入仓作业。带式抛料机有直带抛料机和曲带抛料机两种。直带抛料机是具有较高速度的短距离带式输送机。为使物料较快达到带的运行速度，常在输送带上加装挡块。曲带抛料机实际是用一对压轮将胶带压成圆弧状的高速胶带机。

9. 胶带输送机的安装、操作、故障与维护

(1) 胶带输送机的安装　胶带输送机在安装时，要求机架的中心线与输送机的纵向中心线的不重合度允差3mm，相对标高允差2mm，机架的跨距允差±15mm。

支承装置安装时，要求各组托辊应安装在同一水平线上，每米允差2mm。支承装置的托辊轴线应与输送机纵向中心线相垂直，每米允差3mm。

固定胶带输送机在生产中常安装于空中或地下，安装在空中需要空中走廊，安装在地下需要地槽。空中走廊的高度要考虑走廊是否通行车辆，安装在地槽内要考虑防水防潮的措施。走廊与地槽的宽度要考虑操作人员的通行和维修需要，一般应留700mm的通道，对于不走人的一边要考虑安装维修的需要，一般按输送机外侧到地槽或空中走廊内壁净空不小于200mm。设计时可参考表3-15，表中b为走道总宽，L为输送机中心线到人侧走道边缘的距离（输送机被布置在走道一侧）。

表3-15　胶带输送机的走道尺寸　单位：mm

带宽 B	一般走道		空中走道		地下走道	
	b	L	b	L	b	L
400	2500	1500	1700	1100	1800	1200
500	2500	1500	1700	1100	1800	1200
650	2700	1650	1900	1200	2000	1300
800	3000	1750	2100	1300	2300	1400

(2) 胶带输送机的操作与维护　为了使胶带输送机在生产使用中达到功率消耗低、机器磨损少、输送效率高、物料无损耗的经济指标，必须在日常工作中正确操作和维护。

胶带输送机要求空载起动，以降低起动阻力。在开机前应检查胶带松紧程度。胶带过松，造成下垂度过大，会造成物料在胶带上跳动而抛散，使胶带打滑空转；胶带过紧，会使张力增大，影响胶带强度。胶带输送机工作时，所有托辊都应回转，不能有个别不转现象。如托辊不转，造成胶带运动阻力增大，功率消耗也增加，同时，还将造成胶带和托辊严重磨损。因此，在工作时应经常检查托辊回转情况，及时消除发现的故障。

普通橡胶带严禁与汽油、柴油、机油等油脂类物质接触，以免输送带受腐蚀。胶带应经常进行检查，消除表面黏附的杂物，如发现胶带表面或接头处有磨损或缺口，应及时修补好，以免扩大。胶带输送机的进料必须保持均匀进料。物料过多会造成超载和物料抛散；物料过少会影响输送量。要防止进料斗导料槽与胶带直接接触，以致造成胶带表面磨损。胶带输送机必须在进料且待机上物料卸完后才能停机。如中途突然停车，在事故排除后，可重载起动。

多台胶带输送机联合工作，开机从卸料端那台输送机开始起动，停机时先停止进料，从进料端那台输送机开始关机，然后逐一向前停机。如中间某台机器发生故障，则应首先停止进料、停止进料端的输送机，进行维修，否则就会造成物料的堵塞。

胶带输送机不使用时，应盖油布，避免日晒夜露和雨淋，致使输送机腐蚀和生锈。若较长时间不使用，将张紧装置调松，入库保存。在进行检修时，输送机的拆卸步骤：先拆

导料槽、保护罩、传动零件，然后将胶带卸下，再拆下上下托辊和滚筒。清洗和检修拆下的零部件，上油安装。安装步骤与拆卸时顺序相反。安装完毕，要进行必要的调整，再投产使用。

（3）常见故障及排除法　见表3－16。

表3－16　　胶带输送机常见故障及排除法

故障	发生原因	排除方法
输送带跑偏	①驱动滚筒和张紧筒（或头尾滚筒）装置不平行。 ②托辊不正（即托辊轴线与输送机中心线不垂直）。 ③输送带接头不正。 ④进料位置不平。	①调整驱动器滚筒轴承或调节张紧装置使之平行。输送带向右偏，紧右边螺杆；向左偏，紧左边螺杆。 ②将跑偏一边的托辊支架，顺带子运动方向向前移动一些。 ③重新接正机头。 ④调整进料位置。 ⑤将机架放平。
输送带打滑	①输送带张力不够。 ②滚筒表面太光滑。 ③滚筒轴承转动不灵。 ④输送带过载。	①调节张紧装置，将输送带拉紧。 ②可在轮面上罩一层胶材。 ③重新拆洗，加油或更换轴承。 ④调整输送量。
轴承发热	①缺油。 ②油孔堵塞，轴承内有脏物。 ③轴瓦或滚珠损坏。 ④轴承装置不当。	①加油。 ②疏通油孔，拆洗轴承。 ③更换轴瓦或滚动轴承。 ④重新调整安装。
托辊不转	①输送带未接触托辊。 ②轴承缺油、太脏或损坏。	①调整托辊位置。 ②发现跑偏现象及时纠正。
输送带撕裂	①物料中有大形带尖角异物（如金属零件或竹木片等）混入，或物料被卡于进料或挡板与输送带之间引起纵向划破输送带。 ②输送带跑偏后零件卡住接头引起撕裂。	①加强管理，及时清出混入的异物。 ②发现跑偏现象及时纠正。
输送带接头撕裂	①接头质量太差。 ②张紧装置调节过紧。 ③输送带垂度太大。	①按要求重新连接接头。 ②放松张紧装置。 ③调整输送带长度。

二、刮板输送机

1. 概述

刮板输送机是一种借助于牵引构件上刮板的推力作用，使散粒物料沿着料槽移动，从而输送物料的连续输送机。刮板输送机可分为普通刮板输送机和埋刮板输送机。工作时料槽内物料处于牵引构件下方的刮板输送机称为普通刮板输送机；料槽内物料将牵引构件和刮板完全埋没的刮板输送机称为埋刮板输送机。

与带式输送机不同，刮板输送机的下分支为工作分支，散粒物料聚积在机槽底部，在刮板推动下向前输送，移动到机槽底部的开口处（即卸料口）时物料依靠重力作用而卸出。

（1）普通刮板输送机　图3－52是普通刮板输送机的结构示意图。牵引构件（1）上固定着刮板（2），刮板可以在机壳（4）内沿着料槽（机壳）的下部运动，机壳上开设进料口，下方开设卸料口；牵引构件环绕在驱动轮（3）和张紧轮（7）之上，由驱动轮驱动，由张紧轮张紧；为了防止牵引构件的无载分支下垂，其下方装设托辊（5）；为了防止牵引构件的有载分支上浮，其上方装设压辊（6）。

普通刮板输送机工作时，物料从进料口流入机壳，在刮板的推动下进入料槽。当物料在运动方向上受到的刮板推动力足以克服料槽对物料的阻力时，物料将随刮板一起沿着料槽前进。当物料行至卸料口时，物料在自身重力作用下，从料槽底部的卸料口卸出。

按照物料的输送方向，普通刮板输送机可分为水平型、倾斜型及混合型三种。在粮油工业中刮板输送机使用的最大输送倾角为35°。倾斜输送时，随着输送机倾角β的增加，生产率将有明显下降。

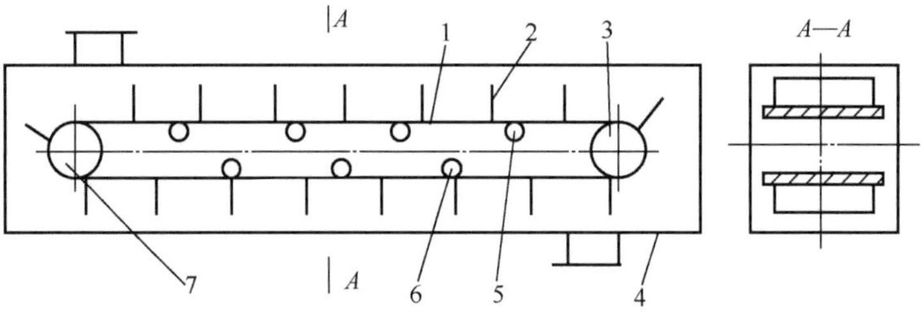

图3－52　普通刮板输送机

1—牵引构件　2—刮板　3—驱动轮　4—机壳　5—托辊　6—压辊　7—张紧轮

普通刮板输送机的优点是：结构简单，在输送长度上可任意点进料或卸料；机壳密闭，可以防止输送物料时粉尘飞扬，污染环境；整机体积小，占用空间少；当其尾部不设置机壳，并将刮板插入料堆时，可自行取料输送。缺点是：物料在料槽内滑行，运动阻力大，机件的磨损大；空载或负载工作时，由于牵引构件的有载分支下方不设支承，因此，牵引构件容易下垂，使刮板与槽底接触，增加机件的磨损，故该机种的输送距离不能太大；刮板工作时，处于悬臂受力状态，因此刮板高度较小，故该机种的输送生产率较低。在粮油工业中普通刮板输送机常用于车间内部对轻质副产品的短距离输送。由于它有自行取料的特点，在粮食仓库中将其组合成各种形式的扒粮机，用于散装粮食的装卸。图3－53为PGG31型刮板式转向扒谷机的结构图，它主要由扒粮和输送两部分组成。扒粮部分是一台机架能在水平方向旋转180°，并可上下俯仰的刮板输送机，刮板输送机下分支的后半段为取料段，不设料槽。前半段设有开口料槽，用作倾斜输送，中部为转运料斗，输送部分是一台倾斜式带式输送机。

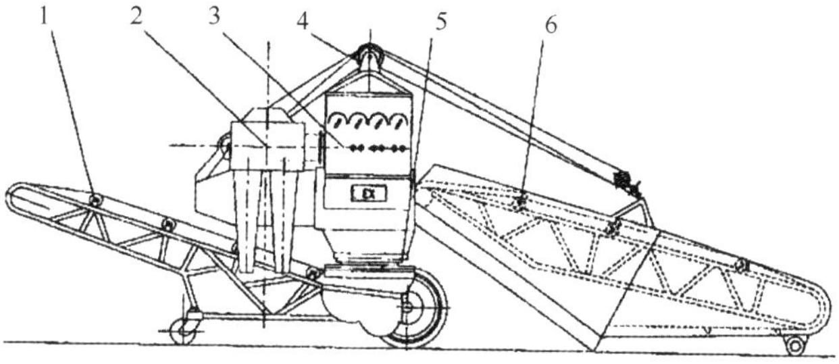

图 3－53　PGG31 型刮板式转向扒谷机

1—输送机构　2—除尘系统　3—电控柜　4—扒谷机构升降机构　5—转向结构　6—扒谷机构

（2）埋刮板输送机　埋刮板输送机是由普通刮板输送机发展而来的，其牵引构件是链条，承载构件是刮板。通常把刮板和链条组合在一起，统称为刮板链条。埋刮板输送机工作时，料槽中的散粒物料，借助于运动的刮板链条的推力，使物料与刮板链条成为一个连续的整体而被输送。在输送过程中，刮板链条埋没于被输送的物料中，故称为埋刮板输送机。埋刮板输送机是粮油食品工业中的主要输送设备之一。

①埋刮板输送机的一般结构：埋刮板输送机（图 3－54）是由封闭形的机壳、刮板链条、驱动装置和张紧装置等部分组成，其基本形式有水平型、垂直型和综合型。埋刮板输送机在工作时，物料由进料口进入机壳，在料槽（机壳的一部分）内，受到运行刮板的推力，与刮板链条结成整体，一起向前运动，到达料槽的卸料口时，物料自行卸出。驱动装置的作用是将电动机的动力传递给刮板链条。张紧装置的作用是保持刮板链条具有一定的初张力。

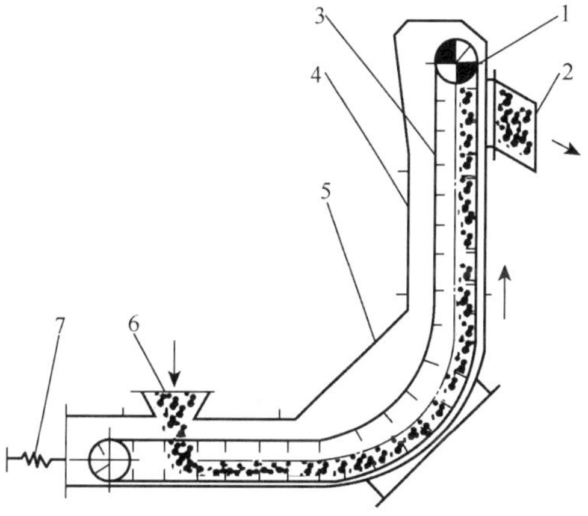

图 3－54　埋刮板输送机

1—头部　2—卸料口　3—刮板链条　4—中间机壳　5—弯曲段　6—加料段　7—尾部张紧装置

②埋刮板输送机的分类及适用范围：埋刮板输送机分为固定式和移动式两种，固定式的机壳固定安装在厂房的基础上，移动式的机壳安装在可移动的机座上，悬吊式埋刮板输送机可固定、可移动。如图 3－55 所示，固定式又分水平型（MS）、垂直型（MC）、混合型（MZ）、扣环型（MK）、平面环型（MP）、立面环型（ML）、给料型（MG）等多种。

图 3－55（a）是使用最为普遍的水平型（MS）埋刮板输送机，可水平输送，也可小角度倾斜输送（$\beta \leqslant 15°$），其输送长度可达 80～120m，适用于一般性散粒物料，可多点进料和多点卸料。图 3－55（b）是机壳中间有隔板的给料型（MG）埋刮板输送机，机壳上方开有数个进料口，可通过计量闸门调整各进口物料量的比例。有隔板的给料型埋刮板输送机的使用倾角可略大于无隔板型。

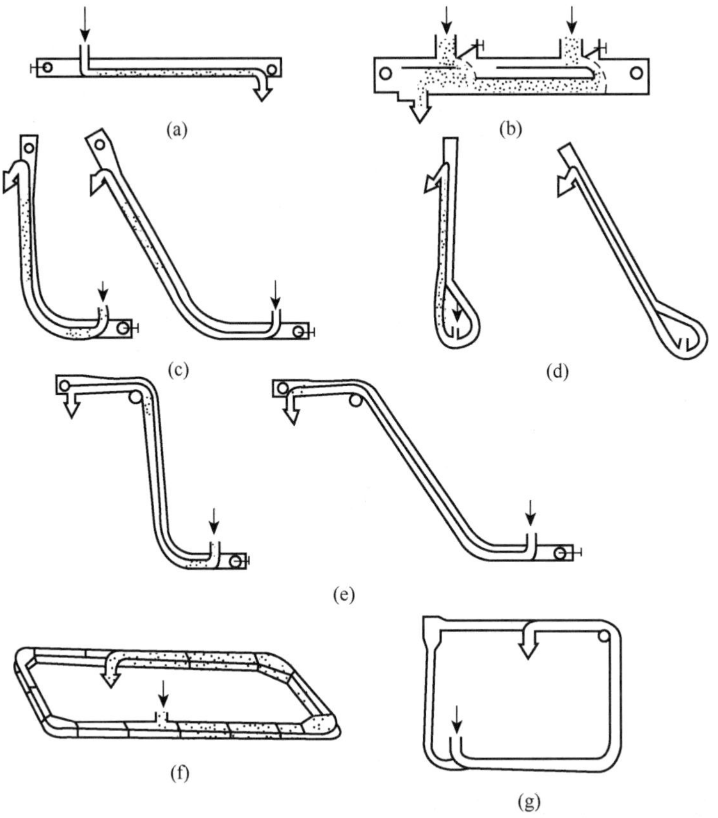

图 3－55　埋刮板输送机的主要形式

（a）水平型（MS）　（b）给料型（MG）　（c）垂直型（MC）　（d）扣环型（MK）
（e）混合型（MZ）　（f）平面环型（MP）　（g）立面环型（ML）

图 3－55（c）为垂直型（MC）埋刮板输送机，输送倾角可达 90°，提升高度可达 30m。它能满足工艺设计的特殊需要，适用于一般性散粒物料，也可输送流动性差、卸料难的物料。图 3－55（d）为扣环型（MK）埋刮板输送机，可以水平输送、倾斜输送和垂直输送，占用空间较少，还可以从料堆中自行取料，水平部分可多点卸料。图 3－55（e）为混合型（MZ）埋刮板输送机，其中水平－垂直－水平型使用较为普遍，上水平段可进行多点卸料，提升高度一般为 20m，上水平段长度不大于 30m，多用于向料仓进料。图中水平－倾斜－水平型的上水平段不装底板，物料进入料仓后，刮板可作平仓用。图 3－55（f）是平面环型（MP）刮板输送机，可以进行多点进料和卸料，还可以将物料分配到各个使用点，也可将各点物料收集后统一卸出。整机除有矩形环外，也可以制成其他形状的平面环形。图 3－55（g）是立面环型（ML）刮板输送机，可多点进料和卸料，适用于多个料仓间的循环输送，可以完成物料的进仓、出仓、倒仓、清仓等多种作业。

埋刮板输送机还可以构成多种组合形式，来满足生产工艺的要求。组合时，各种型号的埋刮板输送机串联或并联使用。它们可以组合成以 MS 为主的组合形式、MZ 为主的组合形式和以 MC 为主的组合形式。埋刮板输送机可布置在室内，也可布置在室外。在室外使用时，因其是密封的，可免去其他防雨设备。

③型号及基本参数：刮板输送机按结构分为 5 种形式：水平型（S 形）、垂直型（L 形）、Z 形、扣环型（K 形）和 U 形。粮食仓库中水平型、U 形用得较多，油厂中 L、Z 形用得较多。型号表示方法为：刮板输送机型号由专业代号、品种代号、形式代号和规格组成，专业、品种、形式代号均用汉语拼音字母的大写表示；规格以机槽宽度（cm）表示。刮板输送机的机槽宽度 B、承载机槽高度 H 见表 3－17。

表 3－17　　刮板输送机宽度系列、机槽宽度 *B* 及承载机槽高度 *H*

项目		机槽有效宽度代号									
		12	16	20	25	32	40	50	63	80	100
机槽有效宽度 B/mm		120	160	200	250	320	400	500	630	800	1000
机槽高度 H/mm	S、U 形	120	160	200	250	320	400	500	630	800	1000
	L、Z、K 形	100	120	130	160	200	250	280	320	—	—

刮板链条速度系列为：0.16、0.20、0.25、0.32、0.40、0.50、0.63、0.80、1.0m/s。粮仓用的刮板输送机因为输送量大，所以刮板链条速度一般均在 0.50m/s 以上。

④埋刮板输送机的特点：埋刮板输送机的优点是结构简单，体积小，密闭性能好，安装维修方便，可以多点进料和卸料，若使用双向弯曲的刮板链条，则可向空间任一方位输送物料，工艺布置极为灵活。它可以输送粉状、粒状，含水量大、含油量大，或含有一定易燃易爆溶剂的多种物料，生产率稳定，并容易调节。

埋刮板输送机的缺点是刮板链条工作的条件恶劣，滑动摩擦多，容易磨损；不适用于输送黏性大的物料，输送速度低，工作效率较带式输送机或斗式提升机低。

埋刮板输送机在国外已有较长的发展历史，目前正向着机体和生产率大型化方面发展，水平型料槽宽度大，已达到 1000mm，生产率已达 1000t/h，当采用双排链条时，输送谷物时的生产率高达 1500t/h；输送长度超过 150m。垂直型料槽宽度达 500mm 以上，生产率达 500t/h。在国内粮油工业中，埋刮板输送机还属新型机种。国内埋刮板输送机的设计和制造水平还比较低，产品种类少，使用范围小，产品的规格小，输送能力低。现在槽宽在 400mm 以下，水平输送距离为 30～40m，提升高度为 20m 左右，生产率在 100t/h 以下，这些与国外相比还有一定的差距。

2. 埋刮板输送机工作过程分析

（1）链传动原理　埋刮板输送机的牵引构件为链条，在工作中，驱动链轮通过轮齿与链节的啮合，将圆周力传递给牵引链条，链条上的刮板将力再传递给输送的物料。

链传动是一种啮合传动，它与摩擦传动比较，其优点是：链条的强度高，工作安全可靠，链条受拉伸后伸长变形小，容易连接承载构件，耐腐蚀，不怕油和热。其缺点是：链条自重大，磨损严重，传动不平稳，不适于高速工作，工作时有冲击和噪声。

（2）链传动的失效

①跳齿与掉链：链条链节在磨损后，节距增大，链节势必沿着轮齿齿廓向外移动，节距增大越多或链轮齿数越多时，链节向外移动也越多，当向外移动的距离超越齿顶后，则形成跳齿。链节跳齿时，若链轮轴倾斜或链条稍有横向摆动即形成掉链。链传动中各零件

的正确安装和正确使用，是减少链条磨损主要措施。另外，保持链条足够的初张力，也是防止跳齿和掉链的有效措施。

②断链：链条中的销轴、链杆或链板，被磨损后强度下降，传动时链条产生断裂。另外，工作中的意外载荷也会产生断链。

③疲劳破坏：因链条元件承受交变载荷和冲击载荷，在经过一定的循环次数后，材料的持久强度不足，从而产生疲劳破坏。在高速传动中，这现象更为常见。

④轮齿磨损：由于链传动中啮合部位润滑不良，或有润滑，链轮在恶劣环境中工作，则轮齿齿廓会发生较大磨损，从而影响传动的平稳，增加动载荷，加速链传动的失效。一般情况下，链轮的使用寿命比链条长得多。把链轮的齿数和链条的节数制成互为奇偶数时，可以形成均匀磨损，延长它们的使用寿命。

（3）水平输送　当埋刮板输送机水平输送，或作倾角 β 小于被输送物料的动摩擦角时，均称为水平输送。水平输送时，承受刮板直接推力的物料层称为牵引层，牵引层以上的物料称为被牵引层，当这两层间的内摩擦力大于槽壁对被牵引层物料的外摩擦力时，被牵引层物料就会随同牵引层物料一同运动。在料层的高度与机槽宽度之比满足一定条件时，料流内颗粒之间的相互位置是稳定的。

对水平型埋刮板输送机，当料槽的宽度 B 越大，物料层的高度 h 越小，对输送越有利；物料的表面越粗糙，料槽内壁越光滑，对输送越有利。当被输送物料的种类与料槽的结构确定之后，该机的输送量 Q 只与物料的流动速度成正比，物料层高度与料槽宽度之比为定值，因此理论上水平型埋刮板输送机可以作为定量给料器使用。作为输送机械使用时，料槽的工作高度 h 与宽度 B 之比值应取得小一些，这是因为考虑到料槽槽壁对物料运动的阻力与物料层的高度平方值成正比，为了减少输送时能量的损耗，提高输送的机械效率，故选用较小的物料层高度。

（4）垂直输送　埋刮板输送机输送倾角 β 大于被输送物料的动摩擦角，直到 β 等于 90°时，称为垂直输送。垂直输送时，物料在垂直方向受到刮板推力，自身重力及垂直段下段的物料对上层物料的支承反力，这些垂直向压力在散粒物料中会以一定比例向侧向传递，形成物料间及物料对料槽壁间的侧向压力，而侧向压力又构成使物料间相对稳定的内摩擦力及阻止物料运动的外摩擦力。当牵引层与被牵引层间的内摩擦力足以克服物料与料槽间的外摩擦力及物料的重力时，物料形成稳定的整体料流，随刮板链条一同向上运动。

实验证明垂直输送与水平输送相似，由于链条运动的不均匀性及链条的振动，物料运动的速度往往低于刮板链条运动的速度。为了保证垂直型埋刮板输送机能稳定运行，需注意：垂直输送段的下方必须不断进料；机筒内壁应光滑平整，以降低摩擦阻力，便于稳定输送；应选用包围系数大的刮板形式（如 U 形、O 形刮板）。

3. 埋刮板输送机的主要构件

（1）刮板链条　刮板链条是刮板和链条的组合体，多数将刮板和链条制造在一起，故称刮板链条。

①刮板：刮板的类型很多，图 3－56 是各种形式的通用刮板，常用的有 T 形、U 形、V 形、O 形、B 形，O_4形是更复杂的 O 形。刮板的材料可以是扁钢或圆钢，材质可以是普通碳素钢 Q235 或 Q235F。刮板可以先制成然后再焊接到链条上，也可以与链条一起制成。埋刮板输送机的刮板形式是根据机型和物料性质决定的。一般情况，水平输送采用 T 形或

U 形刮板，垂直输送采用 U_1、V 或 O 形刮板，以利卸料和清扫。对输送重度较大的物料或机槽较宽时，为了保持刮板的强度和刚度，应选用焊有斜撑的刮板。对于输送时易产生浮链的物料，刮板可倾斜 70°～80°安装在链条上。

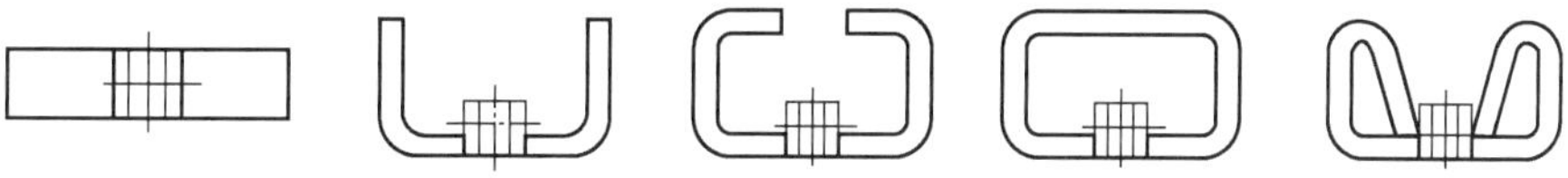

图 3－56　常用刮板形式

刮板链条上刮板的间距过大，会导致料槽内颗粒间产生相对滑移，降低生产率，增加动力的消耗。若安装间距过小，则增大了刮板链条的自重，增大运动阻力。选用后的刮板间距必须是链条节距的整倍数，以便制造。

刮板（除 T 形以外）的布置分内向和外向两种。外向布置的刮板在机槽由水平到垂直的弯道处，有载分支为紧边，无载分支为松边，故链条均与隔板接触，运转平稳噪声小。但机槽的头部和尾部结构尺寸较大，并且当刮板之间的空间逐渐减少，对物料产生压缩，增大了物料运行的阻力。O 形刮板只适用于外向布置。内向布置的刮板在机槽弯道处两个分支的刮板均与隔板接触，刮板容易损坏，并引起噪声，但这种布置的机头和机尾结构尺寸小。MZ 型埋刮板输送机只采用内向布置的刮板。

刮板与机槽的间隙，一般取为物料最大粒径的 3 倍左右，粮油工业中一般取 10mm 左右。间隙过小，物料容易卡在刮板与料槽之间，增大物料运动阻力，甚至发生断链事故；间隙过大，会使料槽中物料的平均运动速度下降，降低输送机的生产率。

为了使埋刮板输送机在停止进料后，能将机槽内物料输送干净，可在刮板链条的整个长度上，均匀地安装 2～3 个清扫刮板。清扫刮板是形状相同而尺寸略大于刮板的橡胶板，用螺钉将清扫刮板固定在原有刮板上，使刮板与机槽不存大间隙。当清扫刮板运动时，可将机槽内剩余物料清扫干净。

②链条：链条是埋刮板输送机牵引构件，它属于输送用链条，其结构形式可分模锻链、滚子链和双板链三种（图 3－57）。

a. 模锻链（DL）：模锻链是通过锻压、钻、铣等机械加工制成的。刮板焊接在链杆上，见图 3－57（a）。使用时，用销轴将链杆连在一起形成刮板链条。这种刮板链条结构简单，使用可靠，对物料的适应性强，输送时，链条易于清扫，链杆各断面可进行等强度设计，这在保证链杆有足够强度的同时有最小的质量，因此，它的自重小于其他类型的刮板链条。但此种链条在制造时，需要专用的模具，制造时机械加工量较多，因此制造成本高，适用专业厂的大批量生产。

b. 滚子链（GL）：滚子链由内外链板、滚子和销轴等零件装配而成，见图 3－57（b）。这种链条工作时，由于滚子可在导轨上滚动，从而减少了链条的运动阻力。在传动时，链轮轮齿与滚子接触，减少了销轴的磨损，延长了链条的使用寿命。这种链条结构简单，可以使用普通机械设备进行制造。套筒滚子链（TL）也属于滚子链的一种。它的结构是套筒紧固在内链板上，滚子活套在套筒上，然后有销轴将内外链板组合在一起。这种链条的铰接处，接触面改善了销轴的受力状况，减少了销轴的磨损。它的缺点是制造工艺

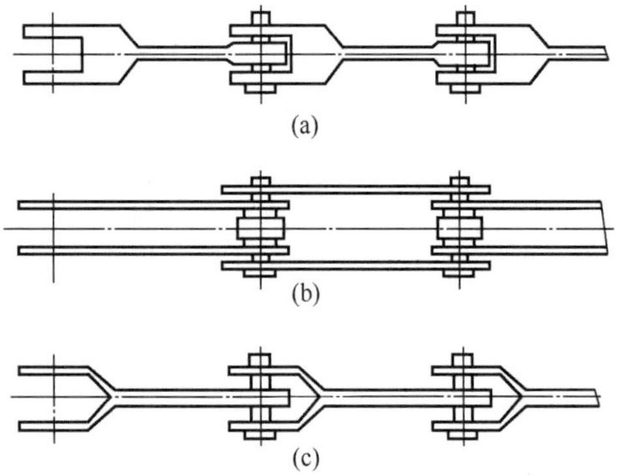

图 3－57　埋刮板输送机链条
（a）模锻链　（b）套筒滚子链　（c）双板链

复杂，造价高，灰尘容易进入转动的缝隙中，使滚子和套筒转动困难。套筒滚子链多用作传动链。

c. 双板链（BL）：双板链由两块钢板冲压成型，经焊接或铆接成链杆，再用销轴联成链条，见图 3－57（c）。这种链条结构简单，制造容易，价格低廉，便于清理、拆换和维修；缺点是铰点磨损快，寿命短。

链条中各零件根据其作用不同，制造时使用不同的材料，并有不同的加工要求。链杆或链板通常使用 45#优质碳素钢，并进行调质处理，硬度要求达到 HB217～262；或用 45Mn2 合金钢并调质处理，硬度要求为 HB235～286。销轴用 45#优质碳素钢并经调质处理，硬度要求为 HB200～235。滚子使用 45#优质碳素钢并经表面渗碳 0.7～1.0mm，硬度要求为 HRC35～45。各零件配用时，销轴的硬度应低于链杆或链板的硬度，这样使容易更换的销轴提前磨损，延长链条的使用寿命。

（2）链轮　图 3－58 为埋刮板输送机的链轮。由于刮板链条与一般链条不同，因此与其配合的链轮也不同，其特点是齿距大，齿数少。对模锻链和双板链，轮齿又有着特殊的齿形，称为叉形齿，叉形的沟槽用来承放链杆，叉形齿的齿廓面与链杆的突出部分接触，将链轮的圆周力传给链条。

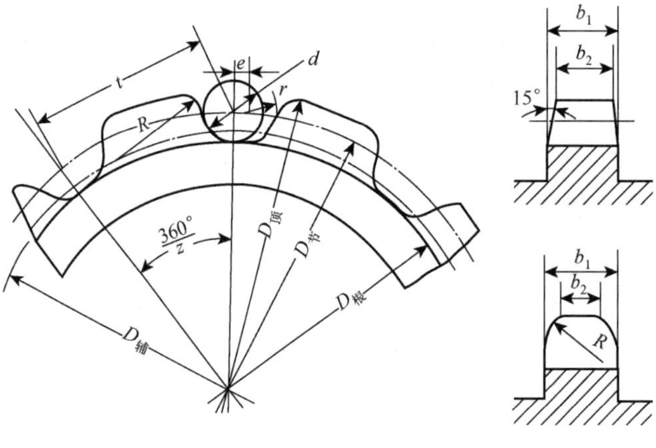

图 3－58　埋刮板输送机链轮

埋刮板输送机的尾轮可以使用与头轮有相似结构的链轮，也可以使用不分齿的光轮，或有沟槽的导向轮。这样使整机结构更趋于简单，降低了制造成本。当埋刮板输送机配备有断链保护器时，尾轮采用光轮可保证及时发现故障。也有使用弧形导轨代替尾轮的，这使结构变得更简单，会增加一些运动阻力，应用较少。

驱动用链轮（头轮）一般使用铸钢 ZG45#制成，轮齿经淬火处理，使硬度达到 HRC45～

50；张紧链轮、导向链轮、导轮和托轮使用材料及制造方法与头轮基本相同。目前也有使用 QT60－2 球墨铸铁铸成的链轮，经正火、回火处理后，表面硬度可达 HB242～285。

（3）机壳　机壳包括有载分支用的料槽及无载分支用的防护罩，可分为机头段、水平段、垂直段、过渡段、进料段和机尾段。

①机头段：图 3－59 为水平型（MS）埋刮板输送机的机头段，其内部安装驱动用链轮。外壳用钢板制成，并开设卸料口。在头轮的链条绕出处装有脱链器。脱链器为一段弧形导轨或一托轮，用来协助链条方便地由链轮上绕出。卸料口开设的位置应与链轮保持一段距离，以防止物料进入轮齿啮合区，压碎物料或造成跳齿和脱链。机头的上方应有可拆卸盖板的检修孔，以供观察和检修用。图 3－60 为垂直型（MC）埋刮板输送机的机头段。

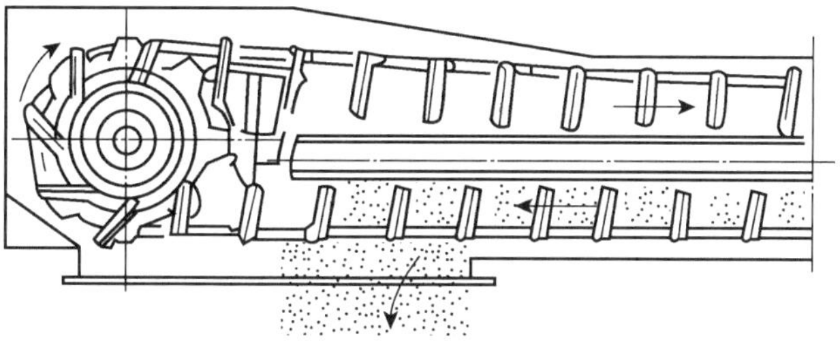

图 3－59　水平型（MS）埋刮板输送机的机头段

②水平段：机壳的水平段，通常用钢板制成，有 0.8m、1.5m、2.0m 三种长度，两端焊有法兰，安装时根据需要进行拼接。也有使用砖或水泥板砌成料槽，上加盖板的机壳。槽内衬光滑耐磨材料，如铸石、硬质玻璃，用来延长槽的使用寿命。水平段的作用是承担水平输送或为垂直输送段进料。当输送倾角小于被输送物料的动内摩擦角时，机壳可制成无隔板型；当输送倾角较大或作进料段使用时，机壳内两个分支之间应安装隔板。无隔板水平段内按一定距离安装角钢制成的横梁，横梁上安装导轨，用来承载链条的回行分支。有的机型为了增加料槽底板和隔板的使用寿命，也在其上面安装导轨，由导轨承载链条。导轨可用扁钢或工字钢制成，材质多为 45#优质碳素钢，并经表面淬火，使其硬度达 HRC40～50。也可使用高分子耐磨材料作导轨。水平段的底板上根据需要可开设多个卸料口，卸料口处安装闸门，用来控制卸料量。机壳的顶板应做成可拆卸式，便于观察机器运行或维修机器用。

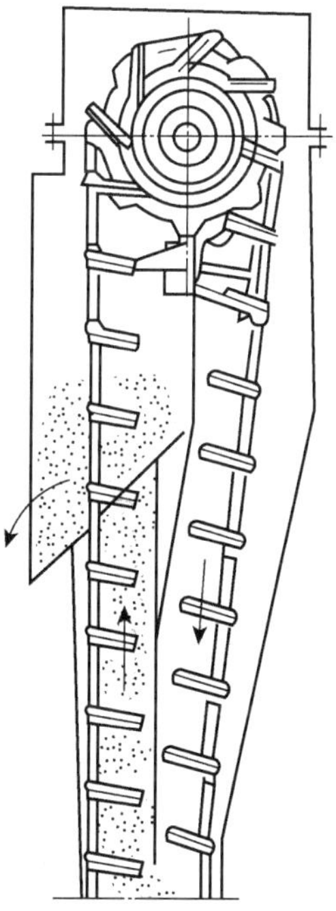

图 3－60　垂直型（MC）埋刮板输送机的机头段

③垂直段：在机壳垂直段的断面处，中间为隔板，一侧空间运行有载分支，另一侧空间运行无载分支，通常无载分支机筒的高度 h 比有载分支大 10～15mm，用来减少刮板链条与机筒的碰撞。两分支的宽度 B 相同。垂直段机壳也制成短截形，安装时再

根据需要进行拼接。机壳短截的连接口两分支应相互错开，以保证安装后机壳的平直度。

④过渡段：过渡段包括机头到水平段的过渡段；水平段到垂直段的过渡段（图 3－61）；垂直段至水平段的过渡段（图 3－62）。水平型机头段内，因安装头轮，所以机壳高度大于水平段机壳高度，为此中间需安装过渡段，以便把两端连在一起。这种过渡段通常长度为 1.5m。水平段转到垂直段输送时，需经过弯曲过渡段，弯曲过渡段转角采用 30°、45°、60°、75°、90°五种，其曲率半径为链条节距的 8～12 倍，当链条节距小于 100mm 时，曲率半径应为链条节距的 10～15 倍。为了防止刮板链条在弯曲的过渡段内磨损机壳内壁或隔板，弯曲的过渡段内应安置导轨或压板，压板如图 3－63 所示。弯曲过渡段的上、下方应设置检修孔和排料孔，以利于检修和排除物料。由垂直段到水平段输送时，仍需另一种形式的过渡段，该过渡段内有载分支的刮板链条依靠导向轮实行转向，导向轮为光面滚筒型结构，滚筒直径 $D_2=3.5h$，式中 h 为料槽高度。滚筒与机壳相接处漏出的物料，通过漏斗和导管送回无载分支。过渡段无载分支的刮板链条也采用导向轮进行导向，导向轮可以是有齿的链轮，也可以是无齿的光轮或托轮，轮的直径一般取 $D_1=2.5h$。目前有的机型在垂直段至水平段的过渡内均装设弧形导轨，使两分支的刮板链条均依赖导轨实行转向，这虽然增加了一部分链条运行阻力，但使机器的结构简化了许多。

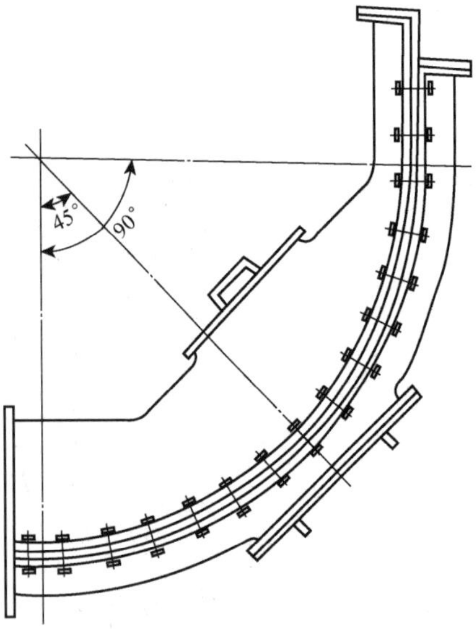

图 3－61　水平段到垂直段的过渡段

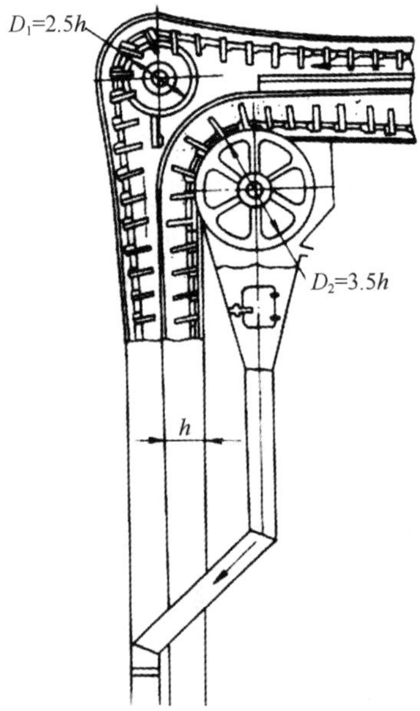

图 3－62　垂直段至水平段的过渡段

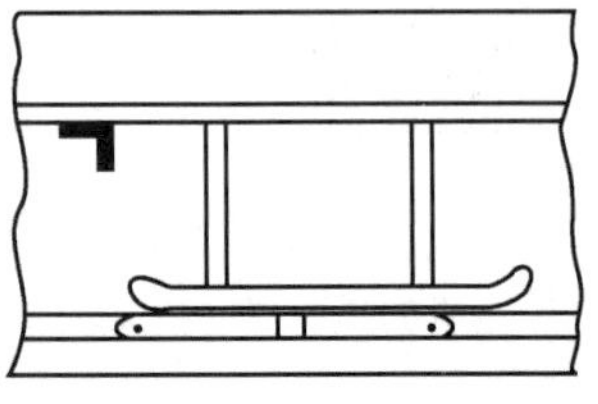

图 3－63　过渡段压板

⑤进料段：被输送物料的进口设在进料段，物料进口的位置有两种（图 3－64）。图 3－64 中 A 型为物料从机壳顶板进入，经进料斗流入机壳，经过链条和导轨，落入到有载分支的料槽中。这种进料段结构最简单，但只适于无隔板机壳的水平输送用。图 3－64 中 B 型为物料自机壳两侧板进入，经过有载分支料槽的一个或两个侧壁直接进入。这种进料段结构较复杂，但减少物料在无载分支中的破碎以及动力的浪

费。在扣环型埋刮板输送机的进料段，物料由有载分支的顶板直接进入料槽。悬吊型埋刮板输送机，进料处没有机壳，刮板链条完全外露，使用时将取料段深深插入物料堆中，物料则自行流入有载分支，再被刮板链条带走。

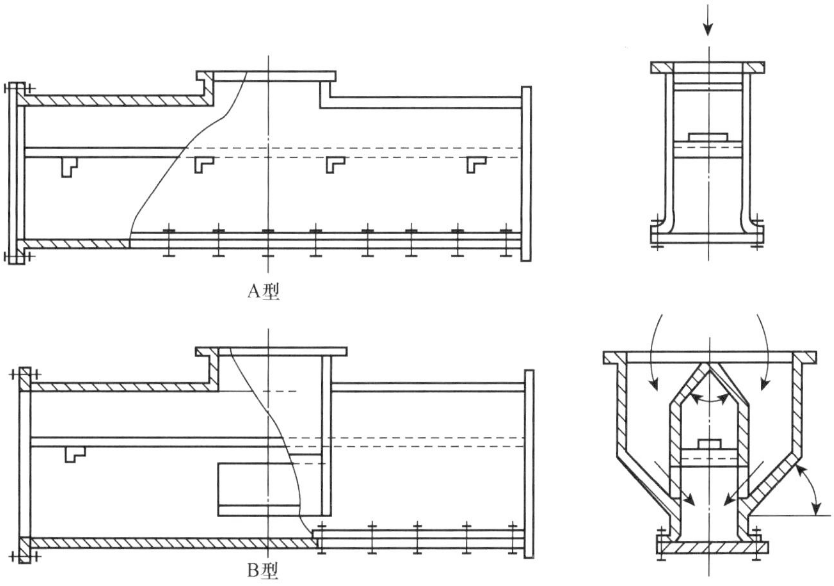

图 3-64 水平进料段

⑥机尾段：机尾段如图 3-65 所示。该段内安装张紧有链轮或光轮（尾轮），便于刮板链条导向和张紧。张紧轮的直径一般小于驱动用链轮（头轮）的直径，使机尾段的总高度等于水平输送段的总高度。机尾段上也可开设进料口，但必须与尾轮相隔一定的距离，以防止物料进入轮与链之间。张紧轮轴承装在两块插板上，插板可在机尾侧板的滑板内滑动，插板一端与张紧装置相接。张紧装置有螺杆式（类似于带式输送机的螺杆式张紧）、弹簧螺杆式（图 3-66）、重力式（图 3-67）三种。螺杆式张紧行程应根据料槽宽度而定，当料槽宽度小于 250mm 时，张紧行程等于料槽宽度；当料槽宽度大于 250mm 时，张紧行程取 250 ~ 300mm。重力式张紧装置适用于大型号的刮板输送机，其张紧行程为 800mm。机尾段的上方和后方应设有端盖，以供观察和检修用。

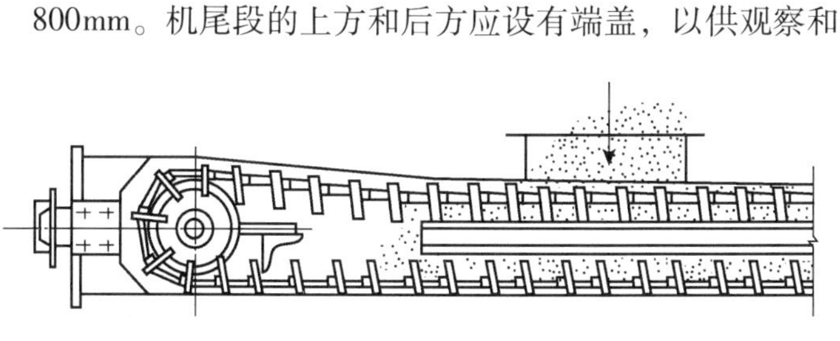

图 3-65 机尾段

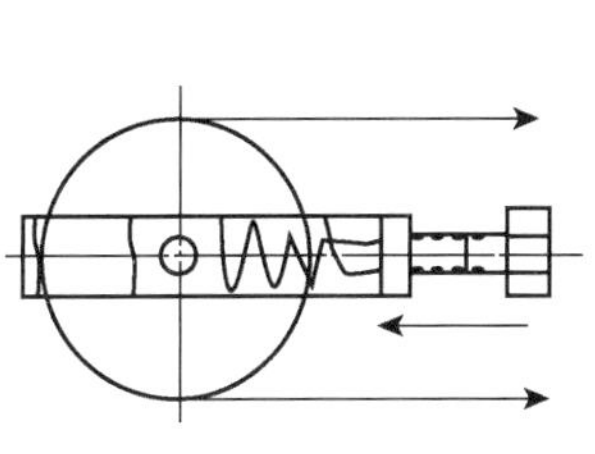

图 3-66 弹簧螺杆式张紧装置原理图

（4）驱动装置 埋刮板输送机的驱动装置通常由电动机、减速器、传动链轮、支架及防护罩等部分组成。电动机经柱销联轴器与减速器高速轴直接相联，减速器低速轴用开式链传动与头轮轴相连。联轴器也有使用液力联轴器的，它可作为一种过载保护装置，从而

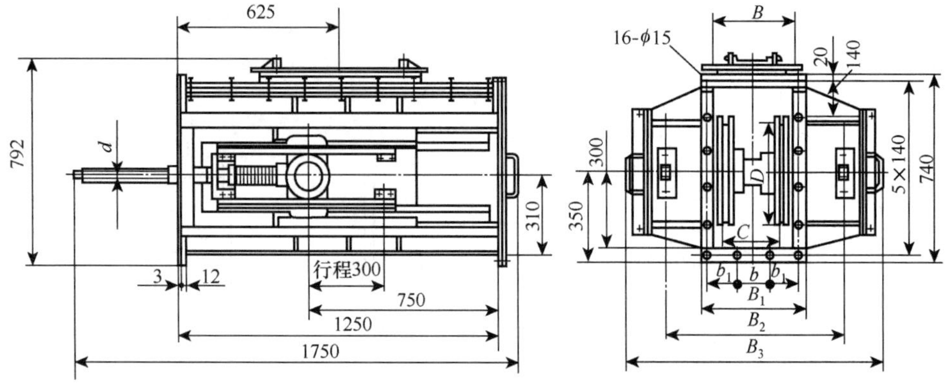

图 3-67　重力式张紧装置

防止传动部件的损坏。对于驱动功率大于 15kW 的驱动装置，要求使用液力偶合器。开式链传动通常使用套筒滚子链，其结构及工作参数与一般链传动相同。

4. 埋刮板输送机的规格选择

埋刮板输送机的规格尺寸是机槽宽度，可根据输送量选择。埋刮板输送机的输送量按下式计算：

$$Q = 3600Bh\gamma V\eta \tag{3-11}$$

式中：Q——输送量，t/h；

B——料槽有效宽度，m；

h——物料层高度，即料槽有效高度，m；

γ——物料容重，t/m^3；

V——刮板链条平均运动速度，m/s；

η——输送效率。

料槽有效宽度 B 目前已系列化，其系列见表 3-17。

一般情况下水平输送，取 $h=B$，对垂直输送取 $h \leqslant B$。

刮板链条的运动速度应根据被输送物料的特性、机型的特征、工作环境等多种条件进行选用。速度选用过高会加剧物料滞后于链条的现象，使生产率下降，动耗增高，机件磨损加剧，机械的使用寿命降低。对于流动性好、悬浮性较大、磨损性较大及容易破碎或易燃易爆的物料，速度应选用低些；对于水平输送，速度可以选用大些，而对垂直输送，刮板链条的速度应低些。在粮油工业中，输送小麦、玉米、豆类时，取 $V=0.3 \sim 0.4$m/s；对稻谷取 $V=0.4 \sim 0.5$m/s；大米取 $V=0.3$m/s；面粉取 $V=0.2$m/s；浸出粕及胚片取 $V=0.1 \sim 0.2$m/s。

被输送物料的容重应在 $0.2 \sim 1.8t/m^3$ 范围以内。

由于刮板链条在料槽中占用一定的空间，使物料流的截面积小于料槽的截面；由于链条运动的不均匀性，振动和冲击，使物料运动的速度低于链条运动的速度；由于输送时，物料受到不同程度上的压实，因此物料的实际容重有所改变；又在输送中，料槽底部，尤其是两个边角处物料有剩余等原因，使埋刮输送机的实际生产率低于理论生产率，即输送

效率 $\eta<1$。根据实验得知，水平输送时（$\beta=0°$），机槽宽度 $B\leqslant200$mm 时，取 $\eta=0.75\sim0.85$，机槽 $B>200$mm 时，取 $\eta=0.65\sim0.75$；倾斜输送（$\beta\leqslant15°$）时，由于机壳内不装设隔板，故输送效率低于水平输送，其输送效率按下式计算：

$$\eta_c = \eta K_0 \tag{3-12}$$

式中：η_c——倾斜输送时的输送效率；

η——水平输送时的输送效率；

K_0——效率系数，见表 3-18。

表 3-18　效率系数 K_0

项目	倾斜角度 β					
	0°~2.5°	2.5°~5.0°	5.0°~7.5°	7.5°~10.0°	10.0°~12.5°	12.5°~15.0°
效率系数 K_0	1.00	0.95	0.90	0.85	0.80	0.70

垂直输送时（$\beta>15°$），由于使用水平进料段，且机壳内装有隔板，故输送效率高于低倾角倾斜输送，其输送效率可取 $\eta=0.70\sim0.85$。

5. 埋刮板输送机的安装、操作、故障与维护

埋刮板输送机运行的好坏和使用寿命的长短，不仅取决于合理的设计和良好的制造质量，还与正确的安装、使用和维护有很大关系。现介绍设备的安装方法、安装技术要求、如何进行空载及负载试车、怎样才算验收合格等。

（1）安装的一般原则

①制造厂只进行各部件的组装，然后将各部件发至用户，由使用单位在现场进行整机安装与调试。用户在无经验、有困难时可与制造厂联系，请厂方派人员进行指导，也可全部承包给制造厂家，直到试运行完全合格交付使用为止。

②输送机可安装在室内，也可安装在室外。安装在室外时应对整个设备（至少应对驱动装置、头尾部及加料口处）采取防雨措施。对北方严寒地区，还应采取防冻措施。

③输送机可安装在地面，也可安装在地坑内。安装在地坑内时，特别要注意对地坑的防尘、防水，应有排水措施，还要考虑照明问题，并且必须留出适当部位以便观察运行情况、清理积料及检修设备。

④无论输送机有无机械安全保护措施或断链保护装置，用户都必须设电动机过电流保护器，以防设备过载造成事故。

⑤距离较长、首尾不能相顾的输送机，头尾部及输送机中部或加料口附近都要设事故开关。数台埋刮板输送机组合输送或与其他机械设备衔接时，应有电气联锁装置，最好在控制室集中启动，各人操作岗位与控制室应有声光信号联系系统，可由电子计算机进行控制。

⑥输送机安装支架通常由用户自行设计和制造，由于各壳体均为一箱形结构，强度及刚度足够，故其支承不必过密和过于复杂。

⑦制造厂家按用户工艺布置图对各段机壳的连接顺序进行了编号，安装中应按顺序组装。

⑧应考虑设备检修通道或平台，至少一侧，最好两侧，以方便观察和维修。对大型设

备应在各部件上起重挂钩或起重臂以便于吊装。

（2）安装方法和技术要求

①埋刮板输送机的安装方法与机型规格、长短、高低及周围场地的大小有关。水平型埋刮板输送机一般从头到尾顺序组装即可，垂直型埋刮板输送机通常有如下几种安装方法。

a. 整体组装法：将所有壳体分放在地面，从头到尾加以组合，然后将其垂直竖立，调整好后最后紧固。此法适用于输送机机槽宽度较小、下水平输送距离不长、提升高度不高、安装地点的周围空间又比较大的场合，组装质量不太容易保证。

b. 倒装法：从尾部开始，先将尾部壳体校平固定，然后从尾到头顺序组装，用于机型较大、高度较高、尾部空间位置紧凑、头部空间有调节余地、头部的安装基础能在一定范围内灵活变化的场合。此法安装比较容易，但不便找准中心，质量也不太容易保证。

c. 顺装法：从头部开始，先将头部初始固定，以头部为基准确定垂直中心，然后从头到尾顺序组装，最后予以调整和紧固。这种方法用于任何机型规格，不论高度大小均可。顺序法便于找准垂直中心或安装平面，质量容易得到保证，因此在实际中使用最多。缺点是安装较复杂，需具有一定的经验。推荐和要求用户采取顺装法安装输送机。

②安装步骤及技术要求：安装步骤可分为以下三大步：先装各段壳体，调整好后再装入刮板链条，最后调节链条张紧装置。每进行一步都要经过检查，各项技术要求及应注意的事项如下：

安装中始终要以水平度、垂直度或安装平面为基准，控制整机的直线度在一定的范围内。由于壳体的对称中心看不见，摸不着，无法测量和检查，故常以头、尾轮的中心线及壳体的外廓作为测量基准。根据输送机的长短，输送机中心线的直线度（即机槽外廓对头、尾轮中心线的最大公差值）应符合有关规定（表3－19）。

表3－19　直线度公差

输送机总长度/m	直线度公差/mm	
	MS、MG、MP	MC、MZ、MK、ML
≤10	8	4
>10～30	10	6
>30～50	12	8
>50	14	10

头部壳体是输送机受力量最大的部件，安装中调整好后必须牢固地焊接在安装支架上，不得用螺栓等紧固。安装支架或驱动装置架则应牢固地与基础或平台连接，否则，运行中可能发生松动或位移。

电机轴、减速机出轴和输送机的头部出轴应平行，大小链轮应对中。装上传动链条并调整好松紧度后，再把驱动装置架牢固地安装在基础或平台支架上。

每段壳体法兰的连接需平整、密合，其内壁和导轨不得有上下左右的错移，如有错位，只允许让刮板链条运行前方的法兰内口比后方稍低，错位值不得大于1mm。

刮板链条的安装方法为：先将所有观察盖、头尾部的端盖板、弯曲段的下盖板打开，必要时还可将水平段、上回转段的上盖板打开，尾轮调到张紧行程的起始端。将10节左右的刮板链条作为一组，判明正确的运行方向，准备好少量备件，然后逐组往输送机里安装。

刮板链条安装后，调节尾部的链条张紧装置，使刮板链条有适当的预张力，不能太紧或太松。如发现太紧或太松，应在最后接头处加入或卸下1~2节刮板链条，然后再次进行调整到合适为止，调整好后张紧装置尚未利用的行程小于全行程的50%。检查刮板链条的松紧程度时，可在水平中间段或弯曲段空载壳体处观察，并用手拉拽一下，刮板链条在弯曲段空载壳体中的正确位置应是既不贴着底部，又不靠近上盖板，贴底为太松，靠上为太紧，以在中部偏下的位置，手拉有一定弹性为最好。如果不正常，必须重新调整。

检查一下刮板链条与机槽的间隙是否合乎要求；确认刮板链条未装反之后，将所有打开的端盖板、上盖板、观察盖装上，最后装传动链条。装前先启动电机，观察小链轮转动方向是否与刮板链条的运行方向一致，确认无误再行装上。若转动方向有误，则应重接电源线。

（3）埋刮板输送机的操作、故障与维护

①埋刮板输送机的操作

a. 首先必须了解埋刮板输送机的适用范围及其所适宜输送的物料物性。普通型埋刮板输送机只适于用来输送各种粉尘状、小颗粒状及小块状物料，对物料容重、含水率、温度及其他机械性能、物理性能都有一些规定，凡超过有关规定时须慎重对待，能否输送要看具体情况，用户不能自定时应向设计制造单位咨询。

b. 其次必须正确地选型，包括布置形式、机槽大小、输送速度、刮板链条形式、输送量大小等。正确选型是保证良好的使用性能、满意输送效果的前提，因为形式的不同会引起使用性能的某些不利变化。

c. 埋刮板输送机的工作性质属于连续重载式的，在给料充足的情况下，工作扭矩可视为恒定。它既可连续三班运行，也可一天两班或一班运行，或时而开机，时而停机的间断运行，但不宜工作间隔时间很短，起动和停机十分频繁的工作，一般也不能做反向运行。

d. 输送机对工作环境的要求不高，可在-20~40℃的环境温度下工作，在东北地区冬季严寒的情况下，需采取防冻措施；而在南方夏季酷热高温的情况下要避免阳光直射，使其升温太高。

②操作要领

a. 注意对物料特性的控制，对每批物料都要进行粒度检测，检查含水率，发现问题及时采取措施解决，不能输送不合规定的物料。

b. 每次启动后，应先空载运行一段时间，使设备运转完全正常后方可加料。注意加料的均匀性，不得大量突然加料或过载运行。

c. 若无特殊情况不得负载停车，应使机槽内物料基本卸空后再停车。必须注意不得以满载停车后的起动方法。

d. 若有数台埋刮板输送机组成一条流水线或输送系统时，启动时应先开动最后一台，然后逐台往前开动，停车时顺序与启动顺序相反。

e. 运行中无特殊情况不要打开各壳体上的观察盖及头、尾部的端盖板，必须打开时，应在观察后及时关闭。这样不但可避免物料、灰尘溢出污染环境，而且可防止铁件、大块硬物等落入机槽内造成输送受阻甚至发生事故。

f. 注意观察运行状态，是否有尖叫声，是否有卡碰现象、短暂急停现象，刮板链条有无严重变形或脱落等，发现问题及时更换和处理。

g. 勿将手及头伸入机槽，检查刮板链条的松紧度必须在停机状态下进行，发现松了应及时张紧，严禁在运行中用手拉拽刮板链条。用户不要擅自封闭头部卸料口，以免造成头部积料事故，若非要封闭，应采取措施防止头部积料。若有卸料不畅通现象出现时，应停机检查分析，勿用铁器敲打设备外壳，这样做不但无济于事，而且会造成壳体的变形。保持所有轴承和驱动部分的良好润滑，但应注意刮板链条不得涂抹润滑油。

h. 开机后，操作人员必须坚守岗位，随时观察运行情况，不得在运行过程中离机。建立交接班制度，填写设备运行原始记录、事故情况及处理结果。

③故障处理：刮板输送机常见故障的分析及处理见表 3 – 20。

表 3 – 20　　刮板输送机故障发生原因及排除方法

故障名称	发生原因	排除方法
跑偏	①安装垂直度不符合要求。 ②头轮、尾轮及导轮、托轮不中。 ③各轮轴不平行。 ④尾轮两端张紧程度不一致。	前三个原因按要求调整使其达到要求，最后一个原因调节张紧装置，使尾轮两端张紧程度一致，轮轴与机身纵向中心线垂直。
断链	①选用的链条强度不够。 ②链条质量没有达到要求。 ③刮板链条上开口销磨损使销轴脱落。 ④输送物料中混入大块的物料或铁块，使链条卡住、过载而断链。 ⑤因安装不良或运行震动、撞击，使料槽之间的法兰连接导轨出现上下、左右的较大移位，卡住链条而断链。	①重新选用强度符合要求的链条。 ②更换质量符合要求的链条。 ③更换销轴。 ④清除卡住链条的异物，并在进料口设置格栅。 ⑤重新安装，使料槽间的法兰连接导轨处平整无错位。
浮链	①输送高水分、黏性大的物料。 ②刮板变形。 ③输送速度太快。	①将刮板倾斜安装于链条或在承载料槽内，每隔 2m 配置一压板。 ②更换变形的刮板。 ③调整输送速度。
堵塞	①进料不均匀或大杂混入机槽。 ②排料不及时。 ③浮链或断链。	①调整进料，防止大杂进入机槽。 ②及时排料。 ③排除浮链、断链。
阻力增大	①输送速度过快。 ②机槽磨损变形或错位。 ③工作过载。	①调整输送速度。 ②修复机槽。 ③排除过载。

三、斗式提升机

1. 概述

斗式提升机简称斗提机，是一种在垂直或大倾角倾斜向上输送粉状、粒状或小块状物料的连续输送机械，在我国粮油工业中用得非常广泛。斗提机的一般结构如图 3－68 所示。它自下而上可分为三部分：下为机座，包括进料斗、张紧机构和底轮等；中为机筒，包括牵引构件和承载构件等；上为机头，包括传动机构、止逆机构、卸料管和头轮等。斗式提升机的牵引构件可以是带，也可以是链条。它环绕于头轮和底轮之间，并被张紧装置张紧。在带或链的全长上，每隔一定距离，安装一个料斗（承载构件）。为防止物料的抛洒和灰尘的飞扬，外面用机壳封闭。工作时传动机构将动力传递给牵引构件，带动料斗运动。在机座内，物料进入运动着的料斗，再被料斗沿机筒向上提升。在机头处，物料从料斗中卸出，经接料斗卸至机外。悬吊式斗提升机，用来接卸船舱中的散装物料。其结构的主要特点是机头用支架悬吊起来，支架可以升降；机座没有外壳，工作时料斗直接自物料堆中取料。这种斗提机除用作卸船外，尚可用来卸车或散粮出仓。

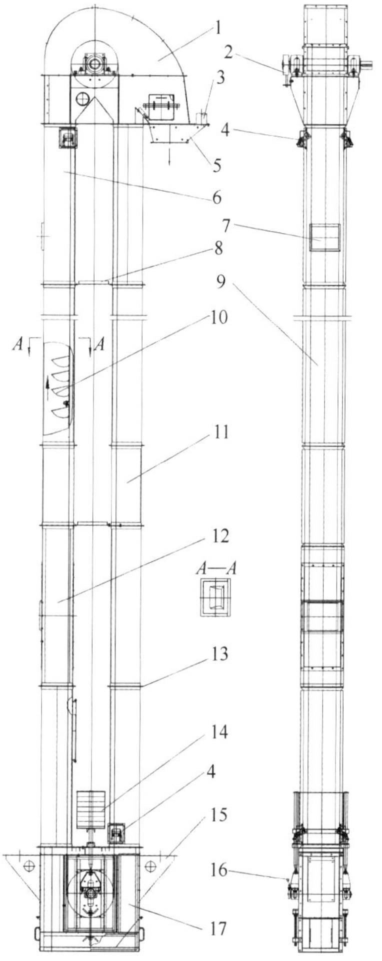

图 3－68 斗提机的一般结构

1—机头罩壳 2—逆止器 3—吸风管 4—跑偏传感器 5—卸料管 6—带窗机筒 7—观察窗 8—连接板 9—中间机筒 10—料斗 11—调整机筒 12—检修机筒 13—密封垫板 14—张紧装置（重力式） 15—进料斗 16—轴承温度传感器 17—机座

斗提机按照物料输送的方向可分为垂直和倾斜两种；按照牵引构件的类型可分为带式和链式两种；按照使用链条的根数又可分为单排链式和双排链式两种；按照物料进入斗提机的方向、位置可分为逆向式、顺向式、料堆取料式三种（图 3－69）；按照物料卸出的形式可分为离心式、重力式、混合式三种（图 3－70）。

斗提机的优点是结构简单，紧凑，占地面积小，工作平稳可靠，提升高度高，生产率大，耗用动力少，有良好的密封性等。缺点是过载敏感，料斗容易磨损，物料容易被破碎，容易引起粉尘爆炸等。

国产的斗提机物料提升最大高度，其中带式为 80m，链式为 50m；输送量在 1000t/h 以下；动耗在 0.0039～0.0060kW · h/（tm）范围内。近年，由于钢绳芯胶带的生产，使牵引构件强度大幅度增加，国外该机的提升高度已达350m，生产率达2000t/h，并且扩大了使用范围。对斗提机的理论研究，已有近百年的历史，国内外众多人士做了大量的工作，使斗提机的设计更具有科学性，但至今在有些方面还不十分完善，设计计算的方法还不统一，一些重要参数仍须依据经验选取。

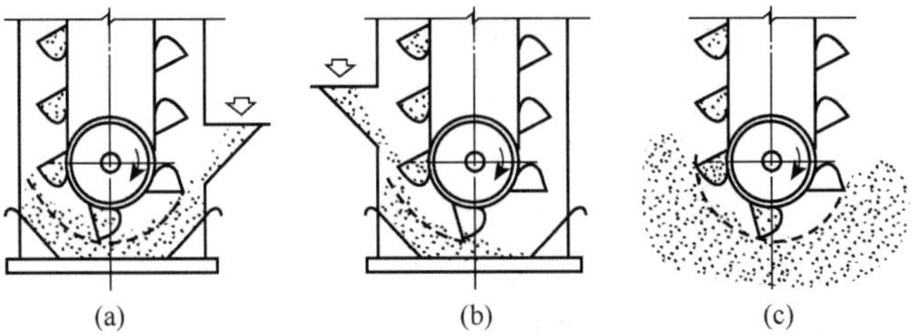

图3－69　斗提机的进料方式

（a）顺向进料　（b）逆向进料　（c）料堆取料

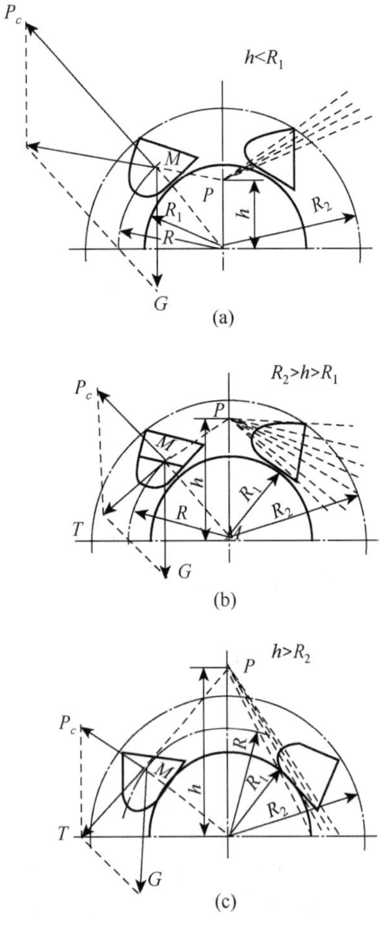

图3－70　斗提机的卸料方式

（a）离心式　（b）混合式　（c）重力式

2. 斗式提升机型号表示及基本参数

根据JB/T 3926—2014垂直斗式提升机，料斗宽度是垂直斗式提升机的主要参数之一，料斗宽度系列值为100、160、250、315、400、500、630、800、1000、1250、1400、1600mm。

粮食行业有时仍用SB/T 10081—1992“粮食斗式提升机”标准，该标准尺寸规格多。其型号表示：T DT G头轮直径×畚斗宽度。其中，T——专业代号：粮油通用机械；DT——品种代号：斗式提升机；G——形式代号：固定式；头轮直径×畚斗宽度——产品规格：单位为cm。

例：T DT G50×18，表示该机为粮油专业通用斗式提升机，其头轮直径为50cm，畚斗宽度为18cm。

斗提机的基本参数是头轮直径和畚斗宽度，根据SB/T 10081—1992规定：

头轮直径系列（mm）为：160、200、250、315、400、500、630、800……

畚斗宽度系列（mm）为：90、110、130、180、230、280、320、370……

不同直径的头轮与不同宽度的畚斗相配，以不同的卸料方式实现斗提机的产量要求。

3. 斗式提升机工作过程分析

斗式提升机的全部工作可分为三大部分，即料斗装料、料斗提升和料斗卸料。斗式提升机的料斗在机筒中自下而上提升时，料斗的运动是匀

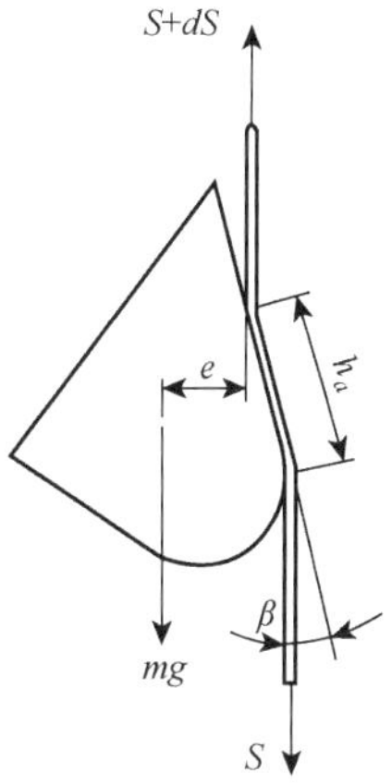

图3－71　料斗的提升

速直线运动；料斗在机座中装料时，料斗在底轮的下半圆作匀速圆周运动；料斗在机头内卸料时，料斗在头轮的上半圆也为匀速圆周运动。料斗在直线运动时，使料斗中物料运动的力是物料和重力；在做圆周运动时，使料斗中物料运动的力是物料的重力和物料的惯性离心力。现分别叙述两种运动中，料斗中物料的运动状态。

（1）料斗的提升过程　装满物料的料斗，离开底轮的下半圆，开始做匀速直线运动，料斗在做直线运动的过程中，物料被向上提升，这一过程称为料斗的提升。在提升的过程中，要求装入料斗中的物料不得再洒出来，提升时洒料不但降低斗提机的生产率，而且浪费了提升和装料所提供的动力。图3－71表示料斗的提升。提升时料斗的偏斜角度β不能超过2°，以此作为确定有载分支的最小张力的依据。

（2）料斗的卸料过程　装满物料的料斗经过提升后，进入头轮开始做匀速圆周运动。料斗在做圆周运动的过程中，物料受力改变，会导致运动状态的变化，会被卸出，离开料斗并被抛至卸料管，在卸料管的引导下，离开斗提机。上述过程称为料斗的卸料。在卸料过程中，未离开料斗的物料或离开料斗的物料但未进入卸料管的物料，均为回流物料，这些物料进入机筒又重新落回机座。斗提机的回流料过多，不但降低了斗提机的生产率，而且浪费了装料和提升时付出的能量。对料斗卸料过程的研究，就是要找出引起回流的原因及解决回流的办法。

斗提机的卸料形式依据极距的大小与料斗内、外缘口旋转半径的关系，分为离心式卸料、重力式卸料和混合式卸料三种形式。

料斗运动到头轮卸料段后，沿着头轮做匀速圆周运动，料斗内任一物料质点 M（质点 M 所在半径 $R=OM$）所受重力为 G，且 $G=mg$，其惯性离心力为 F，且 $F=m\omega^2R$。将上述二力的合力作反向延长，并与头轮的纵向中心线相交于 P 点，称 P 点为极点，称极点 P 至头轮中心 O 的距离 h 为极距（图3－72）。

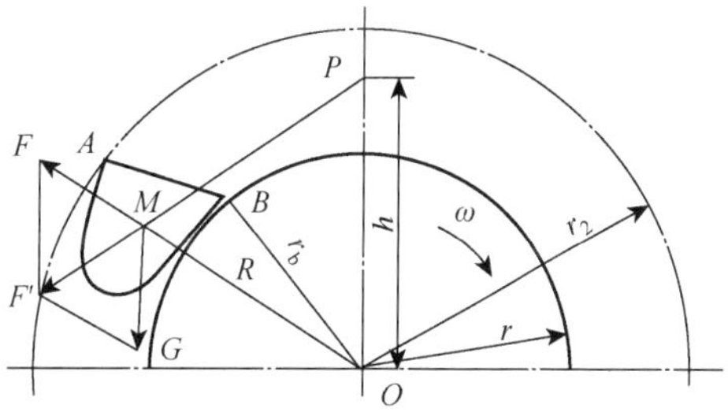

图3－72　极点与极距

由图3－72可知：$\Delta FF'M \backsim \Delta OPM$

即 $\frac{FM}{FF'}=\frac{OM}{OP}$　或　$\frac{m\omega^2R}{mg}=\frac{R}{h}$

整理上式得

$$h=\frac{g}{\omega^2} \tag{3-13}$$

由于 $\omega=\frac{2\pi n}{60}$，则

$$h = \frac{g}{\omega^2} = \frac{g}{\left(\frac{2\pi n}{60}\right)^2} \approx \frac{895}{n^2} \quad (\mathrm{m}) \tag{3-14}$$

式中：n——头轮转速，r/min。

从式（3-14）知极距的大小与头轮的转速平方值成反比，与质点的位置无关。

根据极点的位置，将卸料分为三种形式：当极距 h 小于料斗口内缘点的旋转半径 r_a，即 $h < r_a$时，它的卸料形式称为离心式。离心式卸料的特点是，料斗内物料受惯性离心力的影响大于物料自身重力的影响，这种形式适用于干燥的、流动性好的粒状物料的输送。由于头轮转速较大，故多用橡胶传动带作牵引构件。

当极距 h 大于料斗的外缘点 A 的旋转半径 r_a，即 $h < r_a$时，它的卸料形式称为重力式。此种形式的卸料点是料斗内物料受重力的影响大于物料惯性离心力的影响。这种形式适用于水分较大、流动性差的粉状物料。由于头轮旋转速度较低，可选用带或链作其牵引构件。

当极距 h 大于料斗口内缘点 B 的旋转半径 r_b，而小于料斗口的外缘点 A 的旋转半径 r_a，即 $r_b < h < r_a$时，它的卸料形式称为混合式卸料。混合式卸料时，料斗内一部分物料作离心式卸料，另一部分作重力式卸料，它具有上述两种卸料形式的特点。

由斗提机的结构可知，头轮的直径比牵引构件的厚度或料斗安装孔的高度 h_2 大得多，为此，在判断卸料方式时，通常把料斗口内缘点的旋转半径 r_b视为头轮的几何半径 r，故此卸料形式又可改写为：

离心式卸料 $h < r_a$ （3-15）

重力式卸料 $h > r_a$ （3-16）

混合式卸料 $r < h < r_a$ （3-17）

4. 斗式提升机的主要构件

（1）牵引构件　斗提机的牵引构件为牵引带或链条。常用的牵引带有纱带和帆布橡胶传动带。纱带是用棉纱织成，它的优点是柔软，价格较低；缺点是强度较低，其经向扯断强度为80~100N/cm。它的伸长率较大，经向扯断伸长率为34%，使用寿命短。适用于输送高度小、生产率小的斗提机。橡胶传动带是棉帆布作芯层，用橡胶黏接硫化而成，根据芯层的布置可分为迭层式和包层式两种。迭层式较柔软，适用于头轮及底轮直径较小的斗提机；包层式较牢固、耐磨，但牵引带的刚性较大，适用于提升高度较大、生产率较高的斗提机。橡胶传动带的优点是价廉，自重小，运行平稳，可采用较高的工作速度，适用范围较广；缺点是强度较低，固定料斗时需在胶带上打孔，致使胶带强度明显下降；不适宜输送潮湿、含油量大或高温的物料。目前随着尼龙芯胶带和钢绳芯胶带的发展，大幅度提高了胶带的强度，因此斗提机的生产率和输送高度也相应得到了增加。国内粮油工业中多使用尼龙芯胶带。

当料斗在带上单列布置时，选择的带宽应比料斗宽度大10~20mm，若为双列布置，则带宽应为两个料斗的宽度再增加30~40mm，以防止带跑偏时，料斗与机壳发生碰撞。带的厚度和计算方法与本章带式输送机胶带厚度选择相似，不同处是安全系数应比带式输送机的安全系数大10%。

带连接有以下几种方法（图3-73）：搭接、角接和平接。搭接易于操作，使用较多，但它的接口挠性差，对头轮和底轮有冲击，使整机运转不平稳。带进行搭接时，搭长度应大于两个料斗间距，螺栓的中心距胶带端部应大于50mm，接头的方向应顺着胶带运行的方向［图3－73（a）中的箭头方向］。角接的接口挠性好，操作较为复杂。平接的胶带运行时对头轮、底轮没有冲击，运转平稳，但接口处挠性最差。

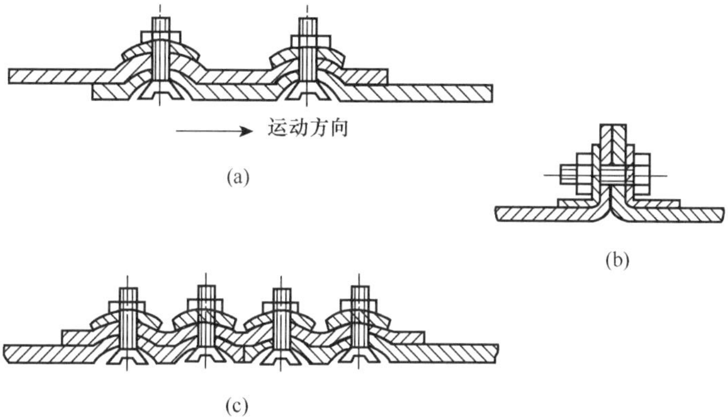

图3－73　牵引带连接方法

（a）搭接　（b）角接　（c）平接

不适宜使用带作牵引构件的斗提机，可使用链条代替，负载较小时可使用单排链，负载较大时可使用双排或多排链。链条的优点是强度大，伸长量小，传递运动可靠，易于固接料斗；缺点是自重大，价格高，运转时有冲击、振动和噪声，输送粮食时，链条不能润滑，因此磨损较快。由于链传动中链将承受附加动载荷，因此链速不可过大。常用的链条有环链（HL）和板链（PL）。环链又有焊接圆环链、锻造圆环链和铸造圆环链。焊接圆环链用圆钢制成，节距的误差大，因铰点是点接触，故耐磨性差，目前很少使用。锻造方框链是用优质钢锻造而成，并经热处理，它的表面硬度大、耐磨。另一种锻造链是钩头方框链，是用方框环上的钩头相互连接。此种链的铰接处是开启的，因此拆装非常方便。这种链与轮齿啮合时，轮齿与钩头相接触，接触面积较大，耐磨性较好，使用较多。板链又称套筒滚子链，其受张力元件是“∞”字形的内外链板，铰链处由销轴和套筒组成，与链轮齿接触部位为活套在套筒上的滚子。这种链条结构合理、强度高、磨损少，但价格较高。

（2）料斗　料斗又称畚斗，是斗提机的承载构件，一般厚度为1～2mm的钢板以冲压、铆接或焊接制成。有的料斗为了增加外缘口的耐磨性，在外缘口焊有附加钢板。近年来，由于新材料的开发，塑料和尼龙等材料已经使用在料斗上。这些料斗重量小，耐磨，与机壳碰撞时不会产生火花，因此很受人们欢迎，但由于价格较高，目前尚未普遍推广使用。

粮油工业中常用的料斗分为深形、浅形、隔板形和无底形等多种。图3－74所示为常见料斗的形式。深斗的特征是斗的深度大，斗口斜度大，底角小，容积大，盛料多，装满和卸净用的时间较多，适用于输送流动性好、干燥的粒状物料。浅斗的特征是斗的深度小，斗口的斜度大，底角大，容积小，盛料少，容易装满和卸净，适用于流动性差、潮湿的粒状或粉状物料。隔板斗是深斗和浅斗的组合型，从整体看是一个深斗，从隔板处分是两个浅斗，因此它具有深斗和浅斗的优点。它深度大，盛料多，因为有两个外缘口，因此装料快，卸料快，容易装满和卸净，适于采用离心式卸料的斗提机，适宜输送流动性好的粒状物料。隔板斗的缺点是自重大，重心偏距大，料斗提升时容易扭转而洒料，卸料时斗的底部容易翘起，影响料斗卸净。无论深斗、浅斗或隔板斗，其截面均为圆底的三角形，斗口大容积小，容易装满和卸净。无底形料斗的截面是种新型料斗，是用多个无底的料斗成组使用，每组的最下方料斗为有底料斗。每个料斗的截面为梯形，安装时上下料斗套接，因此使用时每组中的物料形成一个料柱。它可以提高料斗的装载量，因是多个斗口装料和卸料，因此也容易装满和卸净，适用于流动性好的粒状物料和采用离心式卸料的大生产率的斗提机。它的缺点是物料提升时容易洒料，因此不适于输送高度大的斗提机。

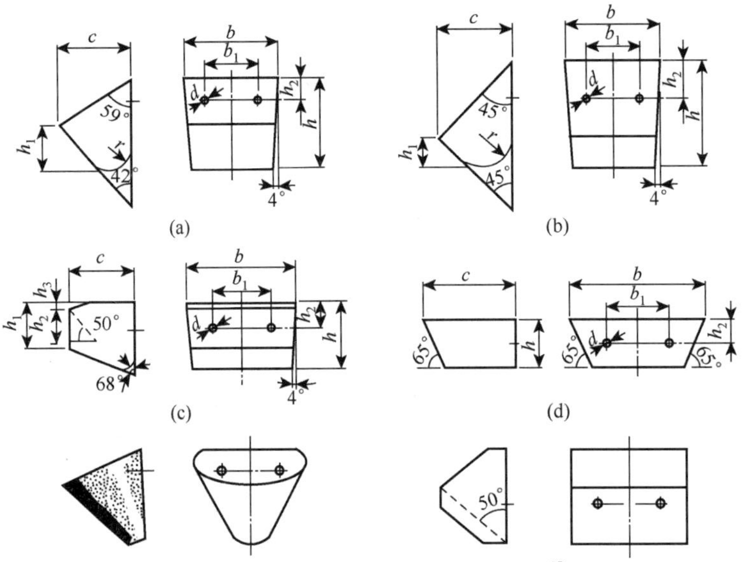

图 3－74　料斗类型

（a）深形斗　（b）浅形斗　（c）隔板斗　（d）无底形斗　（e）半圆形斗　（f）三角形斗

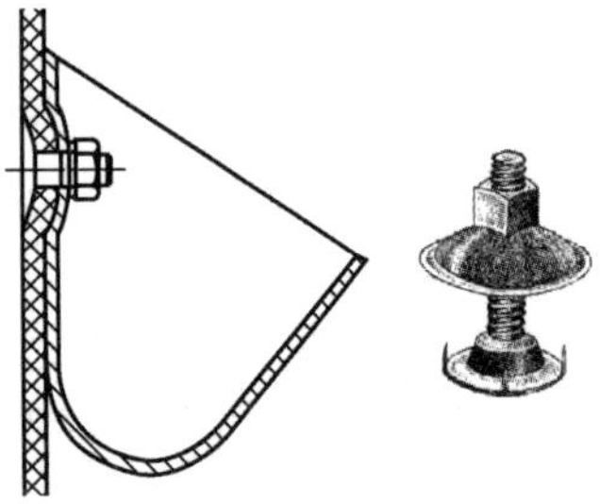

图 3－75　固定料斗的特制沉头螺钉

料斗在牵引构件上连接的要求是：操作简单，牢固，拆卸方便，对牵引构件的强度不应有较多的降低，料斗与牵引构件之间应夹带物料。带与料斗的连接多用特制的沉头螺钉（图 3－75），在料斗的后壁制成相应的凹坑。沉头螺钉的头部较大，用来减少对带的压强，其头部的背面有 4 个突起的尖刺，以防止螺钉转动。这种螺钉的规格有 M6、M8、M10 三种，长度由 16～40mm 多种。目前新型连接法是在橡胶带上预先制成凸起橡胶块，然后把料斗装在橡胶块上。这种安装的优点是避免了在橡胶带上打孔，保持了带的原有强度。牵引构件为链条时，可用料斗的背面或两个侧面与链条的链环或链板相连。板式链的外链板上焊有一块连接板，连接板通过4个螺栓与料斗后背相连。

料斗在牵引构件上的布置形式对斗提机的工作好坏也有较大的影响。若单列布置，产量较低；若采用双列交错布置，其产量可以提高一倍。料斗的间距应该适当，间距过大，会直接降低斗提机的生产率，过小时会使后一个料斗卸出的物料抛在前一个料斗的尾部，造成回流。回流量过大时，不但斗提机的生产率下降，而且还白白浪费很多能量。正确选择料斗的型号、大小及间距，是斗提机的设计和使用关键问题，应依据斗提机采用的提升速度、轮径、物料特性、机头和机座几何尺寸、进料方式、工作条件等因素综合考虑。

（3）机头　斗提机的机头由头轮、机头外壳、停止器及传动装置等部件组成。

①头轮：通常斗提机的头轮都是驱动轮，用铸铁或铸钢制成，现多用钢板焊接。当用牵引带作牵引构件时，头轮是带轮；当用链作牵引构件时，头轮是链轮。头轮的技术规格与传动用的平皮带轮或链轮相同。为了防止胶带在带轮上跑偏，带轮轮面应制成中间凸起的鼓形，凸起高度为轮直径的2%～4%。带轮的宽度应比料斗带的宽度大10～20mm。国内企业开发了插板式包胶的头轮（图3－76）。

图3－76　镶嵌轴向板条的头轮

带轮的外径和链轮的节圆直径应根据料斗运行速度和卸料方式来确定，即离心式卸料、混合式卸料和重力式卸料，并根据头轮直径系列进行圆整。圆整后还需根据驱动方式进行校核。头轮如为带轮，要进行橡胶传动带的层数校核；头轮如为链轮，要进行齿间距的校核。

头轮直径大，则牵引构件的使用时间长，机体尺寸大，因此移动式斗提机的头轮直径比固定式斗提机的头轮直径要小。

②机头外壳：斗提机机头外壳（图3－77）又称机头罩壳，是斗提机外壳的上部，通常用1～2mm厚的钢板制成。机头外壳的形状应符合卸料形式的要求，保证物料颗粒的入射角不大于15°。外壳的侧面应开设观察窗，观察卸料状况。顶部应开设泄爆孔，减少粉尘爆炸时产生的气体压力，避免重大事故的发生。卸料管处应装设吸风管，减少卸料时灰尘外溢。卸料管的上缘应安装舌板，用以减少物料的回流量。

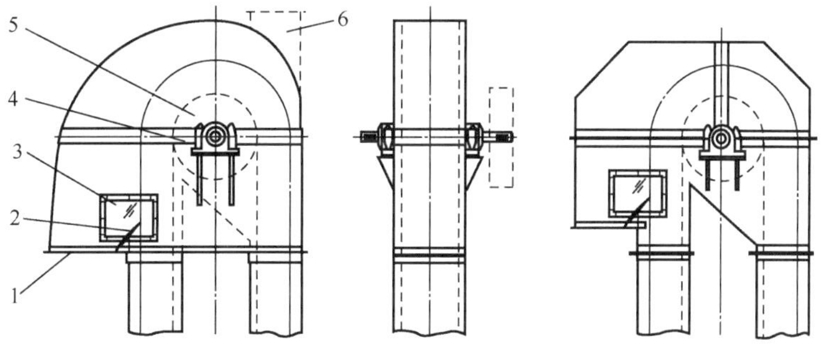

(a)　(b)

图3－77　斗式提升机机头罩壳

（a）离心式卸料　（b）重力式卸料

1—卸料口　2—可调弹性舌板　3—观察窗　4—机头罩壳壳体　5—头轮　6—吸风口

③停止器：停止器又称止逆器，多数装设在头轮轴的最外端轴头上，作用是防止驱动轮逆转。因为斗提机工作时，往往因突然停电或其他原因需要重载停机。重载停机时使用装有摆线针轮减速器的电动机直联传动头轮轴，简化了传动装置，减小了传动装置占用的空间，减轻了传动装置的重量，简化了传动装置使用的支撑机架。当所需电动机较小时，支撑机架可直接联在机头外壳上，免去了安装平台。斗式提升机常采用超越离合器（又称滚柱式逆止器）作为停止器。

④低转速维修驱动装置：对于大输送量斗式提升机，为了方便检修，常需配置一套低转速维修驱动装置。当维修时不使用主驱动电机，而使用该低转速维修驱动装置，使料斗以 1/10 工作速度的速度运行，以便检修料斗和牵引带。

（4）机筒　机筒（图 3－78）是斗提机机壳的中间部分，为两根矩形截面的筒状管，多使用厚度为 2～4mm 的钢板制成，在机筒的纵向和端面配以角钢，以加强机筒的刚度，同时端面角钢的凸缘又可作机筒连接法兰。也有使用圆形截面的机筒，这种机筒使用钢管制作，刚度好，但需配用半圆形的料斗。机筒每节长 2.0～2.5m，使用时根据使用长度用多节相连，连接时法兰间应加衬垫，再用螺栓紧固，以保证机筒的密封性能。低速工作的斗提机，牵引构件的上行、下行分支可以合用一个面积较大的机筒，以简化整机结构。但高速工作的斗提机不可以使用上述方法，因为机筒中的粉尘容易在单体机筒的涡状气流中长期悬浮，容易导致粉尘爆炸。

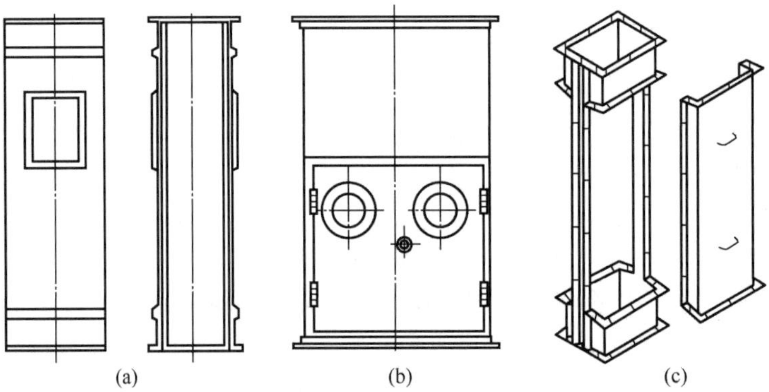

图 3－78　中间机筒

（a）带观察窗的中间机筒　（b）带检修口的机筒　（c）检修机筒

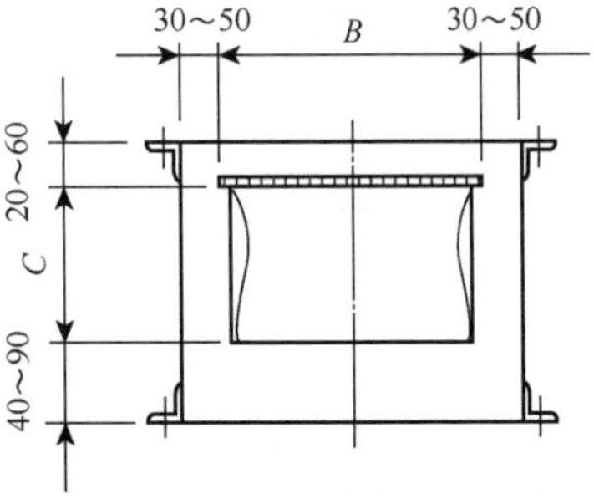

图 3－79　机筒的有效尺寸

机筒的尺寸大小应保证料斗在其中运行时不发生碰撞（图 3－79），并与机头外壳和机座外壳的规格相适应。机筒的适当位置应开设观察窗和检修口，前者用来观察斗提机的提升状况，后者用来连接牵引构件和拆装料斗。观察窗和检修口也可以合用一个有玻璃门的检修口。检修口的高度在 1m 左右，观察窗的高度在 0.5m 左右。

（5）机座　机座是斗提机机壳的下部，由机座外壳、底轮、张紧装置及进料斗组成，如图 3－80 所示。

底轮的大小与头轮基本相同，当斗提机提升高度较大或生产率较高时，为了减少料斗的装料阻力，底轮的直径可适当减小到头轮直径的1/2～2/3。

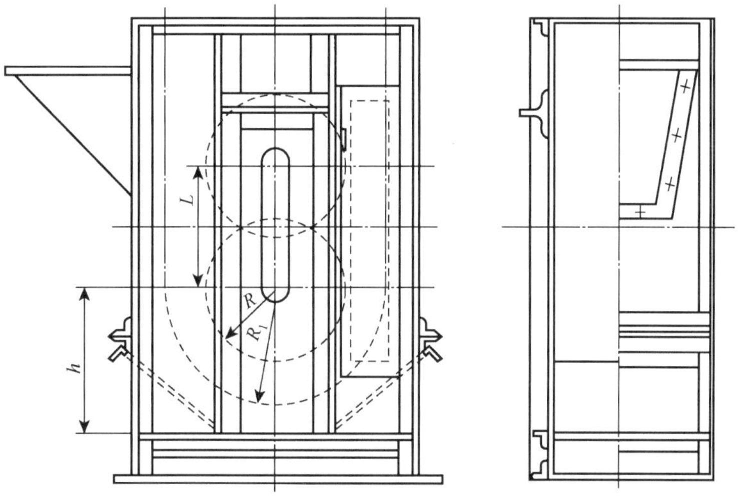

图3－80 机座壳体

机座外壳的尺寸由底轮和料斗的大小决定，当底轮直径小于头轮直径时，下行分支机筒的末段呈倾斜状与机座相连，同时在机筒的折弯处安装一个导向轮，使牵引构件能顺利地绕入底轮。机座的长度应与机筒尺寸相适应，宽度应等于机筒的宽度。机座高度应使底轮在最高位置时不露出机座上表面，底轮在最底位置时，底座内的料斗下缘应与机座底面保持30～40mm的距离。机座侧面的下方应开口并安装插板，用来清理机座内存留的物料。进料斗必须有足够的高度，以减缓进料时物料对料斗的冲击。进料斗底板的倾角应大于45°，以保证物料能顺利流入机座。进料斗的出料口应足够大，以保证有足够的进料量。出料口的上方安装插板，用来调节进料流量。进料斗的安装高度应适当，过高会增大料斗装料阻力，过低会降低料斗的装满系数。机座的正面安装观察窗，用来观察机座内物料面的位置和料斗的装料状况。

斗提机的底轮又是张紧轮，轮毂与轴用键连接，轴承装在插板上，插板装在机座的滑轨内，使底轮可以上下移动。插板与张紧装置相连。张紧装置有螺杆式（图3－81）、弹簧螺杆式和重锤式（图3－82）三种，其结构与带式输送机或埋刮板输送机的张紧装置基本相同。张紧行程为150～400mm。

从料堆直接取料的斗提机，机座的结构有所不同。它没有外壳和进料斗，底轮的下半部分和料斗暴露在机外，底轮的轴承座和张紧装置与机筒下端相连。为了保证机器的安全工作，应装有圆钢制成的防护栅栏（图3－83）。

5. 斗式提升机的安装、操作、故障与维护

（1）安装要求

①安装斗式提升机应先固定好机座，机座固定在基础预埋的地脚螺钉上。为了全面校正机座的水平度和扩大承重面积，可在机座底部与基础之间垫以30～50mm厚的木板。

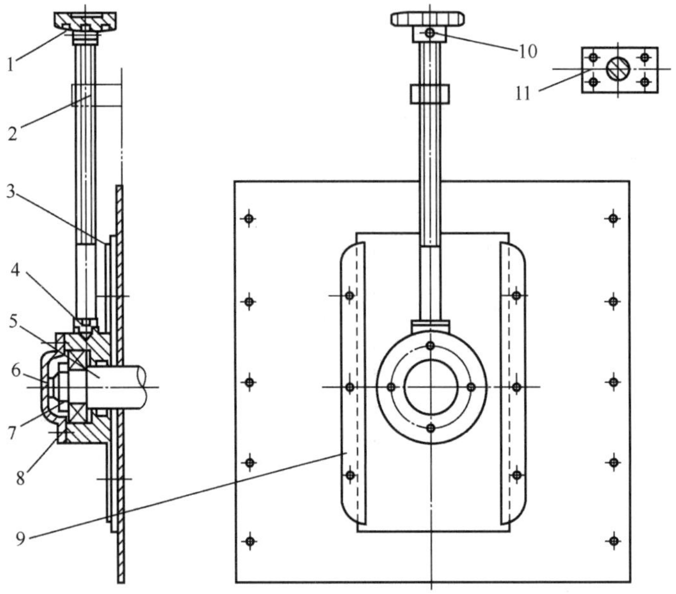

图 3－81　螺杆张紧装置

1—手轮　2—螺杆　3—防尘板　4—轴承座　5—张紧轮轴　6—轴承盖
7—圆螺母　8—双列调心球轴承　9—导向板　10—销子　11—固定板

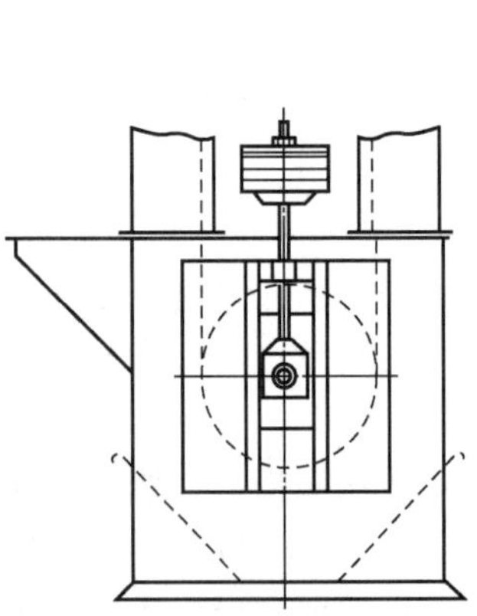

图 3－82　重锤式张紧装置

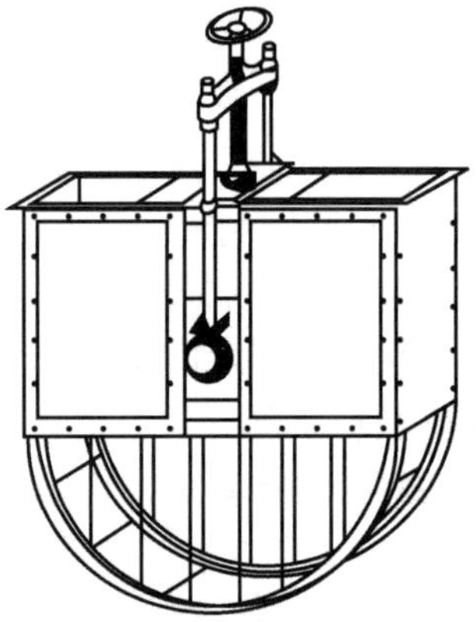

图 3－83　料堆取料的斗式提升机机座

②根据工艺要求，将机筒自下而上逐节安装至机头。头轮轴对水平面的平行度误差不大于 0.3mm，机身全高的垂直度及扭曲度偏差不大于 8mm，底轮轴与头轮轴位于同一铅垂面内，其扭度不大于 7mm。

③机筒法兰连接处应用橡胶（或石棉）衬垫，并用紧固连接螺栓连接，法兰边的连接处不得有明显的错位和缝隙。

④在工作塔和车间内安装的斗式提升机穿过每层楼板时均采用法兰与楼板固定，用来防止其倾斜和位移。如果无楼板穿过，应安装支撑或支架来固定斗式提升机的机壳。支架

可固定提升机于附近的建筑物上。

⑤机壳安装完毕后，再安装料斗带和料斗。牵引带需经预拉伸后方可打孔装料斗，然后将牵引带由提升机的机头放入，绕过头轮和底轮，由检修门拉出，通过专门的料斗带拉紧工具拉紧后连接起来（这时应把底轮调整到最高位置）。

⑥提升机装配完成后，向各润滑系统中加注必要的润滑油，先作 2h 无负荷试车。在无负荷试车满意后，再进行 16h 的负荷试车。经检验无误，便可投入生产使用。

（2）操作与维护

①开车前应作常规检查即检查紧固件、安全防护及设备润滑情况。

②斗提机必须空载起动，进料必须均匀，出料管必须畅通，以免进料过多或排料不畅引起堵塞。若发生堵塞，应立即停止进料并停机，将机座上的插板拉开，排出物料（千万注意不能将手伸进去扒粮），直到料斗带能重新运行，再把插板插上，然后再开机、进料。

③斗提机运转时，应保证料斗带在机筒正中间运行。如果发现有跑偏现象和料斗带松弛而引起料斗与机筒摩擦时，要及时调整张紧装置的螺杆，使其正常运行。

④严格防止大块异物落入机座，以免损坏料斗和影响提升机运行。提升机提升没有经过清理的物料时，应在进料口加设铁栅网，防止像稻草、麦秆、绳子等杂质进入机座而缠死机件。

⑤应定期检查提升机料斗的张紧程度，料斗与料斗带的连接是否牢固等，若发现螺钉松动、脱落、料斗歪斜和破损现象，要及时检修或更换，以免发生重大事故。

⑥若发生突然停机情况，必须先将提升机机座内积存的物料排出后再开机。

⑦停车时先停料，待机内物料排空后再停机。

（3）斗式提升机防爆要求　据资料介绍，粮食立筒库粉尘爆炸，有 23% 起源于斗式提升机，因此，斗式提升机的防爆问题应该引起足够的重视。目前国内较常见的防爆方法如下。

①装设泄爆孔：当压力增大时，能自动泄爆降压。泄爆孔多数设于机头，也可设于机座。泄爆孔就是机壳上开设若干个圆孔，然后盖上特制的橡胶圆盖，当机内压力增大时，橡胶圆盖就被冲开从而泄爆，避免事故发生。

②在斗提机底轮的轴头上装置速度监控仪。

③采用热电偶检查轴承的温度，防止轴承发热而引起粉尘爆炸。

④采用塑料料斗，以避免在机中产生碰撞火花。目前国内已有多家工厂生产塑料料斗，用聚丙烯或聚乙烯加 1% 抗静电剂压制成形。塑料料斗有重量轻、耐磨、制造容易、使用寿命长等优点。同时在使用过程中不会因碰撞而产生火花，在提升粉料时，常在料斗底部钻若干个直径 6mm 的小孔，以减少负压，使粉料装料、卸料顺利。

⑤装设皮带位移监控仪：皮带位移监控仪是一个压力传感器，用于防止因皮带横向偏移对机侧壁产生挤压摩擦或使料斗碰撞机壳引起的火灾事故或损坏料斗带和料斗的事故。

⑥在驱动轮表面加胶衬，以防牵引带打滑。

⑦在进料口或出料口设置吸风管，以降低机内粉尘浓度，使其不能产生粉尘爆炸。

⑧必须采用防爆电机，其防护等级为 IP54 或 IP55。该电机具有防尘性能，并能承受溅水或淋水。

（4）常见故障及排除方法　见表 3－21。

表 3－21　　斗提机常见故障及排除方法

故障	发生原因	排除方法
堵塞严重	①操作不当。 ②进料不均匀。 ③提升中洒料过多。 ④回料过多。 ⑤料斗带打滑。	①按正确方法操作。 ②做到均匀进料。 ③增大张紧力，做到稳定提升。 ④找出原因，尽量减少回料量。 ⑤增大张紧力。
回料过多	①卸料方式与被输送的物料不对应。 ②料斗形式与被输送的物料不对应。 ③料斗形式与卸料方式不对应。 ④机头外壳形状和尺寸与卸料方式不对应。 ⑤挡板位置不对。 ⑥带速过快或过慢。 ⑦排料不畅。	①根据物料特性选择卸料方式。 ②根据物料特性选择料斗形式。 ③按要求选用卸料方式和料斗形式。 ④重新设计，改变机头外壳形状和尺寸。 ⑤调整挡板应低于头轮边缘。 ⑥调整带速。 ⑦疏通排料管。
料斗带打滑	①过载。 ②张紧力不够。	①减少进料量。 ②增大张紧力。
输送量降低	①料斗带打滑。 ②进料量不够。 ③回料量多。 ④料斗数量不够，损坏或脱落。	①防止打滑。 ②增大进料量。 ③尽量消除回料量。 ④常检查料斗，及时更换破损料斗。
动耗大	①轴承安装倾斜。 ②轴承内太脏、缺油。 ③轴承损坏。 ④回料量多。 ⑤张紧装置调节过高。	①按要求重新安装轴承。 ②清洗轴承并及时加润滑油。 ③更换轴承。 ④分析原因，针对原因纠正。 ⑤放松张紧装置。
粮粒破损粒大	①料斗外缘锋利。 ②粮粒落入料斗带与底轮之间。 ③回料量过多。	①料斗口卷边。 ②尽量采逆向进料和降低机座内物料高度。 ③设法减少回料量。
料斗带跑偏	①头轮轴水平度超标。 ②底轮轴与头轮轴不平行。	①机头轴承座垫片。 ②调整机座张紧丝杆。
机内异常响动	①料斗带跑偏碰壁。 ②料斗晃摆使斗碰壁。 ③料斗螺栓松动，料斗脱落损坏。 ④有异物掉入机内。 ⑤料斗与挡板间隙过小。	①调整张紧丝杆。 ②适度紧丝杆。 ③紧固料斗螺栓。 ④立即停机消除。 ⑤调整挡板位置。
输送量达不到设计要求	①进料不够。 ②回流严重。 ③料斗带打滑。	①控制进料。 ②调整挡板位置。 ③张紧丝杆，增加头、底轮挡板位置。
灰尘过大	①除尘风网效果不好。 ②机壳破裂。	①找出原因改正。 ②及时修补。

四、螺旋输送机

螺旋输送机是目前常用的连续运输设备之一，广泛应用在建材、电力、化工、冶金、煤炭、机械、轻工、食品及农业等行业，主要用于输送水泥、煤粉、化肥、粮食、食盐等粉粒状和小块状物料。

1. 概述

图3-84为常见的水平型螺旋输送机，整台设备由U形的长槽体、螺旋轴、端部轴承、中间悬吊轴承、进料口、卸料口以及驱动装置等部分组成。在半圆形长槽体的上方，配有密封盖板，以防粉尘飞扬；在其下部，装有固定支座，用螺栓紧固到地面或平台上。

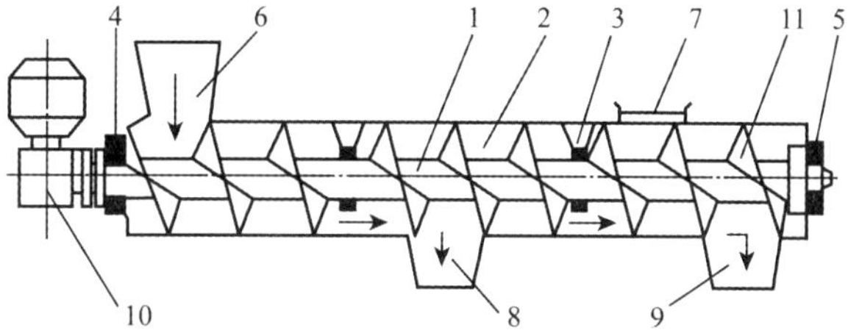

图3-84　水平型螺旋输送机

1—螺旋轴　2—机槽　3—中间悬吊轴承　4、5—端部轴承　6、7—进料斗
8、9—卸料口　10—驱动装置　11—螺旋叶片

实际使用中的螺旋输送机，一般都较长，为便于制造、安装及运输，其槽体和螺旋轴均采用分节制造。每节长2~3m，相互间用螺栓连接，中间由悬吊轴承支承。为确保分节装配后不致降低输送机整体刚度，要求槽体的连接处和螺旋轴的连接处错开一定距离。

当螺旋轴转动时，由于物料的重力及其与槽体壁所产生的摩擦力，使物料只能在叶片的推送下沿着输送机的槽底向前移动。物料在中间轴承处的运移，则是依靠后面前进着的物料的推力。所以，物料在输送机中的运送，完全是一种滑移运动。为了使螺旋轴处于较为有利的受拉状态，一般都将驱动装置和卸料口安装在输送机的同一端，而把进料口尽量放在另一端的尾部附近。

螺旋输送机中物料移动的方向取决于螺旋叶片的左右旋向和螺旋轴的转动方向。螺旋输送机的布置方式多样，既可以单向输送，也可以双向输送；既能多点卸料，也能多点装料，布置十分灵活。

螺旋输送机的工作特性，完全由其结构原理所决定。由于输送的物料是靠旋转的螺旋叶片推移滑行的，所以，在物料与槽体之间和物料与螺旋叶片之间，会产生很大的摩擦阻力，使槽体壁和螺旋叶片均受到严重的磨损。同时，在输送过程中，物料还被叶片搅拌、碾轧与粉碎。因此，螺旋输送机所消耗的功率大于其他一般的连续运输设备。

螺旋输送机的另一特性是必须保证供料均匀，以便使所送的物料能顺利地通过悬置在槽中的中间轴承装置。这是因为中间悬吊轴承处的螺旋面中断，物料失去螺旋叶片的推力。轴承装置的安放，又使槽体横断面积相应减小，阻力增大，所以，悬吊轴承处对过载特别敏感。当输送物料过多时，便很容易堵塞或产生故障而使螺旋轴停转。为了使螺旋输送机能可靠地工作，对装进槽体内的物料量就应加以限制，即规定所谓的填充因数（充满系数）。输送不同的物料，有不同的填充因数。一般情况，填充因数随物料流动性的提高而增大，随物料研磨性的加大而减小。要使物料不致堵塞在螺旋轴与槽体底部之间和保证中间的悬吊轴承不致因物料进入而卡死，显然，其最大的填充程度应使物料不高于螺旋轴心线以上，即取在螺旋叶片横断面面积的50%以下。

当一条螺旋输送机有几个装料口同时供料时，其填充因数则更需要经常调整与控制，以确保输送机能有效而稳定地工作。在设计布置中，为了保证输送物料时填充因数不致过大和做到均匀给料，通常在螺旋输送机的装料口处设置给料设备。

由于填充因数较小和螺旋叶片推移物料的速度较低，螺旋输送机的生产率因此都较低，输送距离也不宜太长。目前，常用的螺旋输送机其输送长度不宜大于50m，个别情况允许到70m。当长度超过35m时，应采用双端驱动方式。

对于块度大的易碎的研磨性特强的物料或黏性很大的物料，不推荐采用螺旋输送机输送。对于无研磨性或研磨性小、无黏结性或黏结性小、不怕破碎而又要求密闭输送的粉粒状和小块状的物料，在输送距离较短、输送量不是很大时，采用螺旋输送机输送是很适宜的。

综上所述，功率消耗大、生产率低、槽体和螺旋叶片磨损严重、物料在输送过程中会破碎等，是螺旋输送机的主要缺点。美国Misra曾分别在进料口使用橡胶螺旋、在螺旋叶片外缘附加尼龙刷，证明可以减少对物料的损伤。

螺旋输送机有独特的优点：结构简单，造价便宜；维修容易，操作安全；横截面尺寸矮小，布置紧凑、灵活，便于多点装料与卸料；槽体密闭，输送中物料损耗少，对环境污染小；可露天使用；可以输送温度较高的热物料；在输送的同时可完成搅拌、混合、冷却、加热等工艺操作。

总之，在考虑采用螺旋输送机时，一定要根据其工作特性，合理选型。另外，在总体布置时，应该注意不要使输送机的底座和卸料口布置在机壳接头的法兰处，装料口不要设置在悬吊轴承上方。

螺旋输送机有水平固定式螺旋输送机、垂直式螺旋输送机和弹簧螺旋输送机三大类。

水平固定式螺旋输送机是最常用的一种机型。目前有国家定型的LS型和GX型两种产品，其输送倾角均小于20°。这种输送机的螺旋轴叶片主要为实体面型和带式面型两种。实体螺旋面型广泛应用于各种干燥的粉粒状物料的输送；带式螺旋面型主要用于某些块状和有黏性的物料的输送。对于一些可压缩性物料的输送，以及在输送过程中同时要伴随完成某种工艺要求的螺旋输送机，其螺旋叶片多为叶片面型（桨叶式）。由于这种叶片螺旋面型主要不作输送用，所以在各类螺旋输送机中应用很少。图3－85分别示出这四种不同的螺旋叶片形式。

垂直式螺旋输送机（图3－86）用于短距离垂直提升某些松散的流动性好的粉粒状物料，其提升高度一般不大于6m。与普通水平式输送机不同的是，其槽体是一个圆形截面管子，螺旋轴叶片为实体面型，整个轴只支撑在上下两端头的轴承上，中间不再设置支座。这种垂直螺旋输送机的给料通常采用一条短螺旋给料机，将物料送入垂直螺旋输送机的下部槽孔中。短螺旋给料机可以通过垂直螺旋输送机的螺旋轴带动，也可设置单独驱动装置。这种输送机的优点是结构紧凑、占地面积小、制造费用较低。缺点是功率耗量大、输送量小、槽体及螺旋叶片磨损严重。所以，一般在无特殊要求时较少选用。

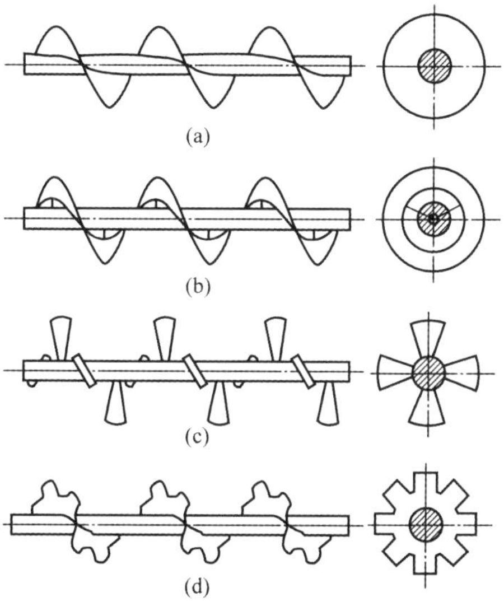

图 3－85 螺旋叶片形式

（a）实体式（满面式） （b）带式 （c）桨叶式 （d）齿式

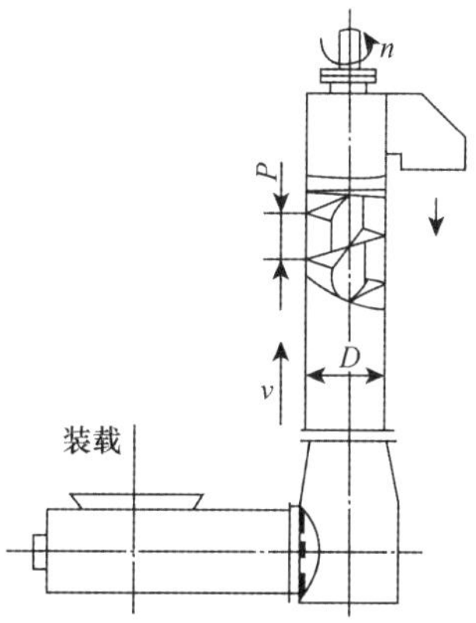

图 3－86 垂直螺旋输送机

弹簧螺旋输送机用挠性的螺旋形弹簧代替一般的刚性螺旋轴，因而结构更简单，安装维修更方便。但由于该机的螺旋弹簧受到当前加工制造和强度因素的影响，长度相应受到限制，通常不大于 15m。这种输送机最突出优点是当挠性的螺旋轴配合采用塑料或橡胶等挠性软管作输送管体时，可以同时完成水平、倾斜和垂直方向的输送。布置十分灵活，随意变换。它的驱动装置多为一台电动机直接与弹簧螺旋相连。电动机既可以装在输送机头部，也可以装在输送机尾部，其输送效果完全一样。

在螺旋输送机中，以水平固定式螺旋输送机使用数量最多、应用最广，其中又以 LS 型和 GX 型两种定型产品使用最为普遍。

另外，可移式螺旋输送机在实际应用中，可根据需要相互组成不同的联合输送装置。可通过附加的连接支架，在垂直平面内使两条轴线任意相交，以满足于各种不同的输送要求，成为一种变换灵活、搬迁方便、适应性很强的输送设备。

2. 螺旋输送机的产品型号

螺旋输送机的产品型号按专业代号、品种代号、形式代号和产品的主要规格的顺序编写。例：TLS S 25，其中 T——专业代号：粮油通用机械；LS——品种代号：螺旋输送机；S——形式代号：水平式；25——产品规格：螺旋直径（cm）。螺旋输送机的基本参数与尺寸应符合表 3－22 的规定。

表 3-22　螺旋输送机的基本参数和尺寸

项目	型号						
	TLSS10	TLSS12	TLSS16	TLSS20	TLSS25	TLSS32	TLSS40
螺旋叶片直径/mm	100	120	160	200	250	320	400
螺距/mm	100、80	120、100	160、120	200、160	250、200	320、250	400、320
推荐螺旋转速/（r/min）	60～190	60～190	60～160	60～140	60～120	60～120	60～100
输送量/（t/h）	5、10、15、20、25、30、40、50、60、80、100（按容重 0.75t/m^3 计算）						

3. LS 型螺旋输送机

（1）型号规格　行业标准 JB/T 7679—2008《螺旋输送机》规定了螺旋输送机的基本参数、计算基本原则、技术要求、试验方法、检验规则等内容，适用于水平和微倾斜（15°以下）连续均匀输送松散物料的螺旋输送机。

LS 型螺旋输送机螺旋标准直径系列从 100～1250mm，共 12 种规格，相应的螺距及其推荐的主轴转速见表 3-23，技术参数见表 3-24。输送机长度从 4～70m，每隔 0.5m 一档，选用时应符合标准公称长度，对特殊需要的可在选配节中另行提出。

表 3-23　LS 型螺旋输送机基本参数

项目	螺旋输送机型号											
	LS10	LS12.5	LS16	LS20	LS25	LS31.5	LS40	LS50	LS63	LS80	LS100	LS125
螺旋直径/mm	100	125	160	200	250	315	400	500	630	800	1000	1250
螺距/mm	100	125	160	200	250	315	355	400	450	500	560	630
推荐主轴转速/（r/min）	140、112、90、71	125、100、80、63	112、90、71、56	100、80、63、50	90、71、56、45	80、63、50、46	71、56、45、36	63、50、40、32	50、40、32、25	40、32、25、20	32、25、20、16	25、20、16、13
最大主轴转速/（r/min）	140	125	112	100	90	80	71	63	50	40	32	25

表 3-24　LS 型螺旋输送机技术参数

输送机螺旋直径/mm	输送机在不同转速时的输送量							
	n/（r/min）	Q/（m^3/h）	n/（r/min）	Q/（m^3/h）	n/（r/min）	Q/（m^3/h）	n/（r/min）	Q/（m^3/h）
100	140	2.2	112	1.7	90	1.4	71	1.1
125	125	3.8	100	3.0	80	2.4	63	1.9
160	112	7	90	6	71	5	56	3.1
200	100	13	80	10	63	8	50	6.2
250	90	22	71	18	56	14	45	11

续表

输送机螺旋直径/mm	输送机在不同转速时的输送量							
	n/（r/min）	Q/（m^3/h）	n/（r/min）	Q/（m^3/h）	n/（r/min）	Q/（m^3/h）	n/（r/min）	Q/（m^3/h）
315	80	31	63	24	50	19	40	15.4
400	71	62	56	49	45	39	36	31
500	63	98	50	78	40	62	32	50
630	50	140	40	112	32	90	25	77
800	40	200	32	160	25	126	20	102
1000	32	278	25	217	20	174	16	139
1250	25	382	20	305	16	244	13	199

注：转速偏差允许在10%范围内，充填系数为0.33。

螺旋输送机的转速参数，规定有一标准系列，主轴转速系列为8、10、12.5、16、20、25、31.5、40、47.5、53、60、67、75、85、95、105、120、130、150、170、190r/min，转速偏差允许在10%范围内。每种螺旋直径的输送机不是表中所有的转速都适用。由于转速与螺旋直径和输送物料的综合特性有关，所以，实际上只有其中一定范围的转速才是最佳的选用转速。表3－24中对每种螺旋直径的输送机所推荐的4档转速及其对应的输送量，只能供作选型参考，具体采用时，要根据使用场合和不同情况，分析比较，计算确定。

（2）驱动装置　螺旋输送机的驱动装置多采用卧式安装的电动机的行星摆线针轮减速机，其结构紧凑，重量轻，占地少，是近来最理想的驱动装置之一。缺点是价格较贵。

4. 物料的运动分析

（1）慢速螺旋输送机　慢速螺旋输送机只能在水平或低倾角（$\beta \leqslant 20°$）方向输送物料，在机槽内物料的充满程度不到螺旋截面积的一半，因此，物料被螺旋面推动的区域在机槽的底部，且偏向转动方向的一侧。该物料面与水平面所形成的夹角 ψ_d 为物料的倒塌角。当螺旋转动时，进入机槽的物料受到旋转叶片的法向推力，该推力的径向分量和叶片对物料的摩擦力将使物料绕轴转动；而物料的重力和机槽对物料的摩擦力又阻止物料绕轴转动。当使物料旋转的力促使物料面的转角超过倒塌角后，物料即沿倒塌面向下滑动，形成倒塌现象。慢速螺旋输送机在输送某些物料时，或在某些参数选择不合理时，倒塌现象会重复发生。当机槽内的物料面较高时，倒塌下来的物料将越过转轴，落在下一个螺矩中，所有这些都增加了能量的消耗。

另一方面，由于螺旋叶片对物料法向推力的轴向分量克服了机槽对物料的摩擦力，使物料作轴向滑动。这时若把物料看成一个整体，那么物料的这种轴向滑动就犹如被夹持的螺母在旋转的螺杆上作平移运动一样。总之，对慢速螺旋输送机来说，螺旋叶片的螺距 s 与叶片的直径 D 之比值 $\frac{s}{D}$ 是一个关键参数。因为比值 $\frac{s}{D}$ 选择得过小或过大都会降低螺旋输送机的生产率和工作效率，只有当比值 $\frac{s}{D}$ 适宜时，慢速螺旋输送机才能有效地进行输送。

在机槽中，物料的装满系数 K 也影响着输送过程和能量的消耗。当装满系数较小（即 $K=5\%$）时，物料堆积的高度低矮且大部分靠近槽壁，由于同一母线上各点物料的轨迹和移动速度不同，形成物料间的相对滑移。这时，运动的滑移面几乎平行于输送方向。物料颗粒在轴向的运动要比圆周方向显著得多。所以，这时垂直于输送方向的附加物料流很少，单位能量消耗也较低。但是，当装满系数提高（即 $K=13\%$ 或 40%）时，则物料运动的滑移面将变陡。此时，物料在圆周方向的运动减弱，附加料流增大，导致输送速度的降低和附加能量的消耗。因而，对于慢速螺旋输送机来说，物料的装满系数并不能无限增加，一般装满系数 K 应小于 45%。

上面分析了 s/D 比值及装满系数对物料输送过程的影响，现在来分析螺旋转速对物料输送过程的影响。通过实验得知，螺旋在一定的转速内，对物料颗粒运动的影响并不显著。但是，当超过了一定的转速时，物料颗粒便开始产生径向跳跃，从而对输送过程产生了不利影响。因此，目前用下列经验公式计算螺旋的最大许用转速：

$$n_{max} = \frac{K_1}{\sqrt{D}} \qquad (3-18)$$

式中：n_{max}——螺旋最大许用转速，r/min；

K_1——物料特性系数，见表 3-25。

表 3-25　各种散粒物料的特性系数

物料名称	推荐装满系数	特性系数
面粉	0.30~0.40	40
小麦	0.30~0.40	65
稻谷	0.30~0.40	60
麸皮、米糠、胚片	0.20~0.35	40~55
棉籽	0.30~0.35	55
向日葵籽	0.25~0.30	50
菜籽、芝麻	0.25~0.35	45
碎油饼	0.25~0.35	40
大豆、花生仁、蓖麻籽	0.20~0.30	45

（2）快速螺旋输送机　以垂直螺旋输送机说明快速螺旋输送机。当物料均匀地加入以一定速度旋转的垂直螺旋面上，物料首先在叶片上滑动并逐渐加速。如果能够克服对螺旋面的摩擦，则物料将在离心惯性力的作用下向机筒内壁移动。当物料碰到机筒内壁时，由于机筒内壁的反力，使其继续做圆周运动。由于物料不断加入，在机筒内围绕着螺旋轴形成若干个同心圆分布的物料层。这些物料层在机筒内壁反力及自身惯性力的作用下，形成较大的内摩擦力，此力使物料群成为一个整体，当物料群压向机筒内壁时，作用于机筒内壁的压力增加，即对机筒内壁产生较大的摩擦力。由于该摩擦力作用的结果，使靠近机筒内壁的物料减速，并与螺旋间产生相对运动，沿着自己的螺旋线轨迹向上运移。同时，由于标准螺旋面上任意点的导程都是一样的，故位于螺旋面任意点上的物料的垂直运动速度相同，即在螺旋面任意位置上的散体物料都具有相同的垂直速度。

由上述可知，快速螺旋输送机与慢速螺旋输送机的输送原理是不相同的。在慢速螺旋输送机中阻止物料随叶片旋转的力是物料的重力和机槽对物料产生的摩擦阻力（由重力产生）。在快速垂直螺旋输送机中阻止物料随叶片旋转的力是物料与机筒内壁间的摩擦力，该力由物料所受的离心惯性力产生，所以慢速的螺旋转速是不行的。因此可以说，物料能在垂直螺旋输送机内被输送，其根本原因就是螺旋具有足够高的转速。因而，垂直螺旋轴的转速必定是高速的。

当螺旋转速 n 大于临界转速时，螺旋叶片与物料间产生了相对速度，其方向沿螺旋叶片向上，此时，物料颗粒开始以升角 γ 向上输送。由于供料的改进，快速垂直螺旋输送机的装满系数 K 的值有了很大提高，而且还出现了对转机头，即机筒与螺旋反向旋转，机筒下端装有喂料翼板，使输送机的装满系数 K 高达 70% ~90%，甚至可高达 90% 以上。当螺旋转速和机筒以一定的转速匹配时，甚至可以观察到物料并无旋转运动而只有垂直上升运动。这种快速垂直螺旋输送机的工作原理不能再用单一颗粒受到离心惯性力的作用来加以说明，而应对整个物料柱的运动进行分析。

快速螺旋输送机的动力消耗较大，而被输送物料与螺旋叶片的摩擦角又是一个定值，因此，合理地选择螺旋叶片升角和物料升角，则是个十分重要的问题。实验证明，当机筒中最外层和最内层物料处的螺旋升角的算术平均值为 15°左右时，对不同的物料外摩擦角，都可以取得较高的机械效率。因此在设计快速螺旋输送机时，螺距与螺旋直径的比值 $\frac{s}{D}$ 取 0.6 ~0.7，装满系数取为 0.3 ~0.5 是比较适宜的。

5. 特种螺旋输送机

生产中除使用上述的快速和慢速螺旋输送机外，粮油企业还使用了一些特殊的螺旋输送机械，现分别介绍如下。

（1）内螺旋滚筒　内螺旋滚筒又称内螺旋输送机，是一只横卧在支承滚轮上的可转动圆筒，在圆筒的内壁焊有螺旋叶片，形成内螺旋线。物料从一端进入滚筒，由于内螺旋叶片的推动而到滚筒的另一端卸出。滚筒的转速越高，则物料压在筒壁上的力越大，物料在筒壁上贴得越紧，并将随滚筒一起转动，此时，不产生输送作用。因此，滚筒的工作转速不能随意增加，而要有一确定的极限数值，此值可由物料的惯性离心力小于或等于物料重力这一条件来确定。

（2）移动式螺旋输送机　移动式螺旋输送机是粮食仓库中常见的一种输送设备，主要用于粮食出仓、上围、装车、灌仓等作业。它的主要部件与固定螺旋输送机相同，不同的是在螺旋输送机上装有移动或悬挂旋转装置。国产常见移动式螺旋输送机的主要技术参数见表 3 -26，供参考。

表 3 -26　　国产几种移动式螺旋输送机的主要技术参数

型号	生产率/（t/h）	机长/mm	倾角/°	螺旋直径/mm	螺距/mm	装料段螺距/mm	转速/（r/min）	动力/kW
ZX031 型螺旋装卸机	40 ~60	7250	15 ~45	176	176	176	850	5.5
ZX041 型螺旋备粮机	50	3320	25	156	156	132	855	—
ZX051 型螺旋灌包机	20	3520	30	96	96	82	845	—
75 型螺旋灌包机	15	4000	30	190	130	130	230	1.7
GLZ—1 型移动式螺旋灌包机	15	3250	24 ~50	120	120	120	450	1.5

移动式螺旋输送机的结构计算及生产率、功率计算与立式快速螺旋输送机相同。根据经验，它的设备生产率与其尾端裸露的进段料的结构有关。

（3）旋转式螺旋输送机　平底圆仓内的粮食需输出仓时，可选使仓内粮食从中间出粮孔自流入仓下的胶带输送机送出仓外。因静止角的影响，致使部分粮食不能自流出来而残留在仓内，此时就需使用旋转式螺旋输送机来完成余粮出仓和清仓（也称为清仓绞龙）。

旋转式螺旋输送机主要由滚轮、螺旋体、万向联轴节、圆锥齿轮减速器、传动轴和电动机等构件组成。电机竖立在平底圆仓下胶带输送机的尾端滑槽内，电动机与传动轴采用花键套筒连接，以便安装和拆卸。而减速器的从动轴用万向联轴节连接螺旋轴，使螺旋体倾角可以任意改变。减速器外壳可相对于电机用套管作纵向支撑，且减速器外壳相对于电机外壳做旋转运动。为防止螺旋因自重而过多地埋入物料堆中，以及当仓内物料卸完时防止螺旋叶片与仓底摩擦而损坏螺旋叶片及仓底，在螺旋体另一端装有滚轮，其直径比螺旋直径大 10 ~ 20mm。

螺旋叶片的形式应根据物料性质而定，一般采用满面式或齿式。为使物料流量均匀，可用单头或 2 ~ 3 头的螺旋。在制造允许的情况下，最好制成锥体螺旋，即从靠近滚轮端直到接近万向联轴节处的螺旋叶片直径逐渐增大，两端叶片直径之差为 10 ~ 20mm，以达到减少动力消耗的目的。工作时，由于螺旋的旋转和自重，首先在螺旋下面开出一条沟槽，使螺旋体逐渐向物料中下沉，但由于有滚轮，螺旋体不会沉入过深。此时，可用不同宽度的滚轮来调节其埋入深度，适宜深度为螺旋直径的 2/3 左右。太深动能消耗大，太浅输送量会明显下降。当螺旋叶片旋转时，叶片受到物料的径向反作用力，该力使螺旋轴绕中心立轴线转动，这种转动称为“公转”。此时减速器外壳也随着立轴转动。当仓底物料较多时，螺旋体“公转”的速度较慢；仓底物料较少时，其“公转”的速度较快。由于螺旋体一方面绕自身轴线转动（俗称“自转”），另一方面又绕仓底中心立轴轴线转动（俗称“公转”），因此这种旋转式螺旋输送机又称为“自转公转绞龙”。由于螺旋体的自转和公转，可将仓底物料从仓的四周向中央推送，由仓底中央出口卸出。

（4）弹簧螺旋输送机　弹簧螺旋输送机是螺旋输送机的一种发展形式，它利用立式快速螺旋输送机的工作原理，将螺旋体改成一根（也有两根）螺旋弹簧，将弹簧的一端固定在驱动轴上，弹簧装在机筒内，机筒可用软管或硬管制成，机筒外尚露一段弹簧作喂料之用。工作时开动电机，弹簧在机筒内转动，当进料段插入物料堆后，物料则按螺旋形轨迹进入机筒，并从机筒上端卸出。

弹簧螺旋输送机的结构简单，可向任意方向输送物料，若机筒为软管时，还可作多种方式输送。此种机械可输送粉状物料，也可输送粒状物料，但不宜输送黏性大或水分太高的物料。现在，弹簧螺旋输送机在我国粮食部门已有使用。由于此种机械目前正处于发展阶段，其结构尺寸、工作参数、动力配备等尚无完整资料可查，另外，其部件的加工工艺、材料选择也尚未定型，因此，有待进一步的研究和完善，才能大量用于实际生产。

（5）变螺距螺旋输送机　变螺距螺旋输送机的结构与一般螺旋输送机相似，不同的只是在同一螺旋轴上螺旋叶片的螺距沿轴线方向是变化的，其目的是改变物料向前推进的速度，以满足工艺需要。有的油脂浸出车间已采用变螺距螺旋输送机将浸出器卸出的湿粕送入粕烘干机中。由于螺旋叶片的螺距逐渐减小，湿粕的前进速度越来越慢，致使机槽中物料堆积而形成料封，以防止“倒汽”现象的发生，从而确保车间的安全生产。

五、振动输送机

振动输送机是借助于输送料槽的往复振动来输送物料的。物料在槽体中输送的基本方式有两种：滑行运动和抛掷运动。只需适当地选择振动输送机的运动学参数（振幅、频率、振动方向角和安装倾角），就可使槽体中的物料按滑行或抛掷方式进行输送。

振动输送机属无挠性牵引构件类连续输送设备，主要用于水平或微升角（小于 10°）情况下，输送粒状或块状松散物料，也可输送粉状物料（200 目），但不宜输送含水分较大的黏性物料。特殊需要时可用垂直振动输送机向上输送散粒状物料。振动输送机广泛应用于机械、化工、食品、建材、冶金等各个工业部门。

1. 振动输送机的基本结构

图 3－87 所示为水平振动输送机的结构示意图，图 3－88 所示为垂直振动输送机的结构示意图。振动输送机的主要组成部分有输送槽、激振器、主振弹簧、导向杆、隔振弹簧、平衡底架、进料装置和卸料装置等。

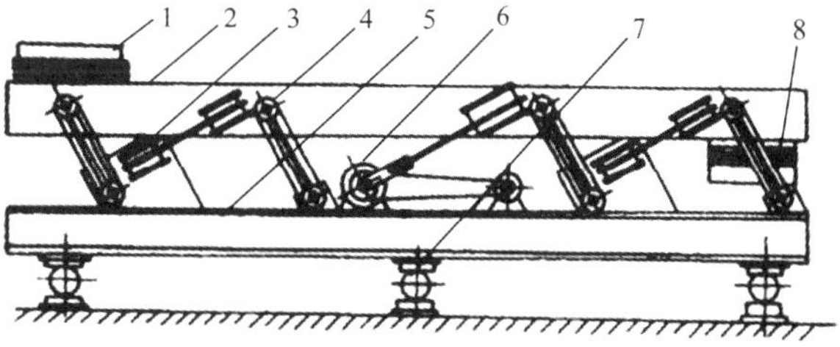

图 3－87　水平振动输送机

1—进料装置　2—槽体　3—主振弹簧　4—导向杆
5—平衡底架　6—驱动装置　7—隔振弹簧　8—排料装置

（1）激振器　激振器用以产生周期性变化的激振力，是维持振动输送机往复运动的动力来源，其激振力的大小，直接影响着输送槽的振幅。按照作用原理不同，可分为机械式、电磁式、液压式和气压式。

（2）输送槽（输料管、承载体、槽体）和平衡底架（底架）　它们是振动系统中的两个振动质体，输送槽往复运动以输送物料，底架用以平衡槽体的惯性力，减少基础所受动载荷等。

（3）主振弹簧和隔振弹簧　主振弹簧和隔振弹簧是振动系统的弹性元件。弹性元件有时还包括传送激振力的连杆弹簧。主振弹簧（共振弹簧或蓄能弹簧）的作用是振动输送机有适宜的近共振的工作点（即频率比），使系统振动的动能与位能互相转化；隔振弹簧的作用是支撑振动机构，减小传给基础的动载荷等。

（4）导向杆　导向杆的作用是使输送槽与平衡底架沿垂直于导向杆中心线作相对振动，并借助于平衡底架支撑槽体的重量。导向杆常借助于橡胶铰链与槽体和底架相连。

（5）进料装置和卸料装置　进料装置和卸料装置的作用是用来控制振动输送机的进料和出料，一般借助于软连接方式将其与设备固定部分相连接。

2. 分类

根据振动输送机的不同工作特点，将其分类如下。

（1）按驱动装置形式分类

①弹性连杆式振动输送机：由弹性连杆驱动，其激振器主要由偏心轴、连杆及杆弹簧

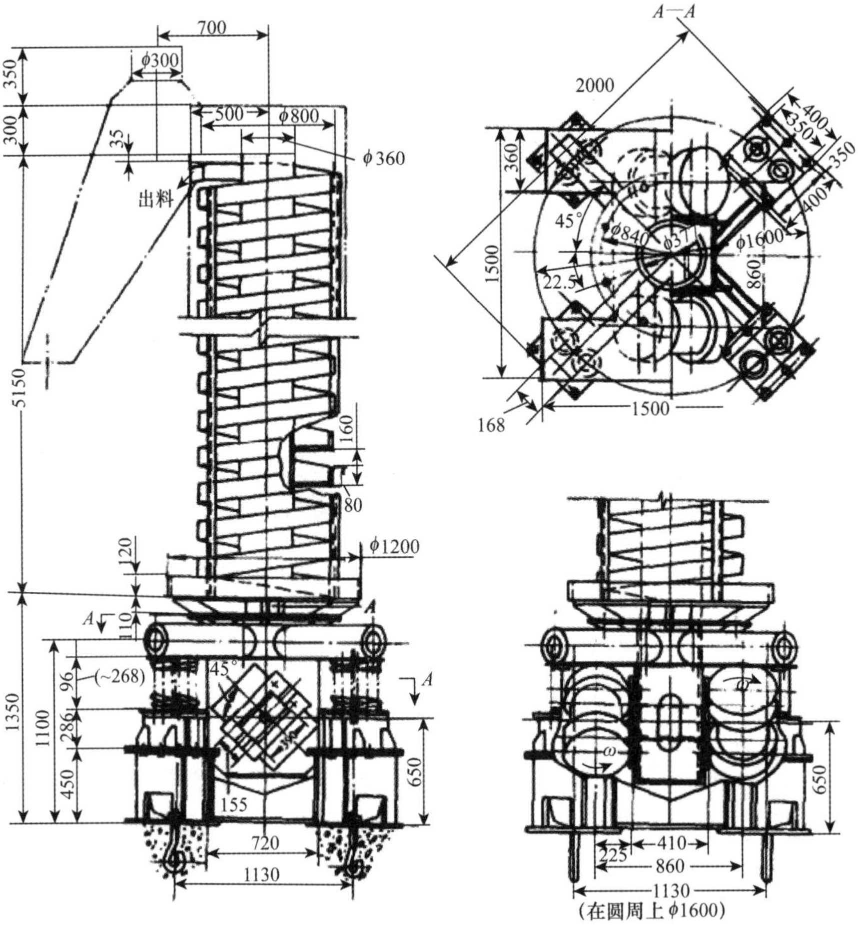

图 3－88　垂直振动输送机

等组成。槽体在偏心传动装置驱动下往复振动。

②惯性式振动输送机：由惯性激振器所产生的惯性激振力驱动。惯性激振器主要由偏心块、主轴、轴承和轴承座等组成，偏心回转时产生的周期性变化的惯性离心力即为激振力。根据主轴的数量可将其分为单轴和双轴惯性振动输送机。惯性激振器的偏心块旋转时产生较大惯性力，且结构简单紧凑。现多用振动电机驱动。

③电磁式振动输送机：利用电磁激振器所产生的电磁激振力使输料槽做受迫振动。采用可控硅半波整流激振频率可达 50Hz。

（2）按动力学状态和动力学因素分类

①按动力学状态（主要指频率比，即工作频率 f 与固有频率 f_0 之比）可将振动输送机分为非共振（一般指在远超共振状态工作）类振动输送机和近共振类振动输送机。当频率比 $Z_0=1$ 时，机器在共振状态下工作。在共振状态下工作的振动输送机，一旦参振质量或所受阻力发生变化时，其工作状态不稳定，因此很少使用。远超共振（$Z_0 \gg 1$）状态工作的振动输送机，振幅稳定，且阻力影响小，隔振性能较好，但功率消耗大。对于近共振类振动输送机，又可分为低临界近共振和超临界近共振两类。总的来说，近共振（$Z_0 \approx 1$）

类振动输送机的动力消耗比较省，但一些机型传给基础的动载荷较大，其槽体振幅也欠稳定，特别是超临界近共振（$Z_0 \approx 1$ 且 $Z_0 > 1$，即 Z_0 略大于 1）类振动输送机上述现象较突出，因此在实际生产中很少应用。

②按参振质体的数量可分为单质体、双质体和多质体振动输送机。

（3）按物料的输送方向分类　可将振动输送机分为：水平及微倾斜（向上或向下）振动输送机和垂直振动输送机。

（4）按物料在输料槽内的运动状态分类　可分为物料做滑行运动的振动输送机和物料做抛掷运动的振动输送机。

根据不同的特性，可将振动输送机分成不同的种类。例如，从振动系统的线性和非线性特征可将其分为：线性振动输送机和非线性振动输送机两类。目前实际生产中使用的振动输送机大多属于线性振动，即属于通过激振器的激振力，迫使输送槽按规定方向作简谐振动或近似简谐振动的振动输送机。

3. 特点

（1）结构简单，相对运动零部件少，润滑点少，易损件少，维护保养方便。

（2）能量消耗较少，运行费用较低。

（3）对于含尘、有毒和带挥发性气体的物料可以实行密闭输送，有利于环境保护。

（4）在输送物料的同时，可以使物料得到松散和混合，给包装机定量供料或在配料系统均匀地配料。经过结构改进可在输送的同时实现物料的冷却、烘干、筛分和混合等工艺要求。

（5）可以输送高温物料，此时槽体要用耐热钢，温度达 500℃时要通风冷却，1000℃时用水夹套冷却。

（6）水平输送时输送量最大可达 200～300m^3/h，长度可达 40m。

（7）设计、制造、安装要求高。若有不当，会产生较大噪声和动载荷，使工作不正常，甚至会损坏相关零部件。

六、闸阀门

1. 闸阀门的作用及在工艺流程中的安装位置

（1）闸阀门的作用　在粮食工艺流程中，闸门起粮流的开、关和流量调节作用；阀门起改变粮食流向的作用。

（2）闸阀门的基本要求　闸阀门的基本要求是确保闸阀门的开、关和换向要求；确保粮流的畅通；具有良好的密封性；具有良好的信息指示和控制功能。

（3）闸阀门的安装位置　在粮食工艺流程中，任何需要对粮流开、关和流量调节的地方都应该安装闸门，例如粮仓下部的卸粮口，埋刮板机下的出粮口等。在粮食工艺流程中，任何需要有两个流向的地方应该安装阀门，例如提升机出粮管的下部，埋刮板机出粮管的下部及某一溜管需要分流处。

2. 闸阀门的流量与通径

闸阀门的流量与通径的关系见表 3－27。

表 3－27　　用于干粮的闸阀门流量与通径关系表

流量（干粮）/（t/h）	通径/mm	流量（干粮）/（t/h）	通径/mm
50	250×250	700	600×600
100	300×300	800	650×650
200	350×350	900	700×700
300	400×400	1000	750×750
400	450×450	1500	1000×1000
500	500×500	2000	1100×1100
600	550×550		

用于湿粮的闸阀门的通径应比同流量的用于干粮的闸阀门的通径大一个级别。

3. 气动闸阀门

（1）气动闸门　气动闸门（图 3－89）由气缸的推拉来控制闸门关、开，闸门用滚动轴承外壳支撑，以减轻运动阻力。主要工作部件有闸门架、闸门、磁性气缸、电、气控制机构。

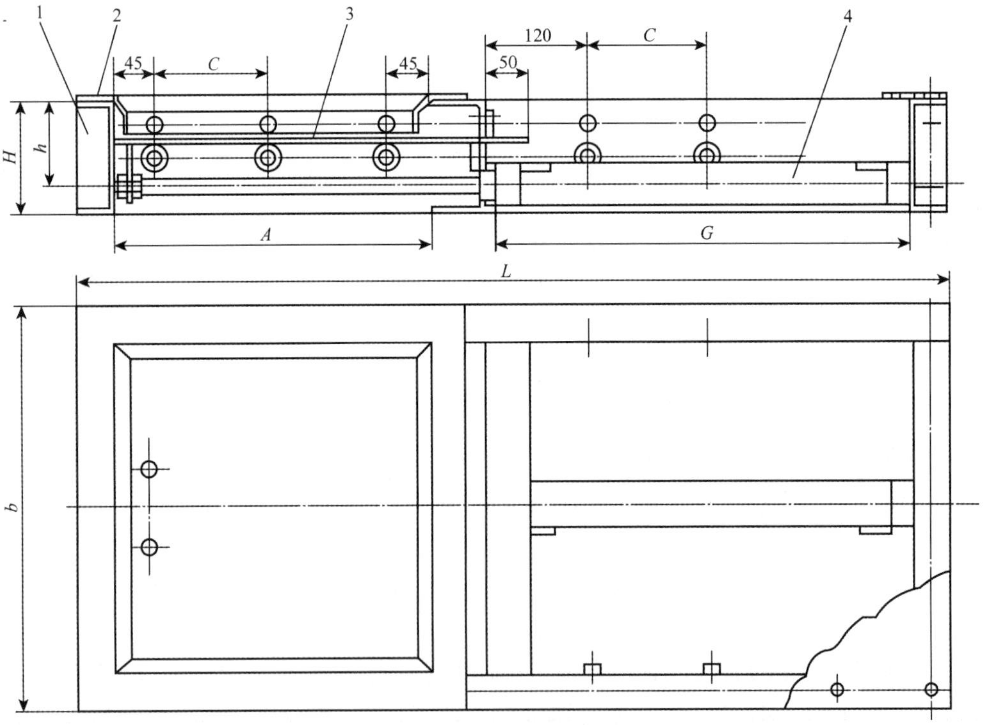

图 3－89　气动闸门

1—闸门架　2—护套　3—闸门　4—气缸

工作时，要打开闸门时，使气动换向阀带电，压缩空气从气缸前端进入，活塞杆缩回，拉动闸门打开。由于气缸行程大于或等于闸门口径长度，当活塞杆全部缩回后，闸门全部打开，此时活塞上的磁环磁性作用于气缸端的磁性开头，使到位信号显示并传输到控制室，进粮开始。

当控制室得到关闭闸门指令，使气动换向阀门不带电，压缩空气从气缸后端进入，活塞杆推出，推动闸门关闭，此时活塞上的磁环磁性作用于气缸另一端的磁性开关，使到位信号显示并传输到控制室，进粮停止。在关闭状态下断电，确保电器长期安全使用。

气动闸门的主要工作参数包括闸门口径、气缸缸径和行程、空气工作压力。

为保证安全，设置结构安全装置，即进口护套，在进料口与闸门间形成一个安全保护区，在该区内无粮流，确保闸门与机架间可以存在一定间隙，防止闸门卡死，也允许闸门开、关有一定的误差。设置气动安全装置，防止气压过高或过低。

操作指根据闸门开、关指令，对闸门气动电磁换向阀按钮进行带电和不带电控制，形成气缸缩、伸动作，带动闸门开、关。闸门的故障及维护见表3－28。

表3－28　　闸门的故障及维护

故障现象	原因	维护
闸门不到位	气压不足，推拉力不够	加大气压直到能动作
闸门运动速度过快	气压太高，无阻尼	降低压力或调节电磁阀门两出口消声节流阀
闸门位置不显示	磁性开关不起作用或磁环无磁性	调整磁性开关位置或调换磁性开关；调换气缸
闸门不动作	电磁阀失灵，上接潮粮板结卡死	修理或调换电磁阀，潮粮不允许长期保管

（2）气动阀门　气动阀门由气缸的推拉来控制阀门的左、右位置。主要工作部件包括阀门架、阀门、摇臂、带阀磁性气缸、电、气控制机构。气动阀门有正三通（图3－90）、斜三通（图3－91）。

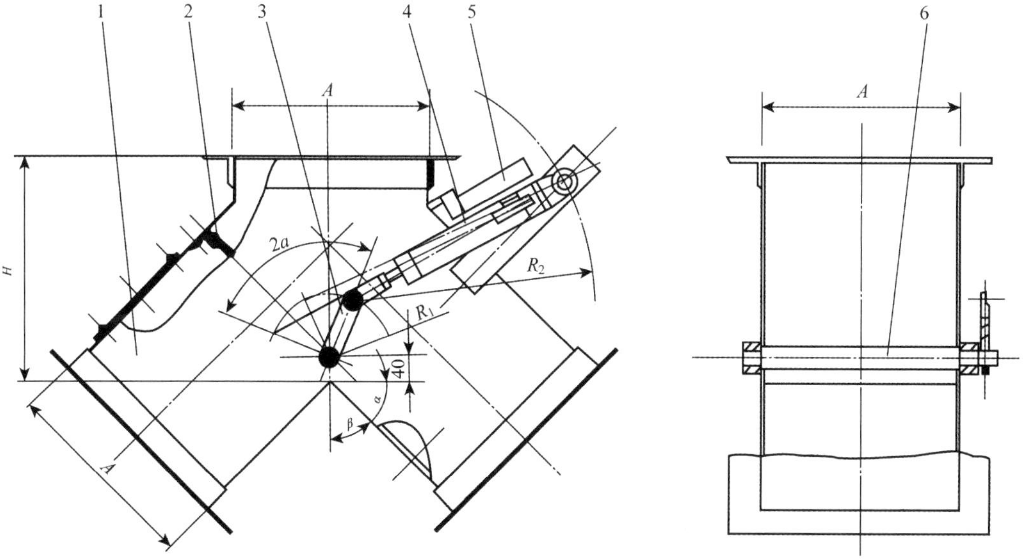

图3－90　气动阀门（正三通）

1—阀门架　2—阀门　3—摇臂　4—气缸　5—电、气控制机构　6—底轴

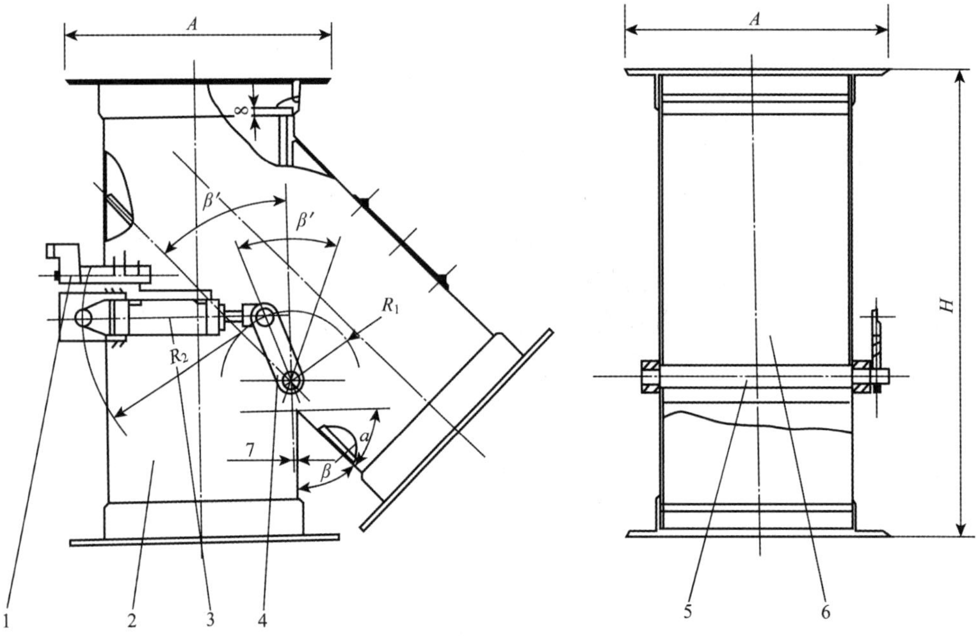

图 3－91　气动阀门（斜三通）

1—电、气控制机构　2—阀门架　3—气缸　4—摇臂　5—底轴　6—阀门

工作时，气缸运动，带动摇臂摆动，也使阀门摆动，关闭一个通道，打开另一通道。正三通阀门摆角 90°左右，斜三通阀门摆角 45°左右。由于气缸为磁性气缸，两只磁性开关显示气缸到位，也即显示阀门的左、右到位。为保证结构安全，应装置手孔盖板，便于清理杂物。应有气动安全装置，防止气压过高或过低。

根据阀门右开、左关或左开、右关的指令，对阀门气动电磁换向阀按钮进行带电或不带电控制，形成气缸伸、缩动作，带动阀门右开、左关或左开、右关。同时阀门的左、右位置由气缸两端磁性开关显示。气动阀门的故障及维护见表 3－29。

表 3－29　　气动阀门的故障及维护

故障现象	原因	维护
阀门不到位	气压不足或推拉力不够	加大气压直到动作或清理阀门上的杂物
阀门运动速度过快	压力过大，无阻尼	降低压力或调节电磁阀门两出口消声节流阀
阀门位置不显示	磁性开关不起作用或磁环失磁	调整磁性开关位置或调换磁性开关；调换气缸
阀门不动作	电磁阀失灵，阀门卡住	修理或调换电磁阀，清理杂物

4. 电动闸阀门

（1）电动闸门　电动闸门的基本结构与螺杆手动闸门相同，不同的是手动改为电动，并有了一套电器控制机构，如图 3－92 所示。

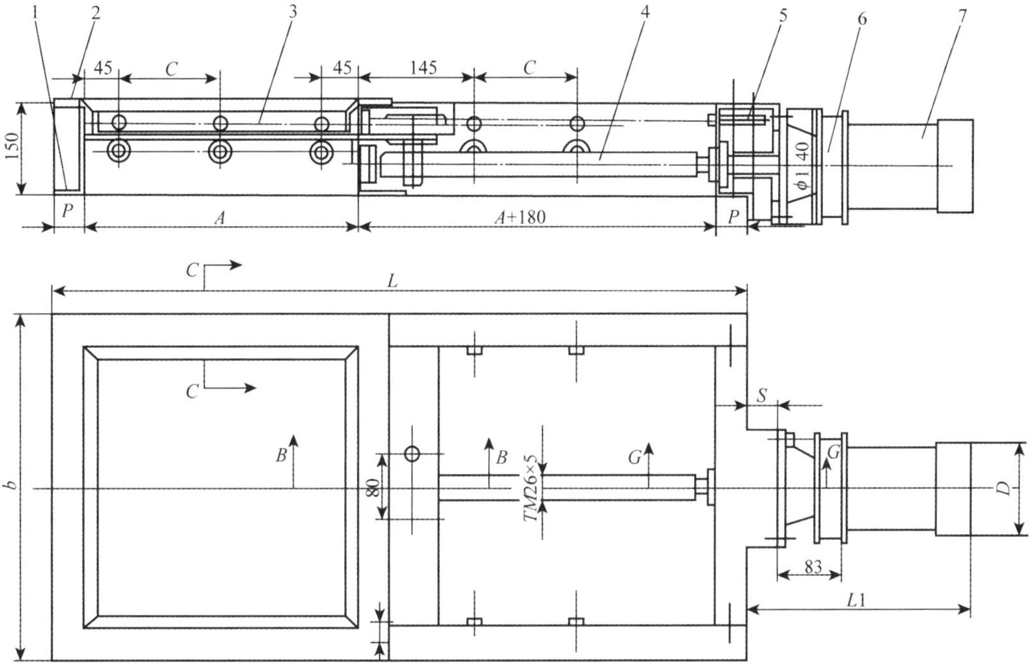

图 3-92　电动闸门

1—闸门架　2—护套　3—闸门　4—螺杆　5—电器控制机构　6—减速器　7—电动机

当闸门要打开时，电机转动，带动输出轴转动，带动螺杆转动，使闸门开启，直至全部打开。在全部打开瞬间，闸门上的拨片使尾端行程开关动作，电机断电，闸门停止运动。当闸门要关闭时，使电动机反向转动，带动输出轴转动，使闸门关闭。在关闭前瞬间，闸门上的拨片使另一端行程开关动作，电机断电，闸门停止运动。

电动闸门的安全装置为进口护套，安全保护区从气动闸门 15mm 扩大到 25mm，使闸门的停止位置误差在 20mm 左右，也即增加行程开关控制范围。电动闸门配有电器安全装置，实现三级电器保护。只有当电机或电器老化，才会出现故障。电动闸门的故障及维护见表 3-30。

表 3-30　　电动闸门的故障及维护

故障现象	原因	维护
闸门不动作	电机损坏	修改或调换电机
闸门接触闸门架后，电动机卡住还通电	行程开关安装位置不正确	调整行程开关位置，使拨片与行程开关接触时闸门已进入护套保护 5～10mm

（2）电动阀门　电动阀门的基本结构与气动阀门相同，区别是气动阀门的左、右终点位置由机架或气缸行程来决定，左、右方向运动由电磁阀的带电与否来决定，磁性开关只是显示到位与否，不起控制作用，所以阀门的快速动作对控制不造成影响；电动阀门的左、右运动由电机转向决定，左、右终点位置由两只行程开关来决定并显示的，所以阀门

只能做慢动作。具体形式有正三通（图3-93）和斜三通。

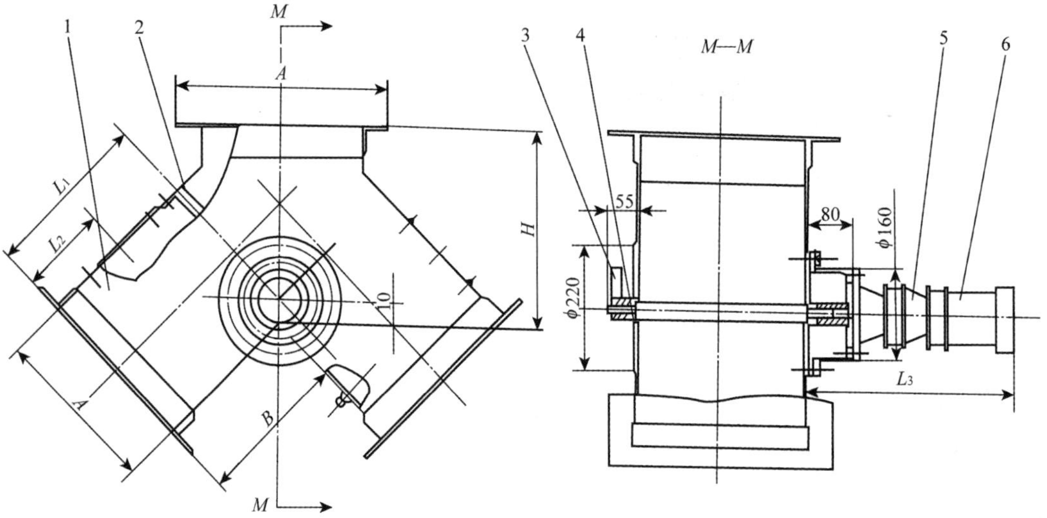

图3-93 电动阀门（正三通）

1—阀门架 2—阀门 3—拨片 4—底轴 5—减速器 6—电动机

电动阀门的安全装置为手孔盖板，手孔盖板与气动阀门结构安全装置相同。由于阀门配置的电机功率较小，形成的力矩不足以对机体造成破坏，因此电器安全保护比电动闸门少一级，为二级保护。电动阀门的故障及维护见表3-31。

表3-31 电动阀门的故障及维护

故障现象	原因	维护
阀门到位后，电机卡住还通电	行程开关安装位置不正确或损坏	调整行程开关位置，使开关动作早于阀门终点位置；调换行程开关
阀门不动作	电机损坏	修理或调换电机

5. 手动闸门

（1）普通螺杆手动闸门　手动闸门通过手轮带动螺杆转动，带动闸门作缓慢运动，从而实现闸门的开、关。手轮每转一转，闸门运动距离为一个螺距。闸门用滚动轴承外壳支撑，以减轻运动阻力，如图3-94所示。

安全装置中进口护套与气动闸门相同。需要调节流量时，可调节开口大小，用闸门上的指针距离来表示。

手动闸门一般没有什么故障，使用长久后，螺杆灰尘可能堆积太多，造成螺杆卡死等情况，因此螺杆要经常清洁并润滑。

（2）普通齿轮齿条手动闸门　该类闸门通过手轮带动小齿轮转动，使与齿条连成一体的闸门作运动，从而实现闸门的开、关。闸门采用进口护套作为安全装置，与气动闸门相同。该闸门不大适合作流量调节。

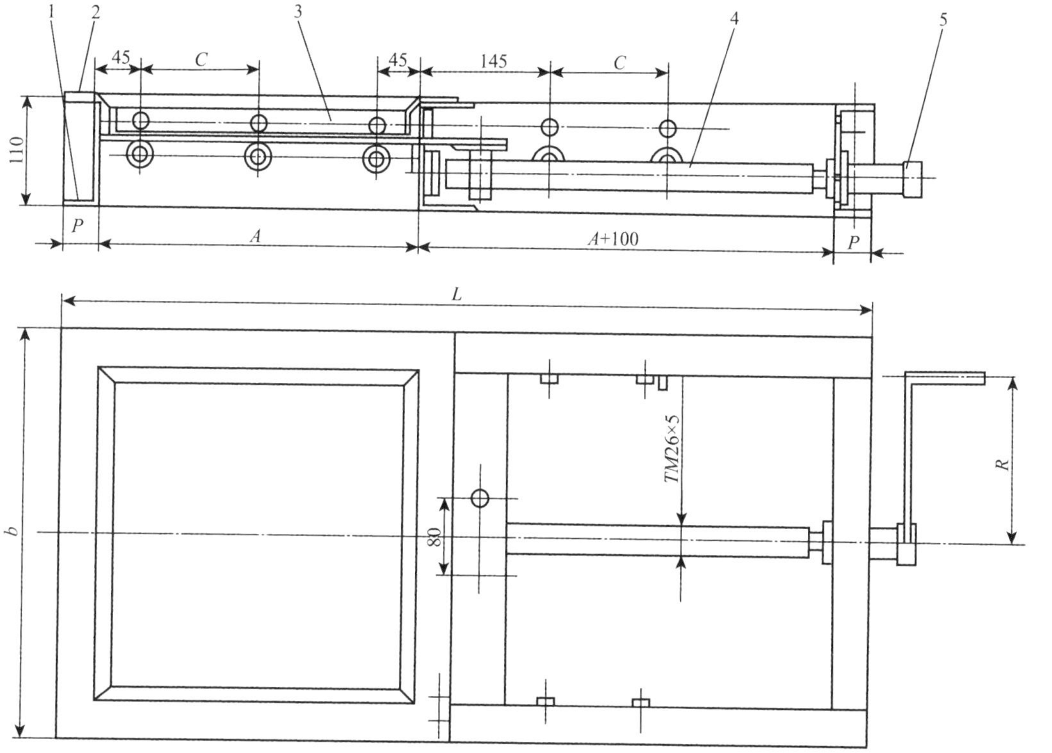

图 3－94　手动闸门

1—闸门架　2—护套　3—闸门　4—螺杆　5—手柄（手轮）

（3）气密型手动闸门　气密型手动闸门的作用是保证在闸门关闭后，形成不透气的隔层，确保管道内的有毒气体不外逸，适合于粮食需要熏蒸的地方。气密型手动闸门的基本类型有上部密封式、下部密封式和全部密封式。

①螺杆式全气密型手动闸门：螺杆式全气密型手动闸门的基本结构类似于齿条式手动闸门，区别在于闸门板上覆盖一层厚橡胶板，进口护套变成闸门架上顶压封机构，闸门由边角钢板支撑。全部对外平面缝隙处，以胶板加压密封，柱体缝用双级 O 形圈密封。整个机架的焊缝以低压容器焊接，检漏，并用硅胶涂封，如图 3－95 所示。

闸门在一般工作状态，只作齿条式手动闸门使用。在需要熏蒸时，闸门在关闭后，用闸门下机架边角钢板下的四只螺杆均匀顶升，使闸门上升，闸门板上的胶板与闸门架上的顶压封机构接触，压紧，利用胶板的变形凹槽，达到密封的目的。熏蒸后，只要使四只螺杆均匀下降，使闸门下降至原位。可作为一般手动闸门使用。

螺杆式的优点在于接触压力是无级的，最多可达 4～5t，因此可以确保任何程度的密封要求，同时位置可以机械锁定，在熏蒸全过程不会有松动。由于是全密封，有毒气体无论从上面来或下面来，均能密封不漏气，安全可靠。

操作可参照齿条式手动闸门。熏蒸操作：关闭闸门，打开侧封板，用扳手松开扁螺母，使四只螺杆均匀上升，闸门上胶板压紧上面顶封机构，闸门上升距离大于或等于 5mm 左右，拧紧扁螺母，关闭侧封板，闸门密封完成，可以进行熏蒸。熏蒸完毕，再打开侧封

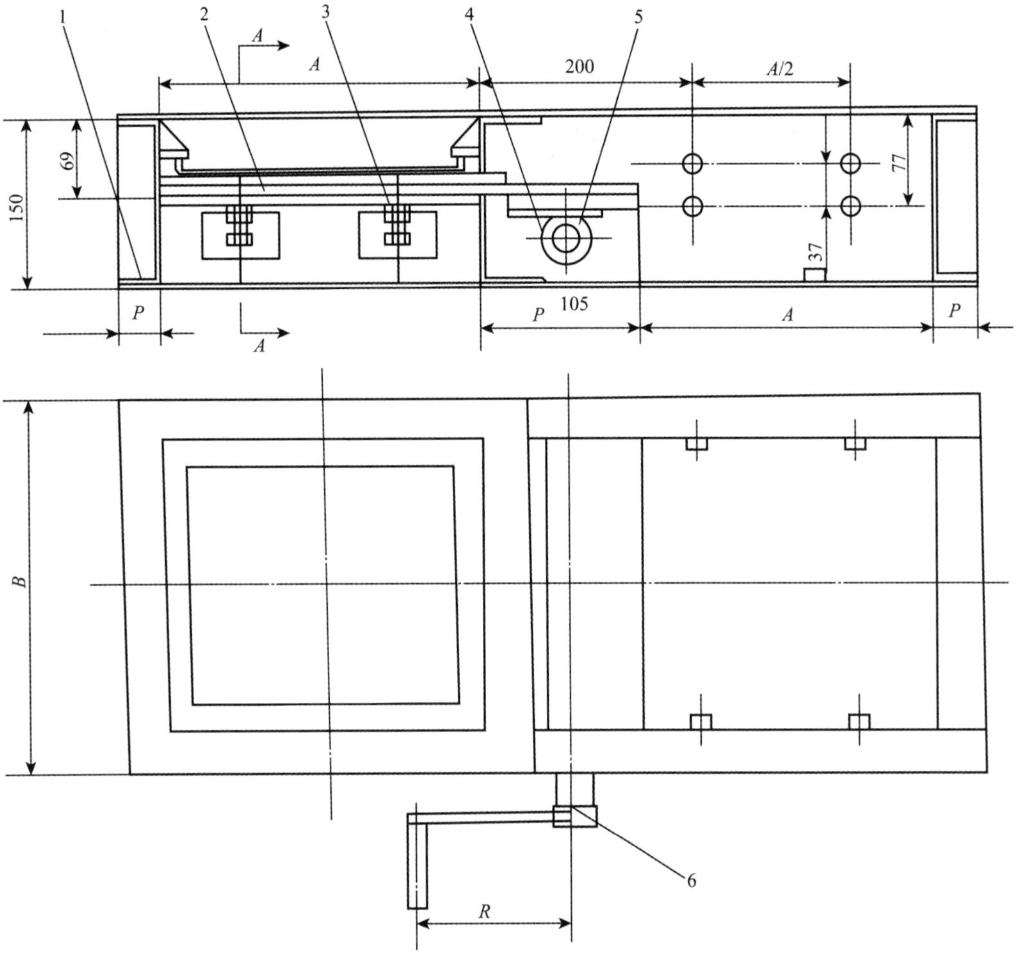

图 3-95　气密型手动闸门

1—闸门架　2—闸门加胶板　3—顶杆　4—齿轮　5—齿条　6—手柄（手轮）

板，松开扁螺母，使四只螺杆均匀下降，使闸门恢复到一般工作状态，拧紧扁螺母，关闭侧封板。

熏蒸状态的故障是不密封，毒气外逸。原因：闸门胶板接触处破裂；密封件破损；焊缝锈蚀。维护：调换闸门上胶板，调换密封件；修补焊缝。

②气囊式全气密手动闸门：该闸门的基本结构类似于螺杆式全气密封手动闸门，区别在于省去了顶升机构及相应的侧封门等配件，省去了闸门板上的胶板，上部原顶压封机构改为胶管护围机构，内部增设一条橡胶管、压力表及打气孔。气囊式结构闸门无上下运动，因此，齿条式或螺杆式手动闸门均可改装成该型密封闸门。

在一般工作状态，只作齿条式手动闸门使用。在需要熏蒸时，闸门关闭后，打开进气孔盖，用打气筒向内打气，使气管胀鼓，与闸门板面接触，形成一个环形平面，使上下空间呈隔离状态，管内压力以 0.05 ~ 0.10MPa 为好，停止打气，盖上气孔盖，熏蒸可以开始。熏蒸结束，放掉气管内的压力气体，胶管收缩，与闸门面脱离，闸门恢复一般工作状态。

与螺杆式气密门相比，气囊式结构简单，但密封程度较差，并且在熏蒸过程中必须注意压力表的变化，万一漏气，要不断打气。熏蒸完毕，打开气孔盖，放气，气管收缩离开闸门，盖上气孔盖，闸门恢复到一般工作状态。故障及维护可参照螺杆式全气密型手动闸门。

6. 三通阀门

（1）大、中、小流量的基本划分

①小流量型：产量为50～400t/h，阀门口径为（250×250）～（450×450）mm。

②中流量型：产量为500～800t/h，阀门口径为（500×500）～（650×650）mm。

③大流量型：产量为900～2000t/h，阀门口径为（700×700）～（1100×1100）mm。

（2）大流量三通阀门的结构设计注意点 大阀门的制造精度要求高。阀门与管壁的间距比中、小阀门要大些，可以为2～3mm。管壁及阀门上应该增设防漏粮结构，清理孔要放大。

7. 耐磨衬板

作业过程中粮食在机械设备中的大量流动、摩擦，势必造成相关部件的磨损，为了保持整机的使用寿命，常在设备中的易损部件处采用耐磨衬板。一旦易磨损部分被磨损，可及时更换。

（1）耐磨衬板的材料、厚度 一般耐磨材料：高锰钢、耐抗铸铁、塑料王、尼龙等。特优耐磨材料：超高分子质量聚乙烯（UHMOPE）。超高分子质量聚乙烯，通常指相对分子质量大于170万～700万的聚乙烯。超高分子质量聚乙烯耐磨性是不锈钢的6.5倍，塑料王（PTGE）的3.7倍，尼龙的2.5倍。

在实际使用上，衬板与基体的线膨胀系数不同，超高分子质量聚乙烯的线膨胀系数为1.5×10^{-4}/℃，是钢质和混凝土的10倍。1m长度的板材计算，冬夏温度相差40℃的条件下，其尺寸变化为6mm。所以在安装使用时，应考虑一定膨胀缝隙。对于超高材料，用在粮食溜管的衬板上，厚度4～6mm即可。

（2）耐磨衬板在闸阀门上的位置

①闸门：由于粮流在闸门中以垂直流过，闸门结构上又有护套，闸门架材用4mm钢板制造，所以在闸门内一般不加耐磨衬板。

②阀门：在正三通阀门中，两侧斜底板和侧面2/3高度应该加耐磨衬板；在斜三通阀门中，垂直部分不加衬板，一边斜底板和侧面2/3高度应该加耐磨衬板。

（3）连接方法 衬板与阀体基板用螺栓或螺钉等紧固连接，紧固件头部应低于摩擦面。不能用射钉固定。衬板与混凝土基板用膨胀螺栓连接，其端头也不要高出摩擦面。

七、溜管和溜槽

1. 溜管

溜管是依靠物料自重，不用外加动力，向下方或斜下方输送散粒物料的装置，在粮库中使用较多。

（1）溜管的结构和尺寸 溜管一般由底端法兰和中间管体连接组成。溜管的尺寸以外径尺寸为准。例如（350×350）mm闸门相连接的溜管，其外径尺寸为（350×350）mm。

溜管的倾角大于等于37°时，溜管的流量与通径的关系同闸阀门。

（2）溜管的剖面形状　一般粮食加工厂小溜管为圆形，流量较大的溜管的形状与阀门出口的形状相同，大多为正方形。

（3）溜管的材料和壁厚　溜管的材料有钢板、木板、玻璃。现在很多使用喷漆溜管，美观、耐磨、流动通畅。对于粮食加工厂的小溜管，输送原料一般用2mm钢板，有时也用5mm的玻璃；输送粉料或成品用0.8mm～1.0mm的镀锌钢板或普通钢板。木制溜管有方管、矩形管、菱形管，但越来越少。

对于与闸阀门相连接的溜管，一般用2～3mm的钢板制造，内加耐磨衬板。不加耐磨衬板的溜管其厚度一般不小于4mm。

（4）溜管的标准长度　溜管的标准长度同钢板的标准长度，一般为2m。

（5）减低粮食下落速度的溜管结构　在溜管中部或底部作一定距离的水平弯曲，弯曲处有较大的空间和体积，堆高的粮食靠重力流下。原理是把下落速度动能转变成粮粒内部冲击摩擦能。

（6）耐磨衬板　在溜管的易磨损部位应使用耐磨衬板。耐磨衬板材料为超高分子质量聚乙烯，厚度为4～6mm。耐磨衬板一般安装在溜管的底面，以及两侧2/3高度处。

耐磨衬板的固定采用紧固件连接，其头部应低于摩擦面1～2mm，衬板离管壁应有一间隙，其值为$3B/1000$，B为溜管宽度（mm），紧固件间距不大于500mm。溜管截面尺寸与产量关系见表3－32，溜管输送最小倾角见表3－33。

表3－32　溜管截面尺寸与产量关系

输送量/（t/h）	圆管直径/mm	方管边长/mm
8～15	140～170	120×120
30	150	150×150
50	250	180×180
100	300	200×200

表3－33　溜管输送最小倾角

物料名称	钢板溜管最小倾角/°	物料名称	钢板溜管最小倾角/°
小麦	27～31	米糠	47
稻谷	33	谷壳	52
玉米	24	小米	23
豌豆	21	糙米	30
大米	39	面粉	45

2. 溜槽

溜槽是依靠物料自重，向下或斜下方输送粮包的设备，无动力，应用广泛。溜槽分平直溜槽和螺旋溜槽。溜槽的材料有木板、铁板、水磨石等。较长的溜槽为了防止溜速过快，中间应加控速器（夹板或挡板）。平直溜槽的最小倾角见表3－34。螺旋溜槽可用于楼房仓出仓。

表 3－34　　平直溜槽的最小倾角

溜槽材料	木板	钢板	竹片
麻袋	24°	24°	15°
布袋	12°	12°	90°

溜槽的宽度应比粮包宽 100mm，槽高为粮包厚的 1/2，在槽端应设操作平台，便于操作。

八、无尘装载管

无尘装载管（简称装车软管）是一种具有吸尘和料位跟踪自动提升功能的伸缩软车。适用于小麦、玉米、稻谷等粮食作物的火车、汽车装车，船舶装载等多种发放作业，能够有效地控制作业过程灰尘飞扬，改善和保护工作环境。装车软管可以直接安装在料仓的闸门或送料机下，也可与胶带输送机、螺旋输送机和埋刮板机等运输设备配套使用。

1. 结构和工作过程

装车软管由内、外伸缩管、卸料管、卷扬机构和升降控制系统等组成（图 3－96）。

（1）伸缩内管　由多节圆锥筒组成，锥筒之间用编织带（或钢丝绳）连接。内管收缩时锥筒层叠，伸展时锥筒相隔一定距离悬挂在编织带上。物料自上而下通过锥筒，从料管排出。锥筒材料可采用塑料、铝合金、碳钢或不锈钢等，其下端物流出口处，应有一段耐磨衬套，以提高内管的使用寿命。

（2）伸缩外管　一个可自由伸缩的波纹管，与伸缩内管构成环状除尘风道，物料在流经内管以及卸料过程产生的含尘气流，通过环状风道后，自机头箱的风管排出。伸缩外管由防雨布或尼龙革作围筒，用金属环圈将围筒分隔制成可伸缩的波纹管，环圈上设有导向柱，保证波纹管在伸缩时环圈叠放齐整。

（3）卸料管　吊装在卷扬机钢丝绳的末端，并与内、外管连接，是物料的排放口，也是卸料过程灰尘的吸入口。卸料管在卷扬钢丝绳的牵引下带动内、外伸缩管做垂直运动。通常物料以直流状态自卸料管排出，也可以在卸料管口设置导流槽或分流器，使物料流改变方向，从而达到均匀装载的目的。

（4）卷扬机构　内、外管伸缩的驱动装置，由电动机、减速器、卷绳轮和钢丝绳等组成。

（5）升降控制系统　由料位计和电器控制器组成。其作用是在卸料过程中保持一定的卸料高度，防止内管堵流和防止灰尘风扬。料位计位于卸料管下侧，由它检测卸出物料的堆积高度。当堆积高度达到受控位置时，料位计发出信号，然后由电器控制器驱动卷扬机构电动机，使伸缩管升降。

装车软管利用物料的自重和自流堆积角在卸料过程中实现卸料管自动逐级提升，连续装载。装载作业开始时，伸缩管处于伸展状态，卸料口与受料容器面保持适当的高度。物料卸出后形成具有一定自流角的堆积体。当达到一定的堆积高度时，位于卸料管下侧的料位计被物料推开并倾斜，在一定的倾斜角下，水银开关接通，卷扬机构牵引伸缩软管向上提升，料位计恢复至垂直状态。重复上述“卸料—推动料位计倾斜—伸缩管上升—料位计复位—伸缩管停止上升”过程，直至装车完毕。

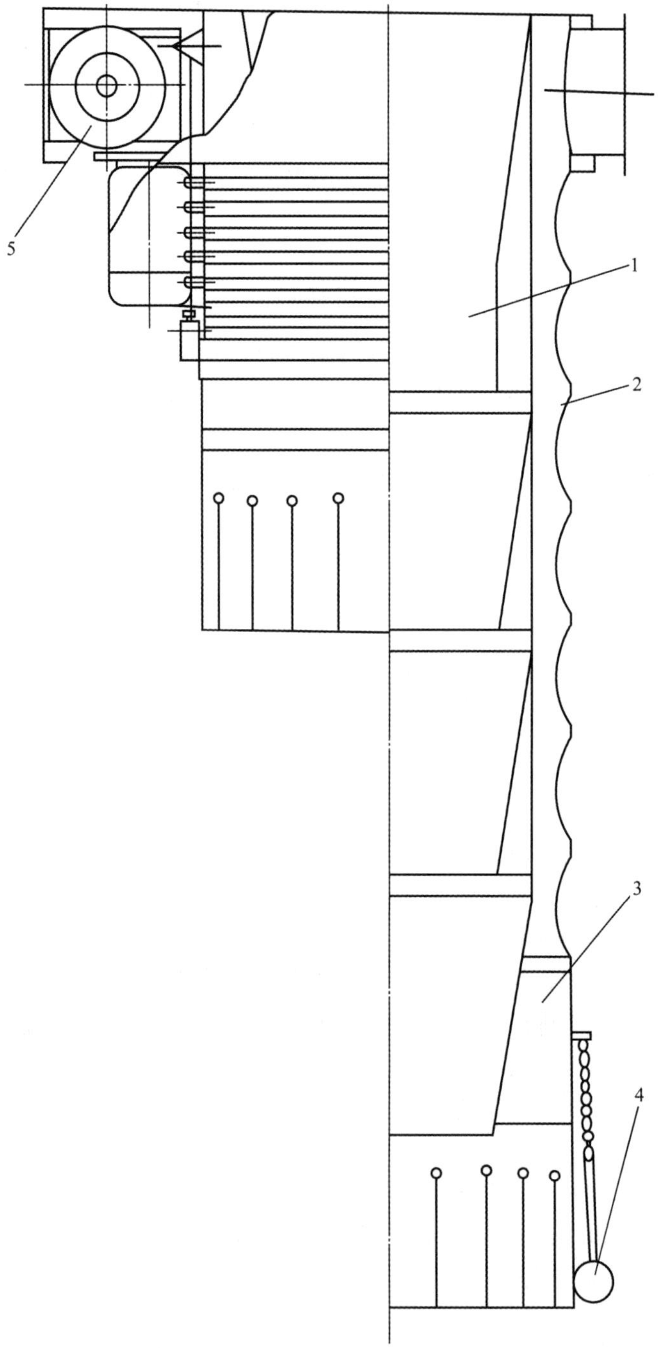

图3－96　无尘装载管

1—内管　2—外管　3—卸料管　4—料位计　5—卷扬机构

物料在卸料口产生的灰尘，自卸料管的外围筒口吸入，经环状风道自排风管排出。在装车软管中，物料是在封闭的伸缩管内流动，卸料产生的灰尘以最短的距离被吸入除尘系统，有效地控制了装料时灰尘飞扬，因而被称为“无尘装载管”。装车软管的装载量100～800t/h，吸风量1100～3500m^3/h，伸缩速度4.8m/s。

2. 安全装置

装车软管的伸缩高度限位采用螺杆式限位器，限位器的螺杆与卷绳轮轴一体，卷绳轴转动，带动螺母左右移动，当螺母移动到限位器两边的接近开关时，开关动作，电动机停转，伸缩管停止在极限位置。

3. 安装、操作、故障及维护

伸缩软管安装应保证内、外伸缩管垂直，吸尘管道需要与除尘系统风网连通。安装高度应保证软管全部伸出时卸料口距车厢底面有一定的空间高度。使用装车软管进行物料发放作业，物料应连续、均匀供料。卸料开始前，伸缩管应处于伸展状态。料位计与受料容器底面要保持一定的空间高度。卸料过程中应注意伸缩管的自动提升情况，若发生异常立即采用手动提升，防止内管堵塞。伸缩管的上、下高度限位，是伸缩的极限位置，操作时不能以此作为作业的起始和终止位置。

装车软管较易出现的故障是波纹管叠放不齐和料位跟踪自动提升失灵。波纹管叠放不齐，是由于牵引钢丝绳长度不一致造成。严重时，会使波纹管隔环局部卡死，伸缩管弯曲。要保证牵引钢丝绳长度一致，首先要保证钢丝绳在每个卷扬轮内的缠绕圈数必须相等。

料位跟踪自动提升失灵将造成卸料堵流故障，通常由料位计安装位置不当引起，用户应按不同物料的自流堆积角调整料位计的安装位置，使料位计正常工作。

九、分路器

分路器也称分流器、分配器，是与溜管共同使用的设备，可控制物料的去向。它有两分式、三分式、四分式、多分式，三分式以下又称拨斗，三分式以上又称分配盘。分配盘的技术特性见表3－35。

表3－35　　分配盘的技术特性

型号	流量/（t/h）	分配盘直径/mm	分配孔数	转动管直径/mm	转动速度/（r/min）	电动功率/kW
FP100	50	1000	4、6、8	250	18	0.25
FP200	100	2000	8	300	0.6	0.4

旋转分配盘优点是流量大、动耗小，但要求有较高安装位置。国外使转动管径达914mm，流量为125～500t/h，采用自动化控制。国外分配盘的流量达1900t/h。

第四节　称重机械

在粮食仓库中，粮食的流通必须有量的概念，在每种作业中也必须有量的概念。例如，入库多少，出库多少，每个仓进粮多少，存粮多少，出粮多少，清理多少，烘干多少等都必要有账可查，尤其在使用计算机管理时，都必须把这些量输入计算机，它才能按设计的程序，控制全库的生产。量包括质量和重量。质量，由粮食检验部门负责粮质的检验、化验；重量，重量即通过称量来完成，测量物料的重量称为称重，称重的设备就是秤。

一、秤的分类

1. 按结构分类

称重机械按结构原理可分为三大类，即机械秤、电控机械秤和电子秤。机械秤是单纯的机械结构，利用杠杆平衡原理达到称量目的。其特点是性能稳定，称量准确，工作可靠，缺点是结构复杂，容易损坏，不能实现远距离控制和自动控制。电控机械秤是由机械杠杆和电气控制原件共同组成，简化了机械结构，提高了自控水平。电子秤是应用传感器和电子仪表，将重量变换成电信号量，再经仪表放大，再由数字显示器将重量显示出来，这种秤的称量精度取决于传感器的灵敏度，很容易实现自动控制。

2. 按称量状态分类

按秤的称量状态可分为静态和动态。静态即被称物料处在静止状态时进行称量，这种秤称量精度高，使用较多。动态秤即被称物料于流动状态下进行称量，虽然这种称量目前准确度还不高，但在粮食部门已较多使用。

3. 按自动化程度分类

按自动化程度可将秤分为自动秤和非自动秤。在自动秤中，按每次称重的物料量的均匀性，可将其分为非连续累积料斗秤和定量秤。

二、常用称重机械

1. 百分台秤

百分台秤是粮食仓库中常用的一种机械秤。它采用复式杠杆，砝码的重量是它标示重量（即计量杠杆平衡时，被称量物体的重量）的百分之一。

台秤多用来称量包装粮。也有的粮库自制一个称量斗，计量前把称量斗放在台板上，把散粮用输送机送入称量斗，斗装满后，停止进粮，然后进行称量，称出的重量减去斗重，即为粮重。称量后将粮食从称量斗底放出，再用输送机运走，这种秤称为斗槽秤。交替使用两台斗槽秤，即可称出输送线上粮食的流量。它是静态称量法称出输送中物料的重量，但每次称量要用2～3人，称量速度慢，产量50t/h左右，工作环境尘土多，灰尘往往影响秤的精度。

台秤下有四个行走轮，用于短距离移动，可以配合移动式输送线使用。称量大的台秤称地上衡。台秤的称量精度国家规定为1/1000，即最大称量的1/5到最大称量的允许误差为正负实际称量的千分之一。

2. 自动秤

自动秤多是定量机械自动秤，属于间歇工作，结构复杂，出现故障时一般操作工人不能修复。它的优点是称量精度高，出厂精度达1/2000，使用精度为1/1000。已生产出机械电子秤和电子秤。机械电子秤是称量为杠杆机械原理，计量为电气原理，电子秤则全部使用电气原理。这些秤也属于间歇工作的定量秤，它们结构简单，容易操作和修理，但其称量精度还不如机械秤，一般出厂精度为1/1000，使用精度为2/1000，这些产品已在市场推销，并有取代机械秤的趋势。已经有用于称量处于流动状态的物料的秤，但其精度有限，粮食系统已有应用。

在输送作业线中，常用非连续累计料斗秤。非连续累计料斗秤是将一批物料分成不连续的载荷序列分别计量，然后将载荷序列中的各个计量值累加从而得到整批物料的总质量。其称量精确度高，特别适用于散粮及其他食品原料的贸易计量。

（1）非连续累计料斗秤的组成和工作过程　非连续累计料斗秤的机械结构一般由秤上斗、称量斗、秤下斗组成；控制部分由称重传感器、称重显示控制器、电气及气动控制系统组成。

非连续累计料斗秤工作时，秤上斗（上料斗、储料斗）中的物料经给料机构进入称量斗（秤斗），当称量斗内的物料达到预先设定量时，执行机构（一般为气动元件，也有采用电动推杆的）关闭给料门，而后进行自动称量、显示。称重完毕，若此时秤下斗（下料斗、放料斗）内具有足够空间容纳物料，料位器发出信号，称重控制器便驱动称量斗上的放料门，将物料自动排入放料斗，接着进入秤的放料过程。等到秤放空后，放料阀门自动关闭，至此，本次称量循环结束，下次称量循环的进料过程自动开始。如此不断循环，直至最后一秤称量循环结束后系统工作自动停止。图3－97为非连续累计料斗秤工作过程。

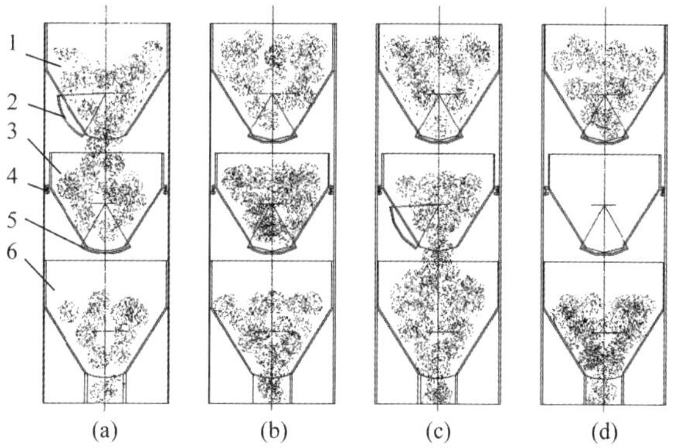

图3－97　非连续累计料斗秤工作过程

1—秤上斗　2—秤上斗闸门　3—秤斗　4—称重传感器　5—秤斗闸门　6—秤下斗

（a）给料　（b）毛重计量　（c）秤斗排料　（d）皮重计量

①秤上斗：由于连续累加自动秤用于连续物料的计量，是整个工艺过程中的一环，它除了提供计量功能，在整个过程中还要与秤上斗、秤下斗等联用（有的型号散料秤自己拥有秤上斗和秤下斗），秤上斗和秤下斗就是与秤连接的秤上部、下部的一定容积的容器。

非连续累加自动秤是将连续输送的物料分割成一斗斗单独计量然后累加计量值，得出这一批物料总值的计量设备。秤上斗的作用是与进料门联合，利用自身的容积将连续送来的物料分割成断续物料。而秤下斗的作用是利用自身的容积将称量斗放下来的物料暂时储存，以便后续输出设备以一定的速度连续输送物料。正是它们保证了非连续累加自动秤的正常工作。

秤上斗根据工艺要求设计，可以有大容量（几十倍于计量斗）、中容量（几倍于计量斗）和小容量（约一倍于计量斗）等几种。至于形状则根据现场情况千差万别。大容量秤上斗，一般用于港口、码头等长距离皮带输送物料的条件，一旦计量秤或其下游的设备发生故障，它要求能够将前面皮带上承载的负荷全部卸到秤上斗中，以保证皮带不带负荷起动。通常情况秤上斗有几十吨，大的有上百吨。中容量秤上斗，一般受工艺要求制约，如装火车散料秤通常要求秤上斗容量是计量斗容积的十倍（也可以是一节车皮容量的斗）。如果是普通搬倒装库作业，则三倍计量斗容积就可以了。小容量秤上斗，一般是秤自身工艺要求，即秤自己能够连续工作时的容积。它只要满足秤能够连续工作即可，一般规定1.0~1.5倍计量斗容积。不同的工艺要求对秤上斗的要求是不同的。

②秤下斗：由于计量斗在称量过程中，中断了后续工艺设备的供料，为了连续运行，秤下斗就存储了一部分物料。在称量斗中断供料时，补充供料，同时在称量斗放料时再将多出部分暂时存储。所以秤下斗一般来讲要小一些，通常有1.5~3.0倍计量容积也可以满足需要。至于形状尺寸，根据现场条件不同可以不同。

③秤上斗、秤下斗的安全装置：同非连续累加自动秤一样，秤上下斗同样处于粉尘爆炸危险区，10区//11区，所以秤上下斗的料位器必须是粉尘防爆产品，同样如果是密封斗体也要考虑泄爆门或泄爆片。

④耐磨衬板：由于粮食或其他颗粒状物料是以一定的速度从高处冲击下来，而且连续不断，此种工况类似于抛丸作业，故秤上下料斗的锥部及分流板直接受冲击，这部分的磨损是相当大的，若不采取措施，秤斗很快就会磨穿，导致设备失效。通常的做法是在秤上下斗的易磨损部位，加装耐磨衬板，以延长设备的使用寿命。

对耐磨衬板的要求，首先要求耐磨衬板有比普通钢板高的耐磨性能；其次由于粮食作物的特殊性，要求衬板材料对人体无毒、无害且不会与粮食发生化学反应，导致产生有害物质；第三要求便于更换。

耐磨衬板的种类有特殊的金属或非金属合金材料，如耐磨铸钢、铸铁等；经热处理后的特殊金属制品，如65Mn、42MnV7等钢板，热处理后使硬度达到HRC50以上；特殊的高分子聚合材料，如高分子质量聚乙烯、聚氨酯材料等。

（2）主要工作参数　非连续累加自动秤，理论上讲，可以根据用户的要求，设计成任何容量。但由于工业生产的需要，一般厂家都有一定规格的产品，其参数也不尽相同，但最主要的技术指标有“计量能力”“单斗最大称量值”“显示分度值”“准确度”等几项指标。

①计量能力：是指在单位时间内设备的正常工作能力，一般以t/h或kg/h来表示。

②单斗最大称量值：指计量斗最大的单斗称量能力，一般以kg或t等重量单位来表示（用重量单位时要指明以何种容重的物料为依据，如小麦0.75t/m^3）。

③显示分度值：指显示器上相邻两个显示值之差。

④准确度：指显示值与实际值之差应在国家规定的一个准确度等级范围内。通常非连续累加自动秤准确度等级应在0.2级。

（3）非连续累计料斗秤的安全装置　由于非连续累加自动秤在粮食搬倒过程中，处于粉尘环境内，加之有些类型的秤是完全封闭结构，这就要求有粉尘防爆措施及爆炸泄爆装置。

粉尘防爆：现场秤体上的电气部件如电磁阀、传感器、接近开头、料位器、行程开头等均应符合粉尘防爆的要求，控制柜必须置于安全区。封闭型秤体必须按粉尘爆炸泄压标准的要求，设置泄爆门等装置。当封闭容器内气体急剧膨胀时，让高压气体迅速从这些薄弱环节冲出，避免封闭容器的爆炸，从而保证人员及设备的安全。

（4）安装、操作及维护　非连续累加自动秤是粮食搬倒工艺流程中的计量设备，由于设备的特殊性，它既要满足设备上下接口等的安装要求，又要满足计量设备的特殊要求。通常安装时要有专业人员指导。设备有自己校秤装置，对于较大吨位的非连续累加自动秤（如20t/h以上）就要考虑标准砝码标定、检测时的悬挂及搬运设备，操作人员也必须经过培训合格后才能上岗操作。如果是对外结算用的衡器，国家法定计量部门要定期检查，维修也要经过培训的合格维修人员进行。

3. 地中衡

地中衡是秤的称重台板与地面持平，称重杠杆系统置于地坑之内，计量杠杆在地面以上，距地面1.0~1.5m，台板中心距计量杠杆2.1~2.7m。一般将计量部分设在秤房内，而台板设在秤房处的罩棚内，以便保护设备，雨天可继续工作。地中衡在粮库主要用以计量汽车来粮，故它又被称为汽车衡。地中衡有纯机械式，也有机电结合式，即称量部分为机械（杠杆）式，计量（表示结果）部分采用电子系统。

汽车衡利用应变电测原理称重，在称重传感器的弹性体上接有应变计，应变计组成应变电桥，传感器装在秤台各个称重点下方，并将各自电缆在接线盒里并联。当汽车开到秤台上时，秤台将其所受的力加到称重传感器上，使应变电桥输出电信号。此电信号经线性放大后传给A/D转换器，A/D转换器把模拟信号转换成数字信号，并送入微处理器进行处理，然后将称量值在显示窗口上显示出来。如果系统中接有计算机、打印机，还可对每辆车的称量数据如：净重、毛重、皮重等进行存储，统计管理和打印报表。

汽车衡主要由秤台、称重显示控制单元和称重传感器三大部分组成。称重显示控制单元有以下两种配置：称重显示控制器、净化稳压电源（推荐选用件）；称重显示控制器、计算机、打印机、UPS不间断电源、净化稳压电源（推荐选用件）。

粮食仓库中使用地中衡的数量是根据地中衡接收一辆汽车所需的时间和高峰入库期平均每天来车数量来确定的。

$$n = \frac{2B}{C} \tag{3-19}$$

式中：n——粮库所需地中衡，台；

B——高峰入库期平均每天来车数量，辆；

C——一台地中衡一天可称量汽车的数量，辆。

$$C = \frac{60t_1}{t_2} \tag{3-20}$$

式中：t_1——每天地中衡工作的时间，h；

t_2——地中衡每称一辆车（包括驶入、称重、驶出）所用时间，一般取 t = 3~5min。

一般情况下，称量重车和空车各使用一台地中衡，它们各设在主干道的两侧，每侧安装数量均衡，这样，不会造成道路的堵塞。另外即使有一台地中衡损坏，需要修理，在修理期间也不会影响整个粮食出入库的工作。

地中衡一般设在库内距大门不远的主干道一侧或两侧，距马路转弯处最小距离为10～20m，以保证汽车顺利驶入台板。地中衡应布置在地势较高的地方，以防止地面水流入地坑。同时要求驶入路面坡度不大于1/20，驶出路面坡度不大于1/16～1/15。

SCS型电子汽车衡（以下简称汽车衡）是一种数字显示的电子衡器，它将电子称重及计算机技术相结合，使称重显示控制器与计算机系统一体化，具有称重、显示、打印等多种功能。其特点是准确度高，可靠性好，操作简便，适应能力强。基本参数见表3－36。

表3－36　　SCS型电子汽车衡基本参数

项目	产品型号								
	SCS－5	SCS－15	SCS－20	SCS－30	SCS－40	SCS－50	SCS－60	SCS－80	SCS－100
最大称量/t	5	15	20	30	40	50	60	80	100
最小称量/kg	100	250	500	500	1000	1000	1000	1000	2500
分度值/kg	2	5	10	10	20	20	20	20	50
台面有效尺寸/m	4×2	6×2.8	7×3	7×3	12×3	10×3.5	14×3.5	18×3.5	18×3.5
				12×3	14×3	14×3.5	15×3.5	18×4	21×4
				14×3		15×3.5	16×3.5	21×4	
						16×3.5	18×3		
						18×3	18×3.5		
						18×3.5	21×3.5		
						21×3.5			

地中衡的准确度等级为中精确度Ⅲ，允许误差见表3－37。

表3－37　　地中衡允许误差

称量	e（允许误差）	
	新制造的和修理后的	使用中的
0～500e	±0.5e	±1.0e
500e～2000e	±1.0e	±2.0e
>2000e	±1.5e	±3.0e

4. 轨道衡

轨道衡适用于港口及大型粮库的火车装运货物的整车厢计量，目前使用的轨道衡仍多属于静态计量，来保证称量的精度，动态计量仍属研究阶段。轨道衡除非有承重系统休息装置，当不作计量时，允许车辆和机车以小于5km/h的速度在衡器的轨道上行驶。常用的轨道衡为机电结合产品。

（1）GCS型静态电子轨道衡　GCS型静态电子轨道衡（以下简称轨道衡）是一种新型电子称重计量设备，采用高精度电阻应变计式称重传感器、微处理机及先进的大规模集成电路技术。它能自动称量、自动运算、自动显示重量、自动记录称量结果，还可将称重数据远传至电子计算机进行数据处理。可对符合国家铁路部门运营要求的四轴货车，进行不摘钩计算或单车计量。还可根据用户要求记录称重日期、时间、车序号、发站、到站、整列及单车净重、毛重、皮重及操作员代号等。

①GCS 型静态电子轨道衡基本参数见表 3 – 38，允许误差与地中衡允许误差相同，见表 3 – 38。

表 3 – 38　　GCS 型静态电子轨道衡基本参数

产品型号	最大称量/t	检定分度值 e/kg	称重轨长 × 轨距/m	基坑形式	准确度
GCS—100	100	20	13 × 1.435	深基坑、浅基坑、无基坑	Ⅲ
GCS—150	150		14 × 1.435		

②基本结构：轨道衡主要由秤体、称重显示控制单元和称重传感器三大部分组成。

称重显示控制单元有以下两种配置：净化稳压电源、称重显示控制器；净化稳压电源、称重显示控制器、微机、打印机、UPS 不间断电源。

秤体由承重架、纵向限位、横向限位和走台组成。承重架是秤体的主要部件，由两根主梁组成，由横梁、端横梁、斜拉梁用螺栓将两根主梁组为一体，具有足够的强度、刚度和良好的稳定性。主梁上铺设台面钢轨，由压板固定。台面钢轨与引道钢轨之间保持 5 ~ 15mm 轨缝。为了减小列车对承重钢轨的冲击，在钢轨端部采用桥式过渡器。

称重传感器由高精度桥式电阻应变称重传感器、接地导线、罩等部件组成。

称重显示控制器是为各种电子衡器专门设计的通用型多功能控制器，其最大称量值、分度值、小数点位置均可由用户设置。输入信号范围宽。配上适当的承重装置、转换装置及附件即可组成相应的称重系统。

称重系统中连接微机、打印机时，称重结果可汉字显示和打印，称重数据能长期保存，以便日后随时统计查询。另外，还可配备远距离通信系统，使管理人员在办公室就可查阅称重情况，并对其进行数据处理。

③工作原理：当车辆驶入轨道衡时每节车辆及货物的重量通过承重架传至八个称重传感器上，传感器将所感受到的重量按比例转换成电信号并输入至称重显示控制器中进行放大、滤波和模数转换，转换的数字量信号，经微处理器处理后，称量值在称重显示控制器的显示窗口上显示出来。如果系统中接有微机、打印机，可对整列（或单节）车的净重、毛重、皮重等进行统计处理，并打印结果。

（2）GCU 系列动态电子轨道衡　GCU 系列动态电子轨道衡是一种列车动态称重设备，可对行进中的列车进行不停车不摘钩连续称重，经计算机进行数据处理并打印出称重结果。

①技术性能

a. 称量范围：节重小于 100t 或 150t 的标准轨距四轴货车。

b. 工作方式：双向、联挂转向架计量或整车计量。

c. 计量车速：对于液罐车整车计量，计量车速为 3 ~ 12km/h；对于转向架计量，车速为 3～15km/h；不计量时秤台的允许通过速度为 25km/h。

d. 计量精度：优于 JJG234—1990《动态称量轨道衡》检定规程的各项规定，见表 3－39、表 3－40、表 3－41。

表 3－39　准确度等级和分度值

准确度等级	分度值/kg	准确度等级	分度值/kg
0.2	50	0.5	100

表 3－40　静态允差

称量 m	允差		
	$e=50\text{kg}$	$e=100\text{kg}$	
$m=0$			$\pm 0.5e$
$0<m\leqslant 500e$	$0<m\leqslant 25t$	$0<m\leqslant 50t$	$\pm 1.0e$
$500e<m\leqslant 2000e$	$25t<m\leqslant 100t$	$50t<m\leqslant 100t$	$\pm 2.0e$

表 3－41　动态允差

称量	允差	
	准确度等级 0.2	准确度等级 0.5
$m=0$	$\pm 0.5e$	
$0<m\leqslant 500e$	$\pm 2.0e$	
$500e<m\leqslant 2000e$	$\pm 3.0e$	$\pm 4.0e$

e. 鉴别力：加减 20kg 砝码静态计量时，示值应有大于 10kg 的变化。

f. 零点漂移：30min 不大于 10kg。

g. 功率消耗：不大于 0.5kW。

②系统结构及工作原理：本系统由机械秤体、称重传感器、称重通道和计算机系统构成。主要结构简述如下：

a. 机械秤体：由主梁、纵向限位器、横向限位器、抗扭梁和过渡器组成。作为主要部件的主梁是由厚钢板按箱式结构焊接而成，具有足够的强度、刚度和良好的稳定性。其他部件均安装在秤体上，主梁通过四只压式称重传感器安装在基础的承重架上。两主梁在其中部用抗扭梁连接，使主梁组成了传力准确的连接体。

台面的稳定系统由纵向限位、横向限位和抗扭梁构成。纵向限位系统的作用是克服列车通过秤台时对秤梁产生纵向力而使秤梁保持在正确的纵向位置。横向限位系统是由设置在秤台两端的两主梁之间的两组受力杆构成，杆柄预紧，使主梁和基础相对固定，以随时克服列车通过时对秤梁产生的侧推力，从而保证主梁在横向的正确位置。抗扭梁的垂直惯性矩很大，可以承受列车过衡时对秤梁产生的扭转力矩，使秤梁保持稳定，而对纵向限位的影响很小。

为了减少车轮通过引线轨和称重轨接缝处时产生的冲击振动，在四个轨缝处分别接了一个桥式过渡器。过渡器一端由转轴固定在过渡支座上，另一端浮动于秤梁上，过渡器中部有一个高于轨缝处的圆弧面，在车轮通过过渡器时，自然绕过横向轨缝，从而减少对秤体的冲击振动。

b. 称重传感器：称重传感器是将重量转换成电量的仪器、仪表。动态电子衡的轨道安装地点一般比较恶劣，如温度变化大，多雨潮湿，因此传感器应具有允许温度范围宽、密封防潮过载能力强、长期稳定可靠等特点。因此它的性能直接影响到计量精度及产品的长期稳定性。

c. 称重通道：动态轨道衡的仪表部分没有显示器，人们习惯称之为通道。它将传感器输出的 0 ~ 20MV 信号经前置放大至 0 ~ 5V 信号，由 A/D 转换器将 0 ~ 5V 信号转化成计算机可识别的数字量。计算机对这些数字量通过一定的运算处理就得到需要的重量值。

d. 计算机系统：微型计算机分为商用机和工业用机。工业机采用无源底板、正压通风，各插件板用压条紧固，机箱为全密封钢板结构，可应用在灰尘大、振动大、温度高等环境恶劣的现场。

5. 电子皮带秤

电子皮带秤根据重力作用对皮带输送机所输送的松散物料进行自动连续称重，广泛应用于粮食、电力、矿山、冶金、建材、轻工、港口及交通运输部门的动态计量和控制配料。

（1）ICS – ST 电子皮带秤基本参数及其性能指标　准确度等级见表 3 – 42，最大流量范围见表 3 – 43。

表 3 – 42　电子皮带秤的准确度等级

等级	秤型号	新安装相对误差/%	使用中相对误差/%
0.5	ICS – ST4	0.25	0.50
1.0	ICS – ST2	0.5	1.0

表 3 – 43　电子皮带秤的最大流量范围

秤型号	最大流量范围/（t/h）	秤型号	最大流量范围/（t/h）
ICS – ST4	73 ~ 4152	ICS – ST2	59 ~ 4100

（2）电子皮带秤的组成和工作原理　皮带上连续通过的物料量由称重传感器转换成 mV 级电信号，经过放大及模数转换成数字量 A 后经微机处理，由测速电机送来的速度信号 B 也送入微处理器中。皮带上通过的物料总量和瞬时流量可用下式表达。

①累计量

$$C = K(A_1B_1 + A_2B_2 + \cdots + A_nB_n) \tag{3-21}$$

式中：　C——累计量（代表累计数）；

$A_1 \cdots A_n$——正比于物料量的数字量；

$B_1 \cdots B_n$——速度信号的数字量；

K——修正系数。

②瞬时流量

$$Q_i = KA_iB_i/t_i \tag{3-22}$$

式中：Q_i——瞬时流量，t/h；

t_i——测量 A_i 和 B_i 的时间，s。

③电子皮带秤的组成

a. 秤体：ICS－ST 系列皮带秤为双杠杆两托辊及四托辊式皮带秤，计量准确度分别为 1.0%、0.5%和 0.25%。

b. 称重传感器：称重传感器为电阻应变式传感器，为了确保皮带秤的准确度，传感器应选用高精度和高灵敏度的，其综合精度 1/3000 以上，灵敏度 2mV/V。

c. 测速传感器：测速传感器是交流电压为 10～20V，经限幅（约 4V）整流后送仪表整形计数，得到正比于皮带速度的脉冲数。

d. 电脑积算仪：也称为显示控制器、仪表。

第五节　粮食清理机械

清理机械是指粮食仓库中清除粮食中杂质的机械。清理是粮食仓库中必不可少的作业，因为干净的粮食等级高，质量好；干净的粮食容易储存而不易变质；干净的粮食灰尘少，可减少粉尘爆炸、环境污染和机械过度磨损的发生；更干净的粮食可直接加工成食品，满足市场需求。

一、粮食清理机械分类

清理机械在粮食仓库中分初清和细清两种。所谓初清就是把粗杂（如麻绳、土块、茎、叶等杂质）和灰尘清除出去，所使用的机械有圆筒初清筛、鼠笼初清筛、网带初清筛、吸风分离器等。细清就是把大杂（比粮粒稍大的杂质，如土块、石子等）和小杂（比粮粒小的杂质，如砂子、土粒等）清除出去，使用的机械有振动筛、回转筛、高速筛、去石机、磁选机等。在我国大部分粮库对来粮只作一次初清，然后进仓储存；有的粮库则做多次清理，如入库清理、入仓清理、烘干清理、倒仓清理等，实现净粮储存。

二、粮食清理机械的工作原理

各种清理设备的原理不同。筛分机械是利用粮粒与杂质体积大小的不同，用筛孔把它们分开。风选机械是利用粮粒与杂质的悬浮速度不同，用一定速度气流把它们分开。磁选机械是利用粮粒与杂质的导磁性不同，用磁铁把它们分开。去石机利用粮粒和杂质的相对密度和空气动力学性质的不同，将粒度大小与粮粒接近的重杂质分离。

三、常用粮食清理机械

1. 风选机械

(1) 简易吸风分离器　由外壳、导流板、吸风管组成。物料由机壳上口流入，经壳内多层导流板后由机壳下口流出。外壳一侧有百叶窗，另一侧有吸风管，空气由百叶窗进入，与粮流交叉，带走轻杂。其技术参数如下：进口风速 4～6m/s，穿过粮流风速 4.0～4.5m/s，吸风道风速 9～11m/s，粮食流量 60～80kg/（h·cm）。

（2）XFF－1000 型吸风分离器　一种垂直吸风道式风选设备。进料斗结构完善，物料在整个吸风道宽度上分布均匀，流量稳定。垂直吸风道上有三个闸门，控制风道风速和均匀性。其特性见表 3－44。

表 3－44　　XFF－1000 型吸风分离器技术特性

风道宽度/mm	风量/（m^3/h）	台时产量/（t/h）	振动给料机频率/Hz	振动给料机振幅/mm	风机型号	风机功率/kW	振动电机功率/W
1000	2200	5	23	1～5	4－72－11No.6	4	110

（3）循环风选器　现在用得较多的风选设备是循环风选器，它可以单独使用，也可与振动筛组合，风选效果好，性能稳定。图 3－98 为其结构示意图。

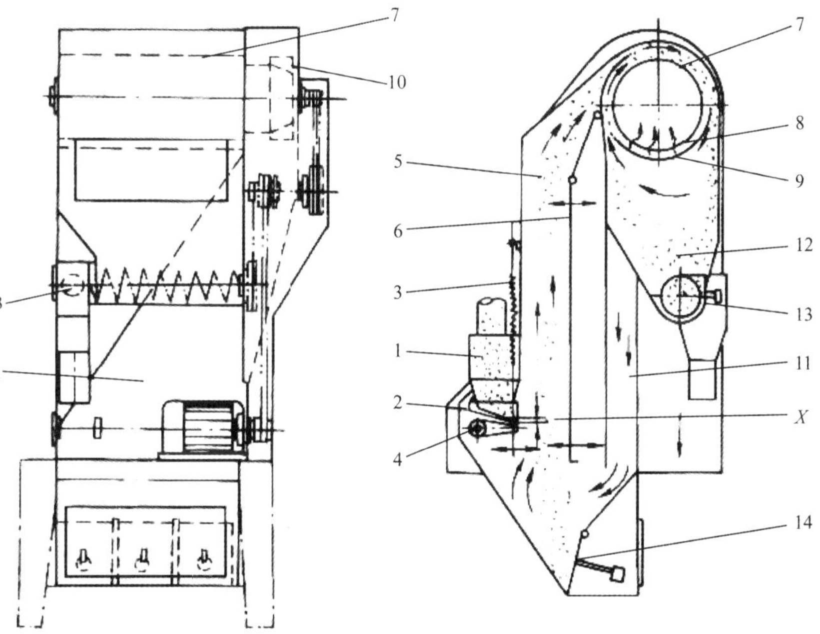

图 3－98　循环风选器结构示意图

1—喂料斗　2—振动喂料槽　3—弹簧　4—偏心振动机构　5—吸风道　6—调风板　7—轻杂分离器　8—分离圆筛　9—导风弧板　10—风机　11—回风道　12—集尘室　13—压力门闭风器　14—分料压力门　X—喂料斗出口间隙

2. 筛选机械

在粮库使用的筛选机械是初清筛。初清筛也可用作面粉厂和碾米厂的初步清理设备，专门分离粮食中的秸秆、麦穗、绳头、砖石、泥块等大型杂质，为下道工序创造有利条件。目前常用的初清筛有鼠笼式初清筛和冲孔圆筒初清筛两种。

（1）溜筛　溜筛由筛框和钢丝编织筛组成，结构简单，工作时不用外加动力，但效果不佳。若提高清理效率，可从以下方面改进：控制流量，使物料均匀地流过整个筛面，粮层厚度不可太大，一般常取 35 ~ 50kg/（cm · h）为好；选择正确的筛孔尺寸，清除大杂宜用筛孔为 1.4 × 1.4 或 1.6 × 1.6 目/cm，清除小杂宜用 2.8 × 2.8 或 3.1 × 3.1 目/cm 的筛孔，清除草籽用 2.4 × 2.4 ~ 3.1 × 3.1 目/cm 的筛孔；选择合适的筛面倾角，使物料流速不可过大，常用倾角为 34° ~ 38°；合适的筛面长度，一般为 1.2 ~ 1.8m，太长时效果没有提高，反而浪费了材料；筛面要平直，不得下凹，宽度要适当；要经常清理筛面上被堵的筛孔。

（2）圆筒式初清筛　圆筒初清筛有单筒和双筒之分，单筒又有直筒和锥筒（喇叭筒）之分。筒上筛孔有圆孔、长孔、方孔多种。筒上筛面有钢板冲孔筛面和钢丝编织筛面两种。钢板冲孔筛面的初清筛均自带吸风系统。钢丝编织筛筒又称鼠笼式筛筒，小型的自带吸风系统，大型的要并入车间的风网。圆筒式初清筛主要用来清除粮粒中的粗杂、尘土等轻杂，清除率为 50%。

冲孔圆筒初清筛是利用物料与筛筒的相对运动进行筛选的，当物料进入筛筒时，由于筛筒的旋转把物料带到一定的高度，然后在重力的作用下，沿倾斜的筛面做相对滑动和滚动。随着运动的进行，物料不断得到翻滚，为粮食与杂质提供了分离的条件。筛理时，粮食穿过筛孔到出料端，从而得到粮食与大型杂质分离。冲孔圆筒初清筛根据筛体形式又可分为圆筒式和圆锥式两种。前者已被国家定型，如 SCY63 型。

①SCY 型圆筒式初清筛：SCY 型圆筒式初清筛的结构如图 3 - 99 所示。水平安装在机架上的筛筒分进料段和出料段两部分，由带摆线针轮减速器的电机通过链条传动。筛孔出料筛设有排大杂的导向螺旋，在筛筒上行方向的外侧安装有清理刷。SCY 系列圆筒式初清筛主要技术参数见表 3 - 45。

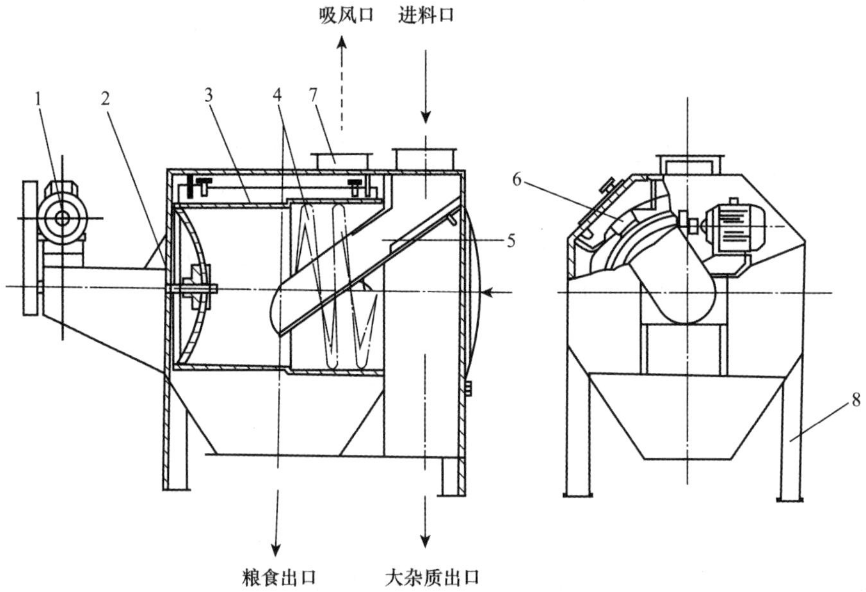

图 3 - 99　SCY 型圆筒初清筛

1—电动机　2—传动轴　3—筛筒　4—导料螺旋　5—淌料溜槽　6—筛筒清理刷　7—吸风管　8—机架

表 3－45　　SCY 系列圆筒式初清筛主要技术参数

型号	产量/（t/h）	动力/kW	风量/（m^3/min）	机重/kg	外型尺寸长×宽×高/mm
SCY63	20	0.75	8	290	1735×840×1510
SCY80	32	1.1	12	358	1905×980×1580
SCY100	80	1.5	18	910	2026×1100×1610
SCY120	100	2.2	30	1280	2238×1200×1860

②圆锥式初清筛：主要由进料部分、筛筒机和传动机构等组成。筛筒为圆锥形，倾角约 7°，并分为外筒、内筒两层。内筒为直径 14mm 的圆形孔冲孔筛，外筒为直径 2.8mm 的圆形孔冲孔筛。进料斗安装在小头，在筛理过程中，物料流向大头。外圆封闭严密，并装有吸风道。传动机构由电动机、蜗轮减速机、三角带轮和托轮等组成。圆锥式初清筛的技术特性见表 3－46。

表 3－46　　圆锥式初清筛的技术特性

项目	参数	项目	参数
内筛筒大头直径/mm	690～740	内部筛筒筛孔/mm	φ14（冲孔筛，筛板厚 1.5mm）
内筛筒小头直径/mm	350～400	外部筛筒筛孔/mm	φ2.8（冲孔筛，筛板厚 1.5mm）
内筛筒长度/mm	1400	筛筒倾角/°	约 7
外筛筒大头直径/mm	770～820	转速/（r/min）	28
外筛筒小头直径/mm	430～480	吸风量/（m^3/h）	300～500
外筛筒长度/mm	1150	流量/［kg/（m^2·h）］	2400（按内筒计算）

③双筒圆筒初清筛：双筒圆筒初清筛由电机、主轴及万向联轴器、内筛筒、外筛筒、托轮、进料管、螺旋推进器、风机、风选室、大杂出口、粮食出口、小杂出口、轻杂出口、行走机构等组成，常见型号有 TCQY85/160、TCQY85/230、TCQY100/220、TCQY100/320、TCQY100/240，如图 3－100 所示。

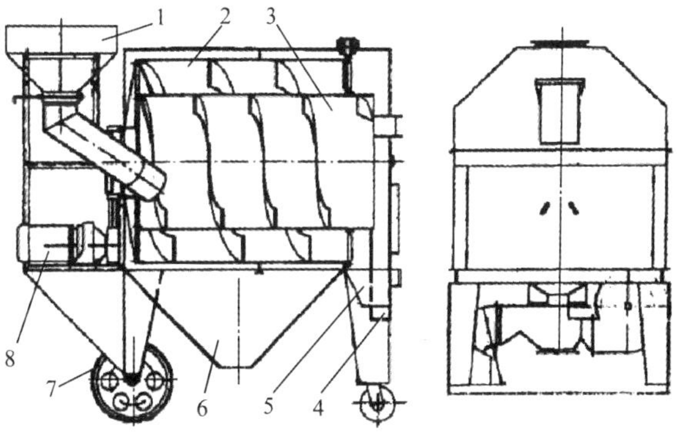

图 3－100　TCQY 型双筒圆筒初清筛
1—进料斗　2—外筛筒　3—内筛筒　4—大杂出口
5—粮食出口　6—小杂出口　7—行走轮
8—电动机及传动

操作指标：筛筒单位长度流量 600kg/（h·cm）以下；大杂质去除率在 90% 以上，下脚中不应含有正常完整粮粒；单位耗电为 0.03kWh/t 粮食（因该机吸风量需专门另配吸风系统，故耗电量显得比较小）。

④操作与维护

a. SCY 型圆筒式初清筛的操作与维护：开车前检查传动装置、安全防护装置、进出料闸门等情况是否正常。开车后先检查筛筒方向是否与标记方向一致，空车运行 1 ~ 2min，待情况正常后再进行进料。合理控制流量，流量过小，会影响产量，电耗过大；流量过大，会因流层过厚，降低筛理效率，也会产生杂质带粮现象，甚至使物料不动或堵塞，运转失灵等。不得随意改动转速，转速增大，离心力也大，粮食与筛面不能产生相对运动，粮食贴在筛面而随之一起转动，以致失去筛理功能。如果转速过小，离心力也小，粮食随筒长高度上升而减少，减少粮食接触筛面的机会，因而筛理效率会显著降低，产量也随之下降。经常检查筛筒运转和除杂情况，发现异常，即予排除。清理对初清要求较低而又要求产量较大的物料时，可选用较大的筛孔；反之则选较小的筛孔。调换筛筒必须停车进行，先打开端面门，松开进料管连接螺栓，卸去设备内一段进料管，然后松开筛筒与传动件的轴端螺钉，即可卸下筛筒。清理刷磨损到不能贴靠筛筒时，应及时更换。更换时，停车后只须松开刷子与弹簧板的连接螺栓即可。

b. 圆锥式初清筛的操作与维护：开车前应检查筛筒是否有物料堵孔，筛筒转动是否灵活。须待运行正常后方能进料。开车后，设备应密闭，防止灰尘外扬。每班用钢丝刷清理外筛筒面一次，不得用棍棒敲打筛面。经常检查清理后粮食的质量和大杂、小杂及含粮情况，观察筛理效果，如有不正常现象应立即纠正。如果是筛面破漏应及时修补或调换新筛面。筛筒的斜度不对时，要及时修正。对圆锥式初清筛来说，粮食在旋转运动中，依靠筛筒本身的斜度向前推进。在筛筒转速一定的条件下，斜度过大或过小，决定粮食在筛筒内的推进速度。斜度是影响筛理效率和处理量的主要因素，圆锥式初清筛的斜度以 7°为佳。筛面必须绷紧在筛筒框架上，不得松弛，以免粮食集聚压漏筛面。定期检查托轮是否缺油、积灰，以免影响筛筒正常运行。工作停止时，必须检查筛筒内的物料是否走空。若未走空，则必须走清后方能停车。

(3) 鼠笼式初清筛　鼠笼式初清筛是采用旋转的筒形筛面进行筛理的，粮食通过筛面上的筛孔而下落，大型杂质则从筛筒上抛出，使粮食与大杂分离。同时采用了集中吸风或循环吸风以除去轻杂，是一种以筛为主、风筛结合的清理设备。

①结构组成：鼠笼式初清筛的结构主要由进料机构、拨杂翼轮（橡皮翼板转子）、圆筒筛、吸尘装置、传动机构等部件组成，如图 3 - 101 所示。

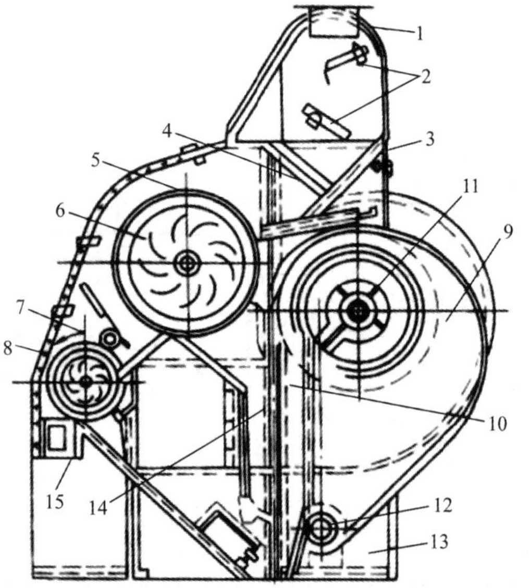

图 3 - 101　鼠笼式初清筛的结构示意图

1—进料口　2—进料活门　3—导向斜板　4—闸门　5—上圆筒　6—叶片　7—橡皮翼板转子　8—下圆筒　9—降尘室　10—风道　11—通风机　12—绞龙　13—底座　14—排粮管道　15—大型杂质出口

a. 进料机构：任务是保证均匀喂料和控制设备流量，由进料口、匀料淌板、导向板和调节装置组成。匀料淌板的倾斜角可通过调节装置进行调整，改变倾斜角可以调整进料速度，从而达到控制流量的目的。上下两匀料淌板的调节装置是联动的，倾斜角大小靠重锤调节。

b. 圆筒筛：分上下两个。上圆筒筛用作清除大杂，筛面用直径3.0或2.5mm的钢丝编织，净筛孔为（20×20）mm正方形孔。筛筒内设有八块曲线开叶板，与筛筒一块旋转，其作用是使进入筛筒的物料顺利地流到底部，并穿过筛孔，避免因离心惯性力作用将物料从筛孔内抛出，而混入杂质中。

下圆筒筛是保险圆筒筛，可以从大型杂质中进一步筛出有用粮粒。它的结构与上圆筒筛相仿，筛面用直径3.5或2.5mm钢丝编织，净筛孔为（11×11）mm的正方形孔。为了防止麻绳、禾杆等挂在筛网上，在两个筛筒下侧均装有橡皮清扫器。

c. 橡皮翼板转子：由六片橡皮翼片组成，其作用在于拨动上圆筒筛落下的杂质至下圆筒筛理，同时也起着防止内部气流外逸的作用。

d. 吸尘装置：设计有两种形式：A型是外吸风自带沉降室；B型是外吸风不带沉降室。吸风道的设计必须保证有畅通的进风口，并使风道风速控制在4~6m/s。

e. 传动机构：由齿轮减速器和链传动组成。

定型设备的技术特性见表3-47。

表3-47　鼠笼式初清筛的技术特性

项目	型号		
	SC63-1	SC11-1	SC11-2
产量/（t/h）	30	35	57
大圆筛直径/mm	610	450	450
大圆筛长度/mm	630	670	1060
大圆筛转速/（r/min）	16	20	20
小圆筛直径/mm	290	225	225
小圆筛长度/mm	630	70	1060
小圆筛转速/（r/min）	20	32	15
动力/kW	1.1	3	2.2
机重/kg	900	1025	1100
外形尺寸（长×宽×高）/mm	1490×790×2000	1820×1395×2267	1850×1432×2354

②操作指标

a. 流量：筛筒单位长度流量，一般为480kg/（cm·h）左右。

b. 筛选效率：清除大杂质的效率不应低于90%，杂质中不应含有正常完整粮粒（正常完整粮粒系指不能穿过4.7目/cm的完整粮粒）。

c. 筛孔未堵率：生产中筛面上有时会堆积杂质，应保持80%以上的筛孔畅通。

d. 单位耗电：0.08~0.13kWh/t（不包括集中式吸风式）。

③操作与维护

a. 开车前的准备工作：开车前，检查转动部分有无障碍；调节机构是否灵活，并将其调整好。检查拨杂翼轮、圆筒筛的筛面及阻杂翼片（又称叶片、曲线叶板）等易磨损部件情况，磨损严重的应及时更换。检查传动链条、链轮、轴及压紧轮等安装是否正确。链条在运转中如发生跳动，应立即调节压紧轮使之张紧；如发出“轧、轧”之声时，则应将其适当放松。定期对链条、链轮进行清理，并加注清洁的30号机械油。发现链条、链轮磨损过度时，应及时更换。

b. 生产中的操作与维护：根据粮食的水分和含杂情况，适当调整流量大小，并使物料沿筛筒长度方面均匀分布。流量大小可用进料上的手动插板调节，一般掌握在600kg/（cm·h）左右。

进料口中导板角度（与水平所角度）的大小，需根据入机粮食的水分、流量要求及圆筒筛筛理情况进行调节。将重锤向下扳，则两导板的角度就小，进料量即减少；将重锤向上扳，则两导板的角度就大，进料量即增加。

活动淌板角度的调节是由调节机构中杠杆上的手柄进行的，手柄向下移，则角度小；手柄向上移，则角度大。淌板上粮食的料层不可太薄或太厚，以能保持圆筒筛筛面上进料处及内部叶板上有一层粮食存留为宜。

注意检查初清后粮食落口处的控制门是否灵活，并注意调节其重锤。风道中风力调节阀门开启的程度，需根据除杂效率与清理后粮食的纯度进行调节。吸风道风速一般为4～6m/s；如自带沉降室，则沉降室风速取1.5～2.0m/s。经常清理筛网上缠住的麻绳、麦穗等杂质，以保持初清效率。

c. 停车后的检查工作：初清筛在生产过程中接触的物料，含灰尘和杂质较多，在停车后必须进行清扫，以保持机器的清洁。各轴的轴承，要做定期清洗和加油保养，以延长使用寿命，一般要求每三个月清洗一次，重新换上新的润滑脂。齿轮减速器的润滑机油，应三个月更换一次，使用20号机油。平时生产要经常检查油位，不足时应补充新油，使其保持良好的润滑状态。电动机需每年检查一次，对电机轴承进行清洗并重新加新润滑脂。

常见故障的原因及排除方法见表3－48。

表3－48　　鼠笼式初清筛常见故障原因及排除方法

故障	原因	排除方法
清理效果差	①流量过大。 ②来料不均匀。 ③筛面宽度上物料分布不均匀。 ④杂质阻拦物料和堵塞筛孔。 ⑤吸风除尘不良。	①降低流量。 ②合理调节流量。 ③调节进料闸门，使物料在筛面宽度上均匀分布。 ④定期人工清理杂质和筛孔。 ⑤增大吸风量。
灰尘外扬	①密闭不良。 ②设备吸风不足，处于正压状态。	①加强密闭。 ②增大吸风量。
电耗过大	①流量过大。 ②机械润滑状态不良。	①应使有效筛面上产量保持550～600kg/（cm·h）为宜。 ②改善润滑。

（4）网带式初清筛　网带式初清筛（图3－102）用作粮食仓库中的初清工序，其产量大。一般该机不带风机，要并入车间风网。技术特性见表3－49。

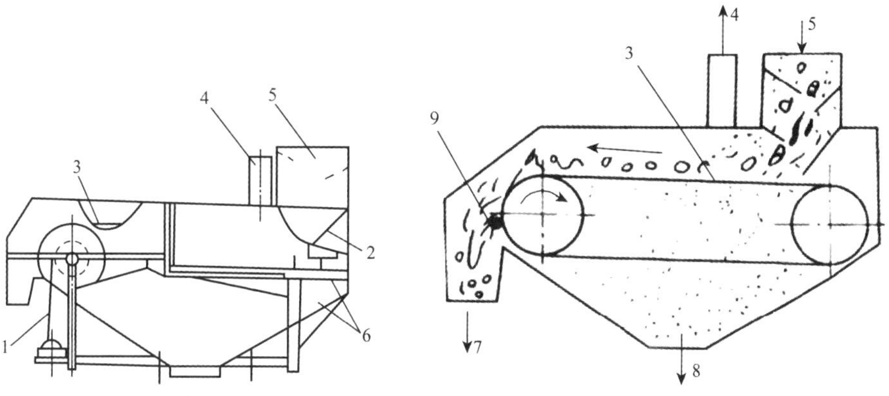

（a）　（b）

图 3－102　网带式初清筛

（a）结构图　（b）工艺图

1—传动机构　2—调节板　3—网带输送机　4—吸尘口　5—进料口

6—机壳　7—大杂出口　8—粮食出口　9—助理器（网带清理器）

表 3－49　网带式初清筛的技术特性（参考值）

型号	处理量/（t/h）	网带线速度/（m/min）	筛孔尺寸/mm	动力配备/kW	风量/（m^3/h）	外形尺寸（长×宽×高）/mm	机重/kg
SW100	100	0.21	14×14、16×16	2.2	2000～3000	3116×1330×2105	1050
SW200	200	0.23	20×20	3	6000	3000×2000×2560	—
SW300	300	0.27	20×20	3	7000	3620×2480×2780	—

（5）振动筛　现在常用的振动筛是 TQLZ 系列自衡振动筛。该振动筛是在借鉴和吸收国外先进技术的基础上，综合我国各种振动筛的优点设计而成，主要用于清除原粮中的大、中、小杂质。在使用该设备时，还可配用吸风分离器，对物料进行风选，使轻杂、灰尘得以清除。

TQLZ 型振动筛的结构如图 3－103 所示，主要由进料机构、筛体、出料机构、机架和振动电机等部分组成。

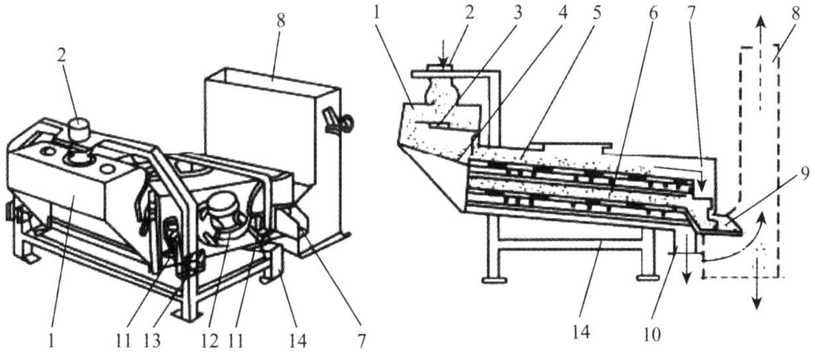

图 3－103　TQLZ 型振动筛结构示意图

1—进料箱　2—进料口　3—可调分料淌板　4—匀料淌板　5—上层筛面　6—下层筛面　7—大杂出口

8—配套风选器　9—谷物出口　10—小杂出口　11—空心鼓形橡胶弹簧　12—振动电机　13—可调支架　14—机架

①进料机构：主要由接料套筒和进料箱组成。接料套筒固定在机架上，与进料箱之间采用软人造革连接。接料套筒内设有偏心方向可调的锥形圆筒，其作用是引导物料落入进料箱的中心部位。进料箱安装在筛体上，与筛体一起运动。为了便于装拆筛格，进料箱可以翻转或拆卸。

②筛体：由钢板焊接及螺栓连接而成，通过中空橡胶弹簧支承在机架上。筛体内装有两层抽屉式筛格，筛面固定其上，筛面下设有橡皮球清理装置。第一层筛面清除大杂，第二层是除小杂筛面。振动电机驱动装置安装在筛体重心位置的两侧。筛面倾斜角可在0°~12°范围内调节，振动角可在0°~45°范围内调节。

③出料机构：采用钢板结构，通过螺栓与筛体连接，随筛体一起运动。出料机构的作用是把筛分出来的各种物质分别排出机外。

④振动电机：是筛体作往复振动的振源。改变振动电机转轴上两偏重块的相对位置，可以改变筛体的振幅。当两偏重块的夹角变小时，振幅增大；反之，振幅减小。

工作时，物料由进料口通过接料套筒落入进料箱的分料淌板上。随着筛体的振动，物料撒在进料箱的匀料淌板上，并沿底板均匀地流到筛面的整个宽度上。调节匀料淌板，可控制进入筛面的料层厚度。物料进入第一层筛面筛理后，筛上物从大杂出口排出，筛下物落到第二层筛面继续筛理。第二层筛面的筛下物落到筛体的底板上，由小杂出口排出；第二层筛面筛上物为净谷，从料口排出。净物料从卸料口处经过风选器进行风选，吸除轻杂后排出机外。

TQLZ 型振动筛的主要技术特性见表 3－50。

表 3－50　　TQLZ 型振动筛的主要技术特性

项目		型号		
		TQLZ150×1	TQLZ100×1	TQLZ63×1
产量/（t/h）		初清 50，细清 12	5~10	3~5
振动频率/rpm		960	900	900
振幅/mm		5.0~5.5	5.0~5.5	5.0~5.5
振动角/°		0~45	0~45	0~45
筛面倾角/°		6~10	0~10	0~10
有效筛面尺寸（宽×长）/mm	一层	1500×1800	1000×1800	630×1500
	二层	1500×1920	1000×1920	630×1500
风量/（m^3/h）		5000	4500	2100
动力配备/kW		0.4×2	0.4×2	0.25×2
外形尺寸（长×宽×高）/mm		2600×2115×1498	2505×1486×1358	2455×1116×1477

（6）平面回转筛　平面回转筛是除杂效果较好的一种筛选设备，主要用于第二三道筛选工序，以进一步清除原料中的大、小、轻杂质。下面介绍两种常用的平面回转筛。

①SM 型平面回转筛：SM 型平面回转筛的总体结构如图 3－104 所示，主要由筛体、吸风装置、传动机构、减振机构和机架等部分组成。

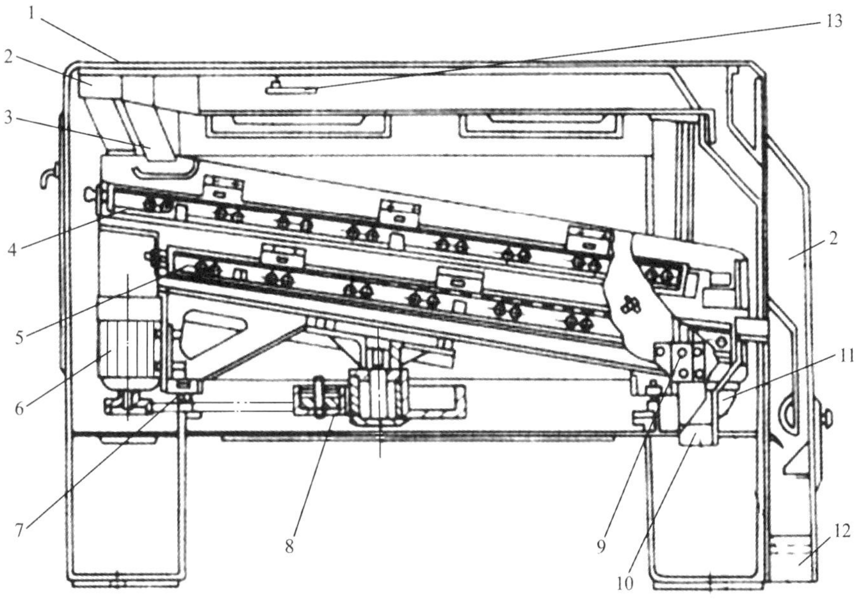

图 3 -104　SM 型平面回转筛

1—机架　2—吸风道　3—进料管　4—上层筛面　5—下层筛面　6—电机　7—减振装置
8—传动机构　9—吊杆　10—小杂出口　11—大杂出口　12—出料口　13—风量调节门

a. 机架：由角钢和冲压成型的薄钢板焊接成全封闭外壳，密封性能好。为便于操作维修，在进料端和出料端设有检修门和检查窗，机架上部设有观察窗。

b. 筛体：用四组吊杆（藤条或钢丝绳）悬挂在机架上。筛体内装有两层筛面，上层筛面配用（4.2×24）mm 或（4×23）mm、（4.5×25）mm 长形筛孔，用以清除大杂质；下层筛面采用直径为 2.0～2.2mm 的圆形筛孔或边长为 3.5mm 的三角形筛孔，用来清除小杂质。两层筛面下均装有橡皮球清理机构，用以清理筛面。筛格的装置为抽屉式，并分为前后两段，便于更换筛面。

c. 吸风装置：SM 型平面回转筛是利用外部风网进行吸风除尘的。在进料端和出料端设有前、后两吸风道，前吸风道经设备上部水平风管（内有调风门）与后吸风道在出料端顶部汇合，再与外部吸风管道相连接。

d. 传动机构：筛体的传动机构采用惯性振动机构。在筛体底部中间位置的支座上装有带偏重块的三角皮带轮，通过安装在筛体进料端下部的电机带动。偏重块旋转时产生的离心惯性力使筛体和电机一同做平面回转运动。这种传动机构结构简单、紧凑，运转平稳，但在启动和停机的瞬间振幅较大，因此在筛体底部前、后两端机架上各装有一个限振装置，以限制筛体振幅。

工作时，物料从进料管经缓冲淌板进入上层筛面筛选，其间经过一次风选，筛上物为大杂质从出口排出，谷物穿过筛孔落到下层筛面继续筛选，小杂穿过下层筛面的筛孔从出口排出，谷物则作为筛上物落向出料口，再经一次风选后排出机外。SM 型平面回转筛的主要技术特性见表 3 -51。

表 3－51　　SM 型平面回转筛的主要技术特性

项目	型号		
	SM80	SM100	SM125
产量/（t/h）	4.8	6.0	7.5
筛面尺寸（宽×长）/mm	800×1500	1000×1500	1250×1500
筛面倾角/°	8	8	8
转速/（r/min）	400	400	400
回转半径/mm	14±0.5	14±0.5	14±0.5
风量/（m^3/h）	2275	2840	3550
动力配备/kW	0.75	1.1	1.4
外形尺寸（长×宽×高）/mm	2000×1113×1400	2000×1313×1400	2000×1565×1400

SM 型平面回转筛的工艺指标为：除大杂效率大于 50%，除小杂效率大于 60%，除轻杂效率大于 60%。

②TQLM 型平面回转振动筛：TQLM 型平面回转振动筛是在消化吸收国外同类设备的基础上设计生产的，主要用于清除原粮中的大、小、轻杂质，同时还可清除原粮中的磁性杂质。TQLM 型平面回转振动筛的结构如图 3－105 所示，由机架、筛体、传动装置和垂直吸风分离器等部分组成。

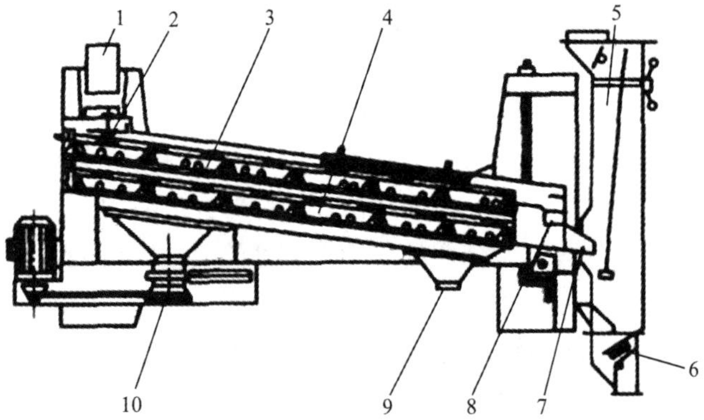

图 3－105　TQLM 平面回转振动筛总体结构

1—物料进口　2—可调分料淌板　3—第一层筛面　4—第二层筛面　5—垂直吸风分离器
6—磁选装置　7—粮食出口　8—大杂出口　9—小杂出口　10—传动装置

TQLM 型平面回转振动筛的最大特点是筛体前部做平面回转运动，而尾部为沿筛体纵向的往复振动。其前部的回转运动，使得进机物料有较长的筛理路程，对于清理细小杂质有良好的筛理效果；而尾部的直线往复运动则可加速卸料。

该机的传动装置由电动机、塔形三角带轮、三角胶带及两偏重块等组成。驱动带轮的安装位置不在筛体重心是偏前，筛体后部有一限振装置，强迫尾部做近似的直线往复振动。改变三角胶带在塔轮上的位置，可以改变筛体的转速。同时，两偏重块的相互重叠位置也应做相应的调整，以取得适宜的振幅。

筛体出料口配有带磁选装置的垂直吸风分离器，用来清除物料中的轻型杂质和金属磁性杂质。

工作时，物料由进料口进入，落在可调分料淌板上。由于筛体前部做回转运动，所以能迅速将物料均匀散开分布在整个筛面宽度上进行筛选。第一层筛面的筛上物为大杂，由大杂出口排出。第二层筛面的筛上物是粮粒，在筛体尾部往复运动作用下，很快由粮食出口排出筛体，并进入垂直吸风分离器内进行风选除去轻杂。净粮在排出设备前又通过磁选装置，除去金属磁性杂质，最后排出机外。第二层筛面的筛下物是小杂，由小杂出口排出。

TQLM 型平面回转振动筛的主要技术特性见表 3 – 52。

表 3 – 52　　TQLM 型平面回转振动筛的主要技术特性

项目			型号		
			TQLM80	TQLM100	TQLM125
筛面倾斜角/°			6	6	6
主轴转速/（r/min）			300	400	500
产量/（t/h）	小麦	初清	24	35	65
		清理	7 ~ 9	10 ~ 14	16 ~ 20
	稻谷	初清	17	26	48
		清理	6	8	12
	玉米		36	48	72
风量/（m^3/min）	小麦、稻谷		40 ~ 50	50 ~ 60	60 ~ 80
	玉米		55	65	80
风压/Pa	小麦、玉米		392	441	490
	稻谷		441	539	588
配备动力/kW			0. 55	0. 75	0. 75
外形尺寸（长 × 宽 × 高）/mm			2158 × 1490 × 1100	2396 × 1690 × 1205	2660 × 1940 × 1205

3. 磁选设备

粮食中很容易混进铁磁性杂质，磁性杂质（如铁钉、铁片等金属杂质）在粮食流动过程中会与机器碰撞，产生火花，会引起粉尘爆炸或火灾，因此必须加以清除。可用磁选设备清除。

（1）CXP 型平板式磁力分选器　CXP 型平板式磁力分选器结构如图 3 – 106 所示，主要由进料装置、永久磁钢淌板和机罩等部分组成。

进料装置为重砣压力门式。永久磁钢采用具有 200mT 以上磁场强度的强磁钢，磁钢与非磁性体不锈钢固定在一起，组成淌板，并与机罩的底板相连，形成一平滑倾斜表面。磁钢淌板架在机罩内壁的小轴上，可以方便地取出，以便定时清理磁性杂质。

工作时，物料由进料装置均匀地流过磁钢淌板，磁性杂质被吸附于磁钢表面，而谷物则通过磁场流出机外。磁力分选器的主要技术特性见表3－53。

表3－53　CXP30型磁力分选器主要技术特性

项目	参数	项目	参数
产量/（t/h）	10	磁性杂质去除率/%	98
磁通量密度/mT	250	外形尺寸（长×宽×高）/mm	458×377×380

（2）永磁筒（永磁筒磁选器）　永磁筒主要由内筒和外筒两部分组成，外筒通过上下法兰连接在输料管上，内筒即永磁体。内筒固定在外筒活门上，磁体可随活门的开启而被转移到直管外部，以便清理被吸出的磁性杂质（图3－107）。清杂时，拉开筒体活门，将永磁体转到筒外，磁体表面吸附的磁性杂质由人工清除。

物料经入口进入，通过磁体上部的锥面缓缓流下，在永磁体四周形成较均匀的环形料层，其中的磁性金属杂质因被磁场磁化而吸附在永磁体周围表面上，物料则从磁场区通过由下端出口流出机外，从而达到清除磁性杂质的目的。

永磁体磁选器具有结构简单、安装灵活、操作方便、除铁效率高（99%以上）、无需动力等优点，被广泛应用。

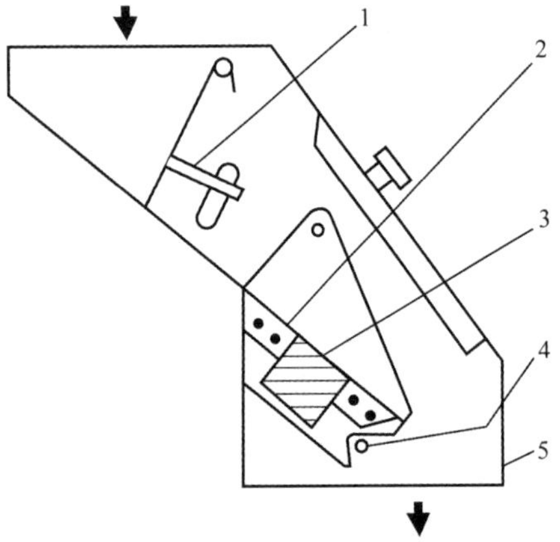

图3－106　CXP型平板式磁力分选器
1—进料装置　2—淌板　3—永久磁钢
4—小轴　5—机器罩壳

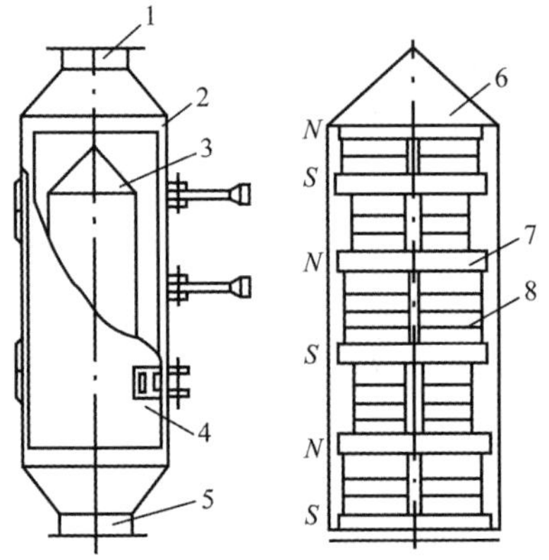

图3－107　永磁筒磁选器
1—物料入口　2—外筒体　3—磁铁　4—外筒门
5—出料口　6—不锈钢外罩　7—磁极板　8—磁铁块

CXT80型永磁筒的生产能力为14～18t/h，外形尺寸为ϕ300×800（直径×高）mm。

TCXT系列永磁筒有15、20、25、30和40型等规格，处理量分别为10～15、20～30、35～50、55～75和80～100t/h。

（3）永磁滚筒（CXY型磁选机）　永磁滚筒是采用永久磁体的旋转滚筒，在旋转过程中能自动排除吸住的磁性金属杂质。CXY型永磁滚筒的结构如图3－108所示，主要由机壳、进料装置、旋转滚筒、磁体和传动装置等部分组成。工作时，物料从进料口进入，经压力门匀料，然后流经滚筒，铁杂被磁芯所对应滚筒外表面吸住，并随外筒转动而被带到无磁区。由于该区磁力消失，铁杂自动落下，从铁杂出口排出，被清理的物料则从出料口排出。永磁滚筒具有结构合理、体积小、除铁效率高、不需人工清除铁杂等优点，与永磁筒相比价格较贵。

磁体由铁氧体永磁块和铁隔板一定顺序排列成170°的圆弧形，安装在固定的轴上。铁隔板起集中磁通的作用，将铁氧体永久磁块分成8组排列，形成多极头开放磁路。磁体圆弧表面与滚筒内表面间隙为2mm。滚筒由非磁性材料（表铜、黄铜或不锈钢等）制成，外表面涂有无毒耐磨涂料（聚氨酯）作保护层，以延长其使用寿命。滚筒通过涡轮蜗杆变速机构由电机带动旋转。

CXY 型永磁滚筒的主要技术特性见表3-54。

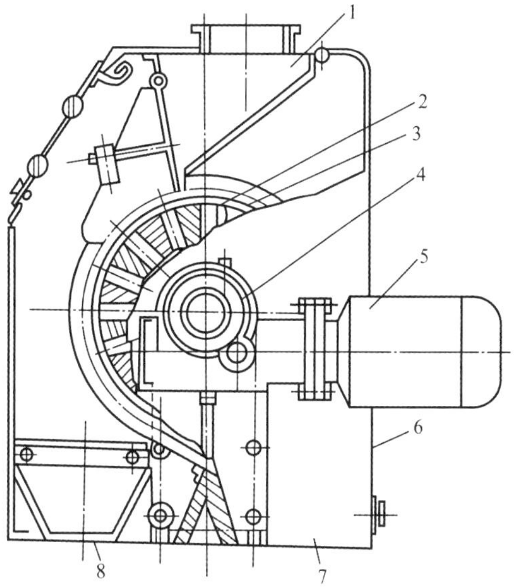

图3-108 CXY 型永磁滚筒结构图

1—进料斗 2—磁体 3—旋转滚筒 4—传动装置 5—电机 6—机壳 7—磁性金属杂质出口 8—粮食出口

表3-54 CXY 型永磁滚筒主要技术特性

项目	型号		
	CXY25	CXY40	CXY25A
产量/（t/h）	6.0~6.5	20	6.0~6.5
滚筒长度×直径/mm	250×300	400×300	250×300
转速/（r/min）	38	26	40
铁氧体规格/mm	78×66×18		78×66×18
磁场分布区域/度	170		170
表面磁感应强度/mT	≥125	125	≥125
配备动力/kW	0.55	0.55	0.6
外形尺寸（长×宽×高）/mm	670×625×660	955×620×680	681×580×662

（4）悬挂式磁选机 近年悬挂式磁选机（图3-109）得到推广应用。该机自带动力，悬吊安装在带式输送机卸料端上方，被吸出的铁磁性杂质自动排送到机外。该机使用电磁铁或永磁体产生吸力，除净率可达96%以上。对使用电磁铁的磁选机，要考虑铁芯的冷却。

四、粮食仓库清理能力的确定

在粮食仓库中，粮食的接收往往不是均衡的，尤其在收纳库，季节性较强。在这种情

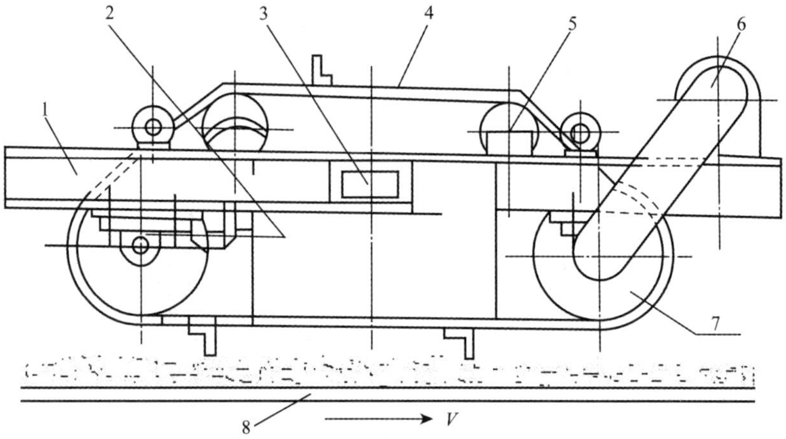

图 3-109　悬挂式磁选机

1—机架　2—电磁槽　3—接线盒　4—胶带　5—托辊　6—传动装置　7—滚筒　8—输送带

况下，如果清理能力过小，则会造成大量粮食先进仓，日后再出仓清理。这样虽然减少了一次性投资，却增加了以后的管理费用。相反，清理设备多，清理能力强，也会形成收购淡季，设备利用率低，设备折旧费高的问题。目前清理能力是和接收能力配套来确定的。即在同一条接收线上，接收能力等于后面的清理能力。

清理出来的下脚包含了很多有利用价值的东西，如碎小粮粒、不饱满粒、某些草籽等都有食用或饲用价值。下脚含尘量很大，粮食仓库应配备下脚处理车间，且下脚处理车间应离开生产区，远离人群聚集区。

第六节　出入仓机械

一、房式仓出入仓机械

1. 包装粮出入仓机械

（1）包装粮入仓　包装粮入仓包括两个工序，输送和码垛。输送过程常使用带式输送机或电瓶平板车将包装粮送至垛位。也有的使用手推车进行输送。码垛分两种，一种是专用码垛机码垛，可以码 6 包高的批垛，11 包、16 包高的骑缝垛。也可以码成“井”字形的面粉包垛。另一种是用带式输送机辅助的人工码垛。后者较前者劳动强度大，费用高，而前者一次性投资大。国外也有使用叉车（图 3-110）进行包装粮的入仓，这和叉车卸车相仿。近几年码垛机器人技术越来

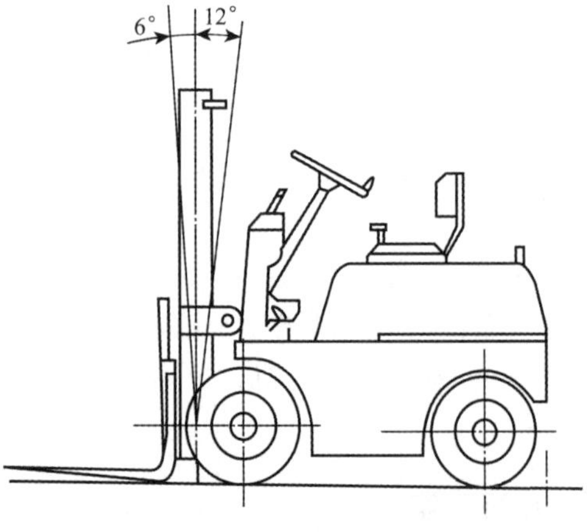

图 3-110　平衡重式叉车

越成熟，在粮食仓库已有一些应用。该设备投资较高，应用受限。堆包机的技术特性见表3－55～表3－58。

表3－55　　DB400×10型半自动堆包机的技术特性

最高班产量/（包/h）	提升能力/（包/h）	主轴转速/（r/min）	轮减速比	提升速度/（m/min）	承包座翻板倾角/°	工作时机身最大高度/mm	堆包高度/mm	动力配备/kW	外形尺寸（长×宽×高）/mm	机重/kg
1200	150	28.6	50.1	0.334	4～8	3660	2800	2.2	1590×620×2270	380

表3－56　　DZ100×11型自动堆包机的技术特性

项目	规格参数
输送量/（包/h）	400
供包输送机最大倾角/°	30
翻板装置/mm	最低1170，最高3700
翻板输送机	带速1.32m/min，功率0.8kW
并包输送机	带速1.18m/min，功率1.5kW
喂料输送机	带速1.23m/min，功率1.5kW
喂料输送机最大倾角/°	31.3
行走机构	线速0.254m/min，功率3.0kW
翻板升降机构	线速0.2m/min，功率5.0kW
输送带宽/mm	5500
转弯半径/mm	4500
外形尺寸（长×宽×高）/mm	8250×1750（1650）×4030
机重/kg	2682

表3－57　　叉车式堆包机技术性能

项目	LS－I型	210型	项目	LS－I型	210型
起重能力/kg	1000	1000	动力形式	柴油机	柴油机
起升高度/mm	3000	2000	功率/kW	12	16.5
起升速度/（m/s）	0.15	0.15	油泵型号	YB25	CB46
门架前倾角/°	—	3	油泵压力/MPa	—	9.8
门架后倾角/°	—	15	油泵流量/（L/min）	—	—
转弯半径/mm	1800	1750	车重/kg	1800	2000
倾斜角度/°	15	20	外形尺寸	—	—

表 3-58　　面粉包（25kg 布包）堆包机的技术特性

型号	DQB25×2 桥式	型号	DQB25×2 桥式
跨度/m	8~10	控制方式	按钮控制
包重/kg	25	大行车速度/（m/s）	0.2~0.3
堆包速度/（包/h）	600~700	小行车速度/（m/s）	0.2~0.3
堆包高度/m	3.2（20 包高）	升降速度/（m/s）	0.1~0.15
配备动力/kW	5.9（5 台）	外形尺寸	—

（2）包装粮出仓　包装粮在仓内都是以垛的形式进行存放。若需出仓，目前多是用人工搬下垛，再放到输送机上，送出。若码垛时用过叉车，出仓时可以再使用叉车拆垛，送出。

2. 散装粮出入仓机械

房式仓中散装粮出、入仓是很困难的。一个粮库机械化程度的高低，很大程度上都表现在这方面，这项工序机械化了，全库的机械化才能得到保证。

（1）散装粮出仓　房式仓出仓的方式有自流出仓、流化出仓、扒谷机出仓等。

①自流出仓：有的房式仓是做成锥底的，底部开有数个出粮口，仓房地坪下是地下通廊，通廊中安置输送机，出仓时，只要开动输送机，打开进粮口，仓内粮食就被输送出来。

②流化出仓：流化出仓是在平底仓的纵向中心线，或一侧仓底地坪下安装埋刮板输送机，地面有出粮孔直通输送机顶板，仓内地坪上安装孔板和流化出粮槽，孔板下有通风道与风机相通。出仓时，首先打开出粮孔，仓内大部分粮食自流出仓，最后仓内剩一断面为三角形物料堆，然后用风机吹风，空气由孔板吹出，将粮食送至泄粮孔。

流化出仓，结构简单，制造方便，造价低。这套装置除用作出仓外，还可用于通风降温和通风干燥。流化出仓在我国使用不多，因为要求仓密闭性要好，否则尘土到处飞扬。我国房式仓密闭性都很差，不宜使用流化出仓。

③扒谷机出仓：扒谷机适用于一般平底房仓，常用的扒谷机有刮板扒谷机、翼轮扒谷机和绞龙扒谷机。扒谷机将仓内粮食扒起，并输送到移动式带式输送机上，送出仓外。扒谷机的优点是对仓房没有要求，造价低；缺点是操作条件很差，人工经常要移动它和后续的输送机，劳动强度也很大，生产率在 50t/h 左右。图 3-111 为翼轮式扒谷机的外形图。扒谷机的技术特性见表 3-59~表 3-61。

表 3-59　　PGG31 型刮板扒谷机的技术特性

项目	技术规格和参数	项目	技术规格和参数
产量/（t/h）	50	输送动力/kW	3.0
扒谷机有效长度/m	6.35	输送带上托辊角度/°	16
扒斗带规格	315×6	行走轮直径/mm	大轮 680，小轮 200
输送带规格	500×3×（3+1.5）	滚筒直径/mm	200
输送带线速/（m/min）	2.25	外形尺寸（长×宽×高）/mm	6850×1230×1200
扒斗带线速/（m/min）	2.9	机重/kg	1000
扒谷动力/kW	4.0		

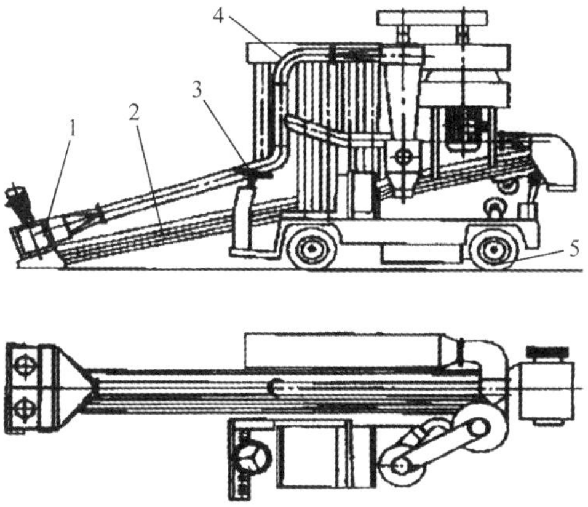

图 3－111　翼轮式扒谷机

1—扒谷机构　2—输送系统　3—行走方向盘　4—除尘系统　5—行走轮

表 3－60　　PGY60 型翼轮式扒谷机技术特性

产量/(t/h)	翼轮直径/mm	卸粮高度/mm	输送胶带宽度/mm	带速/(m/s)	输送电机/kW	翼轮电机/kW	除尘电机/kW	行走速度/(m/s)	行走电机/kW
50	600	420～950	400	1.9～2.6	1.1	1.1×2	1.5	0.3	0.75

表 3－61　　PGL19 型螺旋扒谷机的技术特性

产量/(t/h)	扒谷螺旋升降范围/°	扒谷螺旋左右摆动角度/°	扒谷螺旋输送长度/mm	输送全长/mm	配备动力/kW	主电动机转速/rpm	外形尺寸（长×宽×高）/mm
20	0～45	－45～＋45	1355	4000	3.0（JQ2－42－8）	720	3765×1238×1560

④装载机推粮：借助装载机将散粮推入浅圆仓出仓口，或将散粮堆积。

（2）散装粮入仓　房式仓可采用两种方式入仓，一种是利用仓顶固定式输送机入仓，结合人工平仓；另外一种是利用移动式输送机入仓，结合人工平仓。

①仓顶固定式输送机入仓：仓顶输送机可采用埋刮板输送机，也可采用皮带输送机或螺旋输送机后两者的状况不如前者。由于仓房跨度较大，仓顶输送机高度有限，因此要把仓装满，平仓的工作量很大。人工平仓劳动强度大，工作条件差，因此这种进仓方式不太受欢迎。当粮食在仓内储存时，仓顶输送机闲置无用，利用率降低。

②移动式输送机入仓：散装粮进入普通平低房式仓，可采用多种移动式输送机，如转向式扩大卸料面，伸缩式减少机械移动次数。这样，输送机把粮食在仓内堆成多个山头，平仓时工作量小。

移动式输送机入仓使用人力多，生产率低，劳动条件差，劳动强度高。

③装仓机入仓：目前新建的国储库高大房式仓，采用了统一标准图，使得仓房结构、尺寸规格化，便于实现机械化。高大房式仓采用移动式装仓机入仓。移动式装仓机从窗口装粮，有两种形式：一种是用组合式带式输送机，一条输送带用于提升，一条用于进仓。

另外一种是采用斗式提升机和带式输送机结合，提升机将粮食提升到窗口的高度，然后用带式输送机进仓。

二、立筒仓出入仓机械

筒仓（在这里包括浅圆仓）是不能存放包装粮的，因此它的进出仓作业对象都是散装粮。

1. 筒仓散粮入仓机械

（1）斗式提升机入仓　单独的筒仓，或个数不多的筒仓群可以利用斗提机进仓。工作时，斗提机将粮食提到一定高度，然后通过分路器，或阀门流到预定的溜管，再进入筒仓。这种入仓方式，使用的机械量少。

（2）仓顶输送机入仓　对单排的筒仓群，可以使用一条输送机，对多排的可以共用少数的几台输送机。如对 4 排圆筒仓 3 排星仓的筒仓群，可以共用 2 台输送机和溜管来完成每个仓的入仓工作；也可使用 4 台输送机和溜管来完成进仓作业。第二方案比第一方案用的输送机多两台，但它的安装高度要比第一方案低得多。

仓顶输送机多使用埋刮板输送机，因它可以多点卸料，卸料方便。也有使用带式输送机作为仓顶输送机，但此时必须使用卸料小车（如世行项目广西防城港粮食中转库）。这种方式安装位置大，卸料范围小，操作也不方便，灰尘也比较大。只有少数的筒仓在仓顶使用螺旋输送机作为仓顶输送机，它的优点是体积最小，缺点是产量低，动力消耗大，对物料破碎较多。

2. 筒仓散粮出仓机械

（1）锥底筒仓散粮的出仓　锥底散粮出仓最为方便，只要在仓底出料口安装闸阀门，再接溜管。溜管另一端接仓底输送机的进料口，即可进行出仓。仓底输送机使用的台数，要看底层通廊的高度，高度越高，用的台数也越少，因此仓底输送机的台数往往多于仓顶输送机。现有世行项目点立筒库、一些国储库在每排圆筒仓仓下设置一台输送机。仓底输送机多使用带式输送机，但必须有密封罩和除尘装置，以保证仓底通廊的卫生。

（2）平底筒仓的散粮出仓

①仓底中心开设出料口，仓底下地道内安装输送机。仓内粮食大部分由出料口自流出仓，并由输送机送出。剩余不能自流出仓的物料，则依靠自转公转绞龙清仓。自转公转绞龙出仓机的产量为 100t/h，螺旋直径 160mm，主轴转速 420r/min，配用电机功率 7.5kW。

②流化槽出仓：与①不同的是剩余部分用仓底已布置好的流化槽进行清仓。

③绞龙出仓：多用在小直径钢板筒仓上。它是在仓壁下方开一个圆孔，将快速绞龙插入仓内，散粮经绞龙出口直接装入汽车。仓内剩余粮食，则由人工进行清理。它的产量在 15～30t/h。

第七节　粮食储藏技术专用设备

随着人们生活水平的提高，对储藏后的粮食的品质要求进一步提高，在储藏过程中需要采用新技术来保证储粮品质。在储藏室要控制虫害，控制病毒、菌类的品种和数量，使粮食保持应有的品质，就要控制温度、湿度等，由此就需要研究、开发粮食储藏技术专用设备。

一、储粮机械通风技术

储粮机械通风是利用风机产生的压力，将外界低温、低湿的空气送入粮仓内的粮食，促使粮堆内外气体进行湿热交换，降低粮堆的温度与水分，增进储粮稳定性的一种储粮技术。为了改善储粮性能而向粮堆压入或抽出经选择或温度调节的空气的操作称为通风。

1. 机械通风系统

储粮机械通风系统主要由风机、供风导管、通风管道、粮堆以及通风操作控制系统等组成。

（1）风机　储粮机械通风系统中的重要设备，其作用是向粮堆提供足够的风量，克服系统阻力，促使气体在粮堆里流动，实现通风作业的目的。常用的风机为离心式风机或轴流式风机。

（2）供风导管　由管壁密封的管子构成，分别与风机和通风管道相接，起着输送空气的作用。

（3）通风管道　俗称风道，指安装在粮堆内由孔板或筛网构成的管道，在粮堆内起着均匀分配气流、防止局部阻力过大的作用，达到通风作业的目的。生产中把设在仓房地坪上的风道称为地上笼，设在仓房地坪下的风道称为地槽，如果仓房整个地坪是由冲孔板构成，则称为全地板通风。

（4）粮堆　指装有粮食的仓房或露天储粮的货位，是机械通风的作业对象。

（5）通风操作控制系统　在通风过程中控制风机启动、停止的仪器。简单的仅仅起开启或关闭风机的作用，复杂的能自动选择通风时机，减轻保管人员的劳动强度，实现自动开机和关机的操作。

2. 机械通风形式

（1）按通风的范围分类　整体通风、局部通风。

（2）按风网的形式分类　地槽通风、地上笼通风、移动式通风、箱式通风、径向通风、夹底通风。

（3）按送风方式分类　压入式通风、吸出式通风、压入与吸出相结合式通风、环流通风。

（4）按气流方向分类　上行式通风、下行式通风、横流式通风。

（5）按空气温度调节方式分类　自然空气通风、加热空气通风、冷却空气通风。

（6）按储粮堆装形式分类　包装粮堆和散装粮堆。

（7）按通风机械设备类型分类　离心式通风机、轴流式通风机、混流式通风机、谷物冷却机。

二、谷物冷却机低温储藏技术

谷物冷却机是一种用于粮食低温储藏、向粮仓提供一定温度、湿度空气的设备，主要包括制冷系统以及送风和净化装置，还可以包括湿度调节和风量调节装置。

外界空气经过谷物冷却机降温处理后，得到一定温度、湿度的空气，在穿过粮堆时，与粮堆进行湿热交换，使仓内粮食温度降到低温状态，并能一定程度地控制仓内粮食的水分，从而达到安全贮粮的目的。

谷物冷却机的技术已比较完善，能实现微机全自动控制，在西欧获得了较广泛的应用。在德国采用谷物冷却机低温储藏的粮食，基本上不需熏蒸杀虫。

谷物冷却机低温贮粮技术主要用于降低粮食温度，在降温的同时可以保持和适当调整粮食水分，但一般不适用于单独进行粮食的水分调节。

谷物冷却机是一种可移动的制冷调湿通风机组，可连续地为粮仓提供所需温度、湿度的冷空气，从而实现粮食低温（准低温）储藏，提高储粮品质，延长存放时间，减少陈化，降低害虫防治成本，保证储粮安全，是无公害储粮必不可少的理想设备。谷物冷却机低温储粮技术一般不受自然气候条件限制，凡具备机械通风系统的仓房均可应用。该项技术在控制储粮夏季高温和处理发热粮方面效果良好，但因其运行成本高而使其推广应用受到一定限制。

1. 谷物冷却机的构造和分类

（1）构造　谷物冷却机主要由制冷系统、温度湿度控制系统和送风系统三部分组成（图 3 – 112），主要部件有通风机、空气过滤器、压缩机、冷凝器、蒸发器、膨胀阀、后加热装置、控制柜和可移动机架及防护板等。

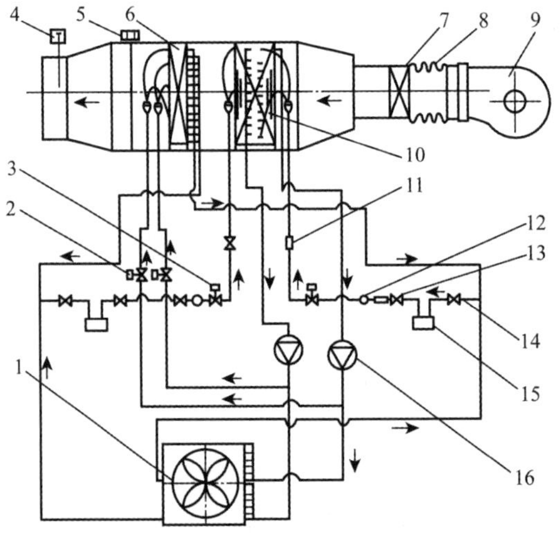

图 3 – 112　谷物冷却机系统结构示意图

1—风冷冷凝器　2—调节阀　3—供液电磁阀　4—传感器　5—电加热器　6—后加热器
7—风阀　8—软接头　9—高静压通风机　10—蒸发器　11—热力膨胀阀
12—视镜　13—干燥过滤器　14—截止阀　15—储液器　16—压缩机

图 3 – 113 为 GLA 系列谷物冷却机的外形图。不同产品外形不同，但都有一个冷风出风口。工作时，该出风口与仓房的进风管相连，将冷风送进地上笼，冷风便弥散到粮堆中。

①制冷系统：由压缩机、冷凝器、蒸发器、膨胀阀等组成。制冷压缩机将低温低压制冷剂气体吸入，压缩成高温高压的过热气体排入风冷冷凝器，在冷凝器中被外界空气冷却至常温高压饱和过冷液体，经过干燥过滤器、视液镜、供液电磁阀，通过热力膨胀阀节流成低温低压液体，在蒸发器中吸收外界空气的热量成为低温低压气体，被压缩机吸入，进入下一次循环。制冷压缩机的制冷量是可以进行调节的。根据谷物冷却机的出风温湿度要求，在一定的蒸发温度下，可以改变热气加热调节阀开启度，将一部分高温高压制冷剂气

体送至后加热盘管，提高出风温度，来实现不同的出风温湿度。

②送风系统：由过滤器、通风机、静压箱等组成。外界空气进入过滤箱进行过滤、净化，经高压离心风机加压并通过风量调节机构进行风量调节，然后由风道送至蒸发器被冷却降温，成为接近饱和的冷空气，再经过后加热盘管升温降湿，达到工艺所需温湿度的冷空气，最后经风道进入粮仓。

图 3－113 GLA 谷物冷却机外形图

1—离心通风机 2—冷凝器 3—蒸发器 4—冷风出风 5—电控箱 6—压缩机 7—机架 8—行走轮

③控制系统：由电控箱、可编程控制器、变频器、传感器、执行器等组成。控制系统是整个谷物冷却机的指挥中心，通过 PID 控制器控制机器的蒸发温度和出风温度。PID 控制器通过安装在蒸发器后的温度传感器和安装在谷物冷却机出口的温度传感器，分别测量出谷物冷却机前温、后温，与 PID 控制器设定值自动进行比较，通过风量调节机构调节风量和加热调节阀开启度，来对谷物冷却机的工作参数进行控制。控制系统还有完善的保护功能，可以确保谷物冷却机安全运转。

（2）分类

①按照结构形式分类：谷物冷却机可分为前置式和后置式两种形式。前置式谷物冷却机是指通风机设置在蒸发器之前；后置式谷物冷却机是指通风机设置在蒸发器之后。

②按制冷量分类：谷物冷却机可分为大、中、小三种规格。制冷量 80kW 以上的为大型机；50～80kW 的为中型机；50kW 以下的为小型机。

③按照储存谷物地区的气象条件分类：谷物冷却机分为热带型（GLA）和温带型（GLB）两大类。GLA 热带型谷物冷却机名义工况：空气进口温度为 27℃，相对湿度为 81%；空气出口温度为 12℃，相对湿度为 75%，静压为 980Pa。GLB 温带型谷物冷却机名义工况：空气进口温度为 17℃，相对湿度为 70%；空气出口温度为 12℃，相对湿度为 75%，静压为 980Pa。

GB/T 18835—2002 规定了谷物冷却机的基本参数，见表 3－62。

表 3－62 A 型、B 型谷物冷却机的基本参数

代号	名义制冷量/kW	制冷性能系数/（kW/kW）	单位功率送风量/［（m^3/h）/kW］
GLA	≤50	1.90	125
GLA	50～80		
GLA	>80	2.00	135
GLB	≤50	0.82	244
GLB	>50～80	0.90	265
GLB	>80	0.95	275

2. 谷物冷却机特点

谷物在储存过程中通常因干燥、虫害、霉变等造成高达20%以上的损失。对谷仓进行通风降温处理，能够使谷物降温、散湿，排除粮堆内的积热，缩小粮堆的温差，使储粮更加安全。与自然通风相比，利用谷物冷却机对粮食进行的冷却处理，可以使它能连续地为粮仓提供所需温度和湿度的冷空气而不受自然气候条件的影响，因此不仅可在较短时间内降低粮温，而且可以调节粮食温度，避免通风时温、湿度不当而产生的风险。使用谷物冷却机可以延缓储粮陈化，减少粮食干耗，而且可使粮食免遭虫害，不需要对粮食进行化学处理及倒仓，降低粮仓管理费用，使得粮食保存时间长，品质好，有利于环保。

谷物冷却机的工作环境要求尽量避免强阳光辐射，阳光辐射可能导致机器工作不正常或调节失灵。应尽可能地将机器置于建筑物的背阴处或北侧，在夏季应防止电气控制柜直接曝晒。谷物冷却机须水平放置，以保证机器排水顺畅。

3. 谷物冷却机适用范围

谷物冷却机适用于各类大型粮仓，如高大平房仓、浅圆仓及立筒仓中粮食的降温、调湿，以利于粮食的长期贮存。

4. 谷物冷却机的功能

谷物冷却机主要用于降低粮食温度，在降温的同时可以保持和适量调整粮食水分，具有保持水分冷却通风、降低水分冷却通风和调质冷却通风三种功能。

三、环流熏蒸技术

磷化氢环流熏蒸技术是利用环流熏蒸设备，强制气流循环，促使磷化氢气体在粮堆内快速均匀分布，达到有效杀虫、保证安全储粮的目的。环流熏蒸是指在密封环境外部或内部配置环流导管道、环流风机等配套装置，使熏蒸气体通过风机的作用经商品堆垛、密封环境内空间以及风机形成闭合环流熏蒸回路．熏蒸药剂在封闭的状态下借助环流风机所产生的动力，达到分布均匀完全杀死害虫的目的。

磷化氢环流熏蒸设备包括施药装置、环流装置和取样装置。

1. 施药装置

环流熏蒸的施药方式可以多种多样，既可以通过不同技术进行仓外施药，也可以在仓内采用磷化铝自然潮解施药产生磷化氢。

（1）仓外施药　施药装置是向密闭环境或环流系统施放磷化氢进行熏蒸杀虫的装置或器具，包括钢瓶施药装置、磷化氢发生器、施药盘、施药探管等。

①钢瓶施药装置：作用是将钢瓶内的磷化氢和二氧化碳混合气体由高压状态转化成低压状态，由液态转换成气态。一般由钢瓶、钢瓶运载工具、减压器、释放装置、计量器械、软（硬）连接管等组成。

磷化氢钢瓶施药过程中，用二氧化碳作为稀释气体与磷化氢混合，并以一定比例装于耐压容器（钢瓶）中得到可按一定比例释放的气体熏蒸剂，磷化氢与二氧化碳质量比为2∶98。其商品形态为高压液体的混合物，释放时为气体。全称为钢瓶装磷化氢和二氧化碳混合气体，也被称为不会燃烧的磷化氢熏蒸剂。钢瓶装磷化氢和二氧化碳混合气体在使用后不存在磷化铝残渣问题。由于应用剂量低，所以磷化氢在储粮上的残留也很少。比较而言，钢瓶装磷化氢和二氧化碳混合气体使用方便，操作简单，且在条件允许时可以实现自动控制的气流熏蒸。

②磷化氢发生器：用来控制磷化物生成磷化氢气体的机械装置。磷化氢发生器主要由储药桶、定时定量自动投药器、反应器、过滤（净化）器、气体加热器、气体混合器、温度控制仪、机高等部分组成。

利用磷化氢发生器，在仓外采用磷化铝加水反应能够安全可控地生成磷化氢气体，并能连续地加入二氧化碳，在机内混配成混合气体。混合气体中的磷化氢含量不大于2%，所用磷化氢发生物均为磷化铝制剂。目前国内所用的磷化氢发生器应具备可以混入二氧化碳气体的功能。在国外已有通过控制磷化氢发生速度和流量保证设备的安全性而不再需要加入二氧化碳的磷化氢发生装置。

③施药箱：环流管路上的施药箱应能容纳环流装置和施药装置的接口和阀门等部件，并使各部件免受日晒、雨淋。

④通风口施药：将磷化铝制剂施放到环流系统中的通风道的通风口内，继而开动环流风机进行环流施药的方式。施药时，应防止磷化氢局部浓度过高造成的可能的燃爆和磷化铝残渣被风机气流吹散。磷化氢浓度过高可以通过风机气流促使其向粮堆快速运动分散而避免，这也就要求采用通风口施药时要对可能的停电和机械故障有预防措施。

（2）仓内潮解施药　环流熏蒸中采用磷化铝仓内潮解施药可以根据具体情况采用不同的施药方式。在仓房气密性足够好而进行整仓环流时，可以在粮面上采用在器皿中施药的方式。在膜下环流熏蒸时可采用膜下小布袋埋藏法施药。为了控制磷化氢的产生速度而使熏蒸的中后期仍然有磷化氢产生以补充和维持浓度，可以采用缓释的方法施药。根据害虫发生的情况和条件，必要时可采用混合施药的方式。在生产实际中，许多地方采用了通风道施药环流的施药方式。采用通风道施药一定要注意环流气流的畅通和保障，配备一定的安全补充和保障措施，严格防止磷化氢燃爆，避免事故发生。

2. 环流装置

环流装置将施放于密闭环境或环流管道的磷化氢气体，通过循环气流有效地分布于密闭环境内的装置。环流装置由气密、防腐及防爆离心环流风机、环流管道、施药检测口及必要的调节控制装置等部分组成，可分为移动式和固定式两种形式。图3－114为高大平房仓环流熏蒸装置示意图。

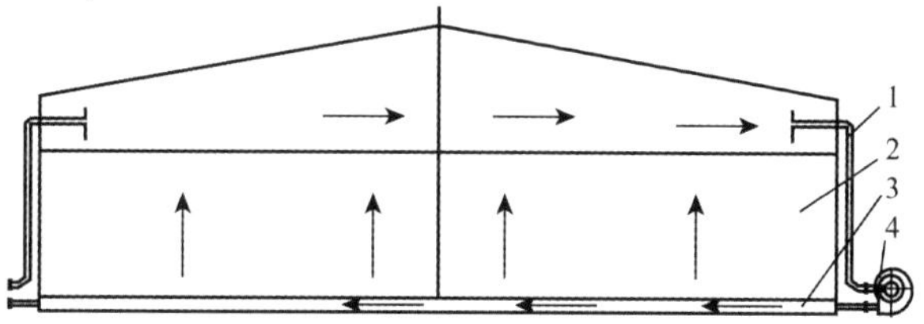

图3－114　环流熏蒸装置示意图

1—环流管道　2—平房仓内粮堆　3—通风道　4—环流风机

固定式环流装置由环流风机、管路等主体被固定安装于熏蒸场所的环流机械装置等组成，包括仓外固定的环流管道、风机和设置于粮堆内的膜下环流管道。

移动式环流装置包括环流风机、管路等主体可以被移动的环流机械装置。移动式环流装置中，将环流风机固定在可移动车体上，环流管道的回流管固定在仓壁上，其他管道在熏蒸时安装，熏蒸后可拆卸。

固定式环流管路固定在仓外，为金属管，管壁厚度大于 1mm，耐磷化氢腐蚀，防泄漏。固定式管路的平直度、铅垂度应满足要求。仓内的环流管道可采用金属或管壁厚度大于 2mm 的 PVC - U 材料，金属管的要求同仓外管道。环流管路的设计压力为 1000Pa。金属管路间的连接采用法兰或焊接，所用非金属垫片符合 GB 50235 的要求。金属管路法兰、管架及坚固件采用碳素钢材料时，表面进行镀锌或镀铬，镀层应均匀。金属环流管路间的连接应符合 GB 50235 的要求，PVC - U 管路的连接应符合 GB/T 5836. 1 和 GB/T 5836. 2 的规定。环流管路泄漏性应符合 GB 50235—1997 中 7. 5. 5 的规定。

移动式管路采用软管连接，管路上配有蝶阀，以调整风量。固定式金属管路的蝶阀设置在每一个竖向管上，移动式管路的蝶阀设置在每一根支管路上。

采用钢瓶施药装置或磷化氢发生器施药时，熏蒸剂进入环流管路的部位应在环流管路的正压段。采用通风道管口施药时，应确保施药点设在环流气体通过处，并保证在施药及药剂释放过程中产生的磷化氢能立即进入循环气流中。

环流风机应采用具有防泄漏、防爆和抗磷化氢腐蚀的粮食熏蒸专用离心风机，其主要参数为功率≤1kW，风压≤1000Pa，风量≤1000m^3/h。用于固定环流管路的环流风机的电机应有防雨、防晒措施。

3. 气体取样装置

在应用磷化氢进行熏蒸杀虫的场所，为了检测仓内气体是否达到有效浓度和气体分布是否均匀，熏蒸期间仓体是否有毒气泄漏，外环流熏蒸时仓外环流管道及其相关部分是否有毒气泄漏，开仓放气后仓内是否可以允许工作人员入仓工作等，都需要了解磷化氢气体的浓度水平，以便对熏蒸期间浓度过低时进行补充施药或当有毒气泄漏时进行及时的补漏，或在仓内磷化氢超过安全浓度时给予警戒信号，保证入仓人员的安全等。磷化氢熏蒸杀虫应在控制浓度情况下进行，在熏蒸过程中对磷化氢气体浓度进行检测是必不可少的。

气体取样装置的作用是从密闭环境内抽取气体样品。该装置由气体取样端头、取样管、取样阀门（或夹）、检测箱、取样泵等组成。

气体取样装置的设置，对平房仓每个廒间至少设置 1 套。每套取样装置设取样点不少于 5 个，并设检测回气管 1 根。

气体取样口：环流管路上的仓外部分应设置气体取样口，并有相应的防泄漏措施。固定式管路取样口一般设在靠近施药箱的支管路上，移动式管路取样口设在易于检测的部位。

为保证取样精度，取样管应具有截面不变形的性能，内径不小于 2mm，管壁厚度不小于 1mm。取样端头应有防止尘屑堵塞的措施。取样泵的取样距离不小于 45m。

立筒仓和浅圆仓在环流管道上设置气体取样检测点。取样管及回气管穿过仓墙时采用法兰或螺纹密封方式。取样管的护管采用抗腐蚀的材料。检测箱固定在仓房外方便检测的墙壁上，并应对每根取样管单独设置阀门。

磷化氢检测箱的作用是将从仓内引到仓外的气体取样管取样端和气体回流管集中设在一个金属箱中的装置，其中对各导气管设有阀门。检测箱应固定在仓房外方便检测的墙壁上，并对每根取样管单独设阀门或夹，阀门或夹的编号应与仓内的取样管编号一致。

磷化氢气体检测仪用以测定或检测熏蒸过程中的磷化氢浓度，也可用磷化氢气体检测管。不同生产厂家的磷化氢气体检测仪在检测原理、产品结构等方面有所不同。根据仪器的主要目的和测定的浓度范围可分为以测较高浓度为主的磷化氢气体检测仪和以检测较低浓度为主的磷化氢气体报警仪，也有将二者合为一体的检测报警仪。

四、粮情测控系统

粮情测控系统主要由测温计算机、测温主机、测温分机、分线器、测温电缆、仓温仓湿传感器、气温气湿传感器等部分组成。该系统是集粮情检测、智能分析和通风控制于一体的独立的粮情测控系统。传感器件实时或定时地对仓房内的温、湿度进行数据采集，通过测温计算机等设备，以表格和图形的形式显示、打印、保存检测到的仓房内温、湿度，提供粮温变化趋势，确定粮情报警值，供保管人员确定该单元要采取的通风措施。

粮情检测系统应具备检测温度、湿度、水分、仓虫、磷化氢、氧气、二氧化碳和适时控制储粮技术设施的功能。但目前的粮情检测产品主要检测粮堆温度、仓内温湿度和大气温湿度等基本参数。

平房仓测温电缆及测温点的数量根据仓间的大小确定。平房仓内测温电缆水平间距不大于5m，周边测温电缆距墙面间距小于0.5m。测温电缆在同一垂直方向设置4个测温点，测温点竖向间距不大于2m。

浅圆仓、立筒仓测温电缆水平间距不大于5m，测温传感器纵向间距小于3m，最外层测温电缆距仓壁间距不大于1.5m，测温传感器距粮面及仓底面不大于0.5m。

第四章　粮食仓储工艺

由于粮食仓库的地理位置、交通条件、运输工具、粮食品种、粮库类型、粮仓类型、储粮方式和习惯等不同，粮食仓储工艺也是多种多样的。

第一节　平房仓仓储工艺

平房仓是我国粮库中最普遍的储粮建筑，因为建筑材料可以因地制宜，建造简单，造价低廉，所以在中国使用的年代比较长，在各式仓房中所占比例高达70%～80%，应用非常普遍。

通常平房仓和楼房仓都属于房式仓，而由于楼房仓造价高，施工要求严格，主要用于城市土地资源较为紧张的大中型粮油加工企业，而粮库较多使用的是平房仓。

一、平房仓的仓储配套设施

为了确保粮食储藏安全，在新仓建设中配备了与仓储工艺相配套的设备，如粮情检测系统、通风降温系统、环流熏蒸杀虫系统和谷物冷却系统，以提高粮库的应变能力。

（1）粮情测控系统　可以使保管员通过粮堆温度检测，推测粮情发展趋势，及时发现储粮问题，及早采取相应措施。

（2）通风降温系统　每座仓房必备的设施，是环流熏蒸技术、谷物冷却技术应用的基础。通过粮堆的通风换气，可以冷却粮堆、均衡粮温，有效防止水分扩散、粮食发热霉变，提高与改善储粮的稳定性能。

（3）环流熏蒸杀虫系统　可以使毒气在粮堆内快速均匀分布，减轻投药的劳动强度，减少接触毒气的时间，降低熏蒸费用，取得良好的杀虫效果。

（4）谷物冷却系统　在夏季冷却粮食、高水分粮保管和在无低温季节的华南地区等场合时有着重要作用。可用于防止粮食发热，抑制虫霉生长，保持粮食品质，减少储粮水分散失。

二、平房仓的进出仓方式

（1）入仓　由移动式皮带输送机、转向式输送机或移动式补仓机等设备协同作业完成。进粮入仓时散粮可从仓门口、仓窗口或两处结合入仓，包装粮则一般多采用人工搬运和人工码垛的方式从仓门口入仓。

（2）出仓　可采用专用出仓设备（扒粮机）和输送机配合出仓或直接采用输送机人工喂料出仓。无论是包装粮和散装粮出仓一般都是从仓门口出仓的。

三、平房仓的进出仓典型工艺

1. 平房仓入仓

（1）轮船来散粮入仓　如图4－1所示。

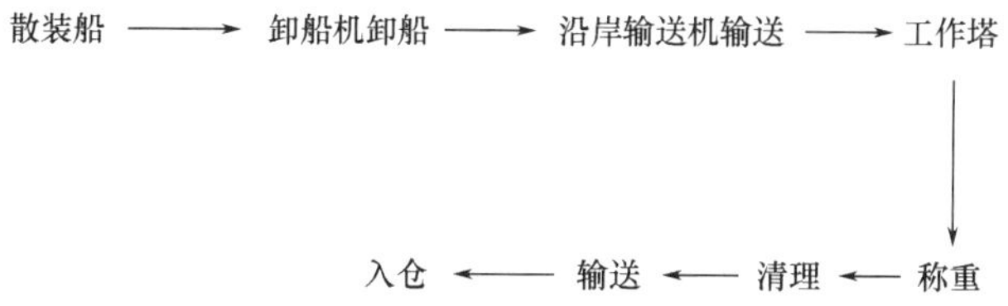

图4－1　平房仓轮船来散粮入仓工艺

（2）火车来散粮入仓　如图4－2所示。

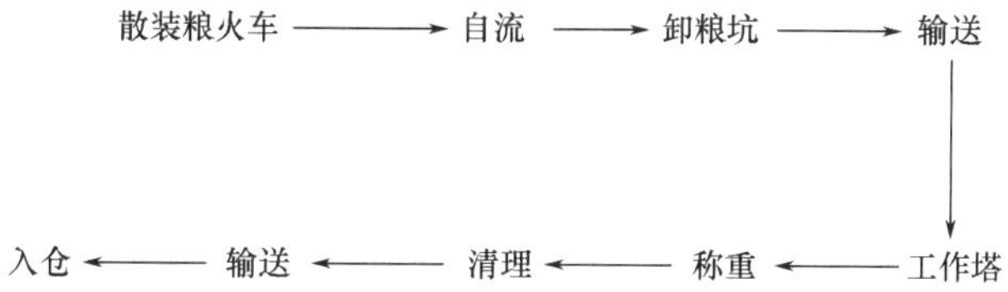

图4－2　平房仓火车来散粮入仓工艺

（3）汽车来散粮入仓　如图4－3所示。

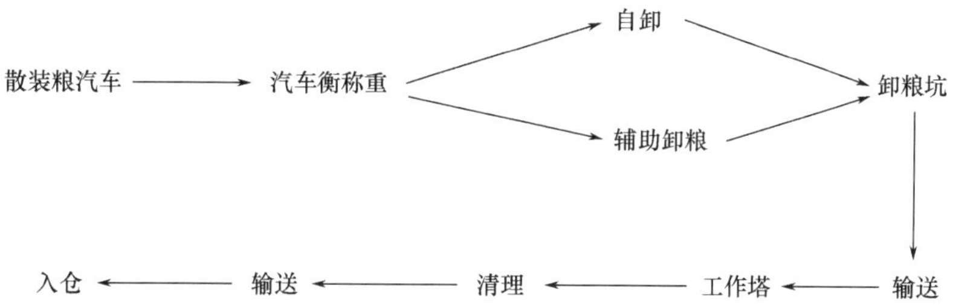

图4－3　平房仓汽车来散粮入仓工艺

（4）包装粮入仓　如图4－4所示。

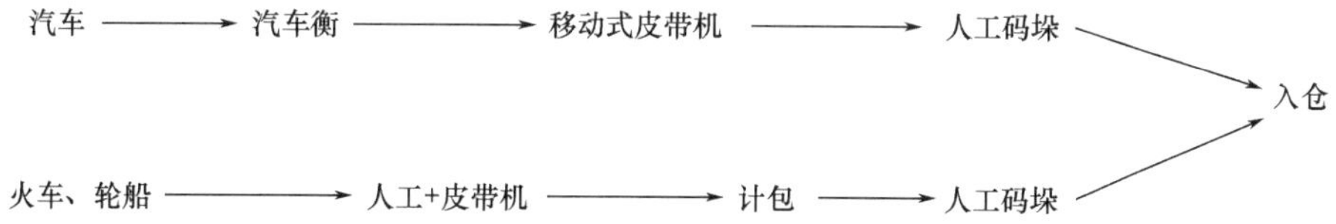

图4－4　平房仓包装粮入仓工艺

图4－5～图4－8为平房仓入仓工艺流程图。

2. 平房仓出仓

“苏式仓”、简易房式仓机械设备配备比较简易，多以人工或半机械作业方式完成出仓工作。而高大房式仓则机械化程度较高，配置的是移动式机械设备。

平房仓散装粮出仓的方式有移动式输送机出仓、扒粮机出仓等。

平房仓包装粮在仓内都是以垛的形式存放，若需出仓，目前多是由人工拆垛，再放到输送机上送出。用叉车码的垛，可以用叉车拆垛出仓。

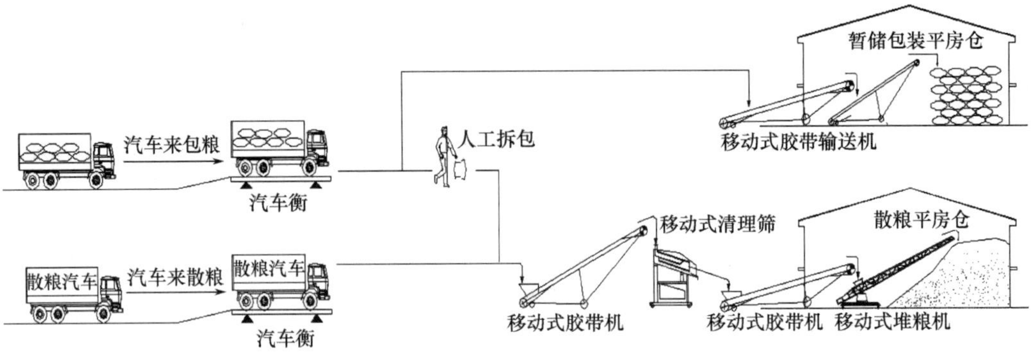

图4－5　平房仓入仓工艺流程图一

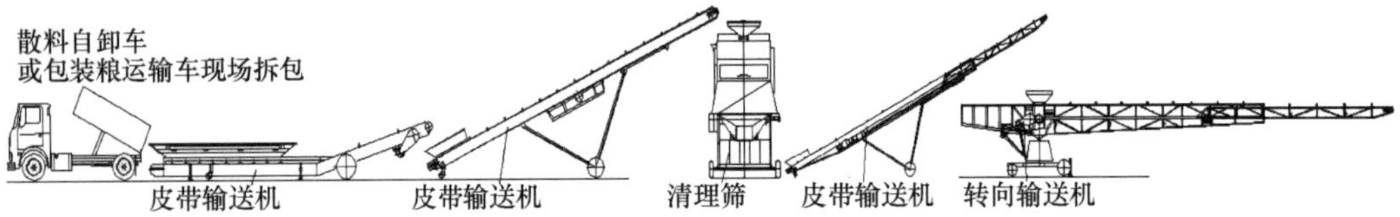

图4－6　平房仓入仓工艺流程图二

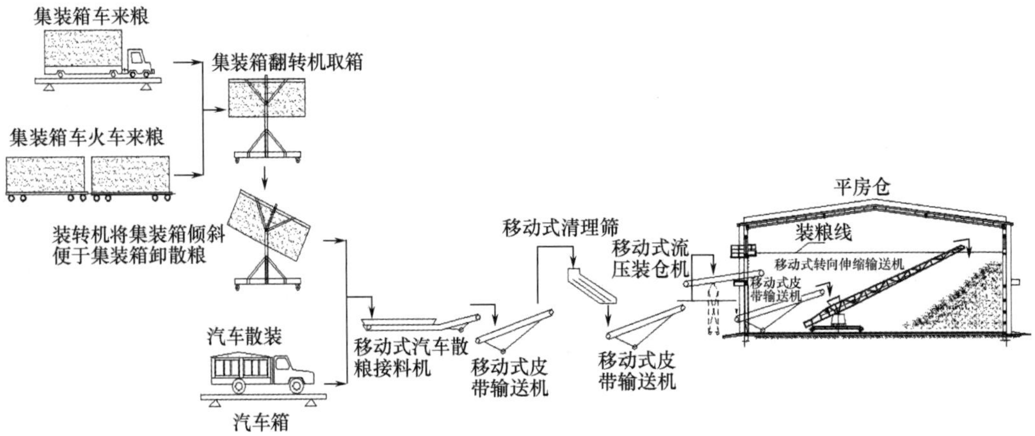

图4－7　平房仓散粮接收工艺流程图三

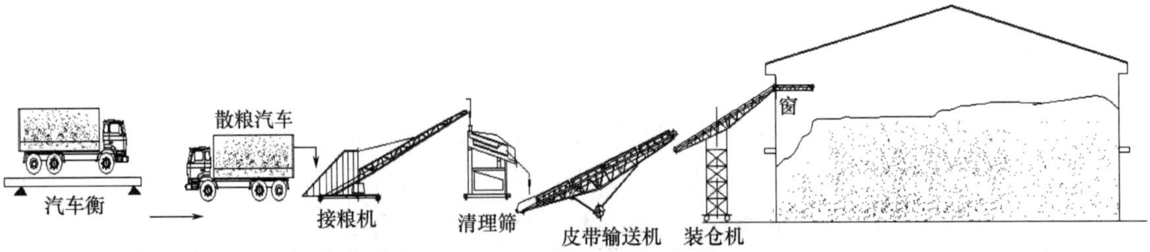

图4－8　平房仓接收补仓工艺流程图四

（1）移动式皮带机出仓　将移动式皮带机移入仓内，通常是人工喂料或打包，输送机输送出仓。此种出仓方式效率低，工人的劳动强度大，工作现场的灰尘大。其出仓工艺如图 4－9 所示。

散装粮 ——→ 人工喂料（人工打包或打包机打包）——→ 移动式皮带机 ——→ 装车、船 ——→ 计量

图 4－9　平房仓散粮出仓工艺

（2）扒谷机出仓　扒谷机适用于一般平底房式仓，使用时，扒谷机将仓内粮食扒起，并输送到移动式带式输送机上，送出仓外。常用的扒谷机有刮板扒谷机、翼轮扒谷机和绞龙扒谷机。扒谷机的优点是对仓房没有要求，造价低；缺点是操作条件很差，人工经常要移动它和后续的输送机，劳动强度也很大，生产率在 50t/h 左右。扒谷机出仓工艺如图 4－10 所示。

散装粮 ——→ 扒谷机 ——→ 移动式输送机 ——→ 装车、船 ——→ 计量

图 4－10　平房仓扒谷机散粮出仓工艺

图 4－11、图 4－12 为平房仓出仓工艺流程图。

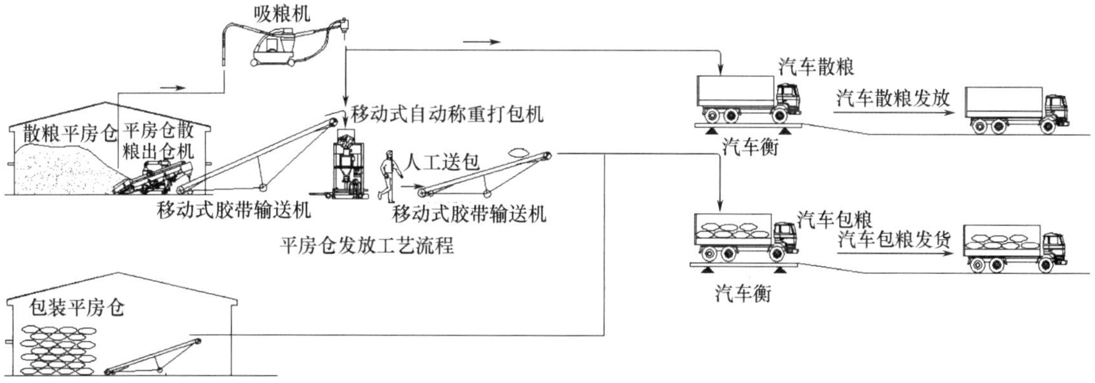

图 4－11　平房仓出仓工艺流程图一

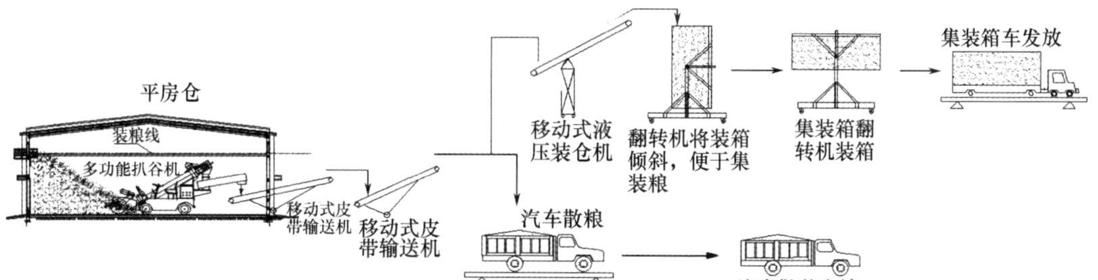

图 4－12　平房仓散粮出仓工艺流程图二

（3）其他出仓方式　也有的平房仓建成锥形底，底部开有数个出粮口，仓的地坪下是地下通道，通道中安置输送机。出仓时，只要打开出粮口，开动输送机，仓内粮食就自流出来。此出仓方式机械化程度高，效率高。

第二节　浅圆仓仓储工艺

浅圆仓是我国近年大力发展的一种新仓型。它具有储存量大、造价低、施工期短、进出粮易于实现机械化操作等特点，在“利用世界银行贷款改善中国粮食流通项目”和1998年的250亿kg新仓建设中大量采用。

一、浅圆仓的仓储配套设施

浅圆仓除与平房仓一样，配备了粮情测控、通风降温、环流熏蒸和谷物冷却等仓储配套设施外，还配套有工作塔及进出粮设备，提高了粮仓机械化程度及出入仓和处理粮食的效率。

二、浅圆仓的进出仓方式

通常浅圆仓配有工作塔，里面安装有清理、检斤、垂直提升设备，以及在浅圆仓的仓顶、仓底构成的水平输送设备。在浅圆仓进粮时，通过工作塔的垂直与水平输送，从浅圆仓仓顶中心的入粮口进粮，布料器减缓入粮过程中的自动分级现象。出仓时，先打开浅圆仓内的中心卸粮口，让粮食自流出仓，而后再打开其他的卸粮口出粮，从卸粮口流出的粮食由卸粮通廊中的输送机完成出仓作业。仓内残余的粮食由装载机或清仓机械完成清仓作业。

有时，粮仓也可打开挡粮门或仓壁上的紧急出粮口，使部分粮食自流出仓，以降低出仓费用和减少粮食的破碎。

三、浅圆仓的进出仓工艺

1. 浅圆仓入仓

（1）轮船来粮入仓　如图4-13所示。

（2）火车来粮入仓　如图4-14所示。

（3）汽车来粮入仓　如图4-15所示。

图4-16为浅圆仓入仓工艺流程图。

因浅圆仓只能储存散装粮，所以如果是包装粮，必须先拆包再进入入仓工艺。

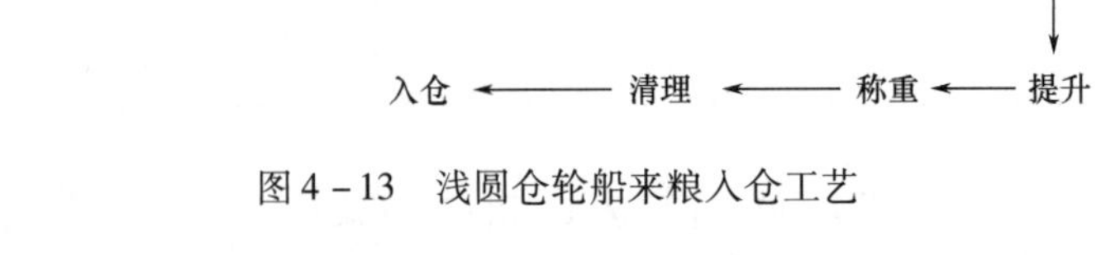

图4-13　浅圆仓轮船来粮入仓工艺

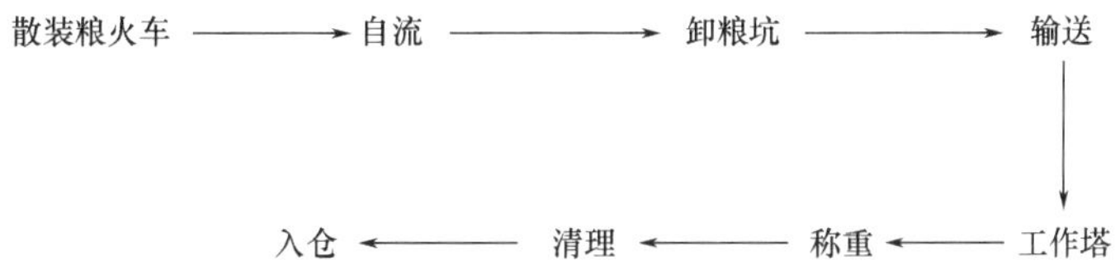

图 4－14　浅圆仓火车来粮入仓工艺

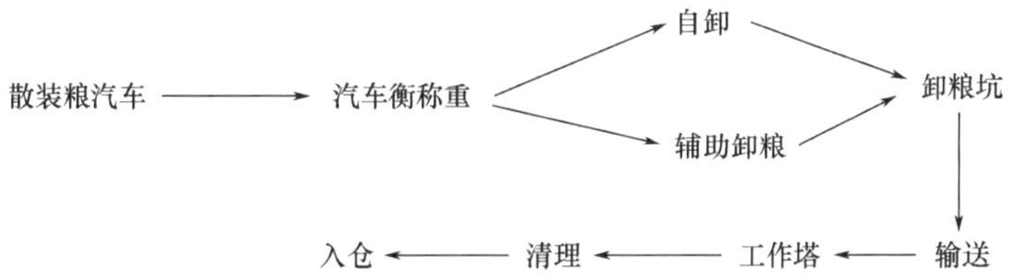

图 4－15　浅圆仓汽车来粮入仓工艺

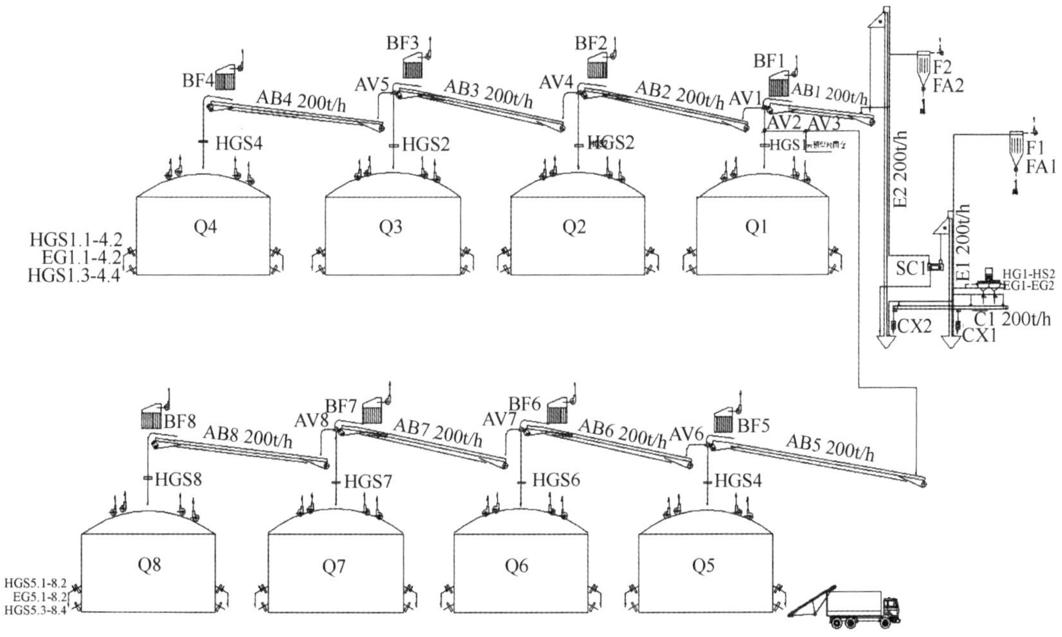

图 4－16　浅圆仓入仓工艺流程图

2. 浅圆仓出仓

浅圆仓大部分为平底仓，出粮一般先通过仓底的出粮口自流出仓，最后不能自流的部分粮食，则可利用铲车、自转公转绞龙或其他的扫仓设备和方式清仓。图 4－17 为浅圆仓出仓工艺。

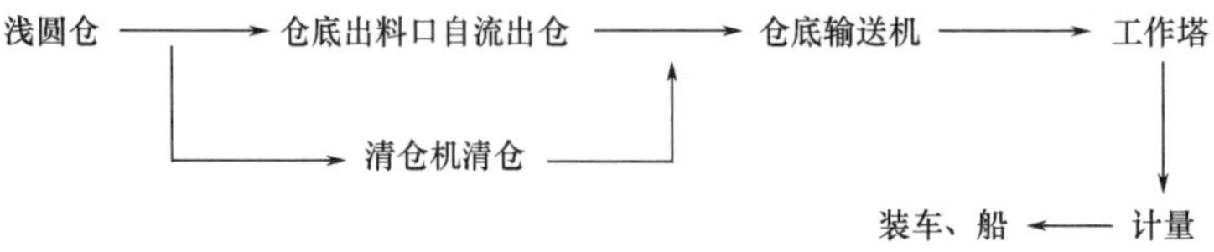

图4－17　浅圆仓出仓工艺

也有的浅圆仓仓壁安装有出仓溜管（图4－18），打开阀门可直接出仓，出仓效率比较高，但是也存在清仓工作。散装粮出仓后，如要求包装运输，可采用打包机或人工打包。

图4－18　浅圆仓仓壁出仓溜管

图4－19、图4－20为浅圆仓出入仓工艺流程图。

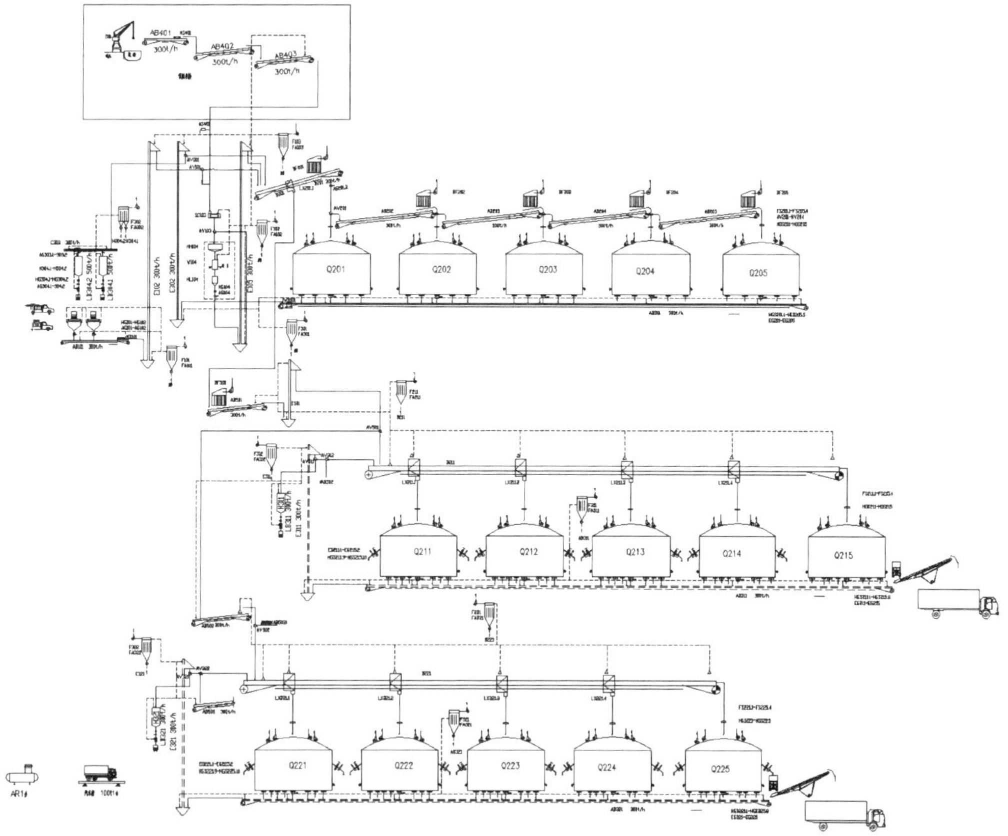

图4－19　浅圆仓出入仓工艺流程图一

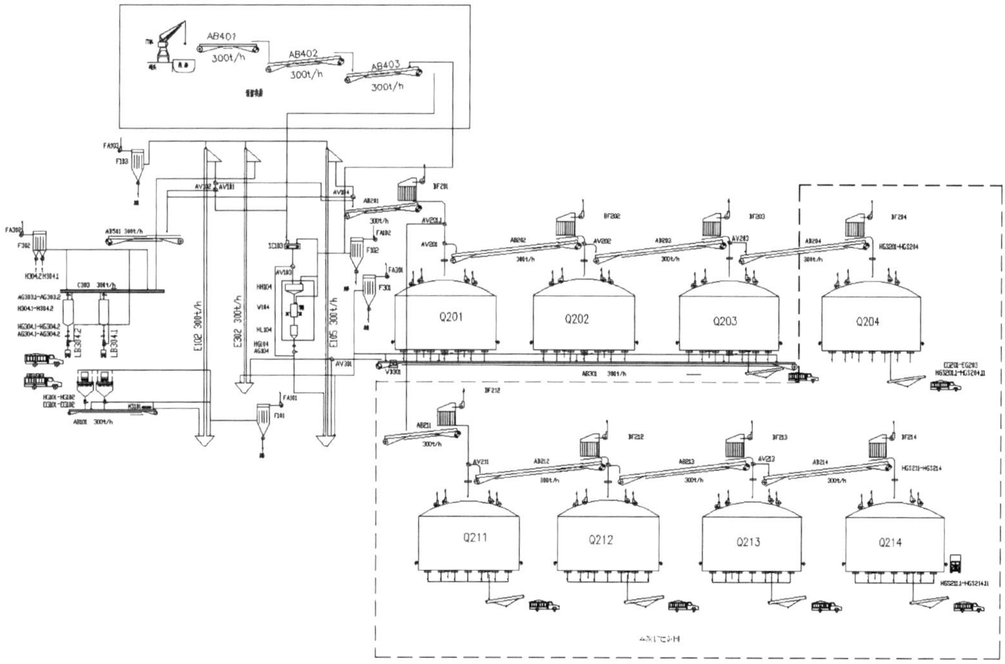

图4－20　浅圆仓出入仓工艺流程图二

第三节　立筒仓仓储工艺

目前粮库使用的筒仓按建筑材料可分为钢筋混凝土筒仓、钢板筒仓和砖筒仓三种主要形式。钢板筒仓主要用于中转或加工企业的原料仓。随着对农田保护和对黏土砖使用的限制，砖筒仓不再是发展方向。在1998年以来的新仓建设中，主要建造的是钢筋混凝土筒仓，在东北还建有部分砖筒仓。

一、立筒仓的仓储配套设施

在钢筋混凝土筒仓中，大都安装了筒仓多功能通风熏蒸装置，它集筒仓的通风降温、环流熏蒸、减缓分级和卸粮减载等功能于一体，较好解决筒仓通风降温散湿、深粮层熏蒸杀虫、减缓进出粮时的分级现象和卸粮减载等问题，提高粮食储藏稳定性，减少了筒仓的频繁倒仓次数，降低了储粮保管费用。因此，筒仓多功能通风熏蒸装置是目前较为完善的筒仓储粮配套设置。除此之外立筒仓储备仓基本配置了粮情检测和谷物冷却设备，保证了储粮的安全。与浅圆仓相似，立筒仓还配套有工作塔及进出粮设备，粮仓的机械化程度及出入仓和处理粮食的效率均较高。

二、立筒仓的进出仓方式

筒仓的进出仓方式与浅圆仓类似，也建有工作塔，负责筒仓群粮食的接收与发放。但筒仓基本上为锥底全自流仓型，打开筒仓卸粮口闸板，筒内粮食可完全自流出来，无需再进仓清理。

三、立筒仓的进出仓工艺

1. 立筒仓入仓

（1）轮船来粮入仓　如图4-21所示。

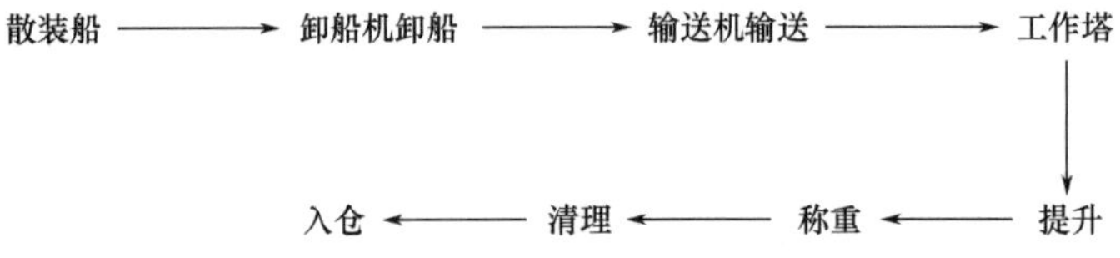

图4-21　立筒仓轮船来粮入仓工艺

（2）火车来粮入仓　如图4-22所示。

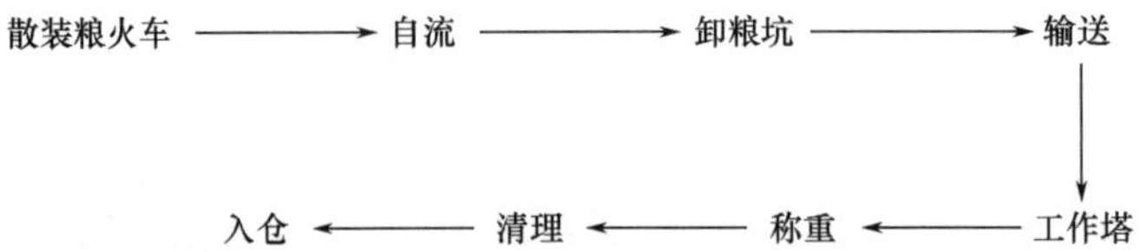

图4-22　立筒仓火车来散粮入仓工艺

（3）汽车来粮入仓　如图 4－23 所示。

散装粮汽车 → 汽车衡称量 → 自卸 / 辅助卸粮 → 卸粮坑 → 输送 → 工作塔 → 清理 → 入仓

图 4－23　立筒仓汽车来粮入仓工艺

图 4－24 为立筒仓汽车来粮工艺流程图。

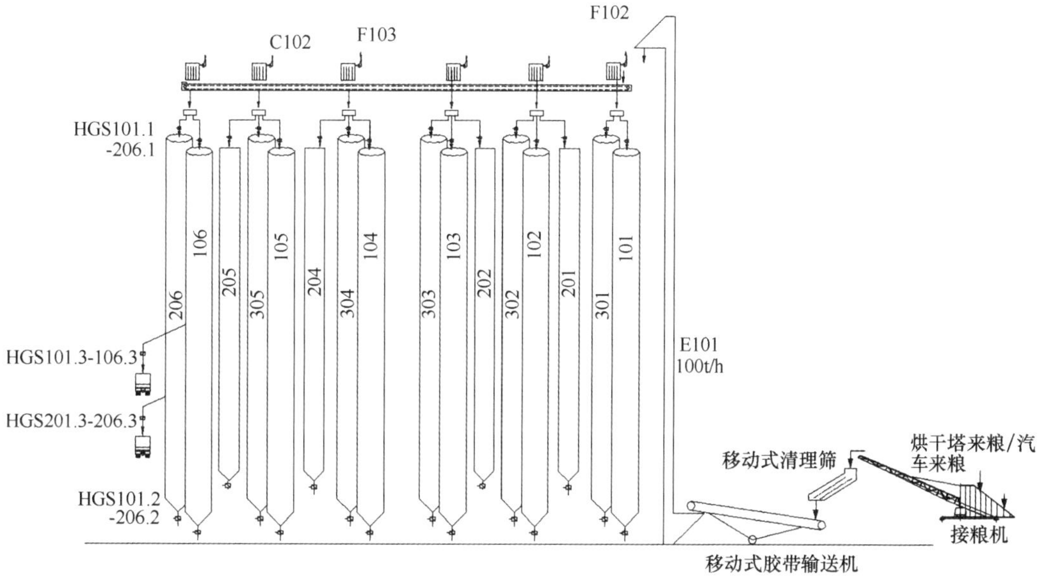

图 4－24　立筒仓汽车来粮工艺流程图

立筒仓同样只能储存散装粮，所以如果是包装粮，必须先拆包再进入入仓工艺。

2. 立筒仓出仓

立筒仓有锥底筒仓和平底筒仓，因此出仓的方法也不完全相同，现分别介绍如下。

（1）锥底立筒仓的出仓　锥底立筒仓出仓最为方便，只要在仓底出料口安装溜管，溜管另一端接仓底输送机的进料口，即可出仓。仓底输送机多使用带式输送机，但必须有密封罩和除尘装置，以保证仓底通廊的卫生。选用气垫式皮带机最合适。锥底立筒仓的出仓工艺如图 4－25 所示。

锥底立筒仓 → 仓底出料口自流出仓 → 溜管 → 仓底输送机 → 工作塔 → 计量 → 装车、船

图 4－25　锥底立筒仓的出仓工艺

也有部分锥底筒仓没有安装固定式的仓底输送机，可在出仓时打开仓底的出粮阀门，下边接一台移动式输送机即可出仓（图 4－26）。此出仓方式设备的利用率高，方便灵活。

锥底立筒仓 ——→ 仓底出料 ——→ 移动输送机送出仓 ——→ 装车 ——→ 计量

图 4－26　锥底立筒仓无仓底输送机的出仓工艺

（2）平底立筒仓的出仓　平底立筒仓比较少，粮食出仓可在仓底中心开设出料口，仓底下地道内安装输送机。仓内粮食大部分由出料口自流出仓，并由输送机送出，剩余不能自流出仓的粮食，则依靠扫仓机清仓。其出仓工艺如图 4－27 所示。

平底立筒仓 ——→ 仓底出料口自流出仓 ——→ 输送机送出仓 ——→ 装车、船

（平底立筒仓 ——→ 扫仓机清仓 ——→ 输送机送出仓）

图 4－27　平底立筒仓的出仓工艺

另外，无论锥底立筒仓和平底立筒仓均可采用仓壁安装溜管的方式，靠粮食的自流直接出仓或装汽车，出仓效率高，无须动耗，经济方便。立筒仓仓壁出仓工艺如图 4－28、图 4－29 所示，出仓工艺流程图如图 4－30 所示。

锥（平）底立筒仓 ——→ 仓壁出粮口自流出仓 ——→ 溜管 ——→ 装汽车 ——→ 计量

图 4－28　立筒仓仓壁出仓工艺

图 4－29　立筒仓仓壁出仓工艺

图 4－31、图 4－32 为立筒仓出入仓工艺流程图。

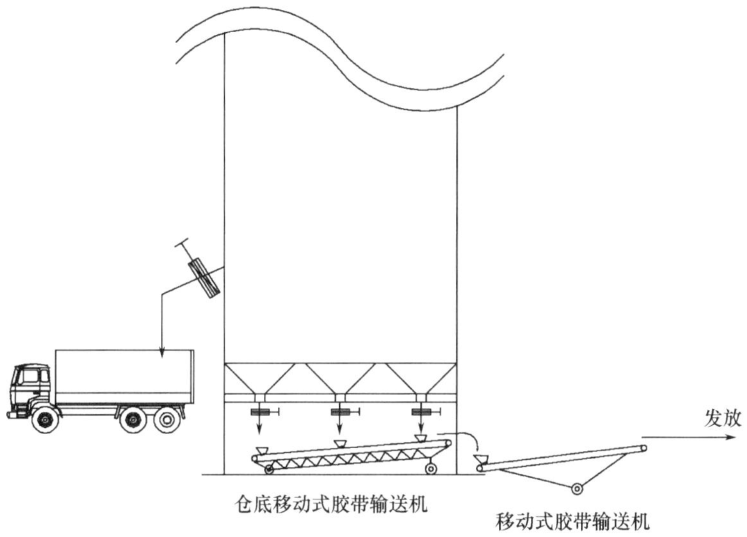

图 4－30　立筒仓仓壁出仓工艺流程图

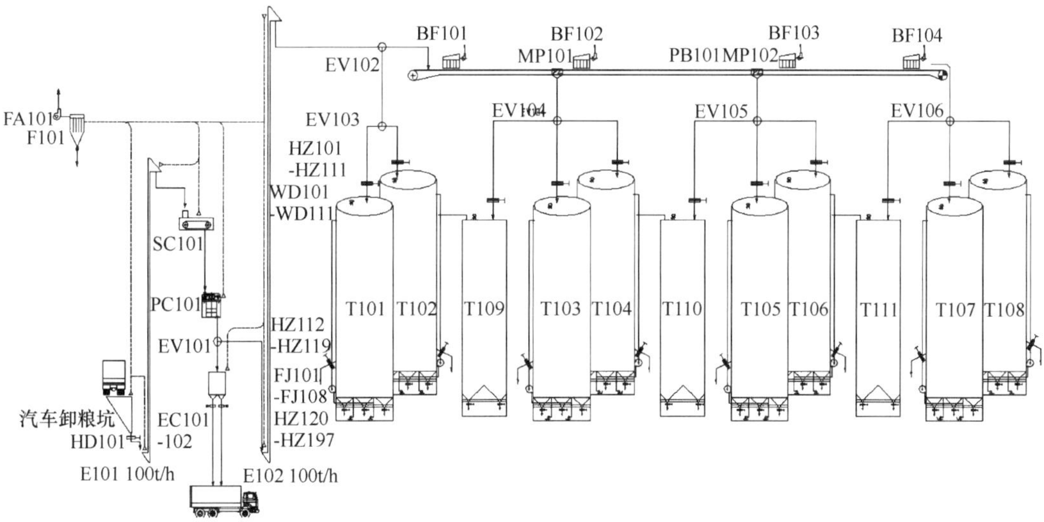

图 4－31　立筒仓出入仓工艺流程图一

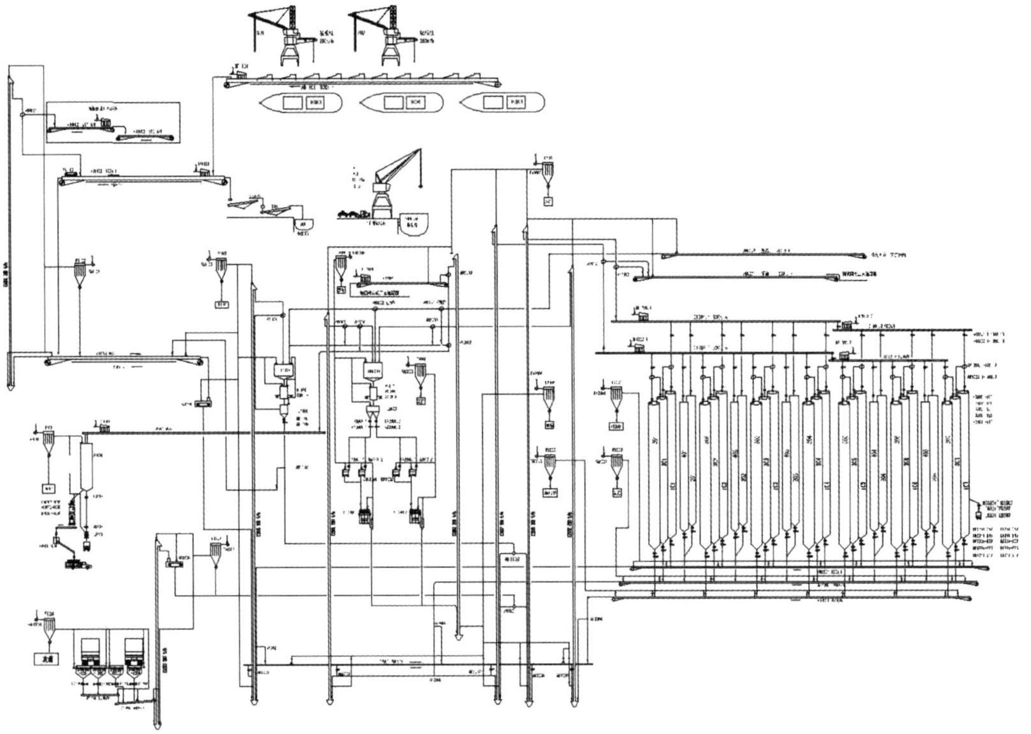

图 4-32　立筒仓出入仓工艺流程图二

第四节　楼房仓仓储工艺

一、楼房仓的仓储配套设施

楼房仓的最大优点是充分利用空间，节约用地，但是由于其造价高于平房仓，且储粮工艺复杂，包粮与散粮兼存优点未得以充分发挥，限制其发展。目前楼房仓的结构和建筑设计均未考虑机械通风和环流熏蒸设备的使用，将低温储粮技术、气调储粮技术、粮食仓储计算机技术等先进储粮工艺综合运用于楼房仓的建设还有待进一步的研究。另外，现有的楼房仓大多按照包装仓设计，不利于充分利用仓容。因此，应该综合研究散粮楼房仓结构设计与储粮工艺等关键问题，为其发展奠定基础。

二、楼房仓的进出仓方式

现有的楼房仓基本为包装粮，进出粮工艺有多种方式，常见的有电梯结合叉车、托盘码垛或带式码垛机码垛。采用单包提升机结合移动或固定式皮带机堆垛，采用皮带机、电瓶车结合滑道方式。由于楼房仓大多是存放包粮，虽可进行一定的机械化作业，但粮食进出仓速度较慢。而对于散装存放粮食的楼房仓，实现粮食的机械化输送、自动化计量及控制、减少粉尘对环境的污染、提高机械利用率且使之便于维修保养，则是进出粮工艺需要解决的综合性问题。

三、楼房仓的进出仓工艺

1. 楼房仓入仓

楼房仓基本上是包装粮，进出粮工艺较为特殊，进仓多采用电梯、单包提升机或皮带机。其入仓工艺如图 4 - 33 所示。

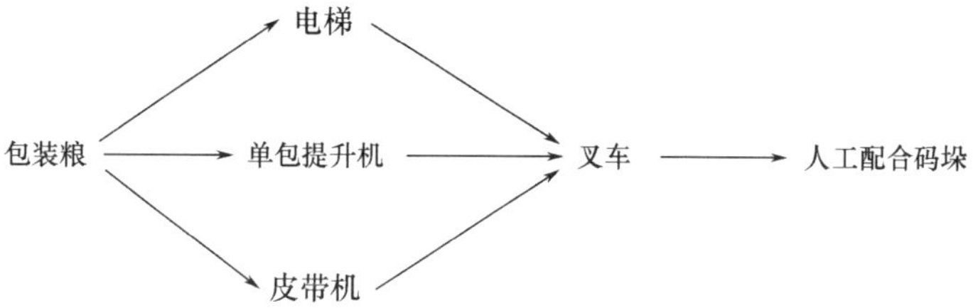

图 4 - 33　楼房仓入仓工艺

图 4 - 34 为楼房仓入仓工艺流程图，图 4 - 35 为楼房仓入仓设备及工艺。

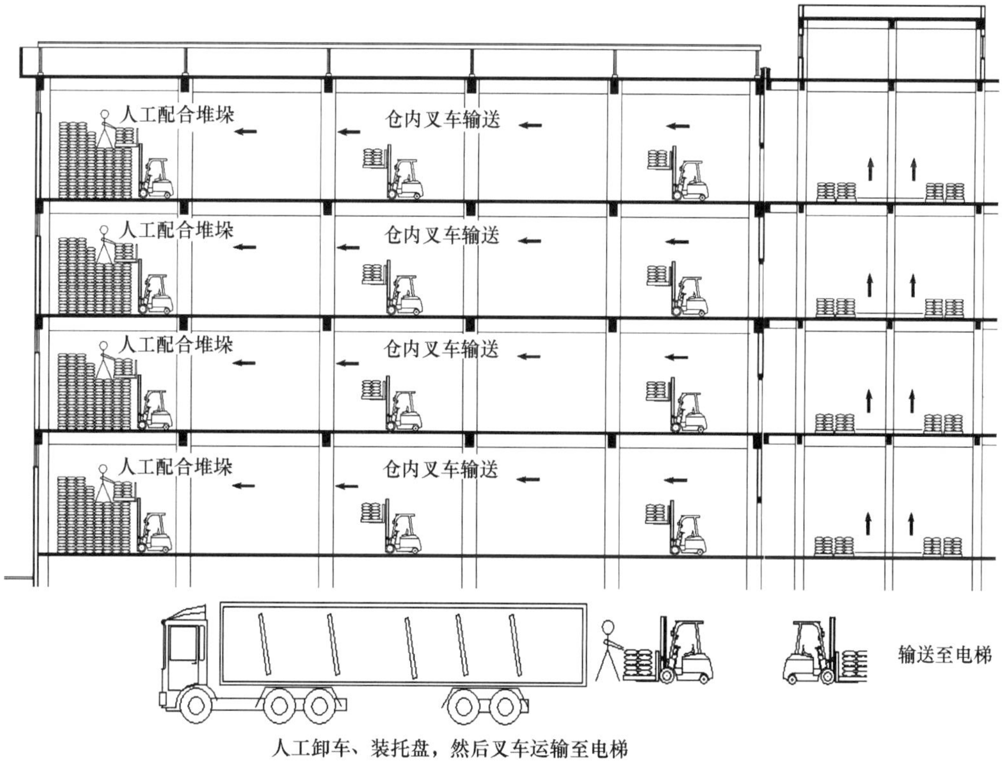

图 4 - 34　楼房仓入仓工艺流程图

图 4 – 35　楼房仓入仓设备及工艺

2. 楼房仓出仓

楼房仓出仓多采用电梯和螺旋滑道，出仓工艺如图 4 – 36 所示。

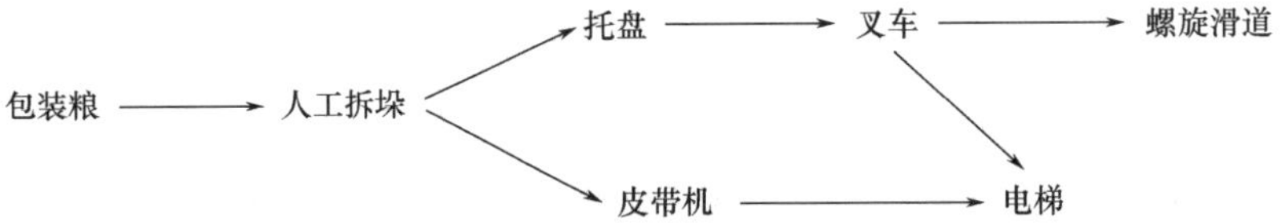

图 4 – 36　楼房仓出仓工艺

图 4 – 37 为楼房仓出仓工艺流程图，图 4 – 38 为楼房仓螺旋滑道。

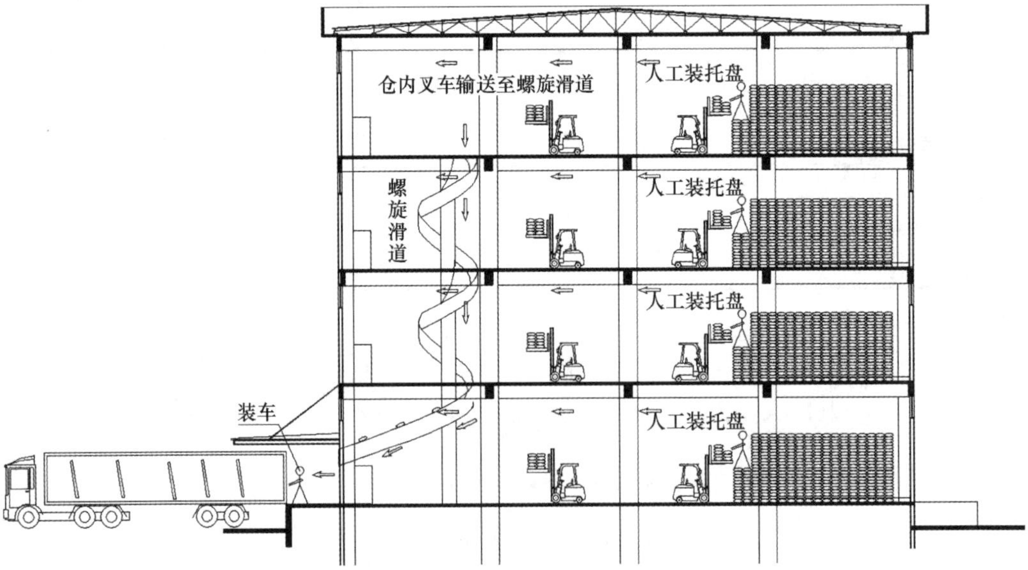

图 4 – 37　楼房仓出仓工艺流程图

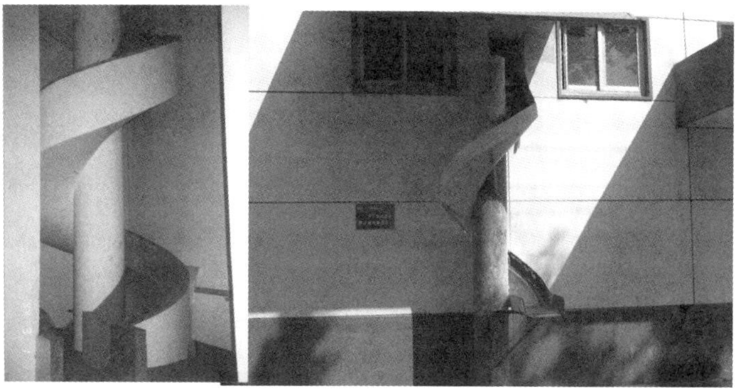

图 4－38　楼房仓螺旋滑道

第五节　主要储粮技术工艺

一、机械通风工艺流程

储粮机械通风技术虽然在我国已有多年的发展历史，但发展最快推广面最广还在 20 世纪 80 年代中后期。由于机械通风技术投资少、见效快、效果明显、操作方便、设备简单、应用灵活、作业成本低、可以达到多种目的、易于推广，全国各地都采用了这项储粮技术，并且借助此项技术又发展起了环境熏蒸、谷物冷却、粮食调质通风、干燥降水等技术。

机械通风工艺与仓型关系密切，不同仓型所采取的设备、风道、系统及工艺不尽相同。不同仓型的通风系统组成及工艺流程基本相同，所不同的是风道及布置形式。平房仓多采取地上笼“U”形风道，常见的有一机二道、一机三道和一机四道。地上笼通风系统风道布置灵活，不破坏原有地坪结构，通风时气流分布较均匀。但进出仓安装、拆卸麻烦，不便机械作业；不用时需要器材库存放，占用一定的仓容。该系统常用于平房仓，如图 4－39 所示。平房仓风道有水平和垂直两种布置形式，如图 4－40、图 4－41 所示。

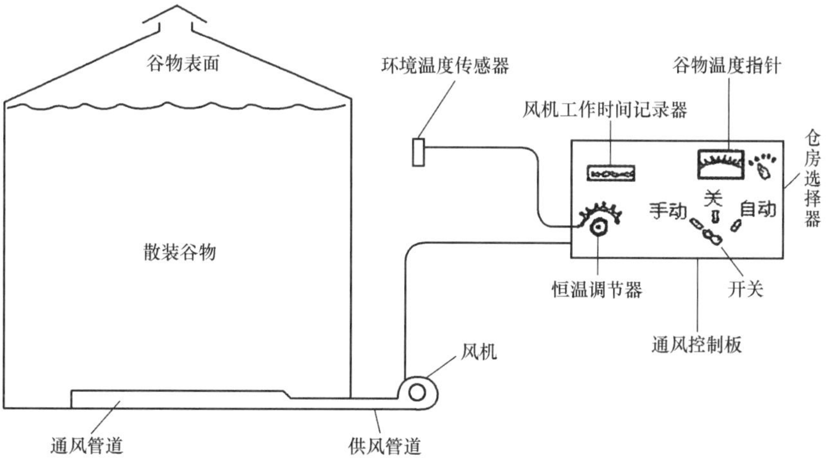

图 4－39　平房仓通风系统

图 4 - 40　平房仓内的水平风道布置

图 4 - 41　平房仓内的垂直风道布置

目前浅圆仓基本采用地槽通风系统，地槽形式有放射形、梳形和环形，如图 4 - 42 所示。通风系统的粮仓地坪平整，通风道固定且不占仓容，出粮时仓内易于清理，可适用于多种仓型。

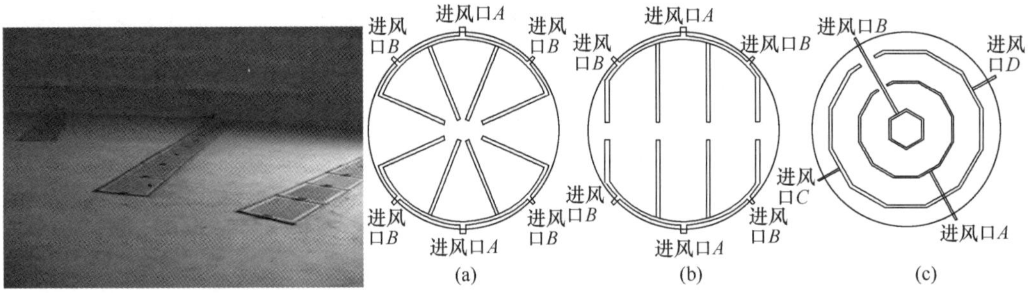

图 4 - 42　浅圆仓内的风道布置
（a）放射形　（b）梳形　（c）环形

立筒仓通风形式比较多样化，有径向通风、夹底通风、卧式风道、立式风道和多功能管等，如图 4 - 43 所示。

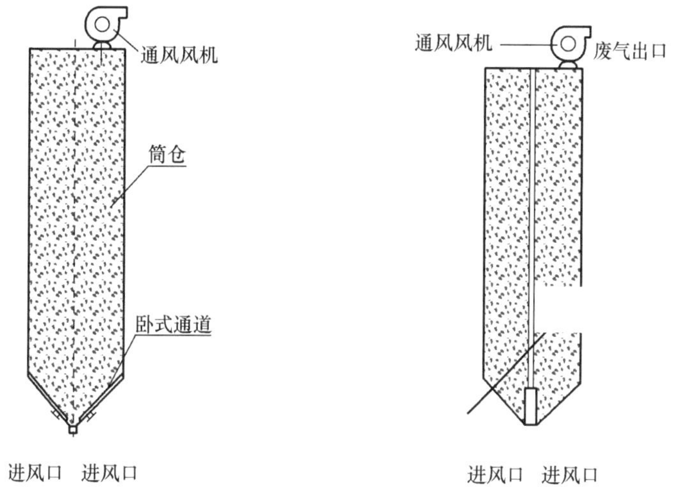

图 4－43　立筒仓内的卧式、立式风道布置

二、干燥工艺流程

粮食水分含量高低是决定粮食能否安全储藏及安全度夏最主要、最关键的条件之一。粮食水分含量高不仅自身呼吸强度高，而且粮食本身所携带的微生物也会快速生长繁殖。只要温度适当，高水分粮食会在很短时间内导致粮堆发热，严重时产生霉变，直接影响粮食的食用品质。

几乎所有粮食在收获后都要经过一定的干燥处理过程，而这一阶段的处理效果，直接影响着后期的储藏稳定性和加工特性及产品品质。因此粮食干燥处理过程是粮食从生产领域进入流通领域必不可少的重要技术环节，也是粮食储藏技术中应用最为普遍的技术内容之一。粮食干燥降水是我国东北三省及内蒙古区储粮技术中所面临的首要任务，也是稻谷产区和玉米产区新粮处理的主要目标之一。

粮食干燥降水的方法很多，若按干燥速度或干燥温度来分，可将目前粮食系统所使用的粮食干燥技术分为三大类：一是通风干燥，如机械通风；二是高温快速干燥，如角状管式烘干塔；三是低温慢速干燥，如低温循环烘干机。

1. 高温快速烘干机

高温快速烘干机是目前国内外较为广泛采用的大宗粮食干燥成套设备系统。典型的系统配置和运行工艺如图 4－44 所示。

此类设备的应用历史较长，工艺设计较为完善，设施配套较为齐备；热风能量主要由燃煤热风炉提供，也有配套燃气、燃油、稻壳热风炉的，工作区热风温度通常在 100℃以上，有些设备工作区最高温度可达到 180℃以上。作业过程中粮食在工作区处于流动状态，与横向或逆向流动的热气流充分接触，并快速进行湿热交换。根据工作区形式的不同，具体设备类型包括烘干塔（塔式烘干机，图 4－45）、滚筒烘干机、流化槽烘干机等。此类设备的特点是处理速度快，如粮食处理量数十吨/小时或数百吨/天，最大的塔式烘干机处理能力达 256t/h。

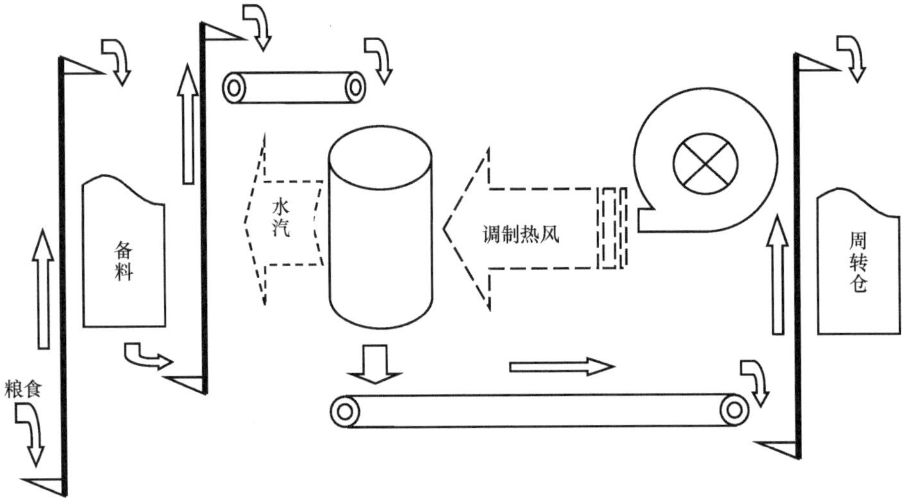

图 4－44　高温快速烘干工艺

图 4－45　塔式烘干机

2. 低温循环烘干机

低温循环烘干系统配置和作业流程如图 4－46 所示。其运行的工艺原理为低温缓速干燥，结合系统所配套的提升输送机械对被处理粮食进行循环翻倒搅拌，以确保处理效果均匀。空气加热通常配备易于控制的燃油热风炉，工作区热风温度控制在 60℃以内。作业过程采用批次处理的方法，系统内配备了在线粮食水分检测设备，在粮食翻动过程中反复取样检测，当达到设定水分时给予指示，一个批次的处理即行结束。通常一个批次的处理由于粮食种类和原始水分的不同需数小时至数十小时。

此类设备处理过程的自动化控制程度高，处理效果可靠，但由于设备投资和处理成本等原因，目前主要用于小规模处理，如总量数吨至数百吨规模的种子粮处理等。近年，我国已出现多种改进型产品，主要用于中等规模（数千吨规模）的稻谷干燥。如不配备自动检测和控制系统的简易型产品；根据燃料来源情况配备稻壳燃烧炉或稻壳/煤炭两用燃烧炉的设备系统等。

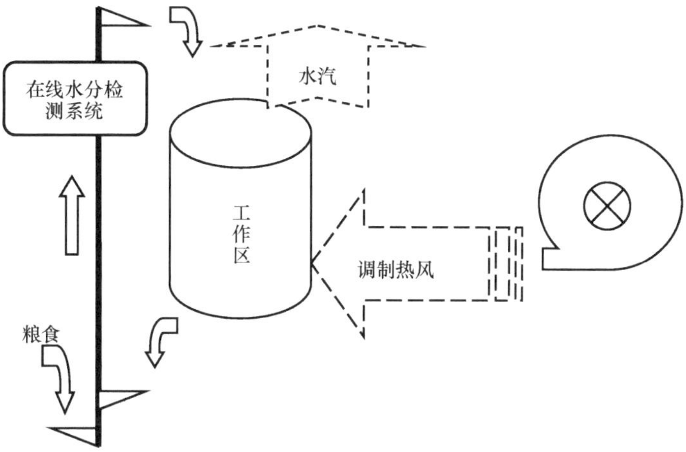

图 4 - 46　低温循环烘干工艺

三、熏蒸杀虫的工艺流程

采用磷化氢熏蒸杀虫时，通常用磷化铝、磷化锌、磷化钙、磷化镁等药剂，通过一定的方式使其产生磷化氢气体，其中应用较多的是磷化铝。在实施熏蒸杀虫技术前，应对仓房、环境条件、粮情等做全面的调查；根据调查的基本情况制定熏蒸方案；做好熏蒸前的准备工作，然后开始施药；在熏蒸密闭期间应定期检测仓内熏蒸气体的浓度，必要时采取维持熏蒸气体浓度的措施；熏蒸结束后要经彻底通风散气后人员方可进仓作业，进行杀虫效果检查、残渣处理等善后工作。熏蒸杀虫的工艺如图 4 - 47 所示。

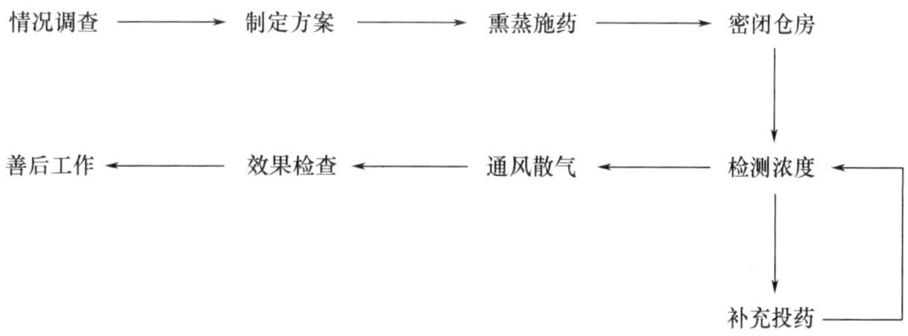

图 4 - 47　熏蒸杀虫的工艺

环流熏蒸是借助于环流风机和管道与熏蒸环境形成环流回路，强制磷化氢气体在粮堆内流动，使其在较短的时间内达到均匀分布的一项熏蒸技术。环流熏蒸解决了深层粮堆的熏蒸问题，同时便于实现仓外投药和补充投药。环流熏蒸的示意图如图 4 - 48 所示。

环流熏蒸系统包括：施药装置、环流装置和磷化氢检测装置（包括气体取样装置和磷化氢浓度检测仪）。

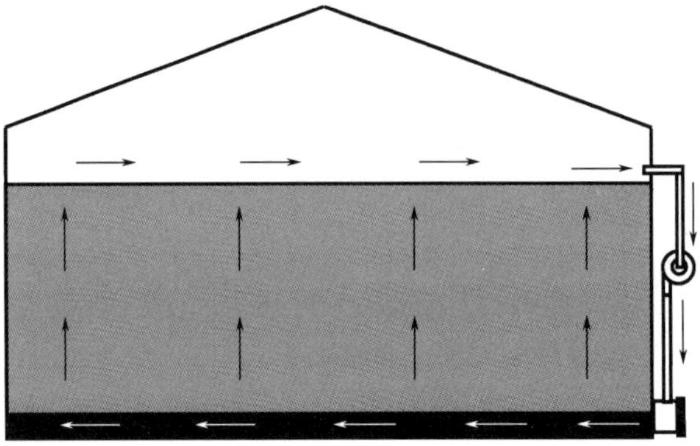

图 4－48　环流熏蒸示意图

（1）施药装置　产生磷化氢气体的装置。施药装置可将在仓外发生的磷化氢气体经环流管道送入仓内。目前主要有仓外磷化氢发生器和磷化氢钢瓶施药装置两种形式。

利用仓外磷化氢发生器可使磷化铝药剂快速产生磷化氢气体，从而实现仓外投药。磷化氢钢瓶施药装置可释放出磷化氢和二氧化碳的混合气体，施药简便、安全，便于自动控制，但熏蒸费用较高。

（2）环流装置　由环流风机和相关环流管道组成。环流装置必须与仓房底部的通风道配合使用，才能完成环流熏蒸。因此，对于单侧通风道的仓房，环流装置也是单侧配置；对于两侧通风道的仓房，环流装置也是两侧对称配置两套。

环流装置可分为固定式和移动式两种。固定式环流装置是将环流风机和环流管道固定在仓壁上，使用时连接简便，但总体投资较高，设备长年暴露于室外，不便于维护。移动式环流装置是将环流风机固定在可移动的车体上，环流回风管道固定在仓壁上，其他管道在熏蒸时连接，熏蒸后可拆卸移动。其优点是可多仓共用，总体投资较少，可存放在室内，维护方便，但使用时需要临时连接和拆卸部分管道。

固定式环流装置熏蒸前只需将施药装置与仓房上环流装置连接；移动式环流装置熏蒸前需将施药装置与移动式环流装置连接，然后再将环流装置与仓房的有关接口连接。

（3）磷化氢检测装置　包括气体取样装置和磷化氢浓度检测仪。气体取样装置由安插在粮堆内的取样端头、取样管道和检测箱等组成。磷化氢检测仪包括磷化氢浓度检测仪和报警仪，前者用于检查仓内的磷化氢浓度，后者用于熏蒸环境的安全检测。

熏蒸杀虫技术早在20世纪初已经应用于粮食储藏领域，到了20世纪50年代，这项技术有了很大的改进和发展，熏蒸技术逐渐趋于成熟，杀虫效果大幅度提高。但随着粮食流通领域的变革，立筒仓、浅圆仓蓬勃兴起，给熏蒸杀虫带来了新的难题，由此而诞生的环流熏蒸杀虫技术又得到了快速的推广普及。

环流熏蒸是最近十多年兴起的一种熏蒸技术，特别是我国新建的500亿kg仓容的各种仓型，基本都配备了环流熏蒸这项新技术，不仅用药量减少，而且确保了杀虫效果。环流熏蒸工艺流程图如图4－49所示。

房式仓、浅圆仓固定式和移动式环流熏蒸布置示意图如图4－50～图4－53所示。

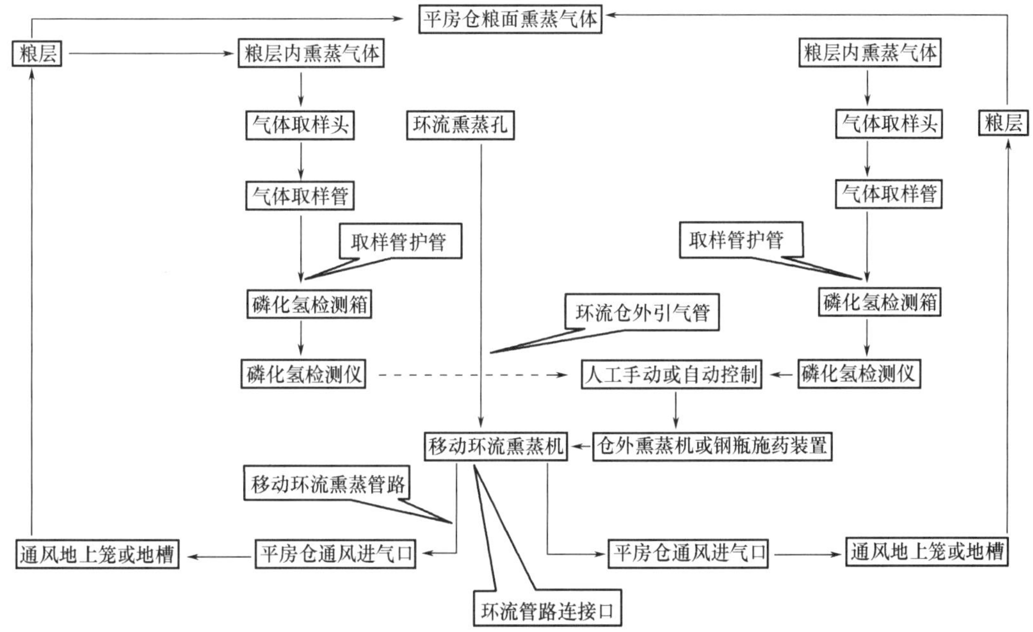

图 4－49　环流熏蒸工艺流程图

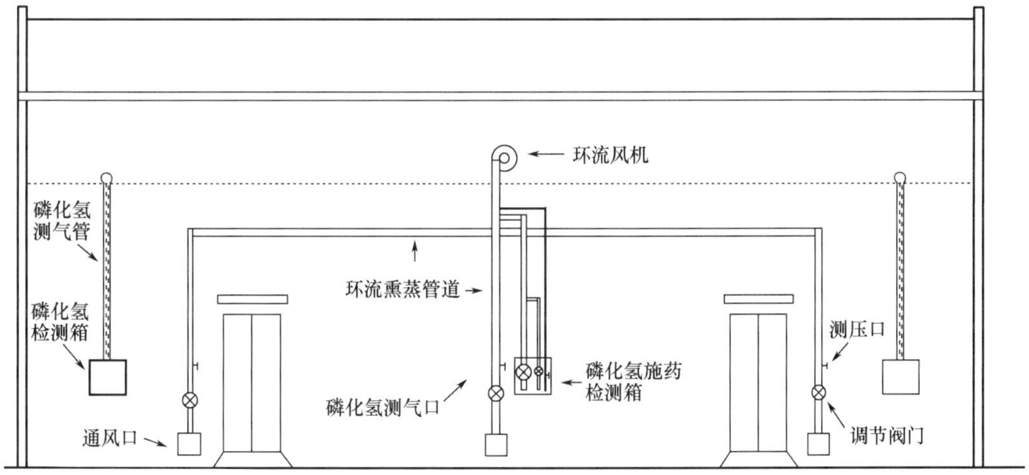

图 4－50　房式仓固定式环流熏蒸布置示意图

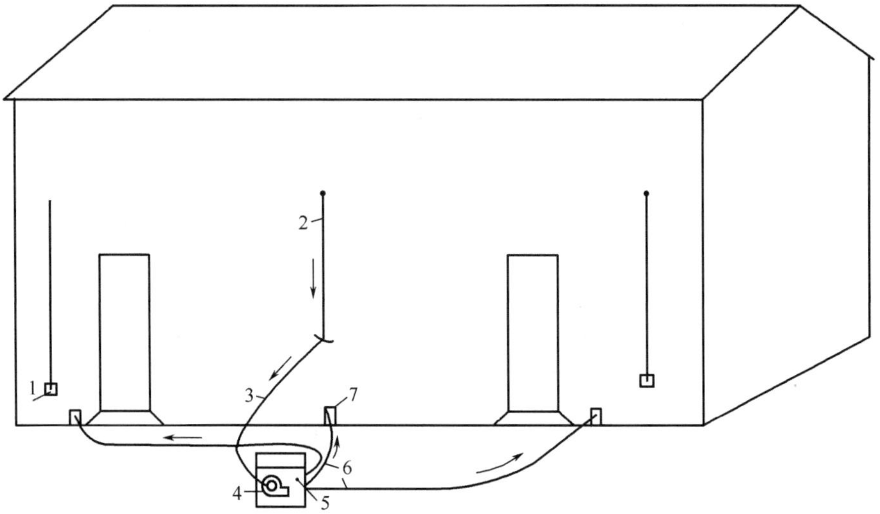

图 4－51　房式仓移动环流熏蒸布置示意图

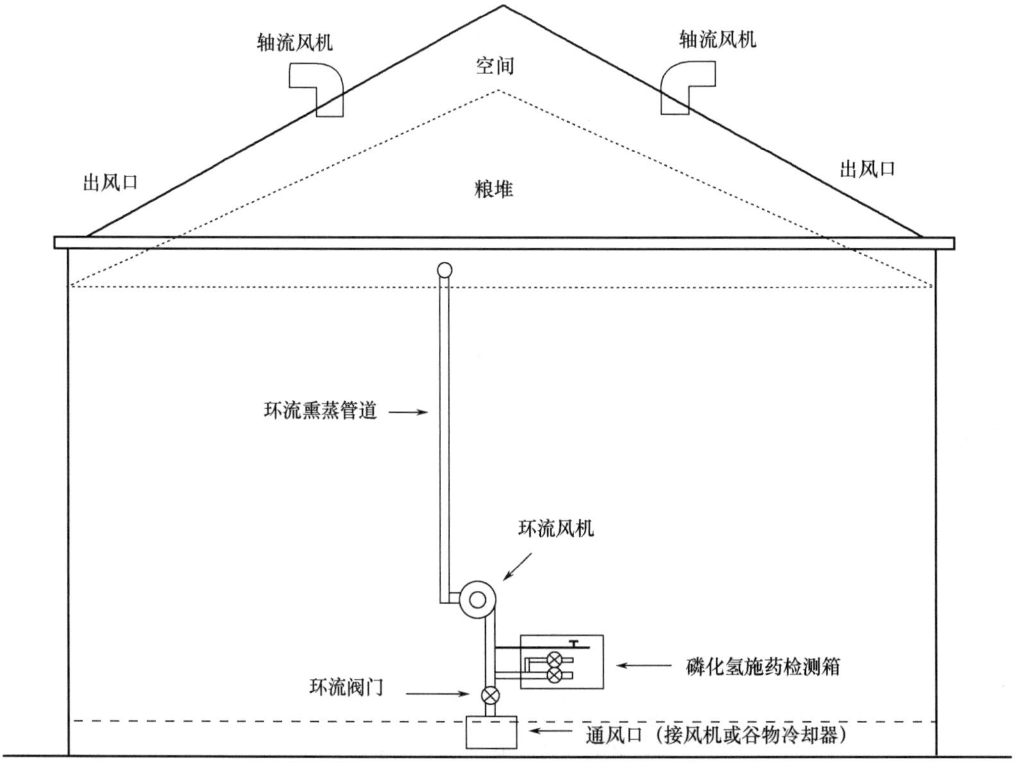

图 4－52　浅圆仓固定式环流熏蒸布置示意图

四、气调工艺流程

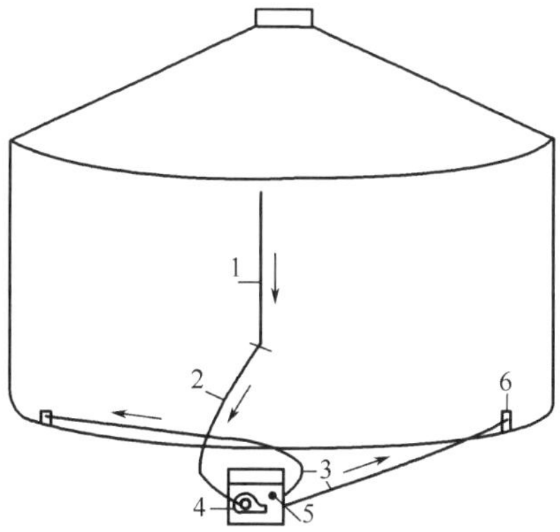

图 4-53 浅圆仓移动环流熏蒸布置示意图

气调储藏（Controlled Atmosphere storage of Grain）有悠久的历史，是从气密储藏（Airtihgt storage）发展而来的。从地下气密储藏发展到地上气调仓储粮食，经过了漫长的时间，直到16世纪才开始了气调储粮的文字记载。由于缺乏建筑手段或建筑成本太高，人工气调仓和气密仓的建造并非易事，因此人工气调储藏技术进展缓慢。

我国的现代气调储粮技术在20世纪的60年代末和70年代才有了较大发展。气调储藏曾进行过自然缺氧、气密储藏、人工气调等多种气调技术，特别是“十五”期间先后在四川绵阳、上海、江苏南京、安徽六安、江西九江等地建造了我国第一批大型二氧化碳气调储粮仓，总仓容达到21.5万t，使我国二氧化碳气调储粮技术达到了国际水准，积累了丰富的实践经验。之后推广了充氮气调。

气调储粮通过物理的、化学的方法控制储粮环境的气体成分，基本属于“绿色”储粮的范畴，经长期的使用其优点比较突出。气调储藏具有不用或少用化学药剂达到杀虫防虫、防霉止热、延缓粮食品质变化的优点，同时避免或减少了粮食的化学污染、害虫抗药性的产生以及改善工作环境、提高储粮稳定性；气调储藏也可作为偏高水分粮的安全度夏措施及高水分粮的应急储藏方法。气调储藏的途径分为生物降氧和人工气调两大类。生物降氧可通过粮堆生物体或人为培养的合适生物体（微生物、鲜植物叶、萌芽等）的呼吸，将塑料薄膜帐幕或气密仓内粮粒孔隙中的氧气消耗殆尽，并相应积累一定的CO_2，达到缺氧高CO_2的状况。人工气调则是应用一些机械设备，如燃烧炉、分子筛、化学药剂或外购气源等，使大气达到高氮、高CO_2低O_2的状况，因此是以设备控制为主的。

1. CO_2 气调

CO_2 气调储粮是人工气调的主要技术。进入21世纪后，我国建造了5座CO_2气调储粮示范库。CO_2气调储粮是一种简便、经济、安全、无污染、无公害的绿色储粮方式，能有效杀虫、抑菌、延缓储粮陈化，并且避免了化学药剂对人员的危害、对粮食的污染和环境的破坏；CO_2气调储粮不存在PH_3熏蒸时对粮仓配套设施的腐蚀（特别是粮情检测系统）、PH_3材料的处理及危害，加之能避免储粮害虫抗性增加等其他因素；符合人们对绿色食品需求和粮食市场需求的发展趋势；具有巨大的、潜在的社会和经济效益。

CO_2气调储粮工艺有：气调仓直接充入法、密封粮堆充气法、CO_2小包装。

（1）气调仓直接充入法　利用仓外大型供配气系统，配套粮仓CO_2自动检测系统、仓房循环智能通风控制系统及仓房压力调节装置，将CO_2气体集中输入密闭性能良好的气调仓房，强制循环系统使仓内CO_2气体浓度均匀达到工艺浓度，自动监测仓内CO_2气体浓度，使之维持在一定范围内，从而达到改变粮仓内气体的组成成分，破坏害虫及霉菌生态环境，抑制粮食呼吸，杀灭储粮害虫，延缓粮食品质陈化的效果。并通过仓内压力平衡装置（图4-54），调节仓内外的压力平衡，保证仓体围护结构的安全。仓外气体配送系统由

CO_2液体贮罐、气体蒸发器、减压装置、气体平衡罐、送气管道组成。CO_2气调仓充气工艺流程图如图4－55所示。

图4－54　CO_2气调仓、气体平衡装置和CO_2储液罐

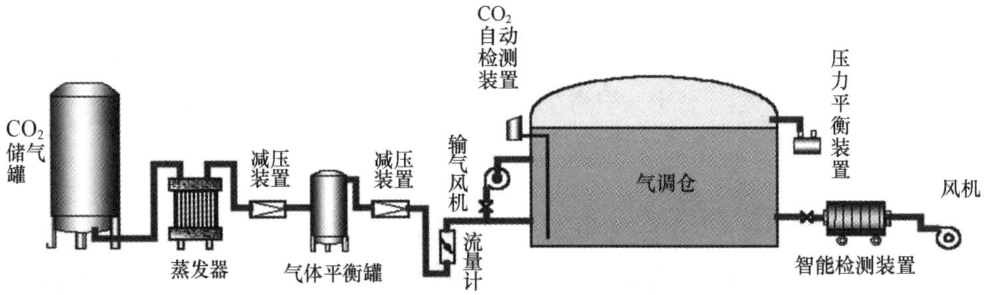

图4－55　气调仓直接充CO_2工艺流程图

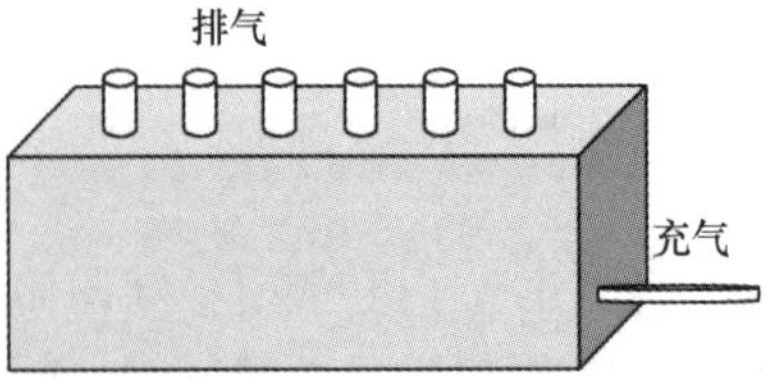

图4－56　密封粮堆充CO_2示意图

（2）密封粮堆充气法　常利用CO_2气体相对密度比空气重的物理特性，采用置换排气法向密封粮堆充入CO_2。采用置换充气法的塑料帐幕在上表面设置有排气孔，充气口位于粮堆的下部。首先将顶部的排气孔全部打开，直接从下部管口接上CO_2钢瓶，由于CO_2气体相对密度比空气重，当粮堆下部充入CO_2时，粮堆原有空气便会自下而上逐渐被挤向上方，从帐幕表面的排气孔排走。一般在表层帐幕鼓起时，粮堆中CO_2浓度达70%以上，即可关闭钢瓶阀门，停止充气，并立即密封进气口和排气口。图4－56为密封粮堆充CO_2示意图。

密封粮堆充气法亦可采取先抽真空再充CO_2的真空充气法。此法不必在粮堆密封帐幕顶部留排气孔，先将真空泵与密封粮堆连接，直接抽真空至5000Pa以上，如无泄露现象，即可卸下真空泵，立即接上CO_2钢瓶，打开阀门，使气流均匀扩散，直至表面薄膜膨起即可停止充气，立即密封粮堆。

（3）CO_2小包装　也称胶实包装储藏，又称“冬眠”密封包装储藏（图4－57）。当塑料密封口袋装粮后，充入CO_2，在24～32h内就能形成袋内负压状态，粮粒胶着成硬块状。这是由于粮粒吸附袋内CO_2，造成负压所致。在进行CO_2气调小包装时要充分保证包装袋的密封性，而且要经受较高的负压，所以应选用气密性更高、强度也较好的复合薄膜。充 CO_2 的量要适中，如 CO_2 过量，粮食吸附不完则达不到胶实状态。

图 4－57 CO_2 小包装储藏

2. N_2 气调

充 N_2 气调采用充入 N_2 来取代富含 O_2 的正常大气，在粮堆或仓库中形成并保持低氧状态。氮的来源可以是通过空分法，取代钢瓶液化氮。也可通过丙烷、丁烷、甲烷及其他碳氢化合物燃烧来产生必要的 N_2。20 世纪 70 年代通过碳分子筛或沸石分子筛的分离塔，利用氧分子和氮分子在碳、沸石分子筛的微孔中不同扩散率和选择吸附速度不同，将氧、氮分离。目前碳分子筛和膜分离制氮技术被广泛应用于我国粮食仓储行业。分子筛空分制氮以压缩空气为原料，利用碳分子筛对氮、氧的选择性吸附，把空气中的 N_2 分离出来。碳分子筛对氮、氧的分离作用主要是基于氮、氧分子在分子筛表面的扩散速率不同。较小直径的氧分子扩散较快，较多地进入分子筛固相；较大直径的氮分子扩散较慢，较少进入分子筛固相，这样，N_2 在气相中得到富集。一段时间后，分子筛对氧的吸附达到一定程度，通过减压，被碳分子筛吸附的气体被释放出来，分子筛也就完成了再生。这是基于分子筛在不同压力下对吸附气体的吸附量不同的特点。变压吸附制氮设备通常使用两个并联的吸附器，交替进行加压吸附和减压再生，操作循环周期约 2min。

（1）变压吸附法（Pressure Swing Absorption，PSA） 目前应用最广，是 20 世纪 70 年代迅速发展起来的一种新的制氮技术。此技术以空气为原料，以碳分子筛作为吸附剂，运用变压吸附原理，利用碳分子筛对氧和氮的选择性吸附而使氮与氧分离的方法，通称 PSA 制氮。此法与传统制氮法相比，具有工艺流程简单、自动化程度高、产气快（15～30min）、能耗低，产品纯度可在较大范围内根据用户需要进行调节，操作维护方便、运行成本较低、装置适应性较强等特点，故在制氮设备中颇具竞争力，越来越得到中、小型 N_2 用户的欢迎。PSA 制氮已成为中、小型 N_2 用户的首选方法。

变压吸附法工作流程（图 4－58）是：空气经压缩机压缩，进入冷干机进行冷冻干燥，以达到变压吸附制氮系统对原料空气的露点要求。再经过过滤器除去原料空气中的油和水，进入空气缓冲罐，以减少压力波动。最后，经调压阀将压力调至额定的工作压力，送至两台吸附器（内装碳分子筛），空气在此得到分离，制得 N_2。原料空气进入其中一台吸附器，产出 N_2，另一台吸附器，则减压解吸再生。两台吸附器交替工作，连续供给原料空气，连续产出 N_2。N_2 送至 N_2 缓冲罐，通过流量计计量，仪器分析检测，合格的 N_2 通过管道输入仓内，不合格氮气放空（刚开制氮机时）。

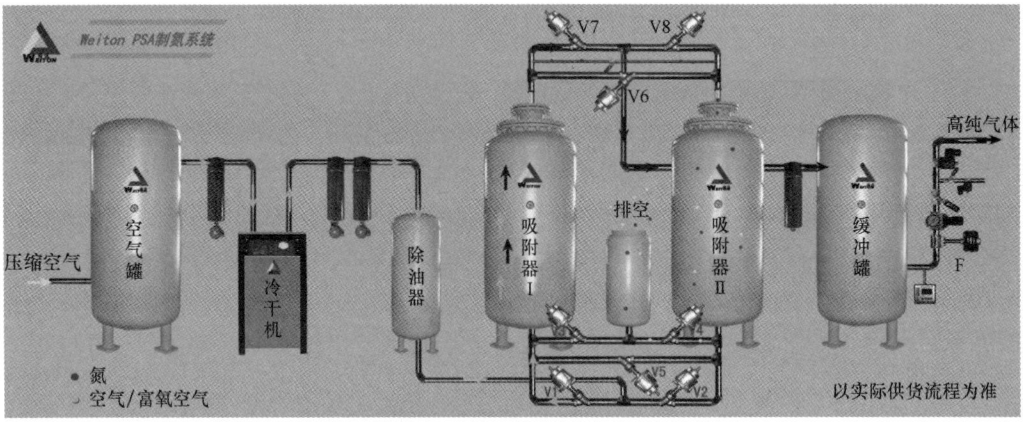

图 4－58　变压吸附制氮法工作流程

图 4－59 为变压吸附制氮法工艺流程图，图 4－60 为变压吸附制氮机组。

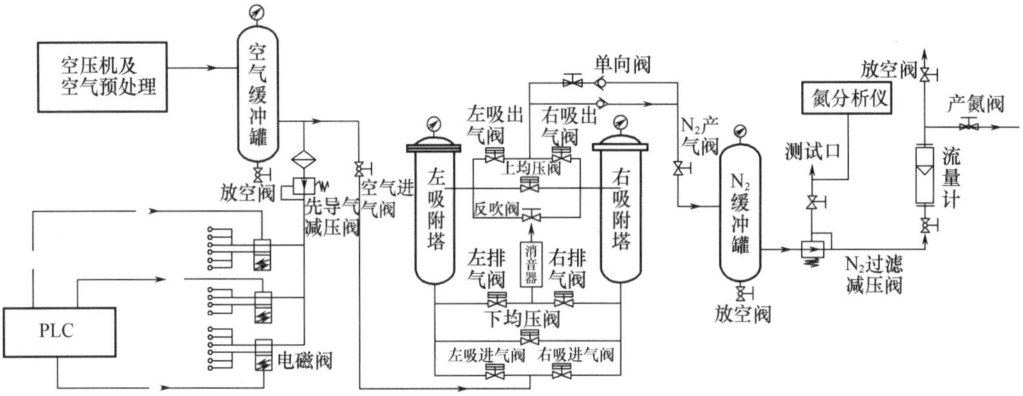

图 4－59　变压吸附制氮法工艺流程图

图 4－60　变压吸附制氮机组

利用分子筛富氮脱氧的速度是相当快的，一个50t的粮堆只需6h，O_2浓度就会下降到5%以下，N_2浓度升到95%以上；同时经过一系列的干燥和过滤系统，进入粮堆的富氮气体干燥纯洁，可避免粮堆的结露和污染。

图4－61　膜分离制氮设备

（2）膜分离制氮技术　开始于20世纪70年代末。原理是利用各气体组分在高分子聚合物（中空纤维膜丝）中的溶解扩散速率不同，因而在膜两侧分压差的作用下导致其渗透通过中空纤维膜壁的速率不同而分离。由于无阀门切换和吸附剂再生过程，膜分离制氮是一个静态、连续的分离过程。气调储粮专用移动式膜制氮成套装置是结合粮库实际应用情况，专为粮库N_2气调储粮应用开发的。一般的气调储粮专用移动式膜制氮成套装置（图4－61）N_2量为60～120m^3/h，N_2浓度为99%。

与其他制氮设备相比，它具有结构更为简单、体积更小、无切换阀门、维护量更少、产气更快（≤3min）、增容方便等优点，特别适宜于N_2纯度≤98%的中、小型氮气用户，有最佳功能价格比。而N_2纯度在98%以上时，它与相同规格的PSA制氮机相比价格要高出15%以上。

图4－62为膜分离制氮工艺，图4－63为膜分离制氮储粮示意图。

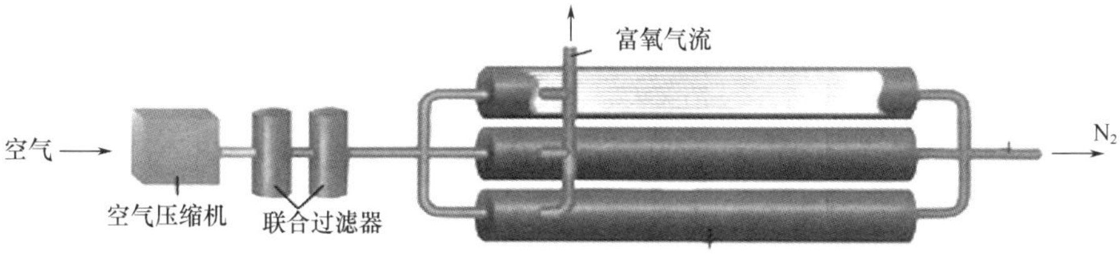

图4－62　膜分离制氮工艺

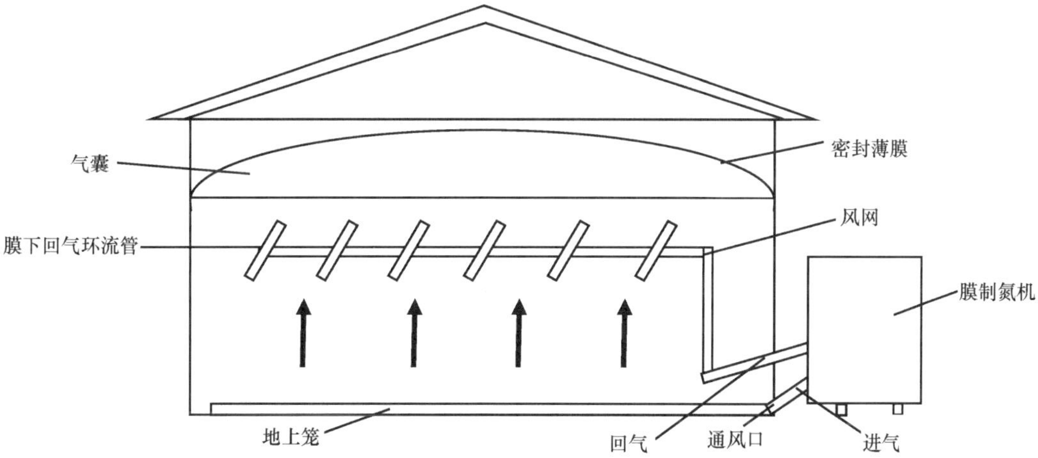

图4－63　膜分离制氮储粮示意图

第五章 粮仓工艺设计

第一节 项目建设程序

一、基本建设程序

1. 基本建设

（1）基本建设的概念 基本建设是国民经济各部门、各单位购置和建造新的固定资产的经济活动过程，以及与它有关的工作。简单说来也就是形成新的固定资产的过程。它为国民经济各部门的发展和人民物质文化生活水平的提高建立物质基础。基本建设通过新建、扩建、改建和重建等形式来完成。其中新建和扩建是最主要的形式。

基本建设的最终成果表现为固定资产的增加。但是，并非一切新增加的固定资产都属于基本建设，而规定有一定的界限，即对于那些低于规定的数量或价值的零星固定资产购置和零星土建工程，一般作为固定资产更新改造处理；对于用于各种专项拨款和企业基金进行挖潜、革新、改造项目，也不列入基本建设范围之内。基本建设是一种宏观的经济活动，它是通过建筑业的勘察、设计和施工等活动，以及其他有关部门的经济活动来实现的。它横跨于国民经济各部门，包括生产、分配、流通各个环节，既有物质生产活动，又有非物质生产活动。它包括的内容有：建筑工程，安装工程，设备、工具、器具的购置，以及其他基本建设工作。

基本建设项目是指在一个总体设计或初步设计范围内，由一个或几个单项工程所组成，经济上实行统一核算，行政上实行统一管理的建设单位。建设项目中的单项工程（也称工程项目），是指建成后能够独立发挥效能或生产出设计规定的主要产品的车间或工程。凡属于一个总体设计中的主体工程和相应的附属配套工程，综合利用工程，环境保护工程，供水、供电工程等只作为一个工程项目。全部投资在十万元以下的工程，国家不单独作为一个建设项目统计。

（2）基本建设项目的内容 基本建设是实现固定资产再生产的一种经济活动，包括三项内容。

①固定资产的建筑和安装：即建筑物和构筑（如桥梁、管道）的建筑工程和机器设备安装工程。

②固定资产的购置：主要是机器设备的购置。

③其他基本建设工作：指同固定资产的建筑、安装、购置相联系的一系列工作，如勘察设计、土地征购、职工培训、建设单位管理工作、科研实验工作等。

基本建设是完成固定资产投资，实现固定资产再生产的主要手段。

2. 基本建设项目的分类

从整个社会来看，基本建设是由一个个基本建设项目（简称建设项目）组成的。按照不同分类标准，可将建设项目做如下分类。

（1）按建设项目建设的性质不同分类

①新建项目：是指新开始建的项目，或者对原有建设项目重新进行总体设计，经扩大建设规模后，其新增固定资产价值超过原有固定资产价值三倍以上的建设项目。

②扩建项目：是指原有企业或事业单位，为了扩大原有主要产品的生产能力或效益，或增加新产品生产能力，在原有固定资产的基础上，兴建一些主要车间或其他固定资产。

③改建项目：是指原有企业或事业单位，为了提高生产效率，改进产品质量或改进产品方向，对原有设备、工艺流程进行技术改造的项目。另外，为提高综合生产能力，增加一些附属和辅助车间或非生产性工程，也属于改建项目。

④恢复项目：是指对因重大自然灾害或战争遭受破坏的固定资产，按原来规模重新建设或在恢复的同时进行扩建的工程项目。

⑤迁建项目：是指原有企业或事业单位，由于各种原因迁到另外的地方建设的项目，不论其是否维持原有规模，均称为迁建项目。

应当指出，建设项目的性质是按照整个建设项目来划分的，一个建设项目在按总体设计全部建成之前，其性质一直不变。

（2）以计划年度为单位，按建设项目建设过程的不同分类

①筹建项目：是指在计划年度内，只作准备，还不能开工的项目。

②施工项目：是指正在施工的项目。

③投产项目：是指全部竣工，并已投产或交付使用的项目。

④收尾项目：是指已经验收投产或交付使用、设计能力全部达到，但还遗留少量收尾工程的项目。

（3）按建设项目在国民经济中的用途不同分类

①生产性建设项目：是指直接用于物质生产或满足物质生产需要的建设项目。它包括工业、建筑业、农业、林业、水利、气象、运输、邮电、商业或物资供应、地质资源勘探等建设项目。

②非生产性建设项目：一般是指用于满足人民物质文化生活需要的建设项目。它包括住宅、文教卫生、科学实验研究、公共事业以及其他建设项目。

按用途分类，就是按建设项目中单项工程的直接用途来划分，与单项工程无关的单纯购置，则按该项购置的直接用途来划分。

（4）按建设项目建设总规模和投资的多少不同分类　按建设项目建设总规模和总投资的多少不同可分为：大、中、小型项目。其划分的标准各行各业并不相同。一般情况下，生产单一产品的企业，按产品的设计能力来划分；生产多种产品的，按主要产品的设计能力来划分；难以按生产能力划分的，按其全部投资额划分。新建项目按一个项目的全部设计产量和所需的全部投资计算，扩建项目按扩建新增加的设计产量或扩建所需的投资计算，不包括扩建前原有的生产能力。一般大中型建设项目是指总投资在 1000 万元以上或粮食仓库容量在 0.75 亿 kg 以上的项目。凡总投资额在 1000 万元以下者均属于小型建设项目。

（5）按建设项目资金来源和渠道不同分类

①国家投资的建设项目：又称财政投资的建设项目，是指国家预算直接安排投资的建

设项目。

②银行信用筹资的建设项目：是指通过银行信用方式供应基本建设投资进行贷款建设的项目。其资金来源于银行自有资金、流通货币、各项存款和金融债券。

③自筹资金的建设项目：是指各地区、各单位按照财政制度提留、管理和自行分配用于固定资产再生产的资金进行建设的项目。它包括地方自筹、部门自筹和企业与事业单位自筹资金进行建设的项目。

④引进外资的建设项目：是指利用外资进行建设的项目。外资的来源有借用国外资金和吸引外国资本直接投资。

⑤长期资金市场筹资的建设项目：是指利用国家债券筹资和社会集资（股票、国内债券、国内合资经营、国内补偿贸易）投资的建设项目。

3. 基本建设项目的管理

为了有计划、按比例、高速度地发展国民经济，所有基本建设都要纳入国家计划。国家基本建设计划包括用国家预算资金直接安排的和地方、部门用自筹资金安排的基本建设。根据原商业部、原粮食部关于基本建设项目管理办法的文件精神，属于国家预算资金安排的项目可分为部直属、直供项目和地方项目。

部直属企、事业单位的基本建设项目，按照粮油计划管理权限及范围，确定为国家粮油进出口、储备和省、市、自治区间调拨服务，并正式纳入中央财政预算内的基本建设项目，统称为部直属、直供项目。部直供项目主要是指为粮油进出口服务的港口仓库，为省、市、自治区间粮油调拨服务的中转库，为国家粮油储备服务的储备库，有特殊原因必须由中央投资建设的其他项目。地方项目指部管项目以外，凡属为本地方服务的所有基本建设项目。地方项目由地方统筹安排。

所有基本建设项目都必须加强计划管理；严格按照基本建设程序办事；认真做好勘察设计、设备选用和施工管理工作；加强经济核算，搞好财务管理；狠抓建设效果，权衡经济效益。

4. 基本建设程序

基本建设是一种多行业与多部门密切配合的、综合性比较强的经济活动，涉及面广、环节多，必须遵循基本建设程序，即一个建设项目在整个建设过程中各项工作必须遵循的先后次序。它是客观存在的自然规律和经济规律的正确反映，是经过大量实践工作所总结出来的。基本建设程序一般可以划分为计划任务书、设计和工程准备、施工和生产准备、竣工验收和交付使用四个阶段。在实际工作中通常将其划分为：项目建议书、可行性研究、计划任务书、设计文件、年度计划、建设准备、全面施工、生产准备、竣工验收与交付使用九个环节。

（1）项目建议书　项目建议书是要求建设某一具体项目的建设文件，是基本建设程序中最初阶段的工作，是投资决策前对拟建项目的轮廓设想。它主要从宏观上来考察项目建设的必要性。因此，项目建议书论证的重点应放在项目是否符合国家宏观经济政策，是否符合产业政策和产品结构要求，是否符合生产布局要求等方面，从而减少盲目建设和不必要的重复建设。项目建议书的主要作用是国家选择建设项目的依据。当项目建议书批准后即可立项，进行可行性研究。

各部门、各地区、各企业根据国民经济和社会发展的长远规划、行业规划、地区规划等要求，经过调查、预测、分析，提出项目建议书。项目建议书应包括以下主要内容。

①建设项目提出的必要性和依据。引进技术和进口设备的还要说明国内外技术差距和概况以及进口的理由。

②产品方案，拟建规模和建设地点的初步设想。

③资源情况、建设条件、协作关系和引进国别、厂商的初步分析。

④投资估算和资金筹措设想。利用外资项目的要说明利用外资的可能性，以及偿还贷款能力的大体测算。

⑤项目的进度安排。

⑥经济效果和社会效益的初步估计。

（2）可行性研究　根据国民经济发展规划及项目建议书，运用多种研究成果，对建设项目投资决策前进行的技术经济论证，即可行性研究。由此观察项目在技术上的先进性和适用性，经济上的盈利性和合理性，建设的可能性和可行性等。

可行性研究的具体内容，随行业的不同而有所差别。但一般应包括下列内容：总论；市场需求情况和拟建规模；资源、原材料及主要协作条件；建厂条件和厂址方案环境；项目设计方案；环境保护；生产组织、劳动定员和人员培训；项目实施计划和进度计划；财务和国民经济评价；评价结论。可行性研究，是由建设项目的主管部门或地区委托勘察设计单位、工程咨询单位按基本建设审批规定的要求进行的。

（3）编制计划任务书及选定建设地点　计划任务书，又称设计任务书，是确定建设项目和建设方案的基本文件，也是编制设计文件的主要依据。所有的新建、扩建、改建项目都要按项目的隶属关系，由主管部门组织计划、设计或筹建单位提前编制计划任务书，再由主管部门审查上报。计划任务书的内容对于不同类型的建设项目不完全相同。大、中型项目的计划任务书一般包括如下内容。

①根据经济预测、市场预测确定项目建设规模和产品方案。需求情况的预测；国内现有企业生产能力的估计；销售预测、价格分析、产品竞争能力。产品需要外销的，要进行国外需求情况的预测和进入国际市场前景的分析；拟建项目的规模、产品方案和发展方向的技术经济比较和分析。扩建项目要说明对原有固定资产的利用情况。

②资源、水文地质和工程地质条件。原料、辅助材料、燃料的种类、数量、来源和供应情况；水文地质、工程地质资料；厂址比较与选择意见。

③技术工艺、主要设备选型、建设标准和相应的技术经济指标。成套设备进口项目要有维修材料、辅料及配件供应的安排。引进技术、设备的，要说明来源国别，设备的国内外分别或与外商合作制造的设想。对有关部门协作配套件供应的要求。

④主要单项工程、公用辅助设施、协作配套工程的构成、全厂布置方案和土建工程量估算。

⑤环境保护、城市规划、防震、防洪、文物保护等要求和采取的相应措施方案。

⑥企业组织、劳动定员和人员培训设想。

⑦建设工期和实施进度。

⑧投资估算和资金筹措。主体工程和辅助配套工程所需的投资（利用外资项目或引进技术项目则包括用汇额）；生产流动资金的估算；资金来源、筹措方式及贷款的偿付方式。

⑨经济效果和社会效益。对建设项目的经济效果要进行分析，不仅计算项目本身的微

观效果，而且要衡量项目对国民经济的宏观效果和分析对社会的影响。计算经济效果可以根据具体情况计算几个指标，其中对投资回收期必须计算。进行经济效果分析的技术经济参数，由各主管部门和地区根据部门、地区的特点，自行拟定，报国家计委备案。小型建设项目的计划任务书可以适当简化。在编制计划任务书时，必须慎重确定建设地点，它是生产力布局的根本环节，也是进行设计的前提。

根据国家工业合理布局规划，按设计任务书的要求，对建厂地区和工厂位置进行选择。厂址选择是否适当，对企业的基建投资、建设速度、生产管理、技术管理、经营费用、劳动条件、生活条件、环境保护和城市的规划都有重要意义。选择建设地点的工作，由主管部门组织勘察、设计单位和所在地区有关部门共同进行。选址报告，对于大型项目，需报建设部审批；中小型项目，应按项目隶属关系由国务院主管部门或省、市、自治区审查批准。选定地点后，由城镇规划管理部门审核同意工程项目用地后，征用土地。

（4）编制设计文件　设计文件是安排建设项目和组织施工的主要依据，一般由主管部门或建设单位委托设计单位编制。一般建设项目，按扩大初步设计和施工图设计两个阶段简单进行，也可将初步设计和施工图设计合并。对于技术复杂且缺乏经验的项目，经主管部门指定，按初步设计、技术设计和施工图设计的三个阶段进行。根据初步设计编制设计概算，根据技术设计编制修正概算，根据施工图设计编制施工图预算。

①初步设计：初步设计由文字说明，即设计说明书、图纸和总概算所组成。设计说明书内容包括建设指导思想；产品方案；总体规划；工艺流程；设备选型；主要建筑物、构筑物和公用辅助设施；“三废”处理；占地面积；主要设备、材料清单和材料用量；劳动定员；主要技术经济指标；建设工期；建设总概算。初步设计和总概算按其规模大小和规定的审批程序，报相应主管部门批准。经批准后，设计部门方可进行施工图阶段设计。编制初步设计的依据是批准的计划任务书和批准的建设地点。建设地点在设计前要进行勘察调查。

②技术设计：以初步设计为编制依据，进一步解决初步设计所确定的主要技术问题。包括：具体地确定建筑物的结构和生产工艺过程；校正设备的选择和设备的数量；校正建设规模和技术经济指标；编制总概算。在编制技术设计之前，要进行更详细的调查研究。

③施工图纸设计：根据初步设计或技术设计而绘制的工程详图和附件。施工图设计将工程形象化，一般包括：施工总平面图，房屋建筑施工平面图和剖面图，安装施工详图，各种专门工程施工图，非标准设备加工详图等，以及设备、材料明细表。施工图设计应贯彻初步设计和技术设计的各项重大决策，其内容的详尽情况应能满足施工和建造非标准设备的需要。

施工图设计是建设项目设计的最后一个阶段。在施工图设计阶段，还要按施工图编制基建预算。它是银行拨付基本建设投资和办理工程结算的依据，也是施工企业实行经济核算的依据。

设计文件要按规定的程序报告审批，才能列入年度基本建设计划。

（5）制定年度计划　初步设计和总概算批准后，项目即列入国家年度基本建设计划。它是进行工程建设拨款和贷款、分配资源和设备的主要依据。

（6）建设准备　开工前要对建设项目所需要的主要设备和特殊材料申请订货，并组织大型专用设备的预安排和施工准备。施工准备的主要内容是：征地拆迁、技术准备、搞好

"三通一平"（通路、通电、通水、平整施工场地）、修建临时生产和生活设施、协调图纸和技术资料的供应、落实建筑材料、设备和施工机械、组织施工力量按时进场。

（7）全面施工　按照计划、设计文件的规定，确定实施方案，将建设项目的设计，变成可供人们进行生产和生活活动的建筑物、构筑物等固定资产。施工阶段一般包括：土建、给排水、采暖通风、电气照明、动力配电、工业管道，以及设备安装等工程项目。为确保工程质量，施工必须严格按照施工图纸、施工验收规范等要求进行，按照合理的施工顺序组织施工。

（8）生产准备和调试　在展开全面施工的同时，要做好各项生产准备工作，以保证及时投产，并尽快达到生产能力。生产准备的内容包括如下。

①组织强有力的生产指挥机构。

②制定颁发必要的管理制度和安全生产操作规程。

③招收和培训生产骨干和技术工人，组织生产人员参加设备的安装、调试和竣工验收。

④组织工具、器具和配件等的制作和订货。

⑤签订原材料、燃料、动力、运输和生产协作的协议。

（9）竣工验收与交付使用　建设项目按批准的设计文件所规定的内容建完后，便可以组织竣工验收，这是对建设项目的全面性考核。验收合格后，施工单位应向建设单位办理工程移交和竣工结算手续，使其由基本建设系统转入生产系统，并交付使用。竣工验收的程序一般可分为两步进行。

①单项工程验收：一个单项工程已按设计施工完毕，并能满足生产要求或具备使用条件，即可由建设单位组织验收。

②全部验收：在整个项目全部工程建成后，则必须根据国家有关规定，按工程的不同情况，由负责验收的单位吸收建设、施工和设计单位，以及建设银行、环境保护和其他有关部门共同组成验收委员会（或小组）进行验收。

竣工验收之前，要先由建设单位组织设计、施工等单位进行初验，然后向主管部门提出竣工验收报告。其内容包括：竣工决算和工程竣工图，隐蔽工程自检记录，工程定位测量记录，建筑物、构筑物各种试验记录，质量事故处理报告等技术资料。同时，应做好财务清理结算工作。

对于工业建设项目的竣工验收一般分为单体试车、无负荷联动试车、负荷联动试车三个步骤进行。负荷联动试车合格后，双方签订交工验收证书。对未完和需要返工项目，在交工验收证书的附件中加以说明，并按期完成。然后，办理交工验收手续，正式移交动用。

上述九个环节的前六项称为建设前期工作，包括的范围广、占用的时间长，应引起高度的重视，切不可前松后紧，影响整个基本建设工作。总之，基本建设中的每一个环节都是以前一个环节的工作成果为依据，同时，又为后一个环节创造条件，环环相扣，其中有一个环节失误，即会造成全盘失误。因此必须严格按基本建设程序办事。基本建设程序如图 5－1 所示。

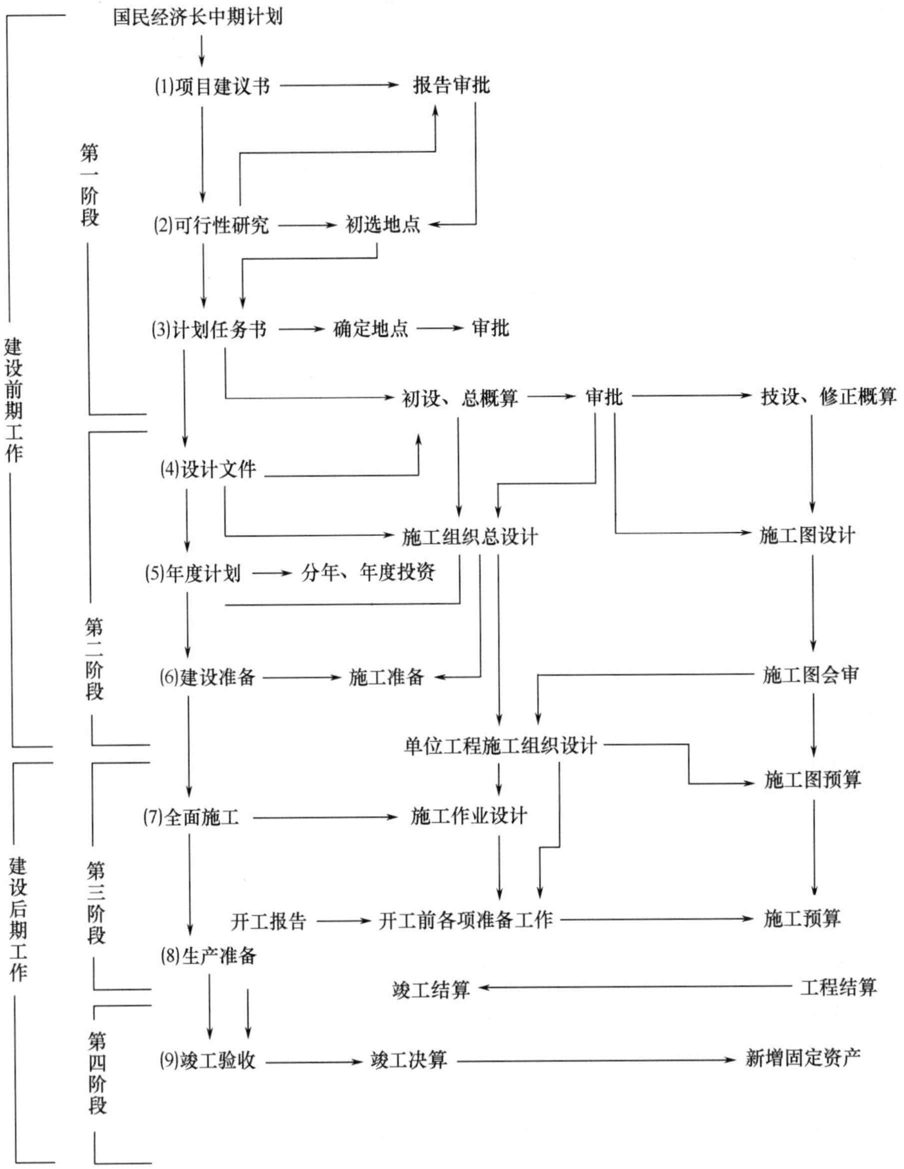

图 5-1　基本建设程序简图

二、可行性研究

1. 可行性研究的作用

可行性研究是在预投资期对各种建设方案、技术方案和生产经营方案的实施可能性、技术先进性和经济合理性进行调查研究，分析计算和评价的一种科学方法。它的任务是研究项目是否可行，为正确进行投资决策提供依据。工程项目的发展周期包括预投资、投资和运转 3 个时期，可行性研究是在预投资期内进行。其作用如下。

（1）作为建设项目投资决策和编制设计任务书的依据。

（2）作为筹集资金向银行申请贷款的依据。

（3）作为项目主管部门商谈合同、签订协议的依据。

（4）作为项目进行设计、设备订货、施工准备等建设前期工作的依据。

（5）作为项目采用新技术、新设备研制计划和补充地形、地质工作和工业性试验的依据。

（6）作为环境保护部门审查项目对环境影响的依据，是向项目建设所在政府和规划部门申请建设执照的依据。

2. 可行性研究与建设程序的关系

建设项目的可行性研究是基本建设程序中不可缺少的一环，其与建设程序有着密切的关系。

（1）上报项目建议书时须附初步可行性研究报告和投资方向的意向性意见。

（2）上报设计任务书时须附可行性研究报告。

（3）初步设计文件必须按批准的设计任务书或可行性研究报告的内容编制。

（4）开工报告的内容应包括项目设计任务书或可行性研究报告和初步设计的批准文件。

3. 可行性研究阶段和内容

可行性研究一般可分为机会研究、初步可行性研究、技术经济可行性研究和项目评估与决策。各阶段的主要内容分述如下。

（1）机会研究　首先识别投资机会，产生一个大致的投资建议，根据研究时的目标，进行一般机会研究，或特定项目的机会研究，或两者同时进行。一般机会研究有：地域研究、部门研究和以资源为基础的研究。机会研究比较粗略，是概略估计，不是详细的分析，费用数据通常是从可比较的现有工程项目得出。

（2）初步可行性研究　当机会研究完成后，如果对工程项目的经济效益仍有怀疑时就要进行初步可行性研究。其内容主要包括如下。

①建设项目提出的必要性和依据。

②市场预测包括国内外供需情况的现状和发展趋势预测；销售预测和价格分析。

③建设规模和产品方案设想，包括对建设规模的分析、产品方案是否符合行业发展规划、技术政策、产业政策和产品结构的要求。

④建设地点，包括自然条件和社会条件；环境影响的初步评价；地点是否符合地区布局的要求。

⑤资源供给的可能性和可靠性。

⑥主要技术工艺设想，需要引进技术和进口设备的，需提出国别、厂商的设想；主要单项工程与辅助、配套工程的总体部署设想。

⑦外部协作条件，包括原材料、燃料、电力、水源的供应可能和公用设施、运输条件等配合情况。

⑧投资估算和资金筹措方案，包括投资的依据和来源、利用外资的可能性、资金偿还措施、建成后所需流动资金估算额。

⑨建设工期预计。

⑩经济效益和社会效益的初步评价，包括企业财务和国民经济评价的初步分析、内部收益率、投资回收期和贷款偿还期等测算。

经过初步可行性研究，应该做出下列结论之一：不必进行技术经济可行性研究，直接做出投资决定；进行技术经济可行性研究；对某项关键内容进行辅助研究；该项目不可行。

（3）技术经济可行性研究　在初步可行性研究之后，如需还要进行技术经济可行性研究，其内容与初步可行性研究基本相同，主要区别在于获取资料的详细程度及研究深度不同。习惯上称技术经济可行性研究为可行性研究，是可行性研究的主要阶段，主要内容包括如下。

①工程项目的简要情况：说明工程项目的依据和设想，在国民经济中的作用和地位，项目投产后产品的销售方向，项目的历史发展情况，已完成的调查研究和结论。对技术引进项目还要说明引进技术的目的、水平和方式，引进技术同本国现在技术是否配套，与本国科学技术和国民经济发展的关系。

②市场需求和工厂的生产能力：工程项目形成能力之前，进行市场调查，研究该项目生产的产品的需求量和产品的竞争能力，预测产品进入市场的前景，确定市场策略，规划销售收入，制订生产纲领，按照不同的生产水平、投资费用和销售收益确定生产能力。对不同规模的建设方案进行技术经济论证。

③原材料、燃料和动力等的供应：研究所有原材料、辅助材料、燃料和动力的种类、来源、价格、供应等的可能性、运输可能性和运输费用。特别要分析基本生产材料的来源，需要进口的材料，并考虑外汇的限制和供应协议中的限制条款。

④地理位置和厂址选择：最佳的地理位置应是：合理地靠近原料产地与市场，有利的卫生环境条件和社会福利设施，有合理价格的燃料和动力，良好的运输条件，合适的供水和便于处理“三废”。地理位置确定之后，再提出具体的厂址备选方案，并做出评定。评定内容包括土地费用、当地条件以及厂址的准备和开拓。工厂地理位置和厂址选择，在一般情况下，可结合考虑。

⑤工程项目设计：选择并说明最佳布置设计及其范围。在调查国内外同类产品的生产、技术和工艺水平的基础上，选择最合适的工艺技术和设备。对全厂总图布置方案和厂内外交通运输方式进行比较，确定项目土建结构和工程量，估算投资费用。对于重大工程项目，还要考虑为之服务而建设的港口、码头、铁路运输等配套工程量及投资。

⑥环境保护：说明生产过程中产生的废气、废水、废渣对环境造成的影响，“三废”治理和回收方案，并估算所需费用。

⑦工厂组织和管理费用：组织机构设计与项目设计应反复配合进行。生产组织和管理服务机构的数量、规模，在很大程度上取决于实现确定的生产纲领的生产能力和工艺技术。管理费用通常按总的材料和人工消耗费用的百分比计算。

⑧人员：确定各类人员的数量、知识和技能水平。说明人员的来源和培训计划，需要外国专家时，应规定援助的条件和期限，同时选择和培养相应的本国的副职人员，逐渐接替外国专家的职务。在生产前期，甚至在可行性研究的前期，应决定和吸收关键的高级管理人员参加工程项目的研究。

⑨实施进度计划的制定：制定一个实施进度计划，使项目实施的各个阶段彼此衔接，

保证按质、按量、按期完成。实施进度可用网络图表示，通过合理组织各种资源，使建设周期尽可能缩短。

⑩投资与产品成本估算：总投资除少量核销的费用外，绝大部分形成工程项目的固定资产。此外，还要估算与该项目有关的外部协作，配套工程的投资和使用计划；估算生产用的流动资金数额；规划资金的来源、筹措方式和数额；估算其利息率；借贷外资要充分考虑借贷的条件、利率、偿还能力。为了使工程项目有计划的实现，要将总投资按项目建设的步骤，做出分年度投资计划、工程项目的产品成本、反映该项目每年的生产费用。在做整个项目的经济评价时，一般按生产费用项目计算成本。

⑪经济效益评价：通常采用的经济评价方法有：投资利润率法、投资回收期法、内部利润率法、盈亏平衡分析法、敏感性分析法等。要做出评价结论，说明该项目实施的可能性，有哪些主要的优缺点。

（4）项目评估和决策　主要任务是对拟建项目的可行性研究报告提出评价意见，对最终决策项目投资是否可行，确定最佳投资方案。项目评估是在可行性研究的基础上进行的，其内容包括如下。

①全面审核可行性研究报告中反映的各项情况是否确实。

②分析项目可行性研究报告中各项指标计算是否正确，包括各种参数、基础数据、定额费率的选择。

③从企业、国家和社会等方面综合分析和判断工程项目的经济效益和社会效果。

④分析和判断项目可行性研究的可靠性、真实性和客观性，对项目做出取舍的最终投资决策，最后写出项目评估报告。

可行性研究报告送到贷款单位银行或国家财政部门后，由贷款单位的相应机构进行评价，写出评价报告，做出项目是否继续进行的结论。

对一些大型建设项目，必要时还应进行辅助研究。辅助研究是对工程项目的某一方面或几方面的研究。辅助研究的内容按照不同的项目而不同，由于它关系到项目的大局，因此结论必须明确。当存在某一因素决定该项目的存在价值时，辅助研究可在初步可行性研究之前进行。当某一因素需要进行深入的详细研究又不能作为技术经济可行性研究的一部分时，辅助研究可与技术经济可行性研究同时进行。当在技术经济可行性研究过程中发现某个方面需要更加详细地鉴定时，即使在技术经济可行性研究完成之后也要进行一次辅助研究。此外，要深入调查研究，广泛收集资料，并用科学的方法预测未来的数据资料。收集资料应按资料本身的重要程度不同采用不同的搜集方法。经济性、可行性研究是一项综合性的科学研究，要组织一支专家队伍从事工作。队伍成员应按项目的特点进行挑选，一般应有经济管理专家、技术专家和法律专家参加。

目前，我国建立了对重大工程项目事先进行充分评估的制度及有关评估机构，以保证耗用大量财力物力的建设项目得以顺利建成，发挥预期的效益。

由国务院批准实施的这项改革的具体内容是，今后重大建设项目的可行性研究报告和大型工程的设计，都要由国家和计委委托中国国际工程咨询公司进行评估；待这家公司对有关技术方案、工艺流程和经济效益提出评审意见后，再由国家计委研究是否列入建设计划。这些必须经过评估的重大建设项目，包括今后各行各业新上的大中型基建项目，以及需要国家审批的重要技改项目。一般项目也应委托有资格的勘察设计单位进行评估。

第二节　工艺流程设计的基本要求

粮食仓库工艺流程设计是一项很重要的设计项目，是储备库和周转库库区总平面设计最基本和最主要的依据。只有在工艺流程设计基本确定之后，总平面设计才能根据工艺流程及作业特点，进行优化布局，优化组合，优化配置，尽量使生产作业线短捷、方便，避免作业线迂回往复，避免各作业线交叉干扰，从而保证生产和经营过程中的连续性、可靠性和经济性，减少占地面积，节约投资费用和运行费用。

一、工艺设计前的准备工作

工艺设计之前，须经调查研究，整理出下列资料，供设计使用。

（1）来粮的品种、数量和质量。

（2）来粮的运输方式、季节和时间。

（3）来粮的杂质含量和水分含量应特别引为注意。

（4）选用的机械设备，市场供应情况和价格，应有详细了解。

（5）设计人员应有已建成粮库的设计资料和使用情况调查，以作设计时参考。

（6）设计人员应掌握国内外粮仓工业的发展动态。

二、工艺流程设计基本原则

（1）有效　充分实现工程所提出的各项要求，并留有发展余地。

（2）先进　使用先进成熟的技术，实现粮仓工业现代化。

（3）经济　尽量减少工程投资和建成后的管理费用，并处理好一次性投资与经常性开支间的关系。

（4）安全　保证储粮的安全，保证机械设备和操作工人的安全。

（5）方便　工艺调度、设备维修、操作与管理都应方便，施工期要短，见效要快。

三、工艺流程设计的具体要求

（1）满足粮库的接收、发放、称重、清理、烘干、倒仓、冷却、通风、熏蒸杀虫等作业的具体要求，合理设计工艺。

（2）各批粮食的进出库不能发生混乱，每批粮食都能做到质量和数量的控制。

（3）工艺流程应具有高度的灵活性，能使用最少的设备，完成最多的作业。遵循“同质合并，减少回路”的原则，取消不必要的环节，缩短输送距离。

（4）各种设备的生产能力要相互配合，使其能连续地进行工作，有利于实现程序控制自动化。设备要先进，成本要低，动耗要小，管理费要少，利用率要高。

（5）为了使设备间流量平衡，要恰当地配备缓冲仓，提高生产效率。

（6）尽量利用粮食的自流特性。

（7）有良好的除尘设施，保证操作环境的卫生，减少库区污染。

（8）有效的防爆措施，把粉爆消灭在萌芽期。

四、工艺设计的内容和步骤

工艺设计的内容很繁杂，既要考虑整体、全面，又要想到具体细节；既要考虑长远，又要考虑到现实；既要满足现代化的要求，又要考虑到资金投资；既要实现机械化、自动化，又要考虑到设备利用率。

工艺设计没有严格的设计步骤，因为它是一个完整的整体，相互渗透，相互影响。初步设计方案，随着设计的逐步深入，方案随时都有可能会发生变动和调整，当完成了初步工艺流程设计时，又会发现流程和平面布局都不十分理想，还要再修改。因此工艺设计是在反复、交叉中完成的。

五、作业线形式的确定

将粮食仓库中的各种作业用输送线把它们连起来就成为作业线。现在完成作业的方法有三种：手工作业、机械作业、手工与机械共同作业。因此作业线也分手工作业线、机械作业线、半机械化作业线。

目前，我国基层粮食仓库的机械化作业还比较落后，基本上保持了最初的手工作业方式，部分地方粮食仓库有一定的机械设备，但与机械化作业还相距甚远。为了改变我国粮食流通领域的落后局面，20 世纪 90 年代，世界银行向我国贷款，支持我国粮食流通领域向机械化方向发展，相继在我国兴建了多个流食中转库和周转库，从而通过水路把我国东北走廊与东部、南部沿海和长江流域连接起来，通过欧亚铁路桥把我国东部与西部连接起来，形成了较为快捷的粮食流通体系。

我国粮库中的机械设备有移动式和固定式两种，一般国家粮食储备库，机械设备多为移动式，而港口中转库和立筒仓为主要仓型的粮库固定式机械设备为主要设备，下面分别给予介绍。

1. 移动式机械作业线

移动式机械作业线就是使用移动式（自走的、人力推动的、人力搬动的）机械设备组成的作业线。这些设备不固定在一个位置，也没有预先排好的顺序，都是作业前根据实际操作需要进行临时性的组合。

移动式机械作业线有以下几个特点。

（1）移动式机械作业线具有很大的灵活性和能动性，能在短时间内建立起来，能完成多种复杂的作业。

（2）机械设备的利用率高，此处作业完成后，就可移到别处去完成其他作业。

（3）移动式机械作业线组合时，可排出多个方案，各方案中使用的机械种类、型号、规格、数量都不相同，因此生产率也不相同。

（4）移动式机械作业线很难发挥每台机械设备的最高效率，往往是产量低于指标，动耗高于指标。

（5）移动式机械作业线难于配备除尘设备，因此工作环境中粉尘污染比较严重。

（6）移动式机械造价高，使用寿命短。

（7）作业前移动各种机械组织作业线，耗用工时较多。

（8）移动式机械作业线往往与道路交叉，影响车辆和行人的往来。

（9）移动式机械作业线抛撒粮食较多，使用后清扫现场的工作量大。

（10）控制、管理、操作都不方便，很难实现集中控制或自动控制。

2. 固定式机械作业线

使用固定在地面或建筑物上的粮食机械组成作业线，称固定式机械作业线。它的特点如下。

（1）可按照事前编制好的流程进行作业，便于控制、管理和操作。

（2）容易实现操作现场的空气净化和噪声控制。

（3）操作工人劳动强度低。

（4）可以充分发挥每台机械的生产效率。

（5）固定式机械多设在地道、天桥或工作塔中，不影响交通。但安装费用高，一次性投资大。

（6）机械的利用率低，此处不用，别处也用不成。

3. 混合式机械作业线

混合式机械作业线是固定式机械与移动式机械相互配合使用的作业线形式，克服了二者的缺点，综合二者的优点（不是算术中相加、相减的关系），在我国中小型粮库使用较多。

4. 机械作业线形式的选择

对于主干作业线应使用固定式，对于支线应使用移动式；对于使用机械多、时间长的机械应组成固定式，对于使用机械少、使用时间短的组成移动式。对港口库、中转库等周转系数大的库应使用固定式，对储备库等周转系数小的库应使用移动式。对大库（一、二类库）应使用固定式，对小库（三、四类）应使用移动式。综合来说，选择哪种机械作业线没有固定公式，都要根据具体情况，全面规划、远近结合、多方比较确定。

5. 机械作业线级别的确定

粮食仓库中每条作业线的生产能力决定于它的用途和组成它的机械设备的产量。如某接收入仓作业线，它只包括卸车、输送和入仓三个作业，因此它的生产能力就由来粮数量、来粮时间及输送机的产量来决定。若接收期平均 1h 来粮 Q（t），则就必须配备产量为 Q（t/h）的输送机，这样这条作业线的级别就为 Q（t/h），因此说机械作业线的级别是由粮库的接收能力决定的。过去我国粮库机械作业线共有 4 个级别，即 30t/h、50t/h、100t/h、200t/h。根据这个级别粮食机械厂就可以使它的产品实现系列化，从而走上标准化的道路。这样既方便厂家生产也方便用户选择和使用。

现在我国有某些大型中转库作业线的级别有 1000t/h、2000t/h，而我国粮食机械设备的级别还比较低，所以不得不大量进口国外设备，来满足中转库大周转量的实际设计需要。

第三节　工艺流程设计

仓库工艺流程设计是一项非常复杂的设计工作，涉及的面既宽又广，因此，工艺流程设计不可能一气呵成。由于在设计过程中，要不断地进行修改，所以工艺流程的设计必须由浅入深，循序渐进。

工艺流程图是表示粮库中各种物料（各品种粮食、各种包装形式粮食、副产品、下脚料、灰尘等）在粮食仓库中流动路线图，是表示粮食在粮库中可完成哪些作业，完成作业的顺序如何。总之流程图反映的是粮库全面物流的一张总图。

一、流程图包括的内容

（1）粮库中各种设备的名称，如粮仓、码头、站台、汽车接收站、汽车发放站、秤房、工作塔、提升塔、称重塔、清理塔、烘干车间、控制中心、配电房等。

（2）粮库中各种设备的规格和数量。

（3）完成各种作业的机械名称，如吸粮机、输送机、码垛机、提升机、清理筛等。

（4）各类作业机械的数量、型号、规格、产量及配用电动机功率等。

（5）除尘机械设备的种类、名称、数量、型号、规格、配用电动机功率等。

二、流程图的绘制方法

（1）首先确定粮库需完成哪些作业。

（2）完成作业之间的先后顺序。

（3）选择作业线的种类和级别。

（4）选择完成各类作业的机械和设备。

（5）选择除尘形式，选择通风除尘所用的各种机械和设备。

（6）计算所需各种机械和设备的数量。

（7）同类设备和机械进行编号。

（8）确定各类机型和设备使用的代号。

（9）将各种机械和设备按作业顺序用标准图形符号，自左至右布置在图纸上，并注上各种机械设备的代号和编号。

（10）用实线表示粮食的流动路线，实线将粮食在粮库中应该完成的作业串联起来。与支路的交叉要有阀门，与设备的连接点应有闸门，粮食流动路线绘图时应横平、竖直，尽量不使其重叠或交叉。若有交叉应使用半圆弧线绕过直线，转弯处使用圆角。

（11）用虚线表示副产品（下脚料）的流动路线。

（12）用点划线表示通风除尘“风”的流动路线。

（13）用双点划线表示高压空气的流动路线。虚线、点划线、双点划线的画法要求同实线。

（14）标明吸尘点位置。

（15）图形布置要均称，间隔要均匀，整体要美观。

（16）除尘系统及其设备尽可能排在粮食流程图的一侧或两侧，不得混在一起。

（17）为了使流量稳定，流程中必须设置缓冲仓（粮柜）。缓冲仓设置位置见本章第四节。

三、工艺流程图的要求

工艺流程图是整个工艺设计中重要的一环，是以后土建设计、电气设计的重要依据，是建成后粮库重要的技术资料，是生产和管理的依据，因此，工艺设计中一定要把工艺流程图设计得更好些。对工艺流程图提出下述要求。

（1）工艺流程的合理性　包括作业顺序合理、流量分配合理、作业形式与级别选择合理、设备选择合理。

（2）工艺流程的适用性　适用于现状要求，也适用于长远规划；生产率不仅适用平时，而且高峰期也能适用。各作业线间流量相互适应。

（3）工艺的可靠性　要保证生产安全、设备安全、人身安全。

（4）工艺的可调性　来粮的数量和质量、储存的时间、储存的要求、发放的去向等外界条件都会随时变化，因此设计出的工艺必须有一定的可调性。

（5）工艺的灵活性　一个粮库是一个有机的整体，整体和局部都相互依赖，相互影响。当某个局部作业，或某个机械的某个部件发生问题或故障时，工艺上能灵活地进行调整，使局部问题不影响全局的工作。

（6）工艺的连续性　机械化作业的发展前景就是与计算机联网，实现自动化作业线。自动化作业的前提就是生产的连续性，运行的自动化控制，自动调节。

（7）工艺的经济性　设备选择的数量要少，输送的线路要短，作业级别选择要恰当。土建费用、设备费用尽可能减少，这样的工艺设计才有经济性。

（8）工艺的先进性　使用先进的设备、先进的工艺，达到现代化的要求。

四、工艺流程图

图 5－2 为浅圆仓工艺流程图。

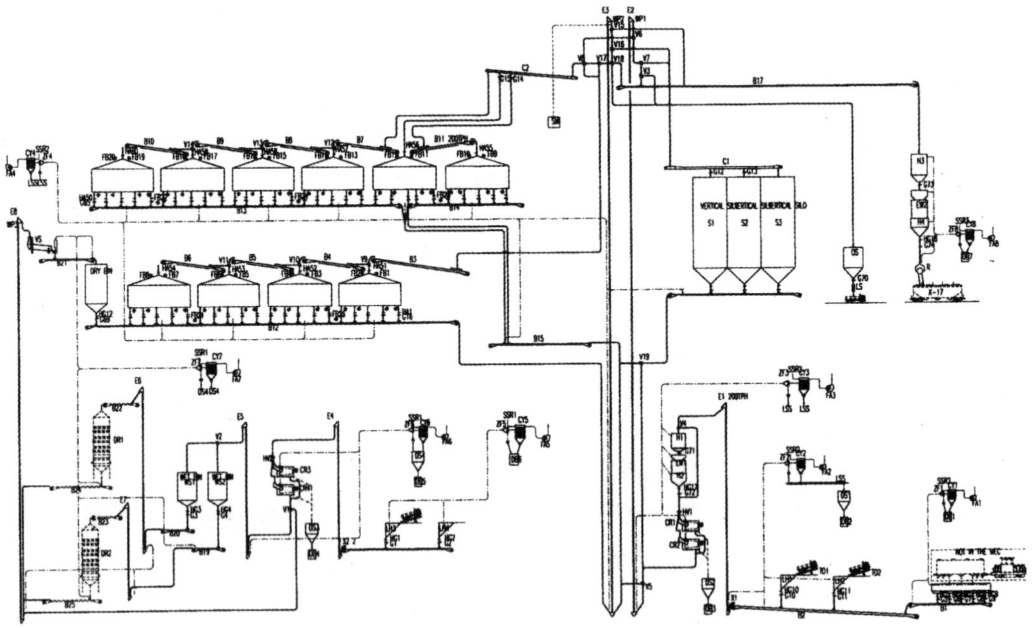

图 5－2　浅圆仓工艺流程图

第四节　各作业线的设计与布置

各作业线设计和布置的正确与否，是牵涉整个库区和厂区生产工艺流程能否顺利进行，能否不间断连续作业的关键。同时，也直接影响到各作业线路能否发挥其最佳工作效率。在设计各作业线路时，同时也应考虑到企业的发展和作业线路的改扩建。

一、水路码头作业线的设计

水路来粮的接收和发放是在码头上完成的，因此，水路接收作业包括码头位置的选择、作业面的确定。机械设备的配备以及工艺流程及流向等，都需精心设计和布置。

1. 码头位置选择的一般要求

（1）仓库水运货运量的大小、货物流向、拟采用的船型及船舶的运输组织情况。

（2）应当满足船舶航行、靠离码头的要求，并有船舶安全操作的条件。

（3）码头岸线应具有足够的长度，陆域应有足够的面积，以便布置船位、仓库和堆场等施舍。

（4）选择码头位置时，应注意岸线及水域的稳定情况，要尽量减少或避免淤积冲刷的发生，以保证码头的使用年限。

（5）码头的位置应尽可能选择良好的地质区域内，并尽量在挖填方数最少处。

（6）码头的位置与库房应有最适宜的距离，有方便的交通运输联系，并须考虑满足远景发展需要，留有发展余地。

（7）码头装卸工艺与工业企业的运输系统统一考虑，统一布置，互相衔接，以减少劳动力，缩短装载时间。

2. 码头形式选择

码头的形式应根据水文、地质、地形、货物种类、吞吐量、装卸工艺和施工条件等，综合分析比较确定。

河运码头，当水位落差小，码头面至设计低水位的高差在12m以下，河床稳定、岸坡较陡，吞吐量较大、货物笨重、采用装卸机械的码头，宜采用直立式。当码头面至设计低水位的高差大于15m或小于15m而岸坡平缓、吞吐量不大、货物较轻时，宜采用斜坡式。图5-3为固定式码头。

3. 船位长度

（1）直立式码头　直立式码头的船位长度（图5-4）与船型、装卸工艺、船舶性能及流速大小等有关，其长度L为：

$$L = L_c + d$$

式中：L_c——设计标准船型长度，m；

d——相邻两船舶间的距离，m。

一般d采用（0.10~0.15）L_c。当L_c<35m的非机动船有移档作业，在使用期间码头前流速超过2.0m/s或有回流时以及斜坡式码头与直立式码头连接处，d值可适当加大。

（2）斜坡式码头和浮码头　斜坡式码头和浮码头的船位长度如图5-5所示。

在有移档作业时，$L = (1.5 \sim 1.6)L_c + d$

在有吊档作业（船舶完成装卸作业后顺水溜下，并吊在囤船端部待拖）时，$L=2L_c+d$

在无移档和吊档作业时，船位长度可参照直立式码头的规定确定。

（3）相邻船位直角布置　相邻船位布置成直角时，其船位长度按下列规定确定。

①直立式码头前沿线与斜坡岸线的交角为 90° ~ 120°时，其根部船位的长度可参照 $L=L_c+d$ 的确定，但在靠斜坡一端的富裕长度应为 d。根据船位的起点应自岸坡线上满足设计水深的地点算起，如图 5－6 所示。

②两直立式码头前沿线交角为 90°或稍大于 90°时，其船位长度按 $L=L_c+d$ 确定，但在交接处码头端部富裕长度为（1.0 ~ 1.5）d，并不得小于设计标准船型宽度 B_c；当交角小于 90°时，此端部富裕长度应适当加大，如图 5－7 所示。

（4）码头前沿线有折角的布置　设计的码头前沿线有折角时，其船位长度按 $L=L_c+d$ 确定。当折角凸向水域时，交接处码头端部的富裕长度为 $\frac{1}{2}d$，如图 5－8（a）所示；当折角凹向陆域成 120° ~ 150°角时，交接处码头端部的富裕长度为 $\frac{2}{3}d$，如图 5－8（b）所示。

（5）单船位及码头端部船位长度　单船位及码头端部的船位长度应根据船型及装卸工艺要求确定，一般不小于图 5－9 及图 5－10 所示尺寸。

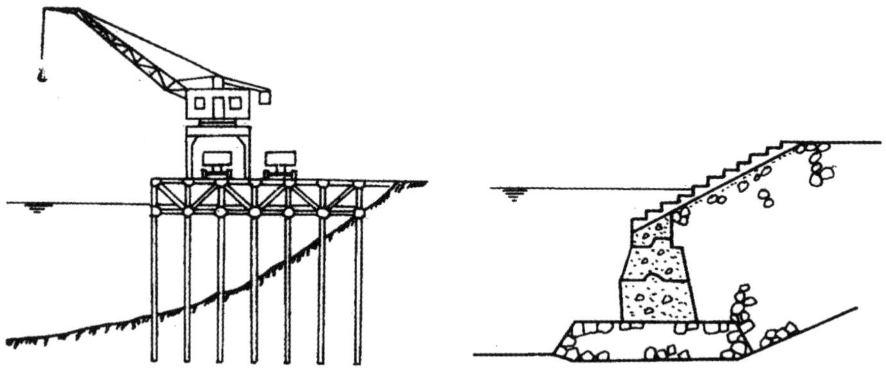

(a)　　(b)

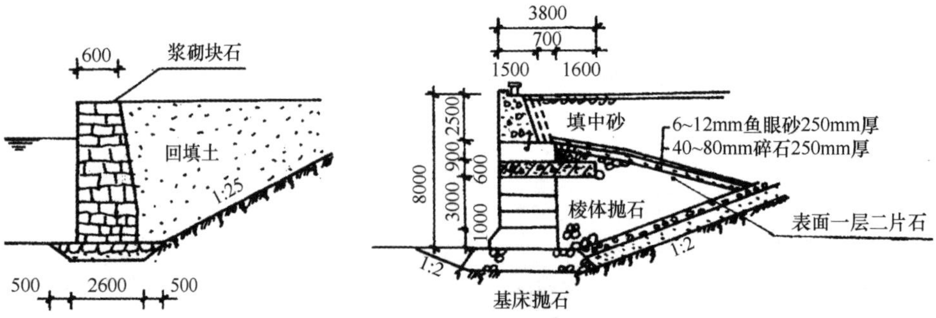

(c)　　(d)

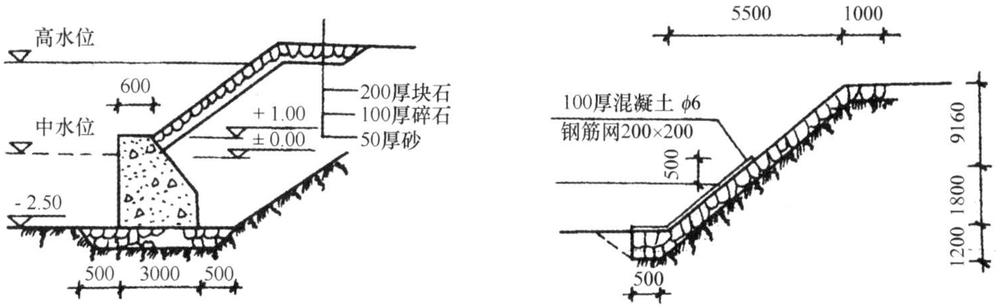

(e)　　　　(f)

图5－3　固定式码头

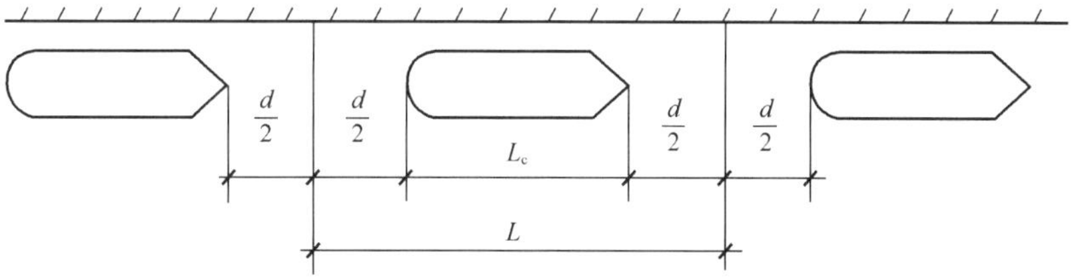

图5－4　直立式码头船位长度

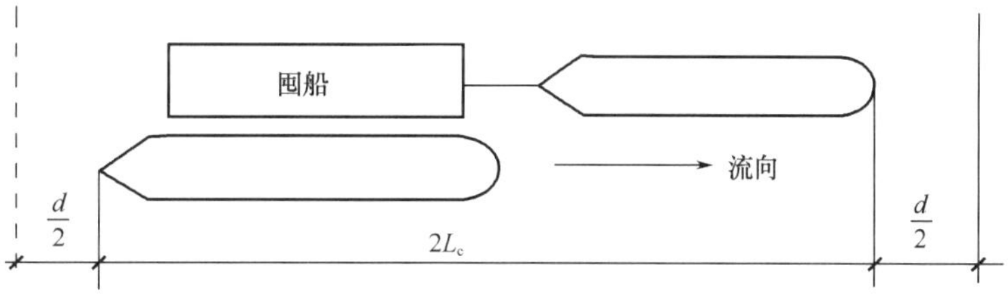

图5－5　斜坡码头和浮码头有吊档作业的船位长度

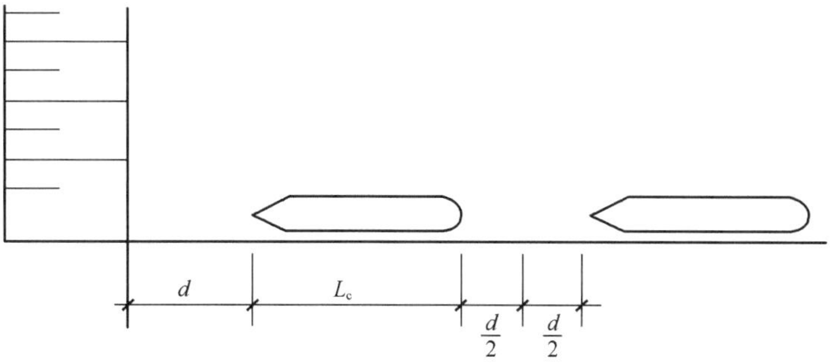

图5－6　直立式码头与斜坡岸线呈90°～120°交角的船位长度

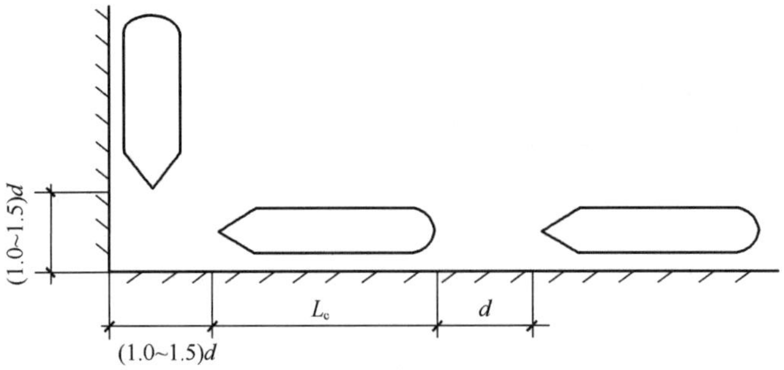

图 5－7　两直立式码头前沿线呈 90°交角的船位长度

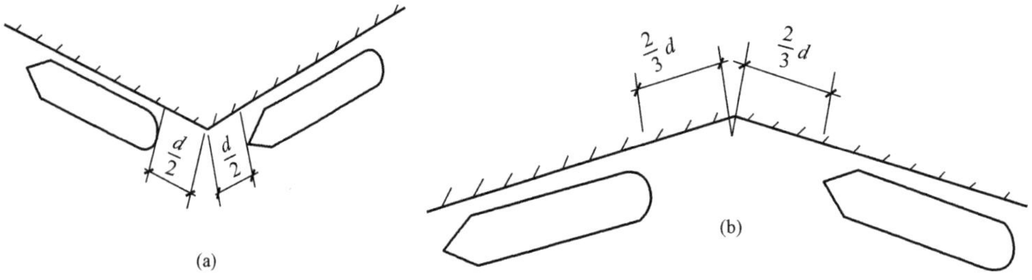

图 5－8　码头前沿有折角时的船位长度

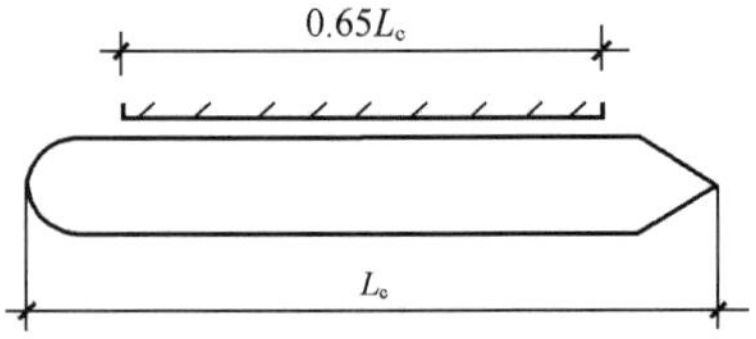

图 5－9　单船位的船位长度

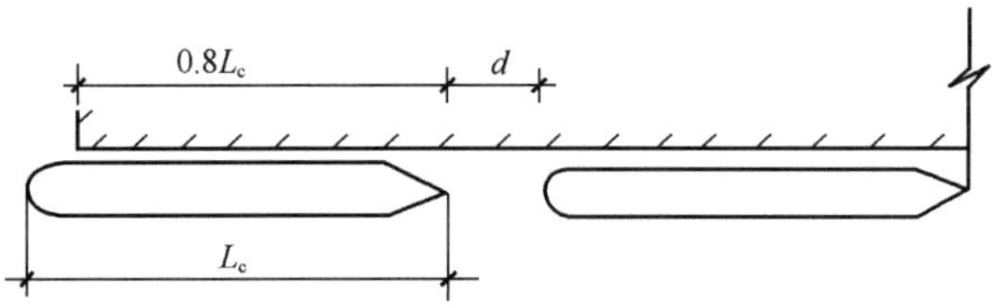

图 5－10　码头端部的船位长度

4. 码头作业流程及作业量

（1）通常使用的工艺流程

①散粮船→吸粮机→顺岸输送机→称重升运塔→栈桥输送机→工作塔

②散粮船→畚舱机→倾斜输送机→工作塔

③散粮船→抓斗→驳船

④包装粮船→吊包机→平板车→入仓

⑤包装粮船→吊包机→码头堆码

（2）码头机械设备的作业量

$$Q = \frac{aP}{24 - t}$$

式中：Q——机械设备的作业量，t/h；

P——每天船来粮量，t/d；

a——入仓系数，一般 $a=0.9\sim1.0$；

t——码头每天不工作的时间，一般 $t=8\sim10\text{h}$，h。

例如：某港每日船来粮1.5万t，为了一昼夜卸完，则1h卸载能力为：

$$Q=\frac{15000\times1}{24-8}=937.5\ (\text{t/h})$$

（3）主机数量　根据国产粮仓机械最大级别确定，故需主机数量 n（台）为：

$$n=\frac{Q}{\text{作业线级别}} \tag{5-1}$$

上例主机选用200t/h级，则 $n=\frac{Q}{200}=\frac{937.5}{200}=5$（台）

若选用1000t/h级的作业线则主机只需1台。选用5台的优点是一台发生故障停车，其余4台仍可照常工作，对卸船影响不大。若是用一台，则上述问题无法解决。另外5台吸粮机对一个大船来讲可有5个工作面同时工作，要比一个工作面方便得多，减少调换舱口的时间。但主机数量也不可过多，否则在码头上占据了很大位置，使码头显得很拥挤。5台机械的价格比1台相对高得多。

（4）码头年通过能力

$$Q_y=\frac{mT(24-t)}{(t_1-t_2)K} \tag{5-2}$$

式中：Q_y——码头年通过能力，t；

m——船舶实载量，t；

T——码头年工作时间，d；

t——每天非工作时间，h；

t_1——卸船时间，h；

t_2——卸船辅助时间，h；

K——不均衡系数。

5. 码头的平面大小及设备布置

一般粮食仓库把接收码头和发放码头分开。有的粮库每种码头有好几个。这样可以几个码头工作，而不拥挤，提高工作效率。但也有粮库只设一个大码头，其全部接收、发放作业全在其上进行。这样码头的尺寸大，也显得忙乱和拥挤。图5－11就是多用码头作业示意图。

每次只卸一个船的码头，其长度比一条船的长度大一些即可（一般比大船长1/10）。一般内河码头长50～60m，沿海码头长100～150m。表5－1是各种船的主要参数。

表5－1　　各种船的主要参数

船种	载质量/t	长×宽/m	满载吃水/m
100t货船	840	30.9×6.4	1.4
150t货船	150	40.8×7.2	1.2
200t货船	200	40.8×8.0	1.6
300t货船	300	45.0×8.0	2.0

续表

船种	载质量/t	长×宽/m	满载吃水/m
500t 货船	500	63.5×12.5	1.8
600t 海船	3265	102×13.8	5.5
5000t 海船	6749	115×16	7.4
10000t 海船	10435	134×17.3	8.2
15000t 远洋船	14145	163×20.8	9.1
20000t 远洋船	21870	175×22.3	9.5
50000t 远洋船	54960	217×29.5	12.83

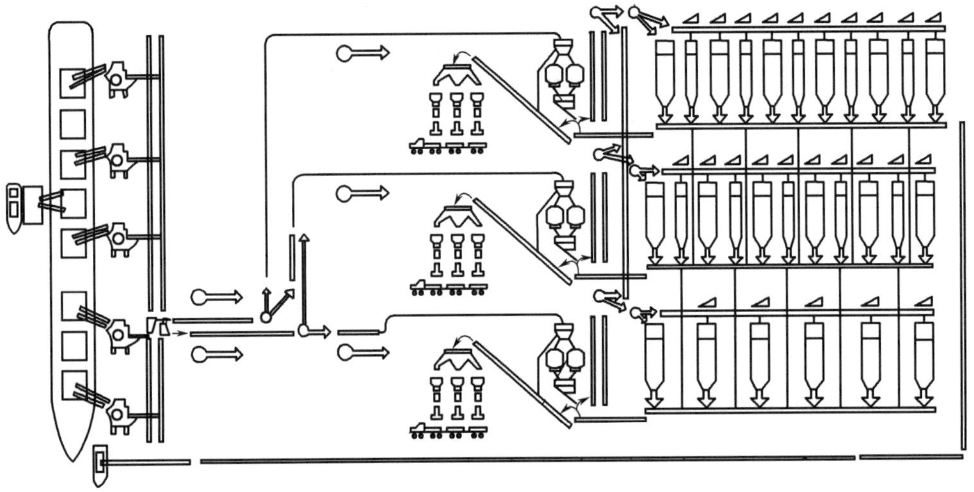

图 5-11　多用码头作业示意图

有的码头放置卸船机械和架空顺岸输送机，有的有单行公路，有的有铁路，有的还设有堆货场，因此所需宽度不同。一般卸船机宽度为 6～10m，单行汽车道 3～4m，火车 5～6m，行人道 1.0～1.5m，堆货场根据货物多少自定。

一般内河小码头设有罩棚，可以进行雨天工作，沿海码头一般没有罩棚，雨天不能工作。

二、铁路作业线设计

目前，许多内陆粮食仓库以铁路运输作为主要运输工具，使铁路运输成为企业进、出供求的生命线。我国大中型粮油仓厂使用铁路运输也较普遍。因此，铁路运输在粮食系统起着举足轻重的作用。

1. 选择铁路运输的条件

铁路运输运量大，运输速度快，安全，一般不受气候条件的限制，并且运输费用比汽车运输低（比水路运输高）。但铁路运输与公路运输比较却有修建铁路的投资费用大，铁路不如公路布置容易，对坡度、弯道等的限制很严格；占地面积较多，技术条件较高，施工期较长，管理与使用不如公路灵活方便等问题。

修建粮油仓厂铁路专用线时，应以建设投资、经营管理、成本核算等因素为前提，并进行铁路与其他运输方式的方案比较，以作为采用铁路运输的依据。仓容量在50kt以上的粮库应设铁路线；年中转量在100kt以上的粮库，有条件时可设铁路专用线；接轨条件较好，线路较短，且经济合理者，也应设铁路专用线。

2. 标准轨铁路运输

工业企业铁路设计，必须从全局出发，与工业企业总布置、城乡建设、农田水利、铁路网以及其他交通运输系统相协调，保证工业企业生产运输需要，便于相邻工业企业共同使用，并兼顾沿线地方客货运输。

（1）工业企业铁路等级　工业企业与全国铁路网、港口码头、其他企业、原料基地及厂矿间衔接的工业企业铁路，应按工业企业远期或最大设计能力所承担重车方向的货运量划分等级，划分等级见表5-2。

表5-2　工业企业铁路等级

铁路等级	重车方向年货运量/Mt	铁路等级	重车方向年货运量/Mt	铁路等级	重车方向年货运量/Mt
Ⅰ	4及以上	Ⅱ	1.5及以上至4以下	Ⅲ	1.5以下

（2）工业企业厂外铁路　工业企业铁路厂外线路与国家铁路线的接轨地点选定，既影响到厂内铁路线路布置和粮油仓厂总平面的确定，同时也影响到车站的使用管理和铁路的使用。因此，在粮油仓厂地址选择时，接轨地点就应与铁路主管部门充分协商，并做出比较方案后确定。按照《工业企业标准轨距铁路设计规范》规定：工业企业铁路与路网接轨，在既有线上应与该管铁路局取得协议；在既有工业企业铁路上接轨，应与该管企业和铁路局取得协议。

①工业企业铁路与国家线路的接轨站、线的确定，应符合以下要求：满足企业运输、列车通过和转运；靠近企业，且满足企业车站的合理布置；有利于铁路部门、本企业和协作企业的运营管理；节约用地，缩短线路，节约建设投资等。

②工业企业铁路厂外线路的选定，应符合以下要求：满足运营的需要；结合地形、地质、水文等条件，经过多方案比较，做到线路短、工程量小；线路所经的路段，应与城乡远近期规划相协调；避免与繁忙的公路交叉；便于管理维修；保证列车安全运行。

工业企业铁路厂外线路设计技术条件可按《工业企业标准轨距铁路设计规范》GBJ12—1987有关规定执行。

（3）工业企业厂内铁路　厂内线路布置是厂内铁路运输总平面设计的具体化，它与其他运输方式紧密结合，构成一个完整的粮油仓厂总体布局，是总图设计中的重要内容。

①库内铁路布置的一般要求：库内铁路布置应与粮油仓厂总平面布置统一考虑，并满足工艺要求；应满足运输装卸作业要求，便于管理和维护。库内铁路宜设计成尽端式，厂内铁路不宜穿过厂前区或库办公室，并避免与人流、货流量较大的道路交叉。线路设计和线路使用应当合理，库内铁路布置必须符合《工业企业标准轨距铁路设计规范》的有关规定。

②铁路进库角度的选择：铁路线进库角度，对总平面布置有很大影响，它关系到占地

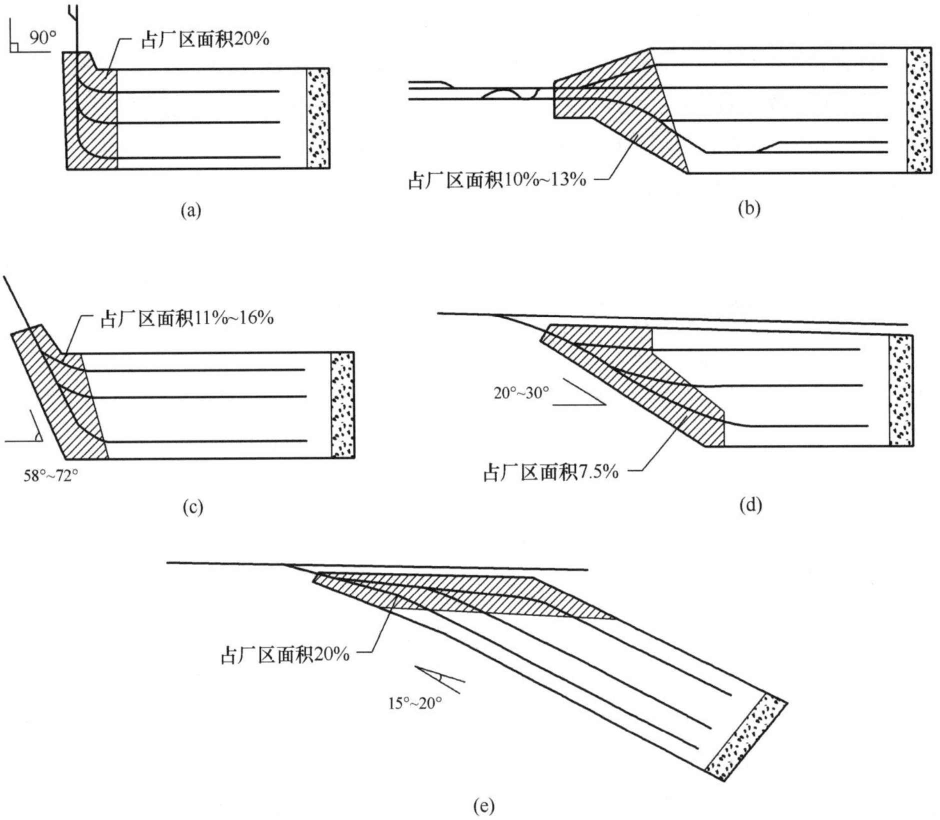

图 5 - 12　厂外线进厂角度与扇形占地面积的关系

（a）厂外线与厂区纵轴交角约 90°　（b）厂外线与厂区纵轴平行

（c）厂外线与厂区纵轴交角 58° ~ 72°　（d）厂外线与厂区纵轴交角 20° ~ 30°　（e）厂外线与厂区纵轴交角 15° ~ 20°

面积的大小和线路构造的问题。图 5 - 12 为库外线进库角度比较。铁路线进库角度不同，其进库处的扇形面积占库区面积的比例也不同。

为节约库区占地面积，线路应尽可能地采用较大的转弯半径和较短的弯道长度，铁路进库角度采用 20° ~ 30°和 60°左右及库外线与库区轴线平行的布置方式是比较理想的。若粮库较大，库内可布置几条铁路线路。几条铁路线的交叉处可在仓库内，也可在仓库外。道岔在仓库内便于管理，但占地较多，如图 5 - 13 所示。

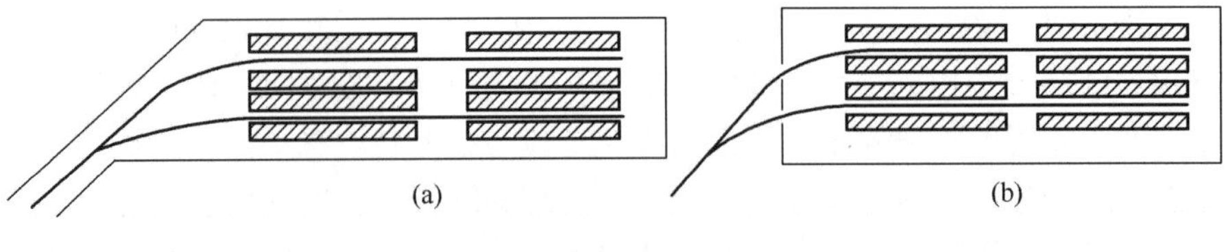

图 5 - 13　道岔位置

（a）道岔在仓库内　（b）道岔在仓库外

③线路曲线半径：库内线路，由于运输区间短，库区场地及地形条件所限，库内线路最小曲线半径应根据行车量、速度、机型及当地条件而定。库内铁路最小曲线半径不宜小于200m，困难条件时不宜小于180m。行驶固定轴距小于4600mm机车时，最小曲线半径可采用150m。行驶固定轴距小于3500mm机车时，最小曲线半径可减至120m。

④库内线路长度：仓库内铁路线路的有效长度，应根据来车车皮、装（卸）车皮和每节车皮长度来决定。来车车皮与原粮来源有关，应与铁路部门的编组站协商确定，大的编组站一般要求发放车皮多，一次20节甚至更多。车皮长度与载质量有关，如C50型（50t）为14.038m；国产K17型（60t）粮食漏斗车为14m。现介绍粮油仓库常见的铁路布置形式应具有的长度。单轨尽头式［图5－14（a）］线路的有效长度：

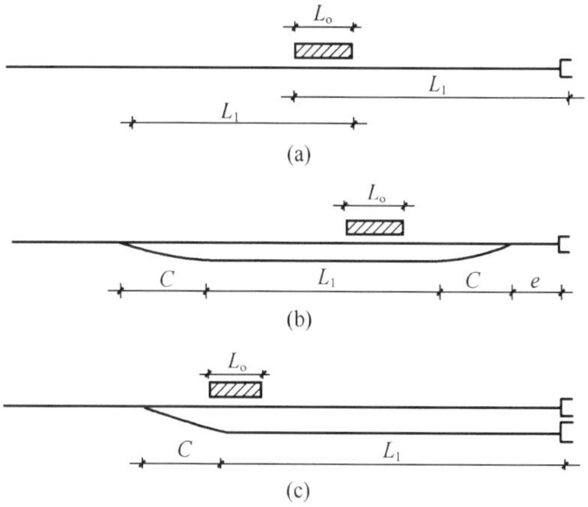

图5－14　单轨、双轨尽头式铁路线示意图

$$L = 2L_1 - L_0 \quad (5-3)$$

式中：L_1——来车长度，m；

L_0——装卸长度，m。

若有多个装卸位置时，库内线路的长度可灵活确定。如5个装卸位置紧邻，则线路长度可缩短；装卸位置多而且分散，则线路长度可能更长。

双轨尽头式［图5－14（b）］线路的有效长度：

$$L = L_1 + e + 2C \quad (5-4)$$

式中：L_1——来车长度，m；

e——延伸的尽头轨，一般为15m，m；

C——道岔始端至警冲标的距离，m。

警冲标是警告列车停放不许越过地点的标志，以避免与邻轨列车通过时相撞。警冲标设在两条线路汇合中心线处，与轨道距离各2m。专用铁路一般应采用国家标准轨距，路基宽4.5m，占地面积单线按5m宽计算。铁路站台的宽度一般不小于3m，站台高度一般为1.1m。铁路中心线与沿线建筑物之间的最小距离为3～6m。

双轨尽头式［图5－14（c）］线路的有效长度：

$$L = L_1 + C$$

式中符号同前。

⑤道口布置：公路与铁路平面交叉宜设计为正交。如受地形限制必须斜交时，其最小交叉角不得小于45°，道口宽度不得小于所交叉公路路面宽度，且不小于4.5m。特别困难时，对库内的线路，其交角可适当减小。图5－15为平交道口。

⑥站台布置：站台一般都设在铁道的一侧，若双行道线，则两侧均设置站台。站台地平距轨面高度视来车种类不同而异，一般棚车为1.14～1.26m，敞车为1.07～1.29m。站台边缘至双轨中心线距离需大于1.7m，以保证机车通过。站台上固定建筑物（如罩棚柱、

机械铲机架等）距双轨中心线最低不得少于3m。轨上车棚高度不得少于5.5m，站台罩棚靠近车厢立柱高不得少于4.5m。

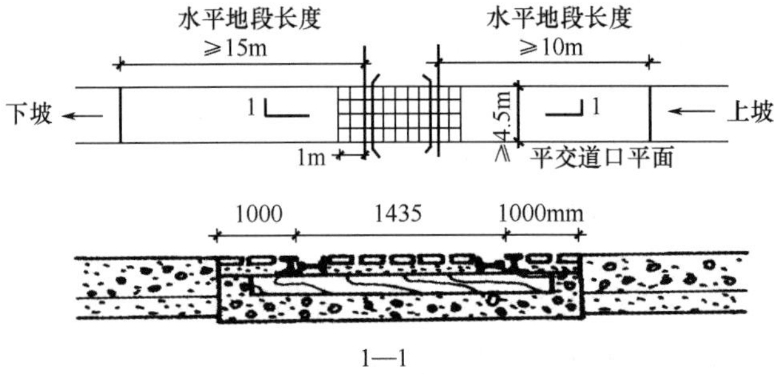

图5－15　平交道口

⑦站台卸车工艺流程

散棚车→机械铲→输送机→侧式卸粮坑→输送→工作塔

散敞车→卸粮坑（人工清底）→输送→工作塔

漏斗车→卸粮坑→输送→工作塔

包装粮→输送机→入仓

⑧卸粮坑的容积：卸粮坑的容量一般等于1.2～1.5倍车厢的装载量。一般一个车皮卸入一个卸粮坑。一个卸粮坑的长度等于一个车皮的长度，宽度则根据粮食的自流角度和下挖深度而定。坑口应有铁栅栏，可用来除粗杂，也是安全保护装置。坑下设有地道，地道内装有输送机和通风除尘设备。地道宽度应比输送机宽1.0～1.5m，便于工人操作和修理。地道高一般为2m，便于工人行走。

⑨库内线至建（构）筑物的距离：库内线至建（构）筑物的最小距离见表5－3。

表5－3　库内线至建（构）筑物的距离

铁路中心线至建（构）筑物的距离			距离/mm
正对线路无出入口的房屋和平行于线路的外墙的凸出部分边缘	位于线路有调车人员作业的一侧	一般情况	5000
		困难情况	3500
	位于线路无调车人员作业的一侧		3000
正对线路有出口的房屋边缘	出入口有平行于线路的防护栅栏		5000
	出入口无平行于线路的防护栅栏		6000
铁路进入的围墙和栅栏大门边缘	有调车人员随车出入		3200
	有超限货车进入		2440
普通货物站台边缘			1750
道路边缘			3750

三、公路运输布置

公路运输布置比较灵活，对地形条件要求较低，纵坡可达10%左右，最小平面曲线半径为9～12m，特别适用于丘陵地区及货流经常变动的运输。此外，公路修筑工程比铁路容易，工期短，投资少，节约钢材，易于就地取材，且占地面积小，是一种较为理想的运输方式。企业公路宜划分为库外路、库内道路等。下面着重介绍库内公路布置的有关内容。

1. 库内道路的划分

库内道路是联系生产工艺过程及其企业内外交通运输的线路，是实现正常储存和组织人流、货流的重要组成部分。库内道路宜划分为主干道、次干道、支道，主干道为连接库区主要出入口的道路，或交通运输繁忙的全库性主要道路；次干道为连接库区次要出入口的道路或库内车间、仓库、码头等之间交通运输繁忙的道路；支道为库区内车辆和行人都较少的道路以及消防道路等。库房引道为库房等出入口为主、次干道或支道相连接的道路。各类库内道路，可根据需要全部或部分设置。

2. 库内道路布置的要求

（1）库内道路的布置应有利生产，方便生活。

（2）库内道路平面布置宜与建筑轴线相平行，并应符合安全、卫生、防火及其他特殊要求。

（3）库内道路纵断面设计应与厂内竖向设计和库内建（构）筑物、管线、铁路设计相协调。

（4）库内公路布置应符合《厂矿道路设计规范》GBJ 22—1987有关技术标准。

3. 库内道路布置的形式

根据粮油仓厂生产工艺和使用特点、交通运输量大小、总体规划、建（构）筑物及其相互关系以及仓厂地形地质条件等因素，一般可将库内道路布置为环状式、尽端式和混合式三种基本形式，如图5－16所示。

（1）环状式道路布置　环状式道路围绕各车间、仓库布置，道路多平行于主要建（构）筑物，组成纵横贯通的道路网，使企业内部及建筑间联系方便，利于分区布置，既对交通运输和消防有利，又便于货流、人流的组织，并利于工程管线布置和分期建设。环状式道路是一种普遍采用的道路布置形式。一般运输频繁，场地较好的大中型粮油仓厂宜采用环状式道路布置。由于环状式道路需要循环至企业内各建筑，使道路总长度及占地面积均较多，同时对地形条件要求较高，许多情况布置环行道路有一定困难，因而应考虑其他布置形式。

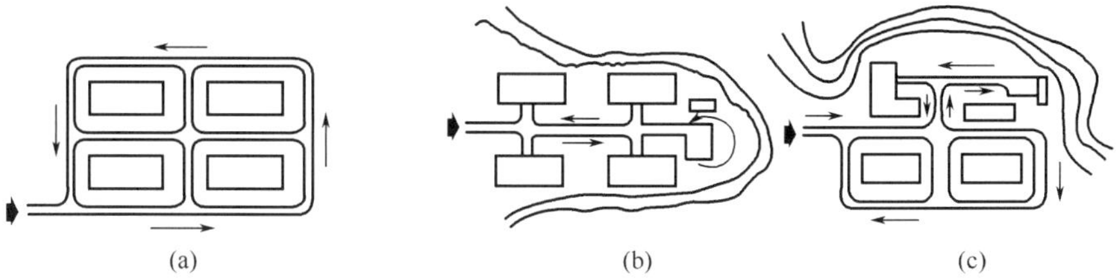

图5－16　道路布置形式

（a）环状式　（b）尽端式　（c）混合式

（2）尽端式道路布置　有的粮油仓厂由于生产工艺运输线路或受库区地形条件限制，

不需要或不可能布置成环状式道路，只将道路通至某地点而终止，这种道路布置方式称之为尽端式道路。尽端式道路能适应场地的地形条件，其线路走向和坡度处理灵活性大。尽端式道路比环状式短，运输畅通程度不如环状式，运输量小的粮油仓厂宜采用尽端式道路。当采用尽端式道路布置时，线路不宜过长，并应在道路尽端或适当位置设置回车场，以便车辆调头。回车场可根据地形条件和场地情况做成各种形式，如图 5－17 所示。

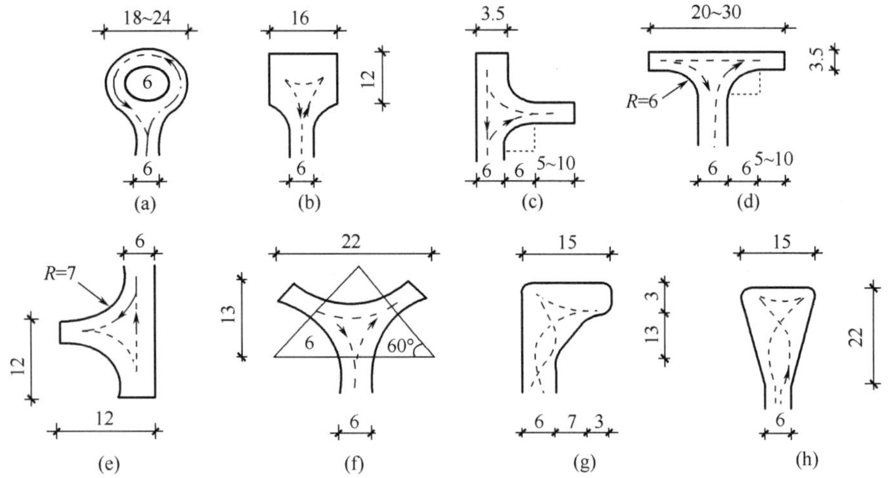

图 5－17　回车场的几种形式

（3）混合式道路布置　在粮油仓厂内部，其道路同时采用环状式和尽端式两种道路布置形式，这种布置方式称之为混合式道路。混合式道路具有环状式和尽端式道路的特点，在满足生产运输的同时，能兼顾人流、货流畅通，能较好适应地质地形等条件，节约用地和减少土石方工程量。混合式道路是一种较灵活的布置方式，适用于大中小型粮油仓厂。

4. 库内道路主要技术标准

（1）道路的宽度　道路的宽度主要取决于车辆通行量、行车车辆的型号和速度。此外，还应按粮油仓厂的规模、性质和对建筑处理等方面结合考虑。库内道路路面宽度宜按表 5－4 所列数值范围采用。

表 5－4　　库内道路路面宽度和路肩宽度

项目	库内道路类别	企业规模	指标/m
路面宽度	主干道	大型	7.0～6.0
		中型	7.0～6.0
		小型	6.0～4.5
	次干道	大型	7.0～4.5
		中型	6.0～4.5
		小型	6.0～4.5
	支道	大、中、小型	6.0～3.5

续表

项目	库内道路类别	企业规模	指标/m
路肩宽度	主、次干道	在一般情况下	1 或 1.5
	支道	在困难条件下	0.75 或 0.5

注：①当混合交通干扰较大时，宜采用上限；当混合交通干扰较小或沿干道设置人行道时，宜采用下限。②当混合交通干扰特大或经常行驶车宽 2.65m 以上大型车辆时，路面宽度应经验算确定。③库房引道宽度应与库房大门宽度相适应。

（2）道路转弯曲线半径　道路转弯处的曲线半径应满足汽车的拐弯要求。库内道路的平面转弯处，可不设超高和加宽。如需要加宽时，可按《厂矿道路设计规范》GBJ22—1987 的规定采用。库内道路交叉口路面内边缘转弯半径，不应小于表 5－5 的规定。

表 5－5　交叉口路面内边缘最小转弯半径

行驶车辆类别	路面内边缘最小转弯半径/m
载重 4～8t 单辆汽车	9
载重 10～15t 单辆汽车	12
载重 4～8t 汽车带一辆载重 2～3t 挂车	12
载重 15～25t 单辆汽车	15
载重 40～60t 单辆汽车	18

注：①库房引道及场地条件困难的主、次干道和支道，除陡坡处外，表列路面内边缘最小转弯半径，可减少 3m。②行驶表列以外其他车辆时，路面内边缘最小转弯半径，应根据需要确定。

（3）车行道视距及会让车道　为了保证行车安全，库内道路在平面转弯处和纵断面变坡处的视距，不应小于表 5－6 的规定。图 5－18 为交叉口视距。线路长的单车道，在 200～300m 范围内的适当地方（以互相能看到对方来车为准）设置一个会让车道，以便车辆避让。如需通行挂车或半挂车时，会让车道尺寸还应根据车型适当放大。图 5－19 为会让车道。

表 5－6　视距

视距类别	视距/m	视距类别	视距/m
停车视距	15	交叉口停车视距	20
会车视距	30		

注：①当受场地条件限制、采用会车视距困难时，可采用停车视距，但必须设置分道行驶的设施或其他设施（反光镜、限制速度标志、鸣喇叭标志等）。②当受场地条件限制时，交叉口停车视距可采用 15m。

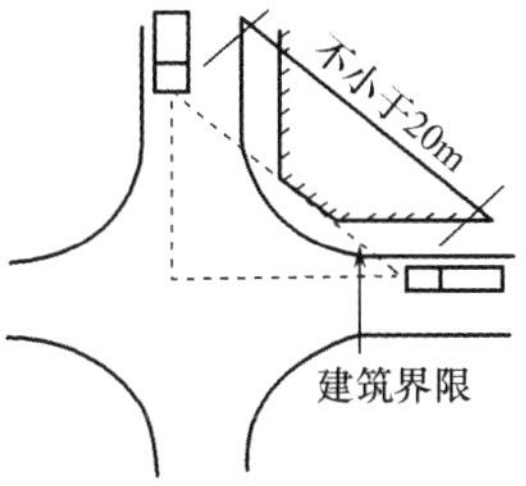

图 5－18　交叉口视距

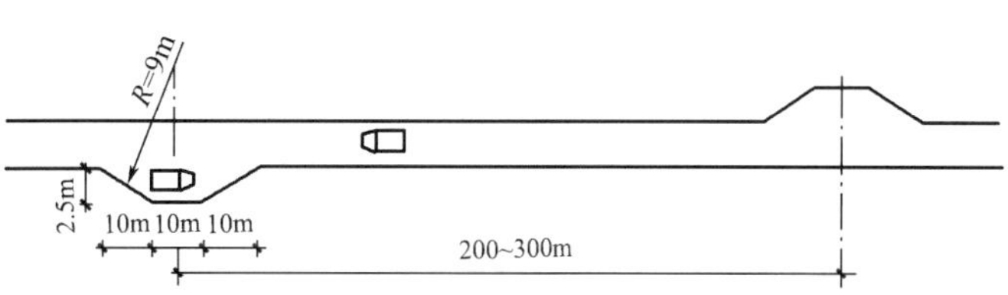

图 5－19　会让车道

（4）道路纵坡　库内道路纵向坡度的选择，应当综合考虑生产运输要求、地形、地质、气象、水文以及通行车辆类型等因素，并与库区竖向布置、铁路标高、车间、仓库、货物堆场等相配合，既求方便运输，又要注意节约土石方工程量，力求库内道路纵向坡度经济、适用、安全。库内道路的纵坡，不应大于表5－7的规定。

表5－7　库内道路最大纵坡

库内道路类别	主干道	次干道	支道、车间引道
最大纵坡/%	6	8	9

注：①当场地条件困难时，次干道的最大纵坡可增加1%，主干道、支道、库房引道的最大纵坡可增加2%，但在海拔2000m以上地区，不得增加；在寒冷、冰冻、积雪地区，不应大于8%，交通运输较繁忙的库房引道的最大纵坡，不宜增加。②经常运输易燃、易爆危险品专用道路的最大纵坡，不得大于6%。

（5）库内道路至建（构）筑物的最小距离　库内道路边缘至相邻建（构）筑物的净距，不宜小于表5－8的规定。

（6）道旁汽车停车场　以汽车运输作为主要交通工具的粮油仓厂，在总平面布置时除考虑汽车进出和调车的方便外，还要考虑汽车的停放不影响其他车辆通行，因此，应考虑在粮油仓厂内设置停车场。汽车停放占地面积与汽车类型、停放场地用途和停放方式有关。停车场通常附在道路边上，有平行式、直角式和斜式三种。

5. 公路运输接收工艺流程

（1）散粮库→倾斜卸车台→卸粮坑→斗式提升机→输送机→进工作塔

（2）散粮车→地中衡→倾卸台→卸粮坑→斗式提升机→架空输送机→入仓

（3）包装粮车→拆包→卸粮坑→输送机→工作塔（或进仓）

（4）包装粮车→过磅→拆包→输送机→进仓

6. 卸粮坑的位置及容积

（1）卸粮坑的位置　因汽车来粮，卸车点可机动灵活。接收站一般设在距仓或工作塔不远的路边，或直接靠近工作塔。卸粮坑坑口应附设铁栅栏，坑上口和出粮口应设有吸风除尘装置。

表5－8　库内道路边缘至相邻建（构）筑物的净距

<table>
<tr><th colspan="3">相邻建（构）筑物的最小距离</th><th>最小距离/m</th></tr>
<tr><td rowspan="5">一般建（构）筑物外墙</td><td colspan="2">当建（构）筑物面向道路一侧无出入口时</td><td>1.5</td></tr>
<tr><td colspan="2">当建（构）筑物面向道路一侧有出入口无汽车引道时</td><td>3.0</td></tr>
<tr><td rowspan="3">当建（构）筑物面向道路一侧有出入口且有汽车引道时</td><td>连接引道的道路为单车道时</td><td>8.0</td></tr>
<tr><td>连接引道的道路为双车道时</td><td>6.0</td></tr>
<tr><td>出入口为蓄电池搬运车引道时</td><td>4.5</td></tr>
<tr><td colspan="3">消防车道至建（构）筑物外墙</td><td>5～25</td></tr>
<tr><td colspan="2" rowspan="2">铁路中心线</td><td>标准轨距</td><td>3.75</td></tr>
<tr><td>窄轨</td><td>3.0</td></tr>
</table>

续表

相邻建（构）筑物的最小距离			最小距离/m
围墙	当围墙有汽车出入口、出入口附近		6.0
	当围墙无汽车出入口而路边有照明电杆时		2.0
	当围墙无汽车出入口而路边无照明电杆时		1.0
绿化	乔木（至树干中心线）		1.0
	灌木（至灌木丛边缘）		0.5
	各类管线支架		1.0
装卸站台边缘	当汽车平行站台停放时	解放	3.0
		—	3.5
	当汽车垂直站台停放时	—	10.5
		—	11.0

（2）卸粮坑的容积　卸粮坑的容积根据每次卸车多少而定。若每次卸一辆汽车，则卸粮坑的容积为汽车载重量的1.2～1.5倍；若同时卸 n 辆车，则为 n 辆车载重量的1.2～1.5倍。

（3）卸粮坑口的大小　卸粮坑口大小应视汽车是后倾还是侧倾，还要看同时需卸几辆车。一般卸粮坑口的三个边都可以进行卸车。

汽车接收站也应设置风雨棚，供雨天工作。卸粮坑的后续输送设备，视粮库的接收能力，根据作业线级别进行选定。

四、缓冲仓的配置与计算

为了保证机械化作业线的连续性，能够做到有控制地生产，当有事故发生时能及时地停止，并且通过检修后，迅速地恢复生产，为此，在作业线中必须配置缓冲仓（又称粮柜）。

1. 配用缓冲仓的位置

（1）在两台产量不相同的设备之间　例如给烘干机供料的斗提机，其产量为30t/h，而烘干机产量为15t/h，为了使两台设备都能有效地工作，则应在它们中间配置一个缓冲仓，使烘干机连续工作，让斗提机工作一段时间休息一段时间。

（2）在两种数量不相同的设备之间　例如一台斗提机为两台振动筛给料，斗提机产量为60t/h，振动筛产量30t/h，为了使两台振动筛都能发挥最高效能，则应在斗提机出口配置一个缓冲仓，然后用阀门进行分流。

（3）在连续工作和间歇工作的两种设备之间　例如抓斗是间歇工作的卸船设备，而带式输送机是连续工作的输送设备，因此工作时，输送机前应配置一缓冲仓。

（4）机械自身要求　例如自动秤，为了称量时能快速粗给料，慢速细给料，因此秤前需配置一定容量的缓冲仓。

（5）易发生事故的设备之前　例如斗提机对超载敏感，容易产生打滑、发热，不但会引起憋堵停机，还会引起粉尘爆炸，为此斗提机进料前应配置缓冲仓。

（6）机械作业与手工作业之间　例如输送机供料、手工灌包、缝口，这时输送机后应配置缓冲仓。

（7）输送机后　为了快速向火车、汽车发放，在输送机后配置缓冲仓（俗称发放仓），空车厢到位，打开仓底闸门，即可快速装车。

2. 缓冲仓容积的计算

缓冲仓的容积大小应适当，小了不能解决问题，达不到缓冲的作用，大了又浪费建筑材料，占据了有用的空间，增加投资费用。缓冲仓的大小根据具体情况而设定。

（1）第一种情况　为了不使大产量的设备频繁开机和停机，缓冲仓应大一些。一般让大产量设备每班次开4h，停4h，则缓冲仓的仓容量为：

$$Q = \frac{Q_{大} - Q_{小}}{K} \tag{5-5}$$

式中：Q——缓冲仓容量，t；

$Q_{大}$——大产量机械设备的产量，t；

$Q_{小}$——小产量机械设备的产量，t；

K——有效容积系数，通常取$K=0.8$。

（2）第二种情况　缓冲仓是为了正确地分流，因此不必很大，只需小产量机械设备1～2min的产量，即$Q = \frac{Q_{小}}{60} \times (1 \sim 2)$。

（3）第三种情况　缓冲仓的容量等于间歇工作一次的作业量再除以有效系数0.8。例如抓斗的容积为0.5～5.0t，则配合抓斗的缓冲仓仓容为：$Q = (0.5 \sim 5.0)/0.8$（t）

卸火车、卸汽车的卸粮坑也属于这种缓冲仓，它们的仓容量也按此公式计算。

（4）第四种情况　该种设备买来时配好了缓冲仓，或使用说明书中注明应配置多大容量的缓冲仓，使用单位按其施工即可。一般秤上粮柜的容量是秤斗容量的1～3倍。

（5）第五种情况　易产生故障的设备，排除故障也比较容易，因此它们前后安装的缓冲仓也不用很大。一般排除故障时间为1～3min，则缓冲仓为其1～3min的产量，再除以有效系数0.8。

（6）第六种情况　为了保证手工作业工人的环境干净，减少空气含尘量，应尽量减少输送机的开机时间，把缓冲仓做得大一些。一般情况是输送机每班次工作1～2h，手工作业8h，则缓冲仓的仓容为：

$$Q = \frac{Q_1(1 \sim 2)}{0.8}\ (\mathrm{t}) \tag{5-6}$$

（7）第七种情况　一个发放仓对一节车厢发放粮食，该仓的粮食重量等于车厢的实际装载量，因此这种仓的容积为：

$$Q = Q_0/0.8\ (\mathrm{t}) \tag{5-7}$$

式中：Q_0——一个车厢的实际装载量，t。

3. 缓冲仓的建筑位置和材料

在机械作业线中，一般把各种作业安排在工作塔中完成，因此缓冲仓也设在工作塔内。但这也不是绝对的，卸载用缓冲仓往往设在码头或站台旁，汽车接收站的缓冲仓则设在工作点的墙外侧，靠近工作塔；烘干车间的缓冲仓则放在烘干车间内。还有的把发放仓设在筒仓的内部，这都是根据具体情况，和设计人员的巧妙构思而决定的。

缓冲仓有方形截面的仓，也有圆形截面的仓。有钢筋水泥制的，也有木板制的。仓底多为锥底形，完全利用粮食的自流出仓。仓底都设有闸门或阀门，以控制流量和流向。

五、工作塔

工作塔是立筒仓、浅圆仓、砖圆仓及库区接收、发放生产的枢纽。塔内安装各种各样的机械设备，可以根据生产的实际需要在塔内完成清理、称重，以及把库内各种作业线路连接起来，成为机械化作业的心脏系统；实现入仓、出仓、装车、装船等各项作业转换，作业灵活机动，是库区实现机械化不可缺少的工作系统。

1. 工作塔内各种设备布置的原则

（1）布置的基本原则　设备布置是将作业所需的设备（包括通风除尘设备、下脚料处理设备）合理地分配到工作塔的各个楼层，并使之相互衔接，成为紧密联系的生产整体，因此在设备布置的设计中必须遵循工艺、劳动保护、塔内安全、防火、防爆、卫生等方面的要求。其布置的基本原则如下。

①工艺方面：布置各种机器设备时要注意工艺过程的顺序和生产的连续性，保证以后能按所设计工艺流程进行正常运作。

②技术方面：使各种物料在塔内流动通畅，并且满足维修、安装和管理的要求。

③符合规定：应符合各项规定，如国家劳动保护条例、工厂安全卫生章程、防火、防爆标准、卫生标准等。

④经济方面：尽量节省建筑面积，及工作塔高度，以减少投资。

（2）布置的具体要求

①满足工艺流程的要求，符合流程图上各种物料的流动顺序。

②尽量减少物料的提升次数，水平输送设备要少，输送的距离要短。

③要考虑设备间的相互配合和上下层之间的联系，做到上下左右相互响应，水平垂直输送相互协调。

④尽量在不增加楼层高度的情况下，把同一种设备或同一性质的设备，或操作上有关的设备布置在同一楼层内，以方便操作、管理和美观。

⑤把集中传动的设备，放在同一楼层，减少传动系统，有利安全生产。

⑥尽量将负荷重、振动大的机械设备放在工作塔的底层。设备物料出口开在机器底面的，应放在楼上层。

⑦根据安全生产要求及操作维修的需要，楼层内设备不宜拥挤，车间内应留足够宽的走道。车间走道宽度与设备间距见表5－9。

表5－9　　车间走道宽度与设备间距

名称	最小尺寸/m	名称	最小尺寸/m
纵向总走道	1.2~1.5	成组机械之间走道	1.0
纵向一般走道	1.0	振动筛四周间距	1.0
横向总走道	1.5	单个设备之间横向走道	0.8~1.0
各排机械之间走道	1.0	提升机机筒到墙间距	0.25~0.35
同类机械之间走道	0.25~1.0		

⑧高度低的设备或采光要求高的机械设备要靠近窗口布置。

⑨工作塔布置时，要留出吊物洞、缓冲仓、操作平台、楼层控制台、总控制室，工人更衣、休息室、材料储存室、电梯间、厕所等设备和建筑物的位置。

⑩布置设备时要尽量避开柱子和主梁，如碰到次梁时，也可考虑将次梁移开一些。

⑪为了吊装机械上楼，必须使用车间吊物洞。吊物洞设在一个比较宽的间距内，根据吊运不可拆机器的最大体积来确定吊物洞的大小。不吊物时，吊物洞上方应有盖板或有护栏。

⑫楼梯间可以考虑与吊物洞结合在一起，这样可以节省面积。楼梯宽度应能供二人并行，宽度不小于1.1m。

（3）设备布置的步骤与方法

①首先确定所需楼层数，将所有设备分配到各楼层。

②确定各设备在各楼层平面上的位置，根据设备的数量决定排布位置。方法是：首先进行平面布置，从工艺设备开始，然后是其他设备和设施，按照布置原则和要求进行布置。在进行布置的同时还要考虑传动设备、除尘设备、输送设备、操作台的位置，然后以平面布置图为准进行纵横剖面布置，务必使平、立、剖三个视图相互对应，溜管倾角等均合适为止。设备布置后，重新审核修正车间尺寸、高度，最后以车间横梁的中心线为基准线，画出各设备的中心线注出定位尺寸，即完成初步设计的一个方案。为了进行比较，应布置几个方案，通过对比，最后确定较理想的方案。

③绘制工作塔各楼层平剖面、纵剖面的设备布置图。

2. 工作塔内各种设备的布置

（1）斗式提升机　斗提机是目前粮食仓库中最常见的提升设备，其结构简单，易于操作，动耗低。它在工作塔中多排成一排，但方向上也有两种方案，即斗提机头轮轴线垂直于和平行于工作塔的纵轴线。

采用第一种方案，提升机出口的物料流向筒仓或流向工作塔内的机器都比较方便，缺点是物料要转向90°。这样将增加溜管的磨损，也须增加机头的高度。当采用第二种方案时，机头流出的物料向一侧流动很方便，向另一侧流动时，物料需转向180°，因此是困难的。向方便一侧流动，物料不需转向，因此溜管磨损小，机头高度也可小一些。布置斗提机的方向还与机座进料有关。为了提高斗提机的工作效率，应首先采用逆向进料，然后是顺向进料，最终采用何种布置方案，还要具体问题具体分析。

靠墙布置的斗提机要尽量避开窗户，离墙不小于0.25m。斗提机头部距屋顶距离不小于0.25m。为了操作方便，机头头部要安装操作平台，平台距地面不能小于2m，平台面到屋顶部分高度应大于1.8m，操作平台要装防护栏杆。斗提机的机座可直接放在地面上。为了堵塞后能方便清除机座里的物料，也可把机座垫高些（高0.2～0.3m）。为了减少工作塔楼层，便于地面输送机给料，也可以将斗提机机座放在地坑中。地坑不宜过深，一般在1m左右，机座进料口距坑边应有0.5～0.8m的操作空间，机座侧面距坑边要有0.2m的空隙。

（2）带式输送机　带式输送机多用在筒仓仓底输送线、室外架空输送线、室外地槽输送线。在工作塔内有时用作横向联系输送线，以提高作业的灵活性。联系用的带式输送机多为可逆式的带式输送机。带式输送机安装时距墙最小距离为0.38～0.62m（非行人走道），有行人通过时，最小距离为1.2m（视输送机宽度而定，输送机宽应以外形最宽尺寸计）。两台平行使用的输送机之间距应大于0.8m。带式输送机传动部位、张紧部位、卸料部位周围的管理通道宽度不小于0.7m。带式输送机每隔30m，应设一个横向过人的通道，通道宽应大于0.8m。当输送机安装在地面上时，通道为桥梯式，人从输送机上跨过。当输送机架空安装时，人可从机下通过，但架空最小高度应大于1.8m。

（3）刮板输送机　埋刮板输送机多用作仓顶输送线、架空输送线和地槽输送线。在工作塔内多用横向联系输送线。由于埋刮板输送机的密封性能优于带式输送机，因此粉尘少，防风雨，目前露天使用的很多。埋刮板输送机的布置与带式输送机的布置要求相同。

（4）螺旋输送机（绞龙）　螺旋输送机在工作塔外部作业中，可用于出仓扫仓和短距离输送，多使用快速型。在工作塔内常用作短距离水平输送，小倾斜输送，多使用慢速型，用来输送下脚料、灰尘和粮食。

工作塔内的绞龙可以布置在地面上，也可以悬吊在屋顶下面，也可以布置在倾斜的支架上。由于它外形尺寸小，所以布置很方便。布置在地面上时，应高出地面0.2～0.3m，便于卫生清扫；架空布置应距地面2m以上。若吊在天花板下或梁下时，距离上面应大于0.3m。若两台绞龙重叠安放时，两机间距应大于0.7m。倾斜布置时，倾角应小于25°。

（5）自动秤　秤对环境的要求较高，否则将影响称量的准确性。它要求环境要静，同楼层和上下层不能有产生振动的设备，秤间不得有闲人来往。秤间要干净，不能有粉尘飞扬。秤间应明亮、干燥通风。因此，自动秤应单独设在一层或二层中，不与其他设备混放。秤应放在自然光线较好的地方，其高度要便于观察和操作。秤下应配置大于一次称量的缓冲仓，缓冲仓可设在下层楼面上，也可吊在楼板下面。秤斗应密封，不密封处应开设吸风口，以利除尘。自动秤下还应设置校验台秤，定时检查自动秤的准确性。

（6）初清筛和振动筛　清理用筛一般布置在楼层的中间空地上，四周有较宽的空地，便于更换筛面和检修。靠墙放置时，距墙也不得少于0.5m。两台筛间的间距不得小于0.6m。振动筛振动较大，应放在工作塔的低层。为了便于振动筛的操作，该处应光线充足、明亮。

（7）通风机和空气压缩机　通风机用于通风除尘，空压机用于气动闸、阀门供气，反吹式布筒除尘器供气、自动秤供气。这两种风机都是振动大，噪声大，容易产生漏气、冒灰，污染环境。一般布置时，风机应单独布置在一个隔音室中，风机下安装减振弹簧，防止噪声和振动的扩散。风机多布置在工作塔的上层，使其靠近除尘器。也有的将风机布置在工作塔外。

（8）除尘器　离心除尘器一般布置在塔内角落处，可以吊在梁下，也可支在楼板上。可以布置在工作塔外的墙壁上，也可以布置在塔顶上，排气气管要设在塔外。

脉冲式布筒除尘器体积较大，一般布置在塔顶层，或工作塔和筒仓间的下通廊的屋顶上。吸入式布筒除尘器一般靠墙布置，距墙应大于0.4m，避开采光窗。压入式布筒除尘器，因散灰多，目前已不使用。

（9）自溜管　自溜管的布置应保证物料的输送不致间断，溜管的倾角应比要求的角度大5°以上。工作塔内是使用溜管最多的地方，为此，布置的溜管不能影响走道宽度，使行人无法通行。溜管通过的地方不能影响工人的操作和维修。靠近窗户和门的溜管不能影响窗户或门的开关。溜管不允许从缓冲仓内、传动皮带间、工人休息室等处通过。每层楼面上溜管都应开设检查孔，检查孔距地面1.4～1.5m，用来检查物料流动情况和排除堵塞。溜管内物料流速过大，容易使粮食破碎，必要时应加缓冲装置，降低物料流速。

（10）传动装置　工作塔内传动形式有三种，单机传动、分组传动和总体传动。单机传动即一台机器用一台电动机传动。这种方式操作安全，开停车方便，有利于实现自动化。但功率不能调节，效率低，功率因数低，浪费动力多。

分组传动是一台电动机传动一组机器。总体传动是一台电动机传动工作塔的全部机器。目前采用单独传动的多，若采用分组传动，应把性质相同的数台机器编成一组，用一台电动机传动，但机器数量不能太多，相距不能太远，传动轴不能太长，每一轴段不应少于两个轴承。

3. 工作塔的平面尺寸和高度的确定

工作塔的平面形状多为矩形，因此尺寸由长和宽来决定。长又是开间的倍数，所谓开间就是相邻两根梁中心线之间的距离。在建筑中开间以0.3m为模数，工作塔常用的开间尺寸是2.7、3.0、3.3m，一般情况下，楼梯占用一个开间。

（1）工作塔开间的确定　工作塔是一个上下等宽、等长的立方体，因此求出机械设备最多一层的长度即可求工作塔的长度。长度包括以下几项。

①布置后，纵向各机器所占长度的总和。

②布置后，纵向各走道总和。

③布置后，纵向各机器间隔的总和。

④纵向一侧墙的厚度。

⑤楼梯间所占长度。

⑥纵向其他设施（如操作台、电气柜等）所占长度之总和。

以上六项相加，即为工作塔的平面长度，但这不是实际建筑长度，将上述长度除以开间尺寸，再取整数，即得工作塔的开间数。将工作塔的开间数乘开间尺寸，即为工作塔的实际建筑长度。

（2）工作塔跨度的确定　工作塔的平面宽度在建筑上用跨度和跨度数来表示。跨度即横向墙至墙或墙至柱的中心距，若该平面为单跨车间，则其宽度等于跨度，若为双跨车间，则平面为2倍的跨度。三跨、四跨亦是如此推算。

工作塔内设备不多，一般都单排排列，平面宽度不超过8m，因此都取单跨建筑。工作塔跨度模数为0.6m，即跨度为0.6的倍数，常取跨度为6、6.6、7.2m等。工作塔以楼层最宽一层楼面进行计算，其总宽度包括以下几项。

①各机器设备所占宽度之总和。

②走道宽度之总和。

③机器间隙之总和。

④一侧墙壁厚度。

⑤其他设施所占宽度之总和。

工作塔平面将上述6项尺寸相加，再取靠近常用的跨度，即为工作塔的实际建筑宽度。

（3）工作塔高度的确定　高度分为净高、层高及标高。从室内地面到楼板顶面为净高，净高加上楼板厚度为层高，标高是对设计地面（底层室内地坪）加减0.00相对而言的尺寸。

工作塔一般分成8~10层由上自下数。第一层是斗提机的机头层；第二层与筒仓仓顶通廊相通，地面标高相等；第三层为缓冲仓；第四层是初清筛；第五层是秤；第六层是细清、地面层与筒仓下通廊相通，一般两边标高相等，地下层为斗提机机座层。这是一般情况不是标准，因此工作塔的高度与筒仓高有关。例如筒仓高30m，若楼层高5m，则工作塔应为8层［（30/5）+筒上层+筒下层］。若层高为6m，则工作塔应为7层。确定楼层高度、楼层净高的依据如下。

①车间内最高设备的高度加上操作高度。

②保证自溜管物料能充分自流的高度。

③采光和自然通风所需的高度。

④室内有梁，有时还要考虑梁的高度。

层高为净高加楼板厚度，一般楼板厚度取100mm（估算），梁的高度按跨度的1/10估算。综上所述，工作塔层高由下式确定：

工作塔层高=楼层上最高机器的高度+最高机器上的操作空间高度+溜管充分自流倾角所需高度+楼板或梁的高度

另外工作塔层高不一定每层相同，也可以设计楼高不相同的工作塔，工作塔层高一般取5~6m。工作塔总高度即各楼层高度之总和，一般建筑上不标这一尺寸，只标塔顶标高、地下室地面标高。

4. 通风除尘风网的组合与绘图

（1）单独风网的组合条件

①吸出的含尘空气必须作单独处理。

②吸风量要求准确，而必须经常调节。

③需要风量大的。

④机器本身自带风机的。

⑤附近没有其他需要吸风或可以合并吸风的机械或吸点。

单独风网的优点是管路短而简单，风量容易调节和控制；缺点是设备用的多，占车间面积多，电机小，效率低。

（2）集中风网的组合条件

①吸出物的品质相似。

②机器工作间歇的时间相同。

③管中不能太复杂，太长。

④在组合风网时，总风量就在2500~12000m^3/h的范围内为好，过大，过小在经济上和设备选择上都不适宜。

集中风网的优点是动力消耗和设备投资少；缺点是当某一机器或吸点的风量发生变化时，会影响到网中其他机器或吸点的风量，调节比较困难。

（3）风网图的绘制　根据设备平面剖面布置图来看，并不适合风网的计算。因为它看起来困难，而且风管不是实长，另外流程图上的风网，也不是风管的实长，因此要绘制一张表示实长并容易计算的风网图。风网图并不要求投影，只要能清楚地表示空气流向与管路之间的相互关系即可。具体绘制方法如下：

①管道、弯头、三通及其他管件都用中轴线表示，不要求比例精确。风管的长度、直径、管件的规格，都在旁边用文字加注说明。

②设备吸风点用“△”表示，并注明被吸风设备的名称、吸风量和阻力。

③通风机、除尘器都用标准图形表示，旁边注明规格和使用参数。

④风网图是把空间图形绘成平面图，绘制时只需将垂直纸面转弯的弯头放倒在平面上即可。弯头的曲率半径、转角都不发生变化。

⑤风网分为若干管段。风网中气流速度、风量、管道直径相同的部分为一个管段。与风机进风口相连的是吸气管段；与出气口相连的是压气管段。各管道之间用“｜”来划分。

第五节　工程概预算

一、工程概预算的概念

基本建设预算（简称建设预算），是基本建设设计文件的重要组成部分。它是根据不同设计阶段的具体内容，国家规定的定额、批和各项费用取费标准，预先计算和确定每项新建、扩建和重建工程，从筹建至竣工验收全过程所需投资额的经济文件。它是国家对基本建设进行科学管理和监督的重要手段之一。

建筑安装工程概算和预算是建设预算的重要组成部分之一。它是根据不同设计阶段的具体内容，国家规定的定额、指标和各项费用取费标准，预先计算和确定基本建设中建筑安装工程部分所需要的全部投资额的文件。

建设预算所确定的每一个建设项目、单项工程或其中单位工程的投资额，实质上就是相应工程的计划价格。在实际工作中称其为概算造价或预算造价。在基本建设中，用编制基本建设预算的方法来确定基建产品的计划价格，是由建筑工业产品及生产不同于一般工业的技术经济特点和社会主义商品经济规律所决定的。

为了对建筑工业产品价格进行有效地管理，国家主管部门和省、市、自治区采取了一些行之有效的、具有法定性的科学措施，即制定了编制建设预算的统一的依据（统一的基础定额、概算定额和预算定额，统一的各项费用标准和统一的工程量计算规则），制定了统一的编制建设预算的方法，建立健全了建设预算的各项管理制度，从而实现对建筑工业产品用单独编制建设预算的方法来确定预算造价。

二、工程概预算的分类及作用

根据我国的设计、概预算文件编制和管理方法，并结合建设工程概预算编制的顺序做如下分类。

1. 设计概算

设计概算，是指在初步设计或扩大初步设计阶段，由设计单位根据初步设计图纸、概算定额或概算指标，设备预算价格，各项费用的定额或取费标准，建设地区的自然、技术经济条件等资料，预先计算建设项目由筹建至竣工验收、交付使用全部建设费用的经济文件。

设计概算的主要作用如下。

（1）国家确定和控制建设项目总投资的依据。未经规定的程序批准，不能突破总概算的这一限额。

（2）编制基本建设计划的依据。每个建设项目，只有当初步设计和概算文件被批准后，才能列入基本建设计划。

（3）进行设计概算、施工图预算和竣工决算，“三算”对比的基础。

（4）实行投资包干和招标承包制的依据，也是建设银行办理工程拨款、贷款和结算，以及实行财政监督的重要依据。

（5）考核设计方案的经济合格性，选择最优设计方案的重要依据。利用概算对设计方案进行经济比较，是提高设计质量的重要手段之一。

2. 修正概算

修正概算，是指当采用三阶段设计时，在技术设计阶段，随着设计内容的具体化，建设规模、结构性质、设备类型和数量等方面内容与初步设计相比可能有出入，为此设计单位应对投资进行具体核算，对初步设计的概算进行修正而形成的经济文件。

修正概算的作用与设计概算基本相同。一般情况下，修正概算不应超过原批准的概算。

3. 施工图预算

施工图预算，是指在施工图设计阶段，设计全部完成并经过会审，单位工程开工之前，施工单位根据施工图纸，施工组织设计，预算定额，各项费用取费标准，建设地区的自然、技术经济条件等资料，预先计算和确定单项工程和单位工程全部建设费用的经济文件。

施工图预算的主要作用如下。

（1）确定建筑安装工程预算造价的具体文件。

（2）签订建筑安装工程施工合同、实行工程预算包干、进行工程竣工结算的依据。

（3）建设银行拨付工程价款的依据。

（4）施工企业加强经营管理，搞好经济核算，实行对施工预算和施工图预算“两算对比”的基础，也是施工企业编制经营计划、进行施工准备和投标报价的依据。

4. 施工预算

施工预算，是指施工阶段，在施工图预算的控制下，施工单位根据施工图计算的分项工程量、施工定额、单位工程施工组织设计等资料，通过工料分析，计算和确定拟建工程所需的人工、材料、机械消耗量及其相应费用的技术经济文件。

施工预算的主要作用如下。

（1）施工企业对单位工程实行计划管理，编制施工作业计划的依据。

（2）施工队向班组签发施工任务单，实行班组经济核算，考核单位用工、限额领料的依据。

（3）班组推行全优综合奖励制，实行按劳分配的依据。

（4）施工企业开展经济活动分析，进行“两算”对比的依据。

三、编制工程概预算中建设工程项目的划分

在进行工程概预算中建设工程项目的划分与工程设计时不相同，编制建设概预算与确定工程造价是根据设计资料，按造价构成因素分别计算，并经过汇总而求得。因此基本建设工程按其组成不同，从大到小，可以将一个建设项目逐层划分为单项工程、单位工程、分部工程和分项工程等项目。

1. 建设项目

建设项目，又称建设单位，一般具有一个设计任务书，按一个总体设计进行施工、经济上实行独立核算、行政上有独立组织形式的建设单位。它是由一个或几个单项工程组成。在工业建设中，一般以一座工厂为一个建设项目，如：食品厂、粮食加工厂、油脂厂或一座粮食仓库等。

2. 单项工程

单项工程，又称工程项目，一般是指在一个建设单位中，具有独立的设计文件、单独编制综合预算、竣工后可以独立发挥生产能力或效益的工程。它是建设项目的组成部分。一个建设项目可包括许多工程项目，也可以只有一个工程项目。如一座工厂中的各个主要车间、辅助车间、办公楼和住宅等，一所电影院或剧场往往是由一个工程项目组成的。由此可见，单项工程是具有独立存在意义的一个完整工程，也是一个复杂的综合体。因此，工程项目造价的计算是十分复杂的。为方便计算，仍需进一步分解为许多单位工程。

3. 单位工程

单位工程是单项工程的组成部分，它通常是指具有单独设计的施工图纸和单独编制的施工图预算，可以独立施工及独立作为计算成本对象，但建成后一般不能单独进行生产或投入使用的工程。一个单位工程，一般可以按投资构成划分为：建筑工程、安装工程、设备和工器具购置等四个方面。

因为建筑工程是一个复杂的综合体，为计算简便，一般根据各个组成部分的性质和作用，分为以下单位工程。

（1）一般土建工程　包括建筑物和构筑物的各种结构工程和装饰工程等。

（2）构筑物和特殊构筑物工程　包括各种设备基础、罩棚、卸粮坑、通廊、地下通道等。

（3）工业管道工程　包括蒸汽、压缩空气和煤气管道等工程。

（4）卫生工程　包括室内外给水与排水管道、采暖通风及民用煤气管道工程等。

（5）电气照明工程　包括照明安装、线路敷设、变电和配电设备安装等工程。

安装工程是指生产设备的安装工程。由于设备安装工程与设备本身有着密切的联系，通常在编制建设预算时，把设备购置与安装结合起来，统称为设备及其安装工程。它又可分为：机械设备及其安装、电气设备及其安装等单位工程。

每个单位工程仍然是较大的综合体，无法直接确定造价，因此，还需将其进一步划分为分部工程。

4. 分部工程

分部工程是单位工程的组成部分，一般是按单位工程的各个部位、构件性质、使用的材料、工种或设备的种类和型号等不同划分而成的。例如，一般土建工程可以划分为：土

石方工程、打桩工程、脚手架工程、砖石工程、混凝土和钢筋混凝土工程、钢筋混凝土及金属结构构件运输安装工程、木结构工程、楼地面工程、屋面工程、耐酸与防腐工程、装饰工程、构筑物工程和金属结构工程等分部工程。电气照明工程可划分为配管安装、灯具安装等分部工程。

在每个分部工程中，由于构造、使用材料规格或施工方法等因素的不同，完成同一计量单位的工程所需要消耗的工、料和机械台班数量及其价值的差别是很大的，因此，为计算造价的需要，还应将分部工程进一步划分为分项工程。

5. 分项工程

分项工程一般是按照选用的施工方法、所使用的材料、结构构件规格的不同等因素划分的，用较为简单的施工过程就能完成，以适当的计量单位就可以计算工程量及其单价的建筑或设备安装工程的产品。例如，在砖石工程中根据选用的施工方法、材料和规格等因素的不同划分为：砖基础、内墙、外墙、柱、空斗墙、空心砖墙、墙面勾缝和钢筋砖过梁等分项工程。每个分项工程都能选用简单的施工过程完成，都可以用一定的计量单位计算（如基础和墙的计量单位为 $10m^3$，勾缝的计量单位为 $100m^2$），并能求出完成相应计量单位的分项工程所需要消耗的人工、材料和机械台班的数量及其单价。分项工程是单项工程组成部分中最基本的构成要素，一般没有独立存在的意义，只是为了编制建设预算时，人为确定的一种比较简单和可行的“假定”产品。尽管单项工程的类型繁多，但就其组成部分中的基本构成要素，往往是大同小异。任何类型的建筑物，其基本要素都是由土方、垫层、基础、回填土、门窗、地面、墙体等分项工程组成的。

综上所述，一个建设项目是由一个或几个单项工程组成的，一个单项工程又是由几个单位工程组成的，一个单位工程又由若干个分部工程组成的，一个分部工程又可以划分为若干个分项工程，而建设预算文件的编制就是从分项工程开始的。

四、建设概预算内容

编制概算的目的是要确定基本建设项目的总投资，实行基本建设大包干，控制基本建设拨款，考虑设计的经济性和合理性。编制概算应以初步设计图纸及由国家或主管部门颁发的现行各种概算（费用）定额或概算指标为依据。概算内容一般包括下列五部分。

（1）建筑工程费　包括各生产车间、原粮和成品库、各项附属工程、办公楼、宿舍、食堂等所有建筑物和构筑物的土建工程费用，给排水工程费用及电气照明工程费用等。

（2）设备购置费　包括工艺设备、动力设备、输送设备、称重设备、通风除尘设备等的购置费。

（3）设备安装费　或根据各项设备的安装工程量和各类安装工程的概算定额，编制安装概算。一般设备安装费，可按设备费的 4% 计算（工艺设备安装费，如包括管网在内，约为设备费的 20%）。

（4）工器具及生产用具购置费　主要指车间、实验室等所需各种工具、器具、仪器及生产用家具的购置费。一般约为设备费的 1%。

（5）其他费用　包括上述费用以外的，为整个建设工程所需要的一切费用。例如土地征用费、迁移补偿费、建设单位管理费、勘察设计费、生产职工培训费等。

一般建设单位管理费，可按工程费用（上述 1 ~ 4 项）的 1.4% ~ 1.6% 计算；勘察设计费可按工程费用的1.5%～2.0%计算。

除以上五部分费用外，在初步设计概算中，对于难以预料的工程费用，还可增加一项“不可预见费”。不可预见费按上述总费用的3%～5%计算。

五、概预算文件的组成

建设预算文件主要由下列概预算书组成。

1. 单位工程概（预）算书

单位工程概（预）算书是确定某一个单项工程中的一般土建工程、卫生工程、工业管道工程、特殊构筑物工程、电气照明工程、机械设备及安装工程、电气设备及安装工程等各单位工程建设费用的文件。

单位工程概算或预算是根据设计图纸和概算指标、概算定额、预算定额、其他直接费和间接费定额及国家有关规定等资料编制的。

2. 其他工程和费用概（预）算书

其他工程和费用概（预）算书是确定建筑工程与设备安装工程之外的、与整个建设工程有关的、应在基本建设投资中支付的、并列入建设项目总概算或单项工程综合概预算中的其他工程和费用的文件。它是根据设计文件和国家、省、自治区主管部门规定的取费定额或标准，以及相应的计算方法进行编制的。

其他工程和费用，在初步设计阶段编制总概算时，均需编制概算书；在施工图设计阶段，大部分费用项目仍需编制预算书，小部分由建筑安装企业施工的项目，如原有地上、地下障碍物的拆迁等项目，也需要编制预算书。

3. 单项工程综合概（预）算书

单项工程综合概（预）算书是确定某一独立建筑物或构筑物全部建设费用的文件，是由该单项工程内的各单位工程概（预）书汇编而成的。当一个建设项目中，只有一个单项工程时，则与该工程项目有关的其他工程和费用的概（预）算书，也应列入该单项工程综合概（预）算书中。此时，单项工程综合概（预）算书，实际上就是一个建设项目的总概（预）算书。

4. 建设项目总概算书

建设项目总概算书是确定一个建设项目从筹建到竣工验收的全过程的全部建设费用的总文件。这是由该建设项目的各生产车间、独立建筑物或构筑物的综合概算书，以及其他工程和费用概算书综合汇总而成的，包括建成一个建设项目所需要的全部投资。

综上所述，一个建设项目的全部建设费用是由总概算书确定和反映的，它由一个或几个单项工程的综合概算及其他工程和费用概算书组成。一个单项工程的全部建设费用是由综合概（预）算书确定和反映的，它是由该单项工程内的几个单位工程概（预）算书组成。一个单位工程的全部建设费用是由单位工程概（预）算书确定和反映的，它是由每个单位工程内和各分项的直接费总和及其他直接费、现场经费、间接费、利润、税金等组成。

在编制建设预算时，应首先编制单位工程的概（预）算书，然后编制单项工程综合概（预）算书，最后编制建设项目的总概算书。

六、技术经济分析

1. 技术经济分析及其意义

技术经济分析是对建设项目和方案从工程、技术、经济、资源、环境、政治、国防和社会等多方面进行全面的、系统的、综合的技术经济计算和分析、比较、论证和评价，从多种可行性方案中选择出最优方案。其主要内容通常包括综合评价、技术评估、经济评价和不确定性分析等。

对建设项目及其方案，进行技术经济评价，是项目可行性研究的重要组成部分和内容，是项目决策科学化的重要工具和手段。进行技术经济评价的目的，是要根据国民经济和社会发展总体战略以及各地区、部门、行业发展的规划，在进行了大量的产品市场供求预测、建设条件、生产规模、厂址选择、工艺技术等技术研究和分析的基础上，计算项目的投入费用和产出效益，通过多方案的比较，对拟建设项目的技术先进性、适用性、经济性和可行性进行详细地分析论证，做出全面的技术经济评估，为项目的选择及方案的确定提供科学的决策依据。

2. 技术经济分析方法的选择

技术经济分析方法有很多，可分为综合评价和经济评价、动态评价和静态评价、定量分析和定性分析、不确定性分析和多方案比较法等。在应用时，应正确选用适宜的一种或几种方法进行分析和评价，从而选择出最优方案。在选用多种不同方法进行评价时，要注意可能出现相反结论，此时应分析所选的评价方法是否适宜，可以考虑换用其他的技术经济分析方法重新进行分析评价。

3. 技术经济分析

（1）综合评价法　建设项目的评价，特别是一些重大项目的评价，不仅是单纯的技术和经济问题，而且还可能涉及政治、社会、国防、环境和资源等诸多方面，是综合性的问题，既要考虑经济效益，又要考虑社会效益。对此类建设项目，要进行综合评价，即对项目及其建设方案要进行全面、系统、整体性评价。综合评价的内容包括七个方面，见表5-10。

表5-10　　综合评价内容

一级	二级	一级	二级
政治评价	①党的路线、方针、政策。 ②政府法令、条例。 ③政治威望。 ④国际影响。	经济评价	①经济规律。 ②经济效益。 ③技术经济指标体系。 ④财务评价。 ⑤国民经济评价。 ⑥不确定性分析。
国防评价	①安全。 ②防御能力。 ③战备。 ④战斗能力。	环境生态评价	①环境保护。 ②生态平衡。 ③防治污染。

续表

一级	二级	一级	二级
社会评价	①人口。 ②劳动力。 ③就业率。 ④生活水平。 ⑤卫生保健。 ⑥文化教育程度。 ⑦精神文明程度。 ⑧社会治安水平。	资源评价	①保护资源。 ②开发资源。 ③合理利用资源。
技术评价	①可行性。 ②可靠性。 ③先进性。 ④适用性。 ⑤科学技术进步意义。 ⑥学术水平。 ⑦技术情报。		

综合评价，就是衡量和判断拟建项目及其方案对表中七个方面或其中几个主要方面标准的满足程度，因此，就构成了多目标方案的评价和决策问题。此时，不仅要进行详细的定性分析，而且还要尽可能将评价标准量化进行定量分析，即根据量化后的得分值高低，判断各方案的优劣。量化方法多种多样，如 100 分制、5 级制、百分比及混合量化法等。

（2）投资回收期法　投资回收期是指以项目投产后的净收益抵偿全部投资所需要的时间（年）。净收益主要指利润，此外还包括按制度规定允许作为还款用的折旧、摊销及其他资金；全部投资包括固定资产投资、固定资产投资方向调节税和流动资金。

$$P_J = K/M \tag{5-8}$$

式中：P_J——静态投资回收期，年；

K——全部投资，万元；

M——等额现金流量，即等额净收益或年平均净收益。

如果考虑投资为银行贷款，需计算利息，则投资回收期应为：

$$P_D = \frac{\lg M - \lg(M-K)}{\lg(1+i)} \tag{5-9}$$

式中：M、K——同前，万元；

P_D——动态投资回收期，年；

i——年利率，%。

投资回收期，是反映项目财务上投资回收能力的重要指标，是用来考察建设项目投资盈利水平的经济效益指标。投资回收期以年为计算单位，一般从建设开始当年算起。

用投资回收期判断方案的优劣时，应将方案的计算 P 值与国家和行业规定的基准投资回收期 P_C 相比较，当 $P \leq P_C$ 时，可以考虑接受；当 $P > P_C$ 时，应予拒绝。

（3）投资效果系数法　投资效果系数或投资收益率，是指项目达到生产能力后的一个正常年份的净收益额与项目总投资的比率，在计算时常以年平均净收益额与项目总投资的比率表示。

$$E_J = \frac{M}{K} = \frac{1}{P_J} \tag{5-10}$$

式中：M、K、P_J——同前；

E_J——静态投资效果系数。

同样，如果考虑投资为银行贷款，年利息为 i，则投资效果系数为：

$$E_D = 1/P_D = \frac{\lg(1+i)}{\lg M - \lg(M-K)} \tag{5-11}$$

式中：P_D、M、K、i——同前；

E_D——动态投资效果系数。

投资效果系数的经济含义是表明项目投产后单位投资所创造的净收益额，是进行财务盈利能力分析和考察项目投资盈利水平的重要指标。一般来说，项目的投资效果系数与项目的投资回收期互为倒数关系。

用投资效果系数评价方案优劣时，应将方案的 E 值与国家或行业部门规定的基准投资收益率 E_C相比较，当 $E \geqslant E_C$时，方案可以考虑接受；当 $E < E_C$时，方案应予拒绝。

（4）多方案比较法　一般来说，实现项目决策目标的方案通常不止一个，而是提供了多个技术方案，对多方案的评价，可采用投资回收期法、投资效果系数法，也可采用较为简捷的逐步淘汰法、折算费用法和效益成本分析法等。

（5）不确定性分析法　在技术经济分析中，由于主观和客观上的原因，许多技术和经济方面的因素难以准确确定，并且未来的情况也是千变万化的。因此，技术经济分析的结论并非绝对的，存在一定的不确定性。不确定性分析就是研究工程项目中各因素的变化和波动对其经济效益影响的一种方法。

进行不确定性分析有助于投资者对工程项目各因素的影响趋势和影响程度有一个定量的估计，更有助于投资者对不同技术方案的正确选择，并同时比较各方案在发生变化和波动后的影响效果，从而选出最佳方案。

不确定性分析法按项目因素对经济效益指标的影响趋势、影响程度和综合影响等可分为三种分析方法，即盈亏平衡分析法、敏感性分析法和概率分析法。

盈亏平衡分析法是要确定项目经营时不致发生亏损的最低生产和销售水平。该水平越低，项目的盈利机会就越大，所以盈亏水平分析实际上是分析产量、成本、盈利三者的关系。

敏感性分析法是判断技术经济分析中使用数据的估算误差造成的影响。在建设项目的技术经济分析中很多参数来自于预测和估算，可能会与实际情况出现误差，而对经济效益指标产生影响，其影响大小，对项目的投资者是非常重要的。在分析时多选择主要参数进行分析，如销售收入、成本、生产能力、投资、寿命期等。

概率分析法是用主观概率表示工程项目中不确定性因素出现的各种可能性，并在此基础上按数理统计原理确定各投资项目或方案的优劣。概率分析主要有分析法、期望值和方差分析法、模拟法三种。

第六节　工艺设计方案的评估

工艺设计完成之后，应从以下方面对其优劣进行评估。

机械化程度；总投资；处理单位重量粮食的费用；调动单位重量粮食所需人工数；工人劳动条件、卫生条件、劳动保护的改善；设备管理的可靠性和简便性；实行此方案的投资和建成后成本的回收状况；该库的总库量、年周转数、总作业量；工人劳动生产率；方案的发展余地。现对以上十个方面，分别进行叙述。

一、粮食的储藏成本

粮食仓库以粮食的储藏和转运量来计算储藏成本，包括：处理单位重量粮食所支付的工人工资；机器、设备、仓房等的折旧费和养护费；处理单位重量粮食的管理费、动力消耗费、药品（杀虫剂）费、材料费；其他费用。

1. 工资支付

工资支付包括机械操作工、手工操作工（如装卸工、搬运工）、清扫工、辅助工（间接为生产服务的工人）的工资支付。计算时都折合成处理（包括储存）每吨粮食可应支付的工资。

2. 折旧费和养护费

机械设备（包括粮仓、工作塔等土建工程）的购置费和使用年限折成处理每吨粮食所需费用。机械设备日常维修、养护费折成处理每吨粮食所需费用。

3. 管理费、动力消耗费、药品费、材料费

管理费系指管理人员应支付的工资和办公费用；动力消耗费指水、电、汽油的消耗费；药品费指熏蒸杀虫药、粮食保护剂、保鲜剂等药品费用；材料费系指露天储存材料的消耗费。以上费用都折成每吨粮食处理费用。

二、机械化程度

机械化程度评估指标有两个：机械化程度和机械化系数。

1. 机械化程度

机械化程度是该库全年机械作业总量与全年作业总量之比值，一般用百分率表示。

$$K = \frac{\text{年机械作业量}}{\text{年作业总量}} \times 100\% \tag{5-12}$$

2. 机械化系数

机械化系数是以使用劳动力为计算基础。

$$J = \frac{B - C}{B} \tag{5-13}$$

式中：J——机械化系数；

B——处理单位粮食所需人工时间；

C——相同作业量使用机械时所需人工时间。

三、投资的回收年限

粮食仓库建设总投资（包括土建费用、机械设备费、安装费等）在粮库建成使用后，多少年可以收回，称回收年限，按下式计算：

$$n = \frac{Z + LZ}{NM} \tag{5-14}$$

式中：n——投资回收年限，年；

Z——建设总投资，元；

L——银行贷款利率,%；

N——处理每吨粮食费用，元/t；

M——年作业总量，t。

四、劳动生产率

$$D = \frac{M}{R} \tag{5-15}$$

式中：D——劳动生产率，t/人；

M——年作业总量，t；

R——全库生产工人和管理生产干部总数，人。

关于劳动条件、卫生条件、发展余地等评估指标，有时不能用数字表示，评估时根据具体情况，另拟指标。

第六章　仓储设备自动化

第一节　概述

在一些粮食仓库，对相关设备的操作控制一直保持传统的手动按钮操作，操作复杂，先进性差。另一方面，在输送线路中的设备时常会出现故障，如物料输送设备常因输送带松弛或超载而引发输送带打滑、传动链断裂和物料堵塞等故障。对有些故障，有时难以发现，有时发现后因为控制落后不能及时采取措施，从而影响了正常生产。

国内粮食仓库数量庞大，应大力推广各种作业的散装化、机械化，提高自动化程度。粮食仓库作业从手工到机械化是一个跃进，从机械化到自动化则是一个飞跃。

粮食仓储设备的自动化主要是指粮仓机械作业的自动化、实现工艺流程的自动化、设备监测控制自动化和相关数据处理的自动化。在这里仓储设备包括各种输送设备、清理设备、干燥设备、计量设备、粮情检测控制系统、附属装置等。其中粮仓机械作业的自动化是指粮仓机械作业可以根据工艺需要进行自动调度，有关机电设备能自动开机和停机，设备运行状态能被自动监测并产生报警，更为重要的是所有的自动操作要能保证联动互锁，各设备的起动顺序严格按照操作规程规定，从而实现整个系统作业的自动化。

第二节　自动控制原理

控制是指为了实现一定的目标所采用的一般方法和手段。在控制论科学中，控制是指对系统的一种作用，它使系统保持稳定，朝某一确定的方向、状态发展。自动控制就是在不需要人工直接参与的情况下，通过控制器自动地使控制对象按照预期的规律运行，自动完成一定的任务，并满足一定的性能指标。

自动控制系统（ACS，Automated Control System）是由自动控制装置控制被控对象的行为，能够完成一定的自动控制任务的整体。自动控制装置至少应完成三种作用：测量、比较和执行。

一、自动控制和自动控制系统

利用采集和加工的信息，按一定的控制规律产生控制作用，使受控客体（控制对象）达到所要求的性能或实现预定目标的系统称控制系统。

控制系统通常都具有输入量、干扰量和输出量，系统本身通过这些量与外部进行联系，输出量与输入量之间的内部关系则取决于系统本身固有的运动规律和特性。控制对象是控制系统要进行控制的受控客体，如各种机器设备或生产过程等，控制对象又称被控对象。控制对象的控制量称被控量，也称系统的输出，如零部件运动速度、运动轨迹、电机的转速、生产过程中的压力、温度、流量、湿度等。控制装置是指对控制对象进行控制的设备装置总体。输入量又称输入信号、给定值，它是表征输出量预期目标的量。

在没有人直接参与下，自动实现上述控制功能的控制系统称作自动控制系统。粮情自动监控系统就是一种自动控制系统。

二、自动控制系统的分类

自动控制系统的功能和组成多种多样，因而控制系统有多种分类方法。按其工作原理可分开环控制、闭环控制和复合控制；按其数学模型可以分为线性系统和非线性系统，定常系统和时变系统，连续系统与离散系统等；按系统装置类型可分为机电系统、液压系统和电气系统等；按系统输入信号变化规律可分为伺服控制系统、恒值控制系统和程序控制系统等。

1. 按自动控制系统的工作原理分类

自动控制系统种类繁多，其功能和组成也是多种多样的，就其工作原理来说，可分为开环控制、闭环控制和复合控制，相应的控制系统称为开环控制系统、闭环控制系统和复合控制系统。

（1）开环控制系统　系统的控制输入不受输出影响的控制系统称开环控制系统。在开环控制系统中，输入端与输出端之间，只有信号的前向通道而不存在由输出端到输入端的反馈通路。因此，开环控制系统又称为无反馈控制系统。开环控制由控制器和控制对象组成。

开环控制有两种形式：按给定值控制的开环控制；按干扰补偿的开环控制。后一种系统对干扰进行测量，利用测量得到的干扰值修正控制作用，补偿干扰对被控量的影响。从干扰作用端至输出端，也仅有顺向作用而无反向联系，因此，也是开环控制。这种控制方式的前提条件是干扰能够被测量。

开环控制系统的实例有自动售货机、自动洗衣机、产品自动生产流水线及交通指挥的红绿灯转换等。

（2）闭环控制系统　闭环控制系统又称反馈控制系统。在闭环控制系统中，既存在由输入端到输出端的信号前向通路，也存在从输出端到输入端的信号反馈通道，两者组成一个闭合的回路。控制系统要达到预定的目的或具有规定的性能，必须把输出量的信息反馈到输入端进行控制。通过比较输入值与输出值，产生偏差信号，该偏差信号以一定的控制规律产生控制作用，逐步减小以致消除这一偏差，从而实现所要求的控制性能。闭环控制是最常用的一种控制方式，有简单的闭环控制，也有复杂的闭环控制。

一般地说，开环控制系统结构比较简单，成本较低。开环控制系统的缺点是控制精度低和抑制干扰能力差，而且对系统参数变化很敏感。一般用于可以不考虑外界影响或精度要求不高的场合，如洗衣机、步进电机控制及水位调节等。

同开环控制相比，闭环控制具有很大优点。闭环控制系统，不论是输入信号的变化，或者干扰的影响，或者系统内部的变化，只要是被控量偏离了规定值，都会产生相应的作用去消除偏差。因此，闭环控制抑制干扰能力强，与开环控制相比，对对数变化不敏感，并能获满意的动态特性和控制精度。但是引入反馈增加了系统的复杂性，如果闭环系统参数的选取不适当，系统可能会产生振荡，甚至系统失稳而无法正常工作，这是自动控制理论和系统设计必须解决的重要问题。

一个典型的闭环控制系统应该包括给定装置、比较装置、放大装置、测量装置、串联校正和反馈校正装置、执行机构及控制对象。

①给定装置：用于产生给定值或输入信号。

②比较装置：用来比较输入给定值与输出值，并形成偏差信号，如差动放大器、桥式双电位计装置、自整角机、旋转变压器、机械差动装置等。

③测量装置：测量被控量和某些中间变量，用来产生反馈信号。测量装置有位置传感器、速度传感器、压力、温度、流量传感器等，如电位计、热电偶、测速发电机、角度编码器、速率陀螺等。有些测量装置可以同时实现测量和比较的双重作用，如旋转变压器、桥式电位计、自整角机等。通常要求测量装置有较高的灵敏度，较宽的测量范围，较好的线性度，并且测量精度要满足控制系统的要求。

④放大装置：对偏差信号进行幅值和功率放大，满足驱动执行机构的要求。

⑤执行机构：直接对控制对象进行操纵的装置，如直、交流电机，液压电机等。执行机构根据输入能量不同可分为电动、气动和液压三类。电动执行机构安装灵活，使用方便，在自动控制系统中应用最广；气动执行机构结构简单，重量轻，工作可靠，并且有防爆特性，在中、小功率的化工石油设备和机械工业自动生产线上应用较多；液压执行机构功率大，快速性好，运行平衡，广泛用于大功率的控制系统。

⑥校正装置：又称补偿装置，分为串联和反馈补偿装置，用以改善和提高控制系统的性能。

（3）复合控制系统　反馈控制是在外部作用（输入信号或干扰）对控制对象产生影响后才能做出相应的控制，尤其是控制对象具有较大延迟时，反馈控制不能及时地影响输出的变化。前馈控制能预测输出随外部作用的变化规律，在控制对象还没有产生影响之前就做出相应的控制，使系统在偏差即将产生之前就注意纠正偏差。前馈控制和反馈控制相结合构成了复合控制，也就是说复合控制是开环控制与闭环控制相结合的一种控制方式。复合控制是构成高精度控制系统的一种有效控制方式，使自动控制系统具有更好的控制性能。复合控制基本上具有两种形式：按输入前馈补偿的复合控制和按干扰前馈补偿的复合控制。

2. 按自动控制系统的数学模型分类

（1）线性系统与非线性系统　根据所描述的系统的数学模型，凡是由线性微分方程或线性差分议程描述的系统称为线性系统，而由非线性方程系统描述的系统则称为非线性系统。线性系统具有可叠加性和均匀性。当有几个输入信号同时作用于系统时，系统的总响应等于每个输入信号单独作用所产生的响应之和，就表明系统具有可叠加性，即：当输入信号为r1（t）和r2（t）时，系统输出响应分别为c1（t）和c2（t），则当输入为r1（t）+r2（t）时，输出为c1（t）+c2（t）。

所谓均匀性是指当输入信号乘一常数时，则输出响应也倍乘同一常数，即：输入为r（t），输出为c1（t），当输入为kr（t），则输出为kc（t），其中k为任意常数。

线性系统的一个重要性质是系统的响应可以分解为两个部分，即零输入响应和零状态响应之和。前者指由非零初始状态所引起的响应；后者是指仅由输入引起的响应，两者可以分别计算。这一性质为线性系统的分析和研究带来很大方便。

非线性系统不满足叠加原理，即不具有可叠加性。非线性控制系统的形成基于两类原因，一是控制系统中包含有不能忽略的非线性因素或非线性元件，二是为提高控制性能或简化控制系统结构而人为地引入非线性元件。非线性系统的分析远比线性系统复杂，缺乏能统一处理的有效数学工具，因此非线性控制系统至今尚未像线性控制系统那样建立一套完美的理论体系和设计方法。

严格地说，实际的物理系统都不可能是完全的线性系统，但是在很多情况下通过近似处理和合理化简化，大量的物理系统都可在一定范围内足够准确地化作线性系统来进行分析。

（2）时变系统与定常系统　特性随时间变化的系统称时变系统，特性不随时间变化的系统称定常系统，又称时不变系统。描述其特性的微分方程或差分议程的系数不随时间变化的系统是一个定常系统。定常系统分为定常线性系统和定常非线性系统。对于线性定常系统，不管输入在哪一时刻加入，只要输入的波形是一样的，则系统输出响应的波形也总是一样的；对于时变系统，其输出响应的波形不仅与输入波形有关，而且还有输入信号加入的时刻有关，这一特点，增加了对时变系统分析和研究的复杂性。

严格地说，没有一个系统是定常的，例如系统的特性或参数会由于元件的老化、温度变化或其他原因而随时间变化，引起模型中方程的系数发生变化。但是，在许多情况下，在所考察的时间间隔内，其参数的变化相对于系统运动变化要缓慢得多，则该系统可近似作为定常系统处理。在工作中，应用最广的是所谓冻结系统法，这一方法的实质是在系统工作时间内，分段将时变系数“冻结”为常值。通常，冻结系数法只对参数变化比较缓慢的时间系数才可行。对时变系统，可以通过对参数进行在线估计的同时，采用自适应控制方法实现控制。

（3）连续系统与离散系统　系统各组成部分的变量都具有连续变化形式的系统称连续系统，即系统中各部分的信号均为时间变量的连续函数，连续系统的数学模型是用微分方程描述的。系统一些组成部分的信号具有离散信号形式的系统称离散系统。离散系统的特点是，在系统中的一处、几处或全部的信号为脉冲序列或数码的形式，其信号在时间上离散的。离散系统的数学模型可用差分议程描述。

对一个控制系统，如果信号在离散时间上取值，其幅值是连续变化的，则称该系统为采样数据控制系统；如果它的幅值也是离散或量化的，则称为数字控制系统。

三、对控制系统的基本要求

控制系统含有储能元件或惯性元件，系统的输出量和反馈量总是滞后于输入量的变化。当输入量发生变化时，输出量从原平衡状态变化到新的平衡状态总是要经历一定时间。在输入量的作用下，系统的输出变量由初始状态变化达到最终稳态的中间变化过程为过渡过程，又称暂态过程、瞬态过程。过渡过程结束后的输出响应称为稳态过程。系统的输出响应由暂态过程和稳态过程组成，工程上的各类控制系统都存在暂态过程。

自动控制系统的种类繁多，控制功能、性能要求往往也不一样，但对控制系统的共同要求一般可归结为三个方面。

1. 稳定性

稳定性是系统受到短暂的扰动后其运动性能从偏离平衡点恢复到原平衡状态的能力。控制系统都含有储能惯性元件，若闭环系统的参数选取不合适，系统会产生振荡或发散而无法正常工作。稳定性是一切自动控制系统必须满足的最基本要求，对稳定性的研究是自动控制理论中的一个基本问题。

2. 良好的过渡过程性能

描述过渡过程性能可以有平稳性和快速加以衡量。平稳性指系统由初始状态运动到新的平衡状态时，具有较小的过调和振荡性；系统由初始状态运动到新的平衡状态经历的时间表示系统过渡过程的快速程度。良好的过渡过程性能是指系统运动的平稳性和快速性满足要求。

3. 稳态误差

稳态误差是在系统过渡过程结束后，期望的稳态输出量与实际的稳态输出量之差。控制系统的稳态误差越小，说明控制精度越高。因此，稳态误差是衡量控制系统性能好坏的一项重要指标。控制系统设计任务之一就是在兼顾其他性能指标的情况下，使稳定误差尽可能小或者小于某个允许的限制值。

这三点是对控制系统的基本要求，对于不同用途的控制系统，还有一些其他要求，如：被控制应能达到的最大速度，最大加速度，最低加速度以及在低速工作时的运动平稳性；对参数变化敏感要求，即要求控制系统参数在某个范围内变化时，仍能稳定地工作；可靠性、成本要求；还有对环境的要求，如环境的温度、湿度、腐蚀性和防爆性等。

四、控制装置及控制方式

控制系统是自动化仓库运行成功的关键。没有好的控制，系统运行的成本就会很高，而效率很低。为了实现自动运转，自动化仓库内所用的各种存取设备和输送设备本身必须配备各种控制装置。这些控制装置种类较多，从普通开关和继电器，到微处理器、单片机和可编程序控制器（PLC），计算机控制系统等。根据各自的设定功能，它们都能完成一定的控制任务，如巷道式堆垛机的控制要求就包括了位置控制、速度控制、货叉控制以及方向控制等。所有这些控制都必须通过各种控制装置去实现。

在自动化仓库的运行过程中，一般有几种控制方式，以便于操作和调试人员根据需要对仓库的各种情况进行灵活处理。控制方式可分为手动控制、半自动控制、遥控和全自动控制。

手动控制是指货物的搬运和储存作业由人工完成或人工操作简单机械完成。这种方式多数在调试或事故处理状态下使用。

半自动控制是指货物的搬运和储存作业有一部分由人工完成。整个仓库作业活动可以通过可编程序控制器（PLC）或微型计算机控制。

遥控是将仓库内的全部作业机械（如堆垛机和运输设备等）的控制全部集中到一个控制室内，控制室的操作人员通过电子计算机进行仓库作业活动的远距离控制。

全自动控制指装运机械和存放作业都通过各种控制装置的控制自动进行操作，电子计算机对整个仓库的作业活动进行控制。这是正常运行方式下使用的控制方式。

近年来，计算机和微处理器飞速发展，功能不断增强，效率不断提高，容量不断增大，体积不断缩小，可靠性不断提高，价格不断降低，为自动化系统的实现开辟了越来越广阔的天地。

五、控制系统实例

常见控制系统的应用实例列举如下。

1. 恒值控制系统

设系统的输入值为零或某一常值，当系统受到各种干扰作用时，该系统能维持输出量与输入量相应的恒值关系，称恒值调节系统，又称镇定系统。常见到的有压力调节系统，温度调节系统，水位调节系统，稳压电源，导航稳定平台，船舶稳定系统都属于这一类系统。恒值控制系统在工业、农业、国防等部门有广泛的应用。

2. 伺服控制系统

伺服控制系统，又称随动系统、跟踪系统，要求系统的输出以一定的精度和快速性跟踪输入信号变化的自动控制系统。输入量的变化可以是随机、任意的，不能预先知道的。在很多情况下，伺服控制系统专指被控量是机械位移（或位移、速度、加速度）的闭环控制系统，即要求输出的机械位移（或转角）跟踪输入的位移（或转角）。伺服控制系统要求高精度的测量元件。伺服控制系统按所采用的执行机构的类型可分为机电伺服系统、液压伺服系统和气动伺服系统等。伺服控制系统最初用于船舶的自动驾驶，火炮控制和指挥仪中，后来逐步推广到很多领域，如天线位置伺服系统、导弹和飞船的制导等。

3. 过程控制系统

以表征生产过程的参数为被控量的自动控制系统称为过程控制系统。生产过程是指在生产装置或设备中进行的物质和能量的相互作用和转换过程，表征过程的主要参数有温度、压力、流量、液位、成分、浓度等。相应的控制系统又可称为温度控制系统、压力控制系统等。通过对过程参数的控制，可使生产过程中产品的产量增加、质量提高和能耗减少。

在实际生产过程中，往往有多个参数（被控量）需要控制，又有多个变量可以作为控制量。在很多情况下，被控量与控制量之间呈现出交互影响的关系，每个控制量的变化会同时引起几个被控量变化，这种变化间的交互影响称为耦合。耦合的存在会使过程控制系统变得复杂化。

过程控制在生产过程中有广泛的应用，当前出现了过程控制最优化与管理调度自动化相结合的多级计算机控制系统。

第三节　粮食储运安全生产与自动化

在粮食仓库，实现仓储设备自动化的首要条件是有关机电设备能够“感知”自己的工作状态，并依此自动开机和停机。需要利用设备运行状态监测预警系统，解决设备非正常运转的实时报警问题。在仓储设备中，需要配置安全报警装置实现工况监测。

一、仓储设备工况监测与报警

（一）常用现场检测装置

1. 料位器

料位器安装在每个缓冲仓、立筒仓及浅圆仓内，用来显示料位情况。在中央储备粮库项目中使用的料位器按工作原理不同可分为；电容式料位器、倾斜式料位器、阻旋式料位器三种。

（1）电容式料位器　电容式料位器通过测量物料和空气的介电常数的变化而导致电容的变化来探测物料的有无，为探测这些微小的变化，传感器往往使用一种能够在相对较低的频率下工作的探测回路。有些电容式料位器具有屏蔽结构能消除由于设备感应表面物料堆积所造成的误动作，用该屏蔽传感器自动补偿由于物料堆积且造成的影响，仅指示目标材料的有或无。一般有一对正常打开和一对正常关闭的输出触点用于连接外部报警和控制信号。

（2）倾斜式料位器　倾斜式料位器通过检测物料升高使探头偏离其垂直位置15°以上时倾斜开关动作，水银开关被精确地定位，不管朝那个方向倾斜正常关闭的触点都被打开，一般在其控制装置中有0～10s的可调节时间延迟电路能使倾斜开关避免瞬间倾斜引起的误动作。内部有条跳接线允许将开关垂直状况设定为“正常”状态，有两对正常打开和两对正常关闭的输出触点用于连接外部报警和控制信号，线路电源的中断也会引起继电器的动作。

（3）阻旋式料位器　阻旋式料位器由金属叶片安装在一定长度的金属轴上，由220V交流电动机通过齿轮机构驱动旋转，在没有物料时自由转动，当有物料时叶片受阻，电动机内装的弹簧产生扭力，然后操作微动开关，引起电动机断电。一般有两对正常打开和两对正常关闭的输出触点用于连接外部报警和控制信号。

电容式料位器安装时一般采用在需要检测部位焊接内螺纹套管，然后把电容料位器旋入。在中央储备粮库项目中一般使用电容式料位器作下料位显示。下料位应安装在浅圆仓的卸粮溜管内和筒仓、缓冲仓的排粮闸、阀门的上方，其位置应尽可能地接近仓底部，以监测粮食的低料位情况。倾斜式料位器安装时应用一条电镀过的链条悬挂于所需要的高度位置，链条应使用螺栓拧紧固定在一个坚固的支架上，该支架固定于仓顶。倾斜式料位器应安装在易于更换的地方，但不能安装在被物料直冲经过的地方。倾斜式料位器的金属外壳应接地。在中央储备粮库项目中一般使用倾斜式料位器作浅圆仓上料位显示。阻旋式料位器一般垂直安装在料仓或溜槽的顶部或水平安装在其侧壁，使用可选购的顶部或侧壁安装板能使安装更加容易。阻旋式料位器其金属外壳应接地。在中央储备粮库项目中一般使用阻旋式料位器作立筒仓及缓冲仓的上料位显示。

2. 防偏开关

气垫式输送机输送带旁及斗提机提升皮带旁应安装防偏开关以检测皮带两侧跑偏轨迹。防偏开关可固定在输送机纵梁的顶部或底部，动作臂距皮带边缘25～75mm，通常安装在皮带两侧距头部或尾部滚筒300～1800mm。皮带跑偏时迫使动作臂偏离，触动报警微动开关，如果继续偏离到停机触点，触动另一组触点，输送机就会保护性停机。

3. 失速检测装置

斗提机及带式输送机被动轮旁应安装检测装置，以检测设备的“低速”状况。失速检测装置应检测每个带式输送机和斗提机的非驱动轮（尾部改向轮或底轮）。失速检测装置包括电感型接近开关检测头、转速监测器。电感型接近开关以感应旋转器的旋转，旋转器为装在突起部位的铁合金金属块，它安全地锁定在非驱动轴上。转速监测器是以微处理为基础的监控器，与电感型接近开关检测头配套使用。它具有单通道或双通道报警输出功能，能被编程用于低速、超速或零速报警，一般还具有电流输出功能。

4. 拉绳开关

机身长度大于40m的气垫式输送机和胶带输送机上应安装拉绳开关以便提供及时的安全制动。拉绳开关应尽可能地靠近所要控制的输送机的中间位置安装，可安装在其纵梁顶部也可在侧面安装。拉绳开关安装时钢丝绳一端固定在一个固定的吊环上，另一端固定在开关臂杆上，钢丝绳应每3m做一个支撑，端部固定在拉绳开关臂杆的孔上，开关到固定端的距离通常不超过30m，两开关之间距离通常不超过60m，向上向下或拉动的力促使臂杆转动到报警位置，触动微动开关并锁定直到人工手动复位。钢丝绳可根据需要调节其张紧程度。

5. 防堵开关

刮板机的排粮溜管内应装有防堵开关，以检测粮流堵塞的发生情况。在刮板机排粮进入斗提机接粮的地方，防堵开关应安装在斗提机接料斗法兰连接上方的排粮溜管内。防堵开关应安装在不受粮流冲击的位置，一般选用电容接近开关或阻旋开关作防堵开关，安装的地方应考虑将来易于检查、清理和更换。

（二）带式输送机安全装置

1. 输送带跑偏传感器及防跑偏装置

带式输送机的头、尾部均设有检测输送带跑偏传感器。在输送带跑偏量接近7%带宽时，该传感器发出停机信号。

2. 失速传感器

失速传感器安装在带式输送机尾部滚筒轴处中，当在设定的起动时间内，带速达不到额定值的70%～80%时，该传感器发出信号，并中断起动程序。在运行中，某台输送机的带速低于额定值的70%～80%时，该台设备的上游设备能自动停机。

3. 物料堵塞传感器

由于运送物料的湿度、黏度、料质不同，进料口处会发生堵塞造成溢料，为此在进料口处安装堵塞传感器，在物料发生堵塞时，发出报警或停机信号。

4. 物料流量传感器

物料流量传感器是输送小粒度散状物料时常用的一种传感器，它可使操作人员在控制室内了解输送机的负荷状态：空载、轻载、满载和超载，可以根据不同情况采取相应措施。

5. 紧急停车开头

较长的带式输送机，每侧应各安装一个或若干个拉绳开头，任意拉动一侧拉绳，即产生停机信号。安装时将拉绳开头固定在机架上采用直径小于4mm的钢丝绳或刚性好的其他材料拉绳，侧绳长应小于50m，使用中应检查拉绳是否过于松弛，绳箍紧固是否可靠。

6. 张紧配重处安装限位开关

采用重力张紧的带式输送机，在张紧配重处安装限位开关，用以检测配重的最低位置。

7. 卸料小车行程开关

如有卸料小车，应安装卸料小车行程开关。

8. 设置导流装置

进料口、出料口应设置导流装置，以防物料抛洒。

9. 采用防爆电机

应采用防爆电机，其防护标准为 IP54 或 IP55。

此外，还应采取防止胶带打滑的措施；应安装防止胶带撕裂的装置；对外露的运动件应装设防护装置。

（三）埋刮板输送机安全装置

1. 埋刮板输送机的运行特点

埋刮板输送机最严重的事故是链条断开。断链有三种可能；第一是超载；第二是个别链条质量太差，许用载荷不够；第三是连接销磨损脱落，销轴脱出，造成链条断开。

埋刮板输送机超载又分两种情况，一是持续超载，二是瞬间超载。第一种情况是不允许的，第二种情况则比较复杂，因为某种临时性故障发生瞬间超载是经常发生的。瞬时超载有两个发展结果，其一发展成持续超载，其二是自行解除，解除后，输送机马上恢复正常。这就是说，瞬时超载并不意味着一定要出事故，即并不意味着输送机非要停止工作，这是埋刮板输送机重要运行特点之一。

基于上述埋刮板输送机运行特点，要求其安全保护装置应具有规定的延时动作机能。另外无论哪种原因引起断链事故都应保证断链后立即停机，以防止设备其他机件被损坏。

2. 埋刮板输送机的安全装置

（1）断链保护装置　当输送机出现断链事故时，该装置应能在规定的时间内使电机停止工作，并同时发出报警信号。

（2）电流过载保护装置　当冲击载荷使其过载电流达到规定值时，该装置应能使电机在规定的时间内停止工作。

（3）失速传感器　安装在尾部链轮轴处。

（4）物料堵塞传感器　安装在进料口处。

（5）物料流量传感器　可使操作人员在控制室内了解输送机的负荷状态：空载、轻载、满载、超载，可根据不同情况采取相应措施。

（6）限位开关　安装在重力张紧装置的配重处，用从检测配重的最低位置。

（7）采用液力偶合器的埋刮板输送机遇超载故障时，液力偶合器应自动打滑。

（8）进入埋刮板输送机的物料应预先排除金属异物，进料口应安装清除异物的筛板。

（9）用于筒仓等有爆炸危险的场所应开通向室外的防爆窗。

（10）进、出料口处应装防尘罩。

（11）设置清扫刮板以防止物料在机槽内积压。

（12）应采用防爆电机，其防护等级应达到 IP54 或 IP55。

（四）斗式提升机安全装置

斗式提升机应安装下列装置。

（1）斗轮两侧应安装牵引带跑偏传感器及控制胶带跑偏装置。

（2）主传动轴应安装超载离合器。

（3）为防止突然停电造成斗提机逆转，应安装逆止器。

（4）当链斗式提升机出现断链事故时，断链报警装置应在规定的时间内使电机停止工作，并发出报警信号。

（5）斗式提升机遇到冲击载荷超过规定值时，过载保护装置应能使电机在规定时间内停止工作。

（6）如采用重力张紧，应在张紧配重处设限位开关。

（7）在进料口处安装物料堵塞传感器。

（8）斗式提升机应设有检查窗及检修门。

（9）位于机壳内的封闭斗提机的链轮或滚筒所有开口处，应加以防护；敞开式斗提机的链轮或滚筒应当安装网栅以防止人员接近。

（10）在进料口、出料口处应设防止进入金属等异物的防护装置。

（11）轴承处应设置轴承温度传感器。

（五）螺旋输送机安全装置

为了确保螺旋输送机卸料口正确卸料，垂直螺旋上可装卸料叶片或者在卸料口以上布置一段反旋向螺旋叶片。有时还可装设一个防止物料过流的安全装置，当卸料口堵塞或不能正常卸出时能使物料溢出。螺旋输送机的卸料端第一节料槽盖板应设有溢流安全装置，做法是装一只限位开关，同时将盖板设计成能被机内物料顶开的活动盖板，当物料堵塞时就会顶起盖板溢流，同时自动停机。

螺旋输送机料槽的顶部设有可以开启的盖板，以防止灰尘外扬和做必要的检查和清理。

二、防止粉尘爆炸

在粮食仓库和加工厂操作过程中，会产生大量粉尘，当达到一定条件时，会发生粉尘爆炸，产生很大危害。

分析得知，发生粉尘爆炸的充分必要条件：一是有危险浓度的悬浮粉尘，二是有明火或高温，因此要防止粉尘爆炸，就必须防止粉尘扬逸和沉积，断绝火源。

（一）粉尘控制措施

1. 控制粉尘扬逸

粮食中转库所有的作业线中均应设计安装粉尘控制系统，即通风除尘风网，用来防止粮食在搬运过程中粉尘扬逸到车间内，一方面避免产生有爆炸危险的悬浮粉尘，另一方面也便于保障操作人员的健康。

2. 防止粉尘在机械设备和建筑物内沉积

当条件许可时，粮食中转库均应设计安装真空清扫系统，它主要用来清除沉积在电器设备，机械设备，建筑物地面特别是梁、柱等构件上的粉尘。其目的：避免电器设备发热引燃沉积粉尘；避免依次爆炸的气浪旋起沉积粉尘而引发更强烈的二次粉尘爆炸；避免设备维修进行焊接作业时引起的粉尘爆炸。

3. 定期进行清理工作

在没有安装真空清扫系统吸口的地方，特别是楼梯间、通风井、电梯井等有烟囱效应的垂直通道，应经常进行清洁工作。在进行清洁工作时，必须把沉积的粉尘集中送到安全的地方，而不能让粉尘仅在作业区“搬家”。

（二）断绝火源的措施

1. 电器设备的粉尘防爆

（1）电器的粉尘防爆要求　即 DIP 要求，实质上由两点构成。

①防止粉尘进入电器内腔，在电器内腔内燃烧。此要求通过对电器的防护等级要求来

实现。

粉尘连续出现的区域，如筒仓、浅圆仓、各种工艺仓、料斗的内部、输送设备的内部等，要求电器设备的防护等级不低于 IP6X，如 IP65、IP66 等。IP6X 为尘密级的防护结构，不允许任何粒度的粉尘进入电器内腔。

粉尘偶然出现的区域，如筒顶层、筒底层、工作塔内等作业区，要求电器设备的防护等级不低于 IP5X 如 IP54、IP55 等。IP5X 为防尘级的防护结构，只有少量极细的粉尘才有可能进入电器的内腔。

②控制电器的表面温度，用来避免过高的表面温度引燃沉积在电器表面的粉尘。

世行贷款粮食流通项目规定用于粉尘环境的电器表面温度组别为 T12，即任何电器的表面温度（指实际温度而不考虑温升）在任何环境温度下，不得超过 125℃。

（2）注意事项　用于可燃气体的防爆电器不能用于粉尘防爆。原因如下：

①要防止可燃气体进入电器内腔是很困难的，因此气体防爆电器允许少量可燃气体进入电器内腔，且允许可燃气体在电器内腔内爆炸，但电器的外壳必须能承受爆炸的压力而不被破坏。

②可燃气体不会在电器表面沉积，因此电器的表面温度只要低于可燃气体的闪点温度，就不会引燃气体，所以对气体防爆电器的表面温度要求没有对粉尘防爆电器那么高。

2. 保证设备安全运转的安全装置

对可能产生火源和高温的机械设备，尽可能地设计安装安全装置。

（1）斗式提升机、带式输送机应在机身安装跑偏报警器，在牵引带和输送带发生跑偏时发出声/光报警，在严重跑偏时自动停机，可以避免带跑偏后产生的摩擦、撞击的高温/火花。

（2）头轮打滑时，斗式提升机、带式输送机、埋刮板输送机尾轮处的速度开关发生声/光报警，严重时自动停车，这样可以避免驱动滚筒与带强烈地打滑摩擦而产生的高温/燃烧。

（3）轴温传感器，在轴承温度过高时发生声/光报警，直到自动停车，以免设备损坏，同时也避免引燃沉积的粉尘。

（4）物料传感器，在斗提机底座、头部卸料溜管、皮带机卸料溜管、埋刮板输送机头部堵塞时发出声/光报警直到自动停车，以避免设备发生摩擦产生高温和火花。

（5）托辊式皮带输送机有很多托辊组，只要有一根托辊不转，这根不转的托辊会与输送带摩擦产生高温，这个危险是没有传感器报警的。更为严重的是，上述高温在皮带机工作时，托辊的热量会被输送带带走而消失，当停车后托辊的高温会引燃与之接触的输送带。托辊位于输送带下方，难以发现其转动情况，难以及时排除隐患。这种事故在国内的一个散粮码头和电厂均发生过。

（6）通风机和其他设备的 V 型带传动，当胶带的张紧力不够时，带轮与带之间打滑，而产生高温，这是一种危险。因此粮食仓库最好不用 V 型皮带传动，或者装设失速传感器。

（7）斗式提升机牵引带在运输中的摆动，使畚斗与筒壁发生撞击打出火花，这是一种危险。在斗式提升机的进料口与出料口设置吸气管，以增加机身内的空气量，降低粉尘浓度；在机头或机座上设置防爆孔，然后盖上橡胶圆盖，一旦发生爆炸，橡胶盖会被弹开，机身内的温度、压力降低，从而降低爆炸强度；采用塑料料斗，以免在输送过程中与物料摩擦碰撞产生火花；在机座内的张紧滚筒（或链轮）的轴头上安装速度监控仪，以免速度过高而导致摩擦加剧，热量积聚，最终导致爆炸；采用防爆电动机。

在粮食仓库设备中存在着不少危险，需要制定一套科学的、完善的、可操作的操作，维修管理条例（规则），以保障设备在完好的状态下安全运行。

3. 设备的防静电措施

（1）所有的电器设备、机械设备（含溜管、料仓、料斗）均应可靠地接地，以防止静电积累和电器漏电。

（2）机械设备中所有的非金属材料制造的部件，如输送带、牵引带、滤尘布筒、高分子材料的耐磨材料均应具有防静电性能，以防止静电积累。

（三）泄爆口

筒仓、工作塔和某些机械设备应设有泄爆口，以最大限度降低粉尘爆炸对建筑物和设备的破坏。泄爆口的作用是：发生粉尘爆炸时，爆炸产生的高压气体可以从泄爆口卸压，以减少其他构件的破坏。建筑物的泄爆口用强度较弱的材料制造，如工作塔的玻璃窗和各种工艺洞孔也可作为泄爆口。

关于建筑物泄爆的泄爆口面积，英国标准规定：6 ~ 30m^3 容积应设 1m^2 的泄爆面积；美国规定：10 ~ 15m^3 容积应设 1m^2 的泄爆面积；加拿大规定：25m^3 容积应设 1m^2 的泄爆面积。

有关机械设备应设泄爆口，如斗式提升机、埋刮板输送机、布筒滤尘器等。其泄爆口面积：美国规定 30 ~ 50ft^3 应设 1ft^2 的泄爆口，相当于 9 ~ 15m^3 容积应设 1m^2 的泄爆面积。

泄爆口盖板可用厚度在 1mm 以下的铝板或塑料板。

（四）防止粉尘的第二次爆炸

在粉尘爆炸中，往往由第一次粉尘爆炸引发的第二次爆炸更强烈，破坏性更大，因此如何防止第二次粉尘爆炸就显得很重要。

粉尘爆炸传播的路径有四种可能：吸风网络，爆炸的火焰沿着吸风管迅速地向旋风除尘器、布筒滤尘器和其他设备传播、蔓延，引起第二次爆炸；斗提机机筒；楼梯间；电梯井。其中后面三种情况均具有烟囱效应，一旦发生爆炸，火焰会沿着这些通道迅速上窜。

要防止第二次爆炸，就必须在第一次粉尘爆炸后迅速采取以下措施：迅速使风网的风机停车，并关闭所有的截止阀；建筑物应有隔断楼梯间、电梯井的防火门，在发生火灾时隔断烟囱效应，人员可以从设在建筑物外的消防梯撤出。

粮食仓库应安装较完善的火灾报警系统和消防系统。

（五）现代化的管理

即使在设计中从各方面采取了较为先进的技术用来预防粉尘爆炸，但是最重要的措施仍是现代化的管理，管理应是规范化的和有章可循的，因此每个粮食仓库都应制定一系列的运营管理的规章制度。生产设备的操作维修管理是这些规章制度中重要的组成部分，应含有防止粉尘爆炸的条款，这些条款至少应包括：保障所有设备，含电器设备、机械设备、安全装置等正常运转的条例；设备维护、润滑的时间表和要求；设备维修条例；特别是在对现场采用焊接、气矩切割作业时，防止粉尘爆炸的措施；加强日常的清理工作；严禁吸烟。应制定一系列的紧急事故防范、救治措施，将损失降至最低。

第七章　粮库管理

第一节　粮食出入库管理

一、粮食入库管理

(一) 粮食入库前的准备

1. 入库前的组织工作

(1) 合理设置粮食收购网点，即按照生产区域，在合乎流向、粮源充足、交通方便、农民送粮便利的地方设置收购点。

(2) 按照区域具体情况，实行跨界售粮。只要符合粮食商品流向，便利农民送粮，有利于国家粮食调度，节约运力和运费的，都应打破行政区划界限，实行跨界售粮。

(3) 适当调配人员，合理分工，并组织短期训练，详细讲解政策、价格、任务、质量标准、工作制度以及班组、个人的责任。

(4) 助购人员，要根据国家规定进行考核，择优录用，并进行政策、业务培训，确能胜任的方可上岗工作。

(5) 要安排好群众送交粮食的品种、数量，做到有组织、有秩序地接收。同时要尽可能安排好送粮者的休息和饮食场所。

(6) 在粮油入库前，组织人员深入农村，采取有效方法，广泛宣传国家粮食定购政策、价格政策，动员农民出售好粮好油给国家，确保入库粮油质量符合国家规定的质量指标。

2. 仓房的准备

(1) 清仓并仓、仓房的全面检查　粮油入库前，粮库应结合加工、调运、销售，有计划地进行清仓并仓。把计划用来接收新粮的仓库全部腾出来，对腾空的仓房存放粮食前必须要进行一次全面细致的检查，认真修补加固，使仓房上不漏雨，下不返潮，门窗齐全，水沟畅通，使粮食入仓后无倒仓、爆仓的危险。

①仓顶、仓壁的渗漏情况检查：仓顶、仓壁的渗漏检查主要靠观察，如下雨时检查仓房有无渗漏现象，雨后检查仓壁、地面或粮面上有无漏水现象。一旦发现渗漏现象，应立刻查找准确的渗漏部位和产生渗漏的原因，及时向上级汇报，特别是重新入粮前，要对症下药，认真处理。

②仓顶隔热层的检查：储粮过程中，传入粮堆的外温80%以上来自仓顶，尤其在夏季的高温季节里，从仓顶辐射到仓内后再传入粮堆中的热量是引起粮面温度快速升高的主要原因。因此，仓顶有无隔热层，隔热层类型及隔热效果的优劣，会直接影响到储粮的安全。特别是彩板钢顶的仓房，屋顶的导热性更强，向仓内辐射的热量也会更多，所以彩板钢顶的仓房的屋顶有无隔热层是影响储粮安全的一个非常主要的因素。仓顶未加隔热层的

彩板钢顶仓房，不宜作为长期储备粮食的粮仓。

在装粮之前，要了解所用仓房是何种构造，有无隔热层，隔温的性能如何，做到心中有数，以便于安全储粮。

③门窗检查：检查门窗的齐全完好程度。凡门窗发生残缺或变形的，都要进行认真修缮。合格的门窗应该是启闭灵活，封闭严密，不漏气，能承受至少600Pa以上的压力，以便满足气密性测试的起码要求，能承受环流熏蒸时充入混合气体的压力。

④地坪检查：新建的仓房要检查地坪有无下陷现象，有无返潮现象，仓内地面有无破损现象。有下陷的仓房要与建筑部门联系，及时采取措施处理。有返潮现象的要加防潮层，或临时加铺油毡、篷布或塑料薄膜防潮。有破损的地面要进行修补。

⑤气密性检查：按设计规范和实际生产的要求，高大平房仓的气密性在500Pa压力的条件下，降到250Pa时的半衰期应不小于40s；浅圆仓的气密性在500Pa压力的条件下，降到250Pa时的半衰期应不小于1min。在入粮前，应密封仓房的门、窗、通风孔等，用风机吹风使压力增加到500Pa，进行测压实验。如达不到要求者，应查明原因，进行修补。

在实际工作中，如果仓房的气密性确实无法达到规定的气密性要求，环流熏蒸时，可采用塑料薄膜等材料密封两门的方法进行膜下熏蒸。

（2）仓房的清理与空仓杀虫

①仓房的清理：空仓和配套设施的清理包括出粮后清理和装粮前清理。

一般来说，每次出完粮食后，都应该将剩余的零星粮食和一些有机粉尘、杂物从仓房和配套设施中清扫干净。如平房仓的墙壁上、墙角、窗台、门顶台阶、地槽；立筒仓的仓壁、进粮管道、料位器、底部、漏斗部位、出粮口；浅圆仓的仓墙周围、门口、地槽、出粮口。立筒仓、浅圆仓入仓和出仓后的输送带槽内等处的残留粮食、有机粉尘、杂物都应该进行认真清理。另外，装过粮食的麻袋、车辆、装具也应该进行清扫。仓内用过的铺垫物、盖物等应该搬出仓房，放在适当的地方。这样做既可以减少粮食的浪费，也可以使仓内达到干净整洁，使害虫没有繁殖环境，难以繁殖。

如果前一次出粮和后一次入粮时间相隔较长，装粮前还应该进行一次清理，并进行空仓杀虫。粉尘的存在一方面可以吸收空气中的水分，增加仓内的湿度，给害虫繁殖创造条件；另一方面能够吸收大量的杀虫剂，降低杀虫效果。因此，空仓和加工车间在使用杀虫剂前，先进行一次彻底清理是非常必要的。

②空仓杀虫：在空仓清扫嵌缝完好之后，应当根据需要使用药剂，彻底进行空仓杀虫，然后封闭仓房，等待装粮。

③清洁嵌缝：空仓、货场检修完好之后，要从上到下，从内到外，彻底进行一次清扫。将仓板、顶棚、木柱、墙壁所有的缝隙中的灰尘全部清除干净，并对缝隙进行嵌补。

④装具的清洁除虫：包装器材和装粮器具，在装粮前应严格检查，发现有虫或虫卵要处理后方可使用。处理前后都要做好隔离工作，以防传播和再度感染。

⑤入粮前仓房内部的处理

a. 地槽的清理与通风道的布置：使用地槽通风的仓房，在粮食入仓前，必须将地槽内清理干净，并将盖板安装牢固，防止粮食漏入地槽，影响通风和熏蒸效果。使用地上笼的，将仓房打扫干净后，要按设计要求，将地上笼安装到位，入粮的通道上可以在粮食入到一定程度时再进行摆放。通风口内要清理干净，不能有杂物和积水。通风道的盖板要封闭严密，密封用橡胶条要经常更换。

b. 挡粮板（门）的安装：挡粮门是安装在门框上的固定装置，装粮前将门框周围打扫干净，将挡粮门关好即可。挡粮板可分为直板、弧形板和三角挡粮板。不论哪种挡粮板，安装前必须将挡粮板下的粮食清扫干净，板缝之间也不能有粮食。采用三角或弧形挡粮板时必须在其最上层盖一个盖板，以保障操作人员的安全。

c. 闸阀门的关闭：浅圆仓或立筒仓入粮前必须将出粮口的闸门关好。对气密闸门还应检查一下密封条是否完好。有问题的必须在入粮前修理好，因为入粮后就无法修理。

d. 防潮处理：不能隔潮的地坪，在装粮前应铺垫隔潮物料。一般用于防潮的物料有油毛毡、防雨篷布、塑料布等，常用的塑料布是 PVC 薄膜。仓壁潮湿者也可用塑料布将其围起来。

3. 设备的准备

（1）称量设备的准备　在接收粮食入库之前，应做好计量设备的前期准备工作：检查汽车衡连接线路是否有松动、折断，接地线是否牢靠；检查传感器、仪表的接线是否正确；检查秤体四周间隙内是否卡有异物；检查限位间隙是否合理，限位螺栓与秤体是否有碰撞接触；请专业技术人员对整个称量系统进行重新校验，必要时请当地政府计量管理部门进行检定，并发给检定合格证。

（2）检验、化验设备的准备。入库前准备好接收粮食所使用的定等检化验设备，常用的仪器有容重器、快速水分测定仪、扦样器、取样容器、分样器、砻谷机、碾米机、选筛、碎米分离器等。接收粮食之前要将这些仪器清理或清洗干净，使仪器处于良好的备用状态。

（3）输送设备的准备　每一个仓库，根据各自流通环节的特点及库区整体布局的不同，输送作业各不相同，输送设备的配备也不一致，但完成的作业方式都大同小异。输送作业设计的好坏、输送设备配备的正确与否，不仅影响到作业产量的高低，同时也影响到仓库设备投资费用的高低，设备利用率的高低。因此，正确配备和选用各种输送设备，是粮库工艺设计的一项很重要的任务。

仓库常用的输送设备包括：带式输送机、埋刮板输送机、斗式提升机、螺旋输送机、振动输送机、气力输送设备、溜管和溜槽、运输车厢等。输送设备在使用前要经过认真清理，必要时进行杀虫处理。

（4）清理设备的准备　粮库一般情况下使用的初清筛，用于分离粮食中的秸秆、麦穗、绳头、砖块、泥块等大型杂质，为下道工序创造有利条件。清理设备在使用前要经过认真清理，必要时进行杀虫处理。

（二）粮食入库期的工作

（1）把好验质关

①对入库粮食应按照各项质量标准进行严格检验，对不符合收购标准的，如含水量大、杂质多的，要处理达标后再接收入库；对发生过发热、霉变、发芽的不能接收入库的应分开存放。验质人员对粮食质量负责。

②所有入库的粮食必须根据规定的质量标准进行检验，验质人员要正确执行依质论价，做到验质定等准确，质价相符，不准提等提价或压等压价。

③对含有害有毒物质超过国家卫生标准的粮食，以及由于使用化学药剂不当造成药剂

残留超标的粮油，不能接收入库。已误收入库的，应单独封存，并及时将情况报告上一级主管部门研究处理。未经上级研究决定，不得随意处理。

（2）准确计量和记账　所有入库的粮食，都必须准确计量。计量人员对粮食入库数量负责。计量后，开票人员依据验质等级开具凭证。同时，对入库粮食要及时登记账目，保证账实相符。

（3）粮油入库“五分开”　入库粮油应按不同种类、不同等级、不同水分、新陈、有虫无虫分开储存。有条件的应分等储存。除此之外，对于种用的要单独储存，并注明品种名称、产地、生产年度，严防混杂。对于所有入仓的粮油，凡欲长期储存的，其水分必须达到安全标准。

（4）合理安排仓房　粮油收购入库时，应根据入库粮油的质量和数量，结合调拨、加工、供应、整晒和储藏期长短等计划，合理安排仓房以及仓房内的存放，尽量减少重复搬倒，以节约人力和物资消耗，节省费用。此外，还应合理堆存，以便节省仓容，利于检查和管理。

（5）结算付款　采取各种措施，及时与售粮农民结算付款，不打白条，不拖不欠，保护农民的经济利益，以便他们能及时利用售粮所得的资金安排自己的生活和生产。

（三）粮食入库后的管理

（1）检查收购计划的完成情况　主要检查国家定购任务是否按计划完成，若没有完成，要查清原因，采取适当措施，尽快完成任务。

（2）检查粮款结算情况　检查是否根据国家规定的价格结算，在实行国家保护价的收购政策中，有否违反规定，弄虚作假的情况；检查有否压等压价的现象；检查原来规定的各项优惠政策是否兑现的情况。发现违反政策、规定的，应及时纠正。

（3）核准数字，建立账卡

①核准数字：在粮食收购入库时，每天进行一次核对，当入库基本结束时，要进行一次全面核对，即由保管、会计、统计人员，根据入库的原始记录，将收购的粮食按品种、等级、数量核对准确，做到账实相符。

②建立账卡：所有入库粮食都要建立以下几种保管账卡。

a. 囤垛卡：由分仓保管员按囤垛建立粮油保管囤垛卡，记明本囤垛粮油的品种、等级、水分、杂质和数量增减变化以及保管日期等。

b. 分仓账：由分仓保管员以仓为单位，建立粮食保管分仓账，记明仓号、储存粮食的品种、数量、质量以及数量增减变化情况等。

c. 保管总账：以入库粮食品种为单位，每个品种一个户头，建立保管总账，记明每个品种粮食的数量、等级以及增减情况等。

（4）全面检查，清理现场，进入正常保管　组织人员进行一次全面检查，逐仓平整粮面，进行大扫除，搞好仓库内外的清洁卫生，将器材、用具清理归库，逐仓查清入库粮食的温度、水分、杂质、虫害等情况，记入检查记录簿，转入正常保管。

二、粮食出库管理

1. 粮食出库前的准备工作

（1）端正发粮指导思想　发粮单位要有整体观念，遵守“好粮外调”原则，防止将已变质的坏粮坏油外推发出，造成收方的困难，给国家造成浪费和损失。

（2）做好出库计划　出库的粮食应根据市场需求或购销、加工、储备轮换等情况，分轻重缓急，有计划地安排出库，并与买方签订购销合同，落实运输工具，安排好出库时间。

（3）检验粮油质量　按照国家有关的粮油质量标准、卫生保准和检验方法标准进行验质；有国标的执行国标，无国标的执行行业标准，但都必须达到标准规定的中等质量水平。对既无国标、又无行业标准的，则执行省制定的标准，并达到该标准规定的中等质量水平。同时要符合《中华人民共和国食品卫生法》所规定的粮油食品卫生检验标准和要求。也可按照购销双方签订的购销合同中的有关条款执行。粮油检验人员要逐批、逐仓进行检验，记录检验合格的各个项目的检验结果、等级，并在装车（船）前填写有关质量检验证。不准将虫粮、高水分粮、已经霉变等不合质量标准的粮油装车（船）发运。

（4）妥善包装　包装运输的粮食，必须执行定量包标准。粮食包装必须符合安全运输要求，装具要经过严格挑选，质地坚固，不破不漏，符合国家标准。有条件进行散装运输的单位，在与收方协商达成共识的前提下，应积极开展散装发运。

2. 粮食出库的具体工作

（1）严格纪律，及时记账　所有出库的粮食应严格、准确计量，做到有凭有据，并及时登记入账，保证账实相符。

（2）确保出库粮质　粮库对水分、杂质超标和害虫、污染粮食应尽快处理，质量合格后再组织出库发送。

（3）粮食出库手续　粮食出库手续、注意事项等，应按原商业部下达的《粮油调运管理规则》办理。

第二节　粮库设施设备管理

一、仓库结构维护

1. 仓房隔热层日常维护

（1）当仓房保温隔热层及其保护层出现小面积起鼓、松动、变形、开裂、脱皮、爆灰、翘边、外露等现象时，应及时进行修补。

（2）在雨雪天气过后，具备条件的，应及时清理仓房保温隔热层及其保护层露天部位上的积水或积雪。

（3）指派专人负责仓房隔热层的日常管理维护。严禁在保温隔热层上进行凿沟打洞、重物冲击等有损保温隔热层结构的操作；不得任意在屋面上堆放杂物、增设构筑物等影响保温隔热层效果的操作。

2. 仓房隔热层定期维护

（1）在每次粮食进出仓作业结束后，及时对仓房保温层及其保护层进行除尘、清扫。

（2）当仓房保温隔热层的保温隔热效果较差并有可能影响储粮安全时，应在高温季节来临前或利用粮食出仓后仓房空置期，对保温隔热薄弱部位进行改造或重建。

（3）在每年雨季和冬季来临前，对仓房保温隔热层及其保护层进行全面检查，对出现大面积起鼓、松动、变形、开裂、脱皮、爆灰、翘边、外露等现象时，应采取有效措施进行修补。破损严重或无法修补的，应对仓房保温隔热层重新进行施工。

3. 仓房密闭结构日常维护

（1）对仓门、检查门、仓窗以及孔洞（包括进风口、出风口、自然通风口、轴流风机口、进粮口、卸粮口、进人口）等易漏气的部位的密闭结构完好性进行检查，发现问题及时修复。

（2）在熏蒸期间，应利用磷化氢报警仪，加强对易漏气部位的检查。若存在泄漏问题，应采取有效措施对漏气部位的密闭结构进行修复，当时无法修复的应采取其他有效的补救措施。

（3）指派专人负责仓房各部位密闭结构的日常管理维护，严禁进行有损密闭结构气密性能的作业操作或改造施工。

4. 仓房密闭结构定期维护

（1）在粮食进仓作业结束后，应及时对仓门、不常开启的仓窗和进（卸）粮口进行严格密闭。

（2）在通风作业结束后，应及时对通风窗、进（出）风口、自然通风口、轴流风机口进行严格密闭。

（3）在每年首次熏蒸作用前，对仓房进行气密性测试，查找漏气部位，重新进行有效的气密处理。

（4）经过正确的气密性测试证实，仓房气密性能确实达不到规定的气密性要求并有可能影响储粮安全和熏蒸效果时，应在熏蒸期来临前或利用粮食出仓后仓房空置期，对仓门、检查门、仓窗以及孔洞等易漏气的部位的密闭结构完好性进行全面彻底地检查，并对漏气部位重新进行有效的气密处理。

二、粮仓机械设备的日常管理

1. 建立管理组织，配备管理人员

在大、中型粮库中，粮仓机械设备较多，一般应设立专门的管理组织，配备专职的管理人员和技术人员，成立相应的机械维修车间或班组，负责粮仓机械的管理和维修工作。对于粮仓机械设备比较少的粮库，则应根据实际情况，配备专职或兼职的管理人员和技术人员，做好粮仓机械设备的管理和维修工作。

2. 登记和建档

（1）登记　粮库购买的粮仓机械设备安装验收后，由粮库专管机械设备的组织负责对其进行编号登记（按规定的统一编号目录编号），登记表一式两份，一份交财务部门，作为核算粮库固定资产、掌握粮库进行设备拥有量和资金占用的依据；另一份自存，作为粮食机械设备管理的原始材料。机械设备的登记表中应概况设备的基本状况，估计其使用年限和折旧率等。

（2）建立档案　建立粮仓机械设备的档案，是做好粮仓机械设备管理工作的基础。要有专人负责，记录各种机械设备的使用、保养、维修情况，为分析、研究各种机械设备在使用期的改善措施，探索其磨损和检修规律，对比不同厂家的产品质量提供依据。

3. 合理配备机械设备，提高生产效率

根据粮库的实际情况，如粮库类型、仓储规模、经济实力等，合理地配备粮仓机械和设备。在配备机械设备时，要了解产品质量情况和技术性能情况，选择质量上乘、技术先进、性能优良的机械设备。同时，还要注意机械设备的配套问题，以发挥其应有的作用，提高生产效率。

4. 健全各项管理制度，搞好技术培训

建立健全粮仓机械设备管理制度，重视操作人员的技术培训，是做好管理工作的关键。要制定科学的管理制度和贯彻执行管理制度的具体措施，如岗位责任制、操作规程、维护和保养制度等。定期检查、考核工作量，并结合适当形式的奖励和惩罚，以促进各项制度的贯彻落实。对操作人员要进行技术培训，合格后方能上岗。上岗人员也要定期进行轮训，以不断提高技术水平，熟悉新设备、新技术，满足工作需要。

5. 机械设备的封存保管和报废

（1）封存保管　根据粮库业务的性质，如在某一时期，某类机械设备暂停使用，就应对其进行封存保管。一种是原地封存，另一种是入库封存。对一些固定的机械设备，如固定的装卸输送、干燥设备等，采取原地封存保管；而对一些移动的尤其是单机，一般采取入库封存保管。封存的目的是为了保护设备不受损害。封存后应做好防尘、防锈、防潮等工作，定期检查，切实做好各项养护工作。封存一年以上的机械，应作闲置处理，报上级主管部门。闲置机械的折旧费用按财务规定办理。

（2）报废　粮仓机械报废，须先提出报废申请，经过一定的审批手续才能作报废处理。在此之前，不能报废，使用部门也不能拆卸零件。机械设备报废批准后，由粮库机械设备管理部门组织报废处理，并将收回的残值凭证，随同粮库领导批准的凭证转财务部门注销固定资产。

三、粮仓机械设备的安全操作

1. 正确安装和使用机械设备

（1）按照有关技术文件安装、调试和操作机械设备，掌握机械设备的性能特点、主要构件和基本工作原理，熟练掌握其正确的操作程序和方法。

（2）使用机械设备要做到管好、用好、维护保养好；同时，不要违反操作规程，不要离开工作现场，不要超负荷使用设备，不要设备带“病”工作，不要带电检修。

2. 粮仓机械设备安全操作规程的主要内容

（1）机械设备操作前的准备和检查项目，包括全面检查、重点检查以及要求。

（2）机械设备启动和运转时应注意的事项，包括防止各种事故的措施，以及发生事故后的处理方法。

（3）减轻机件、皮带、链条的磨损，降低动力消耗，避免生产效率下降，以及防止损失粮食的措施。

（4）经常保持机械设备的完整、清洁、润滑等技术要求。

（5）电气设备检修和安全操作。

（6）多台机械设备组合连续作业时的要求是：各台机械设备应力求配套合理，并规定启动和停机的先后顺序。

（7）机械作业结束后，应注意有关事项及其他安全操作事项。

3. 粮仓电气设备操作注意事项

（1）必须由经过专门培训的电工人员进行安装和维修，严禁毫无电工知识的人盲目操作。

（2）电线、插头、保险丝盒开关等均应根据要求使用，不准任意更换。

（3）排除故障时应先切断电源，并建立明显标志。不得带电作业，安装和检修电气设备时应有两人在场，防止发生意外。

（4）粮仓机械严禁超负载运行和各种不合理的使用，运转时应经常注意电压变化。线路与电压与电机的额定电压不相符合时不准起动电机。

（5）电机温度一般不准超过 70℃。测定时应先用测电笔测试确无漏电时，才可用手背触摸。

4. 粮仓机械设备使用时的其他注意事项

（1）停机前必须空载运行一定时间，待机中粮食全部排出后再关闭开关，切断电源。火力烘干机停机后，应留专人照料，熄灭残火，以防火灾。

（2）移动式机械必须放置平稳，所有人员不得在机身下走动和停留，不得从机身上跨越。有升降结构的机械移动时，必须将机身降到最低高度并切断电源，严禁带电移动。注意防止机身与空中高压线接触，以免发生触电事故。

（3）机械的传动部件，包括皮带、皮带轮、齿轮、链轮、链条等均需安装防护罩，不得任意拆卸。

四、粮仓机械设备的保养和维修

1. 保养和维修的基本原则

（1）粮仓机械的保养　粮仓机械保养主要包括清洁、润滑、紧固、调整、防腐。

粮仓机械保养时要做到：操作人员在当班作业结束后或作业间歇，对机械进行清洁和润滑；同时在机械设备计划停机时，对其进行清洁、润滑、调整和紧固。

粮仓机械的保养是一项经常性的工作，必须经常抓。要防止日晒雨淋，定期涂刷油漆以防生锈。对关键部位要重点保养，使机械设备经常处于完好的状态。

（2）维修的基本原则

①定期维修：在一定的时间间隔内对粮仓机械进行维修，以维持和恢复机械设备的性能，提高开动率。定期维修可分为小修、中修和大修。小修一般由班组负责，每月进行一两次，对机械设备进行检查、调整，对部分部件进行拆洗、更换等；中修，由机械设备管理部门组织安排，一般每季度进行一次；大修由粮库统筹安排，一般在粮库的淡季，每年进行一次，对机械设备进行全面检查，彻底清理。

②不定期维修：也称事后修理，是指粮仓机械设备发生故障或性能下降后采取的修理措施。在发现故障的苗头时，应立即停机检修，越早越好，不可延误时间，以免小毛病发展成大故障。

要建立一套切实可行的维修制度，制定具体的实施方案，并经常检查维修工作落实情况，及时检修设备的小故障，消除隐患，保持其应有的性能和精度，提高利用率和生产效率。

2. 部分常用设备的保养和维护

（1）粮情测控设备的保养与维护

①定期检查通信电缆有无老化破损情况、防雷设施是否完好、接地是否良好、系统设备表观状况和计算机运行是否正常等。及早发现问题，防患于未然，确保粮情检测系统正常工作。

②在进出粮作业时，应全部收起（对平房仓）或合理挂置（对浅圆仓、砖圆仓和立筒仓）测温电缆，避免装卸过程刮拉及粮流冲拽造成的损坏。

③在装粮前或埋设电缆前，应联机检查粮情检查设备及其部件工作是否正常，检测数据是否准确。若存在问题或隐患，应及时维修或更换元器件。

④在埋设电缆时避免过度弯折，防止电缆断裂以及传感器的焊点脱落，造成短路或断路。

⑤在使用过程中，应注意观察检测数据的可靠性，对出现的异常点进行客观分析，查找原因。发现问题或隐患，及时加以解决和维修。

⑥在雷电频繁的天气尽可能不运行粮情检测设备，避免感应雷击对设备部件及元器件造成损坏。

⑦在粮食熏蒸前，对暴露在熏蒸环境中可能会引起腐蚀的部件及其元器件采取有效的密闭和防腐处理。

⑧用于粮情检查的计算机必须安装必要防病毒软件并及时更新和查杀病毒，做到专机专用，避免发生被病毒感染、资源冲突等情况。同时，定期进行数据备份，保证信息和数据安全。

⑨粮情测控系统应具有防雷电干扰、防磷化氢腐蚀和防尘、防水能力。安装于浅圆仓、立筒仓内的测控装置也应满足 GB 17440—1998《粮食加工、储备系统粉尘防爆安全规程》的要求。

⑩粮情测控微机的安全使用：关闭采用 Windows 操作系统的计算机系统时，必须严格按照操作要求正常关机，而不能直接关闭主机电源。不要带电插拔键盘、显示器、鼠标、打印机或其他计算机外设与计算机的连线，也不要带电插拔计算机主机板扩展槽上的板卡，带电插拔引起的冲击电流很容易烧坏接口电路和板上的芯片。

（2）粮油干燥机械的保养与维护　以燃煤为热源的塔式烘干机是粮食行业最常用的高温快速干燥设备，对该类设备的维护主要是对塔体及塔内通风盒、通风节的清理；对所有设备各传动部位的润滑，以及全部附属设备的清理。

①开机前，对粮食烘干机及其相关机械设备进行一次大检修，清理塔内各段进风口、排风口、角状盒、排粮斗内杂质及异物；确保紧急排粮门关闭并锁紧，排粮机构运转自如，冷热风机的调节门、配风阀开关灵活。

②对排粮机构传动装置的润滑剂进行检查，看是否已经按规定注了相应的润滑剂。在寒冷冬季生产时，采用脂润滑的传动机构，启动前应先加热，或采用防冻润滑剂，防止因润滑剂凝固损坏电机。

③在每个干燥期结束时都应对各运转部位的轴承、销轴及需要经常调节的螺丝等进行一次全面检修、清洗、注油，以防腐蚀并保证设备在下一个干燥期能够稳定、连续、安全运行。

④各需要润滑部位的润滑油，首次运行200h后，应将箱体内的油全部放出，并加柴油清洗，全部清洗干净后，再加新润滑油，以后每个干燥期应更换一次。

⑤确保传动带张紧有力，每组三角带都应按要求配满，更新三角带时要整组更换，以保证每根三角带承受的拉力均衡。

⑥每个干燥期结束时，用80～100℃热风吹0.5h左右，对干燥塔内部进行干燥，并对干燥塔体内外进行全面彻底清理，去掉粉尘、杂质及异物等。卸下所有三角胶带，入库吊挂存放，以备下个干燥期继续使用。各运转部件的轴承和减速器内部要进行清洗注油，以防夏季生锈；做好设备外表面防腐处理工作。

（3）带式输送机的保养与维护

①带式输送机的输送带价值较高，应注意保护。在使用过程中，除严格控制输送带跑偏直接磨损外，还应防止与机油、汽油、柴油等油类接触，避免发生腐蚀影响使用寿命。

②在使用过程中，应经常保持输送机的清洁，定期检查滚筒、托辊、轴承等部件的运转情况，注意机件转动是否灵活，螺丝有无松动，机件磨损是否正常，发现问题及时修理和更换。

③发现输送带有裂缝或接头裂开时，必须立即修补，以防造成更大的损坏。

④当输送作业结束后，应及时清理灰尘、润滑，并置于机械仓库中存放；在露天存放时，应加盖苫布，防止日晒、夜露和雨淋，避免机体发生锈蚀。

⑤建立必要的维修制度，定期对输送机进行大、中、小修理。

参考文献

1. 国家粮食局人事司．粮油保管员．北京：2008
2. 岳佳超．浅谈粮库的总平面设计．粮食流通技术，2000，(6)：7～8
3. 中华人民共和国粮食工程建设行业标准，LS/T 8009—2010 粮食物流园区总平面设计规范
4. 中华人民共和国国家标准，GB 50016—2014 建筑设计防火规范
5. 中华人民共和国国家标准，GB/T 26632—2011 粮油名词术语、粮油仓储设备与设施
6. 王若兰．粮食仓储工艺与设备．北京：中国财政经济出版社，2002
7. 王若兰．粮油储藏理论与技术．郑州：河南科学技术出版社，2015
8. 王国华，冯爱兰编．物流技术与装备［M］．北京：中国物资出版社，2011
9. 汪长江等著．港口物流理论、实务与技术［M］．北京：清华大学出版社，2012
10. 周明．L70 散粮车在散粮港口作业中的应用［J］．粮食与食品工业，2014（02）：65～67
11. 仲明振等主编．中国电气工程大典　第 15 卷　电气传动自动化［M］．北京：中国电力出版社，2009，04
12. 王国华，冯爱兰编．物流技术与装备［M］．北京：中国物资出版社，2011
13. 中国机械工程学会物流工程分会编．物流工程三十年　技术创新发展之道［M］．北京：中国铁道出版社，2010
14. 粮食大辞典编辑委员会编．粮食大辞典［M］．北京：中国物资出版社，2009
15. 毛广卿．粮食输送机械与应用［M］．北京：科学出版社，2003
16. 秦大同，谢里阳主编．液力传动设计［M］．北京：化学工业出版社，2013
17. 朱龙根主编．简明机械零件设计手册（第 2 版）［M］．北京：机械工业出版社，2005
18. 张长森主编．粉体技术及设备［M］．上海：华东理工大学出版社，2007
19. 贺永德主编．现代煤化工技术手册［M］．北京：化学工业出版社，2011
20. 中国标准出版社编．中国国家标准汇编 2011 年修订［M］．北京：中国标准出版社，2012
21. 张弦编著．物流设施设备应用与管理［M］．武汉：华中科技大学出版社，2009
22. Manjit K. Misra，Yuh－Yuan Shyy，Leopoldo Baudet，et al. Conveyors for bulk handling of seed soybeans［J］. American Society of Agricultural Engineers. 1991，7（6）：735～740
23. 机械工程师手册编委会编．机械工程师手册（第 3 版）［M］．北京：机械工业出版社，2007
24. 《中国选矿设备手册》编委会编．中国选矿设备手册（下）［M］．北京：科学出版社，2006
25. 周全申．现代仓储物流技术与装备 2 版［M］．北京：中国物资出版社，2007
26. 国家粮食局编著．粮食仓储机械设备使用与管理［M］．北京：中国财政经济出版社，2005
27. 顾鹏程，胡永源主编．谷物加工技术［M］．北京：化学工业出版社，2008
28. 冯定远主编．饲料加工及检测技术［M］．中国农业出版社，2012
29. 席德清主编，国家粮食局编著．粮食仓储机械设备使用与管理［M］．北京：中国财政经济出版社，2005
30. 中国标准出版社第一编辑室编．粮油标准汇编　储藏卷［M］．北京：中国标准出版社，2009
31. 王若兰主编．粮油储藏学［M］．中国轻工业出版社，2009
32. 许方浩，周凤英主编；邬昌荣，张成副主编；宋伟主审．粮油储藏技术（下）［M］．北京：科学出版社，2012
33. 杨小灿主编．制冷空调产品设备手册［M］．北京：国防工业出版社，2003

34. 钟耕主编．谷物科学原理［M］．郑州：郑州大学出版社，2012
35. 高希武，王殿轩主编．农产品保护与检疫处理技术［M］．北京：中国农业大学出版社，2011
36. 中国储备粮管理总公司，河南工业大学编．储粮磷化氢熏蒸技术区域优化［M］．北京：中国农业科学技术出版社，2008
37. 郭铁男总主编．中国消防手册　第五卷：能源、交通、仓储、金融、信息、农林防火［M］．上海：上海科学技术出版社，2007
38. 张歆，张小蓟编著．测控技术［M］．西北工业大学出版社，2013
39. 方庆琯主编．物流系统设施与设备［M］．清华大学出版社，2009
40. 孟春编著．连续输送机械［M］．哈尔滨：东北林业大学出版社，2008
41. 范钦满主编．物流设施与设备［M］．南京：东南大学出版社，2008
42. 国家粮食局人事司．粮油保管员［M］．北京：中国轻工业出版社，2008
43. 中华人民共和国国家标准，GB/T 29890—2013 粮油储藏技术规范
44. 张歆，张小蓟编著．测控技术［M］．西安：西北工业大学出版社，2013
45. 方庆琯主编．物流系统设施与设备［M］．北京：清华大学出版社，2009
46. 孟春编著．连续输送机械［M］．哈尔滨：东北林业大学出版社，2008
47. 范钦满主编．物流设施与设备［M］．南京：东南大学出版社，2008